Zupanc · Praktische Verhaltensbiologie

Wichtige Längeneinheiten

Abkürzung	Typische Beispiele
10^6 m = 1 Mm	Radius der Erde (6,4 Mm) und des Mondes (1,7 Mm)
10^3 m = 1 km	Ausdehnung von Ökosystemen
10^0 m = 1 m	Länge von Wirbeltieren
10^{-3} m = 1 mm	Durchmesser der Eizellen vieler Tiere
– – – –	Auflösungsgrenze des menschlichen Auges (ca. 0,1 mm) – – – –
10^{-6} m = 1 µm	Länge vieler Bakterienzellen und von Mitochondrien
– – – –	Auflösungsgrenze des Lichtmikroskops (ca. 0,3 µm) – – – –
	Ribosomen (ca. 200 nm); Zellmembran (ca. 10 nm)
– – – –	Auflösungsgrenze des Raster-Elektronenmikroskops (ca. 10 nm)
10^{-9} m = 1 nm	Durchmesser der DNA-Doppelhelix (ca. 2 nm)
– – – –	Auflösungsgrenze des Durchstrahlungs-Elektronenmikroskops (ca. 0,1 nm) – – – –
10^{-12} m = 1 pm	Atomradius der Elemente (ca. 100 pm)
10^{-15} m = 1 fm	Durchmesser von Atomkernen (ca. 1 fm)

Vorsätze für dezimale Vielfache und Teile von Einheiten

Zehnerpotenz	Vorsatzname	Vorsatzzeichen
10^{6}	Mega	M
10^{3}	Kilo	k
10^{2}	Hekto	h
10^{1}	Deka	da
10^{-1}	Dezi	d
10^{-2}	Zenti	c
10^{-3}	Milli	m
10^{-6}	Mikro	µ
10^{-9}	Nano	n
10^{-12}	Piko	p
10^{-15}	Femto	f

Im Buch verwendete Einheiten

Größe	Einheit	Einheitszeichen
Länge	Meter	m
Masse	Kilogramm	kg
Zeit	Sekunde	s
Elektrische Stromstärke	Ampere	A
Stoffmenge	Mol	mol
Celsius-Temperatur	Grad Celsius	°C
Fläche	Quadratmeter	m^2
Volumen	Kubikmeter	m^3
	bzw. Liter	l
Ebener Winkel	1 Grad	1°
Geschwindigkeit	Meter pro Sekunde	$m \cdot s^{-1}$
Frequenz	Hertz	Hz
Stoffmengenkonzentration, Molarität (M)	Stoffmenge (in mol) pro Volumen der Lösung (in l)	$mol \cdot l^{-1}$
Äquivalentkonzentration, Normalität (N)	Äquivalentmenge (in mol) pro Volumen der Lösung (in l)	$mol \cdot l^{-1}$
Elektrische Spannung	Volt	V
Elektrischer Widerstand	Ohm	Ω
Elektrische Leistung	Watt	W
Elektrische Feldstärke	Volt pro Meter	$V \cdot m^{-1}$
	bzw. Volt pro Zentimeter	$V \cdot cm^{-1}$
Elektrische Leitfähigkeit	Siemens pro Meter	$S \cdot m^{-1}$
Elektrische Stromdichte	Ampere pro Quadratmeter	$A \cdot m^{-2}$
Beleuchtungsstärke	Lux	lx

Praktische Verhaltensbiologie

Herausgegeben von Günther K. H. Zupanc

mit Beiträgen von Helmut Altner, Wilhelm Beier, Christiane Buchholtz,
Martin Dambach, Benno Darnhofer-Demar, Klaus Dumpert, Dierk Franck,
Reinhard Gerecke, Hartmut Greven, Volker Hahn, Ernst Kullmann, Jürg Lamprecht,
Martin Lindauer, Hans Machemer, Ulrich Maschwitz, Marliese Müller,
Rüdiger Schröpfer, Roland Sossinka und Günther K. H. Zupanc

1988 · Mit 109 Abbildungen und 17 Tabellen

Verlag Paul Parey · Berlin und Hamburg

Anschrift des Herausgebers:
Günther K. H. Zupanc,
Department of Neurosciences, School of
Medicine, and Neurobiology Unit, Scripps
Institution of Oceanography, University of
California at San Diego, A-002,
La Jolla, California 92093 (U.S.A.)

CIP-Titelaufname der Deutschen Bibliothek

Praktische Verhaltensbiologie/hrsg. von
Günther K. H. Zupanc. Mit Beitr. von
Helmut Altner ... – Berlin; Hamburg:
Parey, 1988
   (Pareys Studientexte; Nr. 61)
   ISBN 3-489-62936-1
NE: Zupanc, Günther K. H. [Hrsg.]; Altner,
Helmut [Mitverf.]; GT

Schriftenreihe »Pareys Studientexte« Nr. 61

Umschlag: Jan Buchholz und Reni Hinsch,
D-2000 Hamburg 73

© 1988 Verlag Paul Parey, Berlin und
Hamburg. Anschriften: Lindenstr. 44–47,
D-1000 Berlin 61; Spitalerstr. 12, D-2000
Hamburg 1

ISBN 3-489-62936-1 · Printed in Germany

Das Werk ist urheberrechtlich geschützt.
Die dadurch begründeten Rechte, insbesondere die der Übersetzung, des Nachdrucks, des Vortrages, der Entnahme von Abbildungen, der Funksendung, der Mikroverfilmung oder der Vervielfältigung auf anderen Wegen und der Speicherung in Datenverarbeitungsanlagen, bleiben, auch bei nur auszugsweiser Verwertung, vorbehalten. Eine Vervielfältigung dieses Werkes oder von Teilen dieses Werkes ist auch im Einzelfall nur in den Grenzen der gesetzlichen Bestimmungen des Urheberrechtsgesetzes der Bundesrepublik Deutschland vom 9. September 1965 in der Fassung vom 24. Juni 1985 zulässig. Sie ist grundsätzlich vergütungspflichtig. Zuwiderhandlungen unterliegen den Strafbestimmungen des Urheberrechtsgesetzes.

Satz: PLS-PareyLaserSatz,
D-1000 Berlin 61
Schrift: Korpus Times (Satzsystem apple IIe/Macintosh)
Lithographie: Cliché-Anstalt Excelsior, Erich Paul Söhne, D-1000 Berlin 61
Druck: Saladruck Steinkopf & Sohn,
D-1000 Berlin 36
Bindung: Lüderitz & Bauer Buchgewerbe,
D-1000 Berlin 61

Vorwort des Herausgebers

Über viele Jahrhunderte hinweg beschränkte sich naturwissenschaftliche Erkenntnissuche im wesentlichen auf die Interpretation und Kommentierung der Werke des griechischen und römischen Altertums, insbesondere der Bücher des Aristoteles (384–322 v. Chr.). Obwohl er (neben den Mitteln der Logik) bereits die induktive Methode als Quelle seiner Ideen benutzte, obgleich er zahlreiche Naturvorgänge exakt beschrieben hatte, so führte doch die Autorität seiner Lehre, die alle Bereiche der materiellen und immateriellen Welt umfaßte, lange Zeit eher zu einer Hemmung des naturwissenschaftlichen Fortschrittes als zu einer wirklichen Weiterentwicklung. Bis in die Renaissance hinein war deshalb die Naturwissenschaft nur ein Zweig der Philosophie. Erst ab dem 16. und 17. Jahrhundert setzten Naturforscher gezielt die Methode der unvoreingenommenen Beobachtung und des planmäßigen Experimentes, ergänzt durch die mathematische Beschreibung gesetzmäßiger Naturvorgänge, ein. Dies führte zu einer rasanten Evolution aller naturwissenschaftlichen Disziplinen – eine Entwicklung, die in unserem Jahrhundert nochmals enorm beschleunigt wurde.

Beobachtung und Experiment bilden heute nach wie vor die Grundlage jeder naturwissenschaftlichen Forschung. Umso erstaunlicher ist es, daß diese Methode in der naturwissenschaftlichen Ausbildung, und dort insbesondere in der biologischen, immer noch nicht den ihr gebührenden Platz einnimmt. Liegt es an dem hohen Arbeits- und Zeitaufwand, den viele Experimente verlangen, warum zahlreiche Lehrer an Schulen und auch einzelne Dozenten an Hochschulen die theoretische Darstellung von biologischen Sachverhalten dem Demonstrations- und Praktikumsversuch vorziehen? Oder an der Gefahr des »Scheiterns«, die jedes Experiment in sich birgt? Oder vielleicht an zu wenigen guten Beschreibungen von Versuchen, die für Schüler und Studenten geeignet sind?

Selbst durchgeführte Experimente bieten jedoch in einzigartiger Weise die Möglichkeit, Forschung »hautnah« zu erleben und damit den naturwissenschaftlichen Erkenntnisprozeß nachvollziehen zu können. Erfahrungsgemäß lassen sich Schüler und Studenten dadurch sehr viel leichter für biologische Fragestellungen motivieren als durch trockene theoretische Abhandlungen. Diese Begeisterung zu vermitteln, ist ein Ziel des vorliegenden Buches. In dreizehn Kapiteln werden zahlreiche Beobachtungen und Versuche zur Verhaltensbiologie vorgestellt und in ihrer theoretischen Bedeutung sowie praktischen Durchführung ausführlich beschrieben. Ergänzt wird dies durch mehrere Beiträge, in denen die Autoren Ratschläge für die Haltung von Versuchstieren und für die Auswertung der Experimente geben. Vom Niveau her sind die Beobachtungen und Versuche für Schüler der gymnasialen Oberstufe und für Studenten in ethologischen Kursen gedacht. Jedes Kapitel zeigt aber auch Perspektiven für selbständige Arbeiten auf – sei es im Rahmen einer schulischen Facharbeit oder als Grundlage für eigene wissenschaftliche Untersuchungen.

Das weitgespannte Spektrum der Themen konnte nur durch die Mitarbeit hervorragender Fachleute inhaltlich befriedigend ausgefüllt werden. Zahlreiche und lange Diskussionen sollten auch ein hohes didaktisches Niveau gewährleisten und das Buch zu einem inhaltlichen Ganzen werden lassen. Um diese Ansprüche erfüllen zu können, war ich als Herausgeber insbesondere auf die Unterstützung von seiten des Verlages wie auch durch die Autoren angewiesen. Dem Verlag Paul Parey, vertreten durch seinen geschäftsführenden Inhaber Dr. Rudolf Georgi, möchte ich deshalb genauso herzlich danken wie allen Autoren. Ohne ihr Engagement, ihre Kooperationsbereitschaft und ihre Geduld hätte die *Praktische Verhaltensbiologie* niemals entstehen können.

La Jolla, im Mai 1988 　　　　　　　　　　　　　　　　　　　　Günther K. H. Zupanc

Inhalt

1	Einführung Helmut Altner	15
2	Die Haltung von Tieren im Unterricht *Literatur*	18 21
2.1	Das Kaltwasseraquarium Reinhard Gerecke	22
2.1.1	Einrichtung	22
2.1.2	Tiere	23
2.1.2.1	Schnecken (Gastropoda)	23
2.1.2.2	Muscheln (Bivalvia)	24
2.1.2.3	Egel (Hirudinea)	24
2.1.2.4	Spinnentiere (Arachnida)	25
2.1.2.5	Krebse (Crustacea)	26
2.1.2.6	Insekten (Insecta)	28
2.1.2.7	Fische	33
	Literatur/Zeitschriften/Gesellschaften	36
2.2	Das Terrarium Hartmut Greven	38
2.2.1	Auswahl und Standort	38
2.2.2	Heizung und Beleuchtung	39
2.2.3	Frischluft und Luftfeuchtigkeit	40
2.2.4	Einrichtung und Bepflanzung	41
2.2.5	Futter	41
2.2.6	Terrarientypen und Terrarientiere	42
2.2.6.1	Das ungeheizte, trockene Terrarium	43
2.2.6.2	Das ungeheizte, feuchte Terrarium	44
2.2.6.3	Das Aquaterrarium	46
2.2.6.4	Das geheizte, trockene Terrarium	48
2.2.6.5	Das geheizte, feuchte Terrarium	48
	Literatur/Zeitschriften/Gesellschaften	49
2.3	Die Vogelvoliere Roland Sossinka & Volker Hahn	50
2.3.1	Behausung	50
2.3.2	Einrichtung	52
2.3.3	Pfleglinge	53
2.3.4	Haltung	55
	Literatur/Zeitschriften/Gesellschaften	57

3	Beobachtungen und Versuche an Tieren	58
3.1	Galvanotaxis: Grundlagen der elektro-mechanischen Kopplung und Orientierung bei Paramecium Hans Machemer	60
3.1.1	Einleitung	60
3.1.1.1	Allgemeines	60
3.1.1.2	Morphologie	60
3.1.1.3	Filament-Gleit-Mechanismus der Cilienbewegung	62
3.1.1.4	Cilienbewegung und ihre Kontrolle durch Calciumionen	63
3.1.1.5	Die Rolle der Zellmembran	63
3.1.1.6	Galvanotaxis: Die Zelle im Spannungsgradienten	66
3.1.1.7	Wirkungen des Spannungsgradienten auf Cilienbewegung und Verhalten	67
3.1.2	Seminarthemen	69
3.1.3	Beschaffung, Pflege und Zucht der Versuchstiere	70
3.1.4	Beobachtungen und Versuche	70
3.1.4.1	Versuch 1: Paramecien im eingedickten und normalen Medium	71
3.1.4.2	Versuch 2: Elektrische Reizung der frei schwimmenden Zelle	74
3.1.4.3	Versuch 3: Identifizierung von Zonen mit unterschiedlicher Cilienaktivität auf der Zelloberfläche	76
3.1.4.4	Versuch 4: Zuordnung von reizbedingter Membranpolarisation und Cilienschlagtätigkeit	78
3.1.4.5	Versuch 5: Die Wirkung des Spannungsgradienten auf die Schwimmbahn der Zelle	79
3.1.4.6	Schlüsse aus den Versuchen 1–5	79
3.1.5	Weiterführende Arbeiten	80
3.1.5.1	Zur negativen Geotaxis von Paramecium	80
3.1.5.2	Cilienschlagtätigkeit und Metachronismus bei einem Ciliaten	80
	Literatur/Unterrichtsmaterial	80
3.2	Netzbau und Beutefangverhalten bei der Sektorspinne Ernst Kullmann	83
3.2.1	Einleitung	83
3.2.2	Seminarthemen	87
3.2.3	Beschaffung und Pflege der Versuchstiere	88
3.2.4	Beobachtungen und Versuche	89
3.2.4.1	Versuch 1: Analyse des Radnetzes der Sektorspinne Zygiella	89
3.2.4.2	Versuch 2: Mikroskopische Analyse der unterschiedlichen Fadenelemente in einem Radnetz	90
3.2.4.3	Versuch 3: Beobachtung des Beutefangs der Radnetzspinne Zygiella	90
3.2.5	Weiterführende Arbeiten	92
3.2.5.1	Die Wirkung von Nervengiften	92
	Literatur/Unterrichtsmaterial	92
3.3	Orientierungsmechanismen bei der Kellerassel Marliese Müller	93
3.3.1	Einleitung	93
3.3.2	Seminarthemen	95

3.3.3	Beschaffung, Pflege und Zucht der Versuchstiere	95
3.3.4	Beobachtungen und Versuche	96
3.3.4.1	Versuch 1: Nachweis einer thigmotaktischen Orientierung bei der Kellerassel	96
3.3.4.2	Versuch 2: Quantitative Analyse der thigmotaktischen Orientierung	96
3.3.4.3	Versuch 3: Unterscheidung von konkaven und konvexen Konturen	97
3.3.4.4	Versuch 4: Nachweis des thigmokinetischen Verhaltens bei der Kellerassel	98
3.3.5	Weiterführende Arbeiten	99
3.3.5.1	Beobachtungen im Freiland zur Ökologie der Kellerasseln	99
3.3.5.2	Der Einfluß der Reizqualitäten Helligkeit und Beschaffenheit des Bodengrundes auf das thigmotaktische und thigmokinetische Verhalten	99
3.3.5.3	Der Einfluß der Reizqualität Feuchtigkeit auf das Orientierungsverhalten	100
	Literatur	100

3.4 Sozialverhalten und Lauterzeugung bei der Feldgrille — 101
Martin Dambach

3.4.1	Einleitung	101
3.4.2	Seminarthemen	102
3.4.3	Beschaffung, Pflege und Zucht der Versuchstiere	102
3.4.4	Beobachtungen und Versuche	103
3.4.4.1	Versuch 1: Morphologie der Grillen	103
3.4.4.2	Versuch 2: Beobachtung des Paarungsverhaltens	104
3.4.4.3	Versuch 3: Kampfverhalten und Territorialität	105
3.4.4.4	Versuch 4: Das Gesangsrepertoire	106
3.4.4.5	Versuch 5: Biophysik der Lauterzeugung	107
3.4.5	Weiterführende Arbeiten	110
3.4.5.1	Der Erbgang verschiedener Verhaltensweisen	110
3.4.5.2	Das Ei-Ablageverhalten des Grillenweibchens	110
	Literatur	111

3.5 Das Spurpheromon der Glänzend-Schwarzen Holzameise — 112
Ulrich Maschwitz, Klaus Dumpert & Wilhelm Beier

3.5.1	Einleitung	112
3.5.2	Seminarthemen	113
3.5.3	Beschaffung und Bestimmung der Versuchstiere	114
3.5.4	Beobachtungen und Versuche	115
3.5.4.1	Versuch 1: Nachweis und biologische Bedeutung des Spurpheromons	115
3.5.4.2	Versuch 2: Das Legen der Duftspur	116
3.5.4.3	Versuch 3: Groblokalisation der Pheromonquelle	118
3.5.4.4	Versuch 4: Genauere Lokalisation der Pheromonquelle	119
3.5.4.5	Versuch 5: Die chemische Natur des Spurstoffs	120
3.5.4.6	Versuch 6: Artspezifität der Spursubstanz	121
3.5.4.7	Versuch 7: Sinnesphysiologische Aspekte des Spurfolgeverhaltens	121
3.5.5	Weiterführende Arbeiten	122
3.5.5.1	Orientierung der Ameisen im Duftfeld	122
3.5.5.2	Vergleich des Spurpheromons verschiedener Lasius-Arten	123
	Literatur/Unterrichtsmaterial	123

3.6	Sinnesleistungen, Orientierung und Verständigung bei Bienen Martin Lindauer	125
3.6.1	Einleitung	125
3.6.2	Seminarthemen	131
3.6.3	Beschaffung und Pflege der Versuchstiere	131
3.6.4	Beobachtungen und Versuche	132
3.6.4.1	Versuch 1: Dressur der Bienen auf zwei Farbpapiere	132
3.6.4.2	Versuch 2: Nachweis der Farbtüchtigkeit	133
3.6.4.3	Versuch 3: Nachweis der Rotblindheit	133
3.6.4.4	Versuch 4: Nachweis der Ultraviolettempfindlichkeit	134
3.6.4.5	Versuch 5: Der Rundtanz	134
3.6.4.6	Versuch 6: Entfernungsweisung durch den Schwänzeltanz	136
3.6.4.7	Versuch 7: Richtungsweisung im Schwänzeltanz	136
3.6.4.8	Versuch 8: Wahrnehmung der Schwingungsrichtung des polarisierten Lichtes	137
3.6.5	Weiterführende Arbeiten	138
3.6.5.1	Untersuchungen zur Struktur und Funktion der Geruchssinnesorgane	138
3.6.5.2	Lernen, Gedächtnis und Vergessen bei Bienen	138
	Literatur/Unterrichtsmaterial	138

3.7	Schwimmen von Fischen Benno Darnhofer-Demar	140
3.7.1	Einleitung	140
3.7.1.1	Fortbewegungsweisen von Fischen	140
3.7.1.2	Prinzipien der Vortriebserzeugung	140
3.7.1.3	Schwimmtypen der Fische	142
3.7.1.4	Wendemanöver und Bremsen	147
3.7.1.5	Die Kinematik des Schwanzschlagschwimmens	148
3.7.1.6	Geschwindigkeit und Körpergröße	149
3.7.2	Seminarthemen	153
3.7.3	Beschaffung und Pflege der Versuchstiere	154
3.7.4	Beobachtungen und Versuche	154
3.7.4.1	Versuch 1: Beobachtung von Flossen- und Körperbewegung	154
3.7.4.2	Versuch 2: Vergleich von Fortbewegungsweise und Körperbau	155
3.7.4.3	Versuch 3: Messung der Beziehung zwischen Schwanzschlagfrequenz und Schwimmgeschwindigkeit verschieden großer Fische mit Hilfe des Fischrades	158
3.7.4.4	Versuch 4: Darstellung des Bewegungsablaufes mit Hilfe stroboskopischer Beleuchtung	161
3.7.4.5	Versuch 5: Filmauswertung	162
3.7.5	Weiterführende Arbeiten	163
3.7.5.1	Filmaufnahmen	163
3.7.5.2	Darstellung der Wasserströmung	163
	Literatur/Unterrichtsmaterial	163

3.8	Temperatur und Verhalten: Physiologische Versuche an schwachelektrischen Fischen Günther K. H. Zupanc	166
3.8.1	Einleitung	166
3.8.1.1	Elektrische Fische und ihre Entladungen	166
3.8.1.2	Elektrische Entladungsorgane und Sinnesorgane	166
3.8.1.3	Geschlechtsspezifische Entladungen bei schwachelektrischen Fischen	169
3.8.1.4	Der Grüne Messerfisch und seine elektrische Entladung	170
3.8.1.5	Die Wirkung der Temperatur auf die elektrische Organladung	172
3.8.2	Seminarthemen	172
3.8.3	Beschaffung und Pflege der Versuchstiere	173
3.8.4	Beobachtungen und Versuche	173
3.8.4.1	Versuch 1: Untersuchung der Temperaturabhängigkeit der elektrischen Entladung	173
3.8.5	Weiterführende Arbeiten	179
3.8.5.1	Experimentelle Untersuchung der Frequenzausweichreaktion	179
3.8.5.2	Elektroortung und Elektrokommunikation bei Pulsfischen	179
	Literatur/Unterrichtsmaterial	179
3.9	Das Aggressions- und Fortpflanzungsverhalten Lebendgebärender Zahnkarpfen Dierk Franck	182
3.9.1	Einleitung	182
3.9.2	Seminarthemen	182
3.9.3	Beschaffung, Pflege und Zucht der Versuchstiere	184
3.9.4	Beobachtungen und Versuche	184
3.9.4.1	Versuch 1: Beschreibung der aggressiven und sexuellen Verhaltensweisen beim Grünen Schwertträger	184
3.9.4.2	Versuch 2: Untersuchung der Rangordnung beim Grünen Schwertträger	186
3.9.4.3	Versuch 3: Quantitative Erfassung des Kampfverhaltens beim Grünen Schwertträger	187
3.9.4.4	Versuch 4: Die biologische Bedeutung der Aggression	188
3.9.4.5	Versuch 5: Beschreibung des Fortpflanzungsverhaltens beim Guppy	189
3.9.5	Weiterführende Arbeiten	191
3.9.5.1	Vergleich des Verhaltens verschiedener Lebendgebärender Zahnkarpfen	191
3.9.5.2	Die Entwicklung morphologischer und ethologischer Merkmale unter dem Einfluß von Hormonen	191
	Literatur/Unterrichtsmaterial	191
3.10	Eine Analyse einiger Verhaltensweisen und sozialer Strukturen beim Grünflossen-Buntbarsch Günther K. H. Zupanc	193
3.10.1	Einleitung	193
3.10.2	Seminarthemen	195
3.10.3	Beschaffung, Pflege und Zucht der Versuchstiere	195
3.10.4	Beobachtungen und Versuche	196
3.10.4.1	Versuch 1: Beschreibung des Brustflossenschlags	196
3.10.4.2	Versuch 2: Beschreibung komplexer Verhaltensweisen	197

3.10.4.3	Versuch 3: Analyse der Beziehungen zwischen Verhaltensweisen	198
3.10.4.4	Versuch 4: Quantitative Beschreibung der sozialen Interaktionen zwischen Jungfischen	200
3.10.4.5	Versuch 5: Quantitative Beschreibung der sozialen Interaktionen zwischen Paarpartnern	204
3.10.5	Weiterführende Arbeiten	207
3.10.5.1	Computerunterstützte Auswertung der Meßdaten	207
3.10.5.2	Lauterzeugung bei Grünflossen-Buntbarschen	207
3.10.5.3	Die Wirkung exogener Faktoren auf die Aggressivität junger Grünflossen-Buntbarsche	207
	Literatur/Unterrichtsmaterial	208
3.11	**Das Balzverhalten des Zebrafinken** Volker Hahn & Roland Sossinka	210
3.11.1	Einleitung	210
3.11.2	Seminarthemen	212
3.11.3	Beschaffung, Pflege und Zucht der Versuchstiere	212
3.11.4	Beobachtungen und Versuche	213
3.11.4.1	Versuch 1: Beobachtung und Beschreibung des Balzverhaltens	213
3.11.4.2	Versuch 2: Der Einfluß reizspezifischer Ermüdung auf das Balzverhalten	215
3.11.4.3	Versuch 3: Der Einfluß von Gefiederzeichnung und Schnabelfärbung auf das Balzverhalten des Zebrafinken-Männchens	216
3.11.5	Weiterführende Arbeiten	218
3.11.5.1	Sexuelle Prägung bei Zebrafinken	218
3.11.5.2	Geschlechtspartner-Wahl beim Zebrafinken-Weibchen	218
	Literatur/Unterrichtsmaterial	219
3.12	**Das Verhalten der Mongolischen Rennmaus** Rüdiger Schröpfer	221
3.12.1	Einleitung	221
3.12.2	Seminarthemen	222
3.12.3	Beschaffung, Pflege und Zucht der Versuchstiere	222
3.12.4	Beobachtungen und Versuche	223
3.12.4.1	Versuch 1: Das Ethogramm	223
3.12.4.2	Versuch 2: Das agonistische Verhalten	225
3.12.4.3	Versuch 3: Die Ortspräferenz	227
3.12.4.4	Versuch 4: Das Markierverhalten	230
3.12.4.5	Versuch 5: Der Höhlen-Effekt	231
3.12.5	Weiterführende Arbeiten	232
3.12.5.1	Beobachtungen des Jungentransports	232
3.12.5.2	Beobachtung der Ontogenese	232
3.12.5.3	Das agonistische Verhalten	232
3.12.5.4	Untersuchungen zum olfaktorischen Verhalten	233
	Literatur/Unterrichtsmaterial	233
3.13	**Das Lernen bei Mäusen** Christiane Buchholtz	235
3.13.1	Einleitung	235
3.13.2	Seminarthemen	235

3.13.3	Beschaffung, Pflege und Zucht der Versuchstiere	236
3.13.4	Beobachtungen und Versuche	237
3.13.4.1	Versuch 1: Labyrinthversuche	237
3.13.4.2	Versuch 2: Der Einfluß der Freßdauer auf den Lernverlauf	241
3.13.5	Weiterführende Arbeiten	241
3.13.5.1	Der Einfluß des optischen Sinnes und des Tastsinnes auf das Lernverhalten	241
	Literatur	242

4 Aufbereitung und Darstellung wissenschaftlicher Ergebnisse 243

4.1 Das Planen und Auswerten von Versuchen 243
Jürg Lamprecht

4.1.1	Die Irrtumswahrscheinlichkeit	243
4.1.2	Der Vergleich zweier Stichproben (U-Test)	244
4.1.3	Der Vergleich von Häufigkeitsverteilungen (χ^2-Test)	246
4.1.4	Der Fisher-Test für 4-Felder-Tafeln	247
4.1.5	Der Vergleich von Wertepaaren (Vorzeichentest)	249
4.1.6	Die Korrelation	250
4.1.7	Das Experiment	252
4.1.8	Tips für die Planung von quantitativen Beobachtungen und Experimenten	252
	Literatur	254

4.2 Wettbewerbe für junge Forscher 255

5 Anhang 256

5.1	Ethologische Zeitschriften	256
5.2	Gesellschaften	257
5.3	Die Autoren	258
5.4	Register	263
5.4.1	Verzeichnis der deutschen und wissenschaftlichen Tiernamen	263
5.4.2	Sachverzeichnis	267
5.5	Abbildungs- und Tabellennachweis	273

1 Einführung
Helmut Altner

Die Biologie wird heute häufig eine »Zukunftswissenschaft« genannt. Es gilt als wahrscheinlich, daß Ergebnisse biologischer Forschung die Lebensbedingungen des Menschen einschneidend verändern werden. Vieles spricht dafür, daß diese Sicht richtig ist. In den auf molekularer Ebene arbeitenden Disziplinen der Genetik und Mikrobiologie werden Verfahrensweisen von beträchtlicher wirtschaftlicher Bedeutung entwickelt, an die sich hohe Erwartungen – allerdings auch Ängste knüpfen. Von der Biologie werden aber auch Ratschläge erwartet, wie wir uns angesichts der Destabilisierung von Ökosystemen verhalten sollen – bis hin zu der Forderung, Erkenntnisse der Ökologie müßten stärker als bisher bei der Entwicklung von Normen für individuelles und gesellschaftliches Handeln berücksichtigt werden. Der Erklärungsanspruch der Soziobiologie hat fortdauernde Debatten über die natürlichen Determinanten menschlichen Sozialverhaltens ausgelöst. Biologische Erkenntnisse werden somit in zweifacher Weise wirksam: sie verändern unser Selbstverständnis und sie geben uns Werkzeuge in die Hand, die Welt zu verändern.

Wie schwierig es auch sein mag, Einigkeit über verantwortliche Handlungsstrategien zu erreichen, unzweifelhaft benötigen wir ein besseres Verständnis biologischer Zusammenhänge: mehr Wissen über Teilsysteme und ein umfassenderes Verstehen größerer Zusammenhänge. Und es kann nicht früh genug begonnen werden, solches Wissen und Verstehen zu vermitteln. So wird ein Buch nützlich, ja willkommen sein, wenn es geeignet ist, solche Ziele zu erreichen.

Freilich wird man an ein solches Werk Forderungen stellen müssen: nach thematischer Geschlossenheit, nach angemessener Wiedergabe der Methodik naturwissenschaftlichen Erkenntnisgewinns, nach kritischer Diskussion der Grenzen für die in ihm erläuterten Untersuchungen und nach Anwendbarkeit, wenn es sich als Unterrichtshilfe definiert. Schließlich sollte es mehr bieten als nur eine Praktikumsanleitung. Einführungen in die theoretischen Zusammenhänge, Vorschläge für Seminarthemen und weiterführende Arbeiten, Literaturhinweise sowie Angaben über wissenschaftliche Wettbewerbe für Schüler und Studenten erfüllen diesen Anspruch. Allen gezielten Beobachtungen und Versuchen muß aber eines vorausgehen: es müssen möglichst gute Haltungsbedingungen für die Tiere geschaffen werden. Für einen Biologen sollte dies selbstverständlich sein, und darin sollte er sich von jenen »Tierliebhabern« unterscheiden, die unbesorgt Tiere als »Material« – und Opfer – ihrer undifferenziert bleibenden Neigungen verbrauchen. Der zweite Abschnitt des Buches gibt daher Anleitungen und Auskünfte über die Haltung von Tieren im Kaltwasseraquarium, im Terrarium und in der Voliere. Er sollte auch dazu anregen, zunächst mit den Tieren vertraut zu werden, ihre Eigenarten kennen zu lernen und ihr unbeeinflußtes Verhalten zu verfolgen.

Die Beschränkung auf einen begrenzten thematischen Rahmen, die Grundlagen tierischen Verhaltens, eröffnet die Möglichkeit, auf die Vielfalt der Anpassungsformen einzugehen: von der Orientierung beim Pantoffeltierchen bis zum Lernen bei Mäusen. So kann auch die Bedeutung der verschiedenen Sinnesmodalitäten für die Orientierung vorgeführt werden: die akustische Kommunikation der Grillen kommt ebenso zur Sprache wie die chemischen Markierungen, die Ameisen benutzen. Die Bedeutung optischer und elektrischer Signale wird an eindrucksvollen Beispielen erfahrbar gemacht. Mannigfaltigkeit ist ein kennzeichnendes Merkmal des Lebens. Eine einseitige Fixierung auf den allgemeinen Mechanismus, das Prinzip, ohne zugleich seiner Variation bei unterschiedlich angepaßten Arten nachzugehen, wird heute zuweilen als zweckmäßig erachtet. Sie verstellt aber den Zugang zur Fülle des in der Evolution Gewachsenen und zu einem Verständnis des Evolutionsgeschehens, das diese Vielfalt hervorbringt. Eine solche Blickverengung wird spätestens dann gefährlich, wenn es um die Erhaltung von Lebensformen auf unserem Planeten geht. Ohne ein Verstehen der vielfältigen Wechselwirkungen zwischen jeweils speziell angepaßten Arten kann sich ein ökologisch verantwortliches Wirtschaften kaum entwickeln.

Mit besonderer Sorgfalt führen die Beiträge hin zur analytisch messenden Vorgehensweise der Biologie. Jeder Versuch bedeutet einen Eingriff in die Lebensbedingungen des Versuchstieres. Inadäquate Versuchsbedingungen sind nicht nur vom Standpunkt des Tierschutzes aus bedenklich. Sie engen auch die Aussagemöglichkeiten ein oder machen sie völlig zunichte. Wer das Verhalten von Tieren untersuchen will, muß zwar exakt definierte Bedingungen schaffen, diese Bedingungen müssen aber so geartet sein, daß das Verhalten bzw. die untersuchte Teilleistung in ihrem Zustandekommen und Ablauf nicht gestört ist. Es ist daher konsequent, daß zu jedem Versuch eine sehr präzise Beschreibung der Arbeitsbedingungen gegeben wird. Eine besondere Bedeutung hat in diesem Zusammenhang das Kapitel über Planen und Auswerten von Versuchen. Auch dies muß früh gelernt werden: Wissenschaftlichkeit setzt voraus (und es gehört zugleich zum verantwortlichen Umgehen mit Versuchstieren), daß Versuche von ihrer Anlage her geeignet sind, eindeutige Aussagen zu ermöglichen. So kommt dem systematischen Aufbau der Beiträge mit einer präzise formulierten Fragestellung, mit genauen methodischen Anweisungen und einer Anleitung zur Auswertung der gewonnenen Daten und Beobachtungen entscheidende Bedeutung zu.

Die einzelnen Kapitel stellen unterschiedliche Anforderungen an den Leser und Experimentator. Es wird nicht schwerfallen, wesentliche Orientierungsmechanismen von Kellerasseln zu erfassen. Ebenso kann man sich mit vergleichsweise einfachen Mitteln Einblicke in das Verhalten von Grillen erschließen. Höhere Ansprüche stellen die Beiträge über die Galvanotaxis von Pantoffeltierchen und über schwachelektrische Fische. Das Buch will mithin nicht als eine auf ein bestimmtes Niveau ausgerichtete Praktikumsanleitung benutzt werden. Es bietet Einstiegsmöglichkeiten auf unterschiedlichen Ebenen. Freilich soll es dem, der gleichsam »unten« beginnt, Anreize geben, fortzuschreiten im Bemühen, tiefere Einblicke zu gewinnen – auch in komplexe Zusammenhänge, die nicht unmittelbar zugänglich sind. Mit dem Angebot eines Spektrums auch technisch unterschiedlich anspruchsvoller Versuche will das Buch den sehr unterschiedlichen Arbeitsbedingungen von Schulen und Universitäten gerecht werden.

Die Beiträge des dritten Buchabschnittes machen auch deutlich, wie wichtig Arbeitsmethoden anderer naturwissenschaftlicher Disziplinen für die moderne Ethologie sind. Wenn wir uns dafür interessieren, wie Verhaltensweisen auf neuronaler Ebene »programmiert« werden und wie Hormone das Verhalten beeinflussen, müssen wir auf physikalische und chemische Meßverfahren zurückgreifen. Die Integration solcher Methoden in ethologische Arbeitsansätze erschließt uns faszinierende Möglichkeiten des Verstehens von wichtigen Aspekten des Verhaltens. Es ist ein Anliegen des Buches, auch dies zu zeigen und mögliche »Berührungsängste« abbauen zu helfen.

Der Umgang mit Tieren im biologischen Versuch bedarf nicht nur wegen tierschützerischer Erwägungen sorgfältigster Überlegungen. Es wirft ein Licht auf unsere Situation, daß immer weniger einheimische Tierarten für Beobachtungen und Versuche im Labor verfügbar sind. Nurmehr etwa 3 % der Fläche der Bundesrepublik sind in einem naturnahen Zustand. Von diesem Areal entfällt etwa ein Drittel auf Naturschutzgebiete. Und auch diese stehen meist unter schädigenden Einflüssen, sei es durch Erholungsbetrieb, sei es durch andere Nutzungsformen, denen unsere Landschaft unterliegt. Für die Entnahme von Tieren aus natürlichem Lebensraum gibt es daher heute Vorschriften, auf die eingegangen wird und die zu beachten sind.

Mit diesem Hinweis schließt sich gleichsam der Ring dieser einleitenden Überlegungen. Karl von Frisch, der uns das Verhalten der Tiere durch seine vielfältigen Beobachtungen und Experimente wie kaum ein anderer zu verstehen gelehrt hat, schreibt am Ende einer kurzen autobiographischen Skizze: »Wenn die wachsende Bevölkerung der Erde darin fortfährt, zur Befriedigung ihrer Bedürfnisse die Natur gedankenlos und gewaltsam umzugestalten, dann wird den Biologen kommender Zeiten nur ein kümmerlicher Rest des früheren formenreichen Tier- und Pflanzenlebens zur Verfügung stehen. Mancher wird das gar nicht merken; denn selbst Biologen sind heute vielfach der Natur entfremdet, und mancher studiert im Laboratorium mit kunstvollen Apparaten ein Teilchen eines Geschöpfes, das er bei einer Begegnung im Freien vielleicht nicht einmal als sein Versuchstier erkennt und von dessen Gesamtleben er nichts weiß. Meine Hoffnung: daß die Biologie den Blick fürs Ganze nicht verliert. Daß es ihr gelingt, die Menschen davon zu überzeugen, wie wichtig die Kenntnis der biologischen Grundgesetze gerade heute und in naher Zukunft für ihre Selbsterhaltung ist.«

2 Die Haltung von Tieren im Unterricht

Die Haltung und Zucht von Tieren ist eine wichtige Voraussetzung, um Beobachtungen und Versuche erfolgreich durchführen zu können. Den rechtlichen Rahmen für die Tierhaltung gibt das seit 1. Januar 1987 gültige *Tierschutzgesetz* vom 18. August 1986 vor: »Zweck dieses Gesetzes ist es, aus der Verantwortung des Menschen für das Tier als Mitgeschöpf dessen Leben und Wohlbefinden zu schützen. Niemand darf einem Tier ohne vernünftigen Grund Schmerzen, Leiden oder Schäden zufügen« (§ 1) und »Wer ein Tier hält, betreut oder zu betreuen hat, 1. muß das Tier seiner Art und seinen Bedürfnissen entsprechend angemessen ernähren, pflegen und verhaltensgerecht unterbringen, 2. darf die Möglichkeit des Tieres zu artgemäßer Bewegung nicht so einschränken, daß ihm Schmerzen oder unvermeidbare Leiden oder Schäden zugefügt werden« (§ 2).

Die gesetzlichen Voraussetzungen für die Genehmigung und Durchführung von Tierversuchen sind in den §§ 7–9 enthalten. Sämtliche in dem vorliegenden Buch beschriebenen Experimente fallen jedoch *nicht* darunter. Tierversuche im Sinne dieses Gesetzes sind nämlich ausschließlich »Eingriffe oder Behandlungen an Tieren zu Versuchszwecken, die mit Schmerzen, Leiden oder Schäden für die Tiere verbunden sein können« (§ 7 (1)). Dies ist – sachkundige Durchführung vorausgesetzt – bei keinem der hier vorgestellten ethologischen und verhaltensphysiologischen Versuche der Fall.

Beim Fang und bei der Haltung einheimischer Tierarten sind die Naturschutzgesetze des Bundes und der Länder zu beachten. Nach § 20 d, Abs. 1 des *Bundesnaturschutzgesetzes* in der Fassung vom 12. März 1987 ist es verboten, »wildlebende Tiere mutwillig zu beunruhigen oder ohne vernünftigen Grund zu fangen, zu verletzen oder zu töten«. Bestimmte Tierarten sind besonders geschützt. Dazu zählen die in den Anhängen I und II des Washingtoner Artenschutzübereinkommens (s. u.) in der Fassung des Anhangs A der Verordnung (EWG) Nr. 3626/82 und im Anhang C dieser Verordnung aufgeführten Arten sowie die in Anlage 1 der Bundesartenschutzverordnung vom 19. Dezember 1986 genannten Tiere; in dieser Anlage werden z. B. alle europäischen Amphibien- und Reptilienarten genannt.

Die Schutzvorschriften für besonders geschützte Tier- und Pflanzenarten sind in § 20 f des Bundesnaturschutzgesetzes enthalten: »Es ist verboten, wildlebenden Tieren der besonders geschützten Arten nachzustellen, sie zu fangen, zu verletzen, zu töten oder ihre Entwicklungsformen, Nist-, Brut-, Wohn- oder Zufluchtsstätten der Natur zu entwenden, zu beschädigen oder zu zerstören« (Abs. 1,1). Bei Freilandexkursionen ist ferner zu beachten, daß es verboten ist, »wildlebende Tiere der vom Aussterben bedrohten Arten an ihren Nist-, Brut-, Wohn- oder Zufluchtsstätten durch Aufsuchen, Fotografieren, Filmen oder ähnliche Handlungen zu stören« (Abs. 1,3).

Ausnahmen regeln die jeweiligen Ländergesetze. So ist es dem Leiter und den wissenschaftlichen Mitarbeitern staatlicher und staatlich anerkannter Institute und Anstalten gestattet, für Forschungs- und Lehrzwecke einzelne geschützte Tiere zu fangen. Lehrer und sonstige nicht wissenschaftlich tätige Personen brauchen hierzu die Genehmigung einer höheren Naturschutzbehörde (Regierungspräsidium, Bezirksdirektion für Forsten und Naturschutz, Bezirksregierung), die in der Regel aber ohne Schwierigkeiten erteilt wird, wenn der Bewerber eine entsprechende Qualifikation nachweisen kann.

Wirbeltiere der besonders geschützten Arten dürfen – wenn sie keinem Besitzverbot unterliegen – nur unter bestimmten Voraussetzungen gehalten werden: Erstens muß der Halter die erforderliche Zuverlässigkeit sowie ausreichende Kenntnisse über Haltung und Pflege der Tiere besitzen. Zweitens muß er über Einrichtungen verfügen, die eine tierschutzgerechte Haltung gewährleisten. § 10 Abs. 3 der *Bundesartenschutzverordnung* vom 19. Dezember 1986 schreibt außerdem vor, den Bestand von Wirbeltieren der besonders geschützten Arten (einschließlich deren Hybridformen) innerhalb von vier Wochen nach Erwerb der nach Landesrecht zuständigen Behörde anzuzeigen; ebenfalls sind Abgang und Verlegung des regelmäßigen Standortes der Tiere unverzüglich schriftlich zu melden. Diese Vorschriften gelten jedoch nicht für zoologische Einrichtungen juristischer Personen des öffentlichen Rechts.

Die im Freiland gefangenen Tiere werden nach Beendigung der Versuche am gleichen Ort im Biotop wieder ausgesetzt, wo sie gefangen wurden. Auch bei nicht ausdrücklich geschützten Arten sollten im Unterricht naturschützerische Überlegungen grundsätzlich Vorrang vor experimentellen Interessen haben. Eine wichtige Entscheidungshilfe können hierbei die *Roten Listen* sein. In den Tabellen 2.1, 2.2 und 2.3 sind die nach dem derzeitigen Kenntnisstand (1984) gefährdeten Kriechtiere, Lurche sowie Fische und Rundmäuler der Bundesrepublik Deutschland zusammengestellt, da diese Gruppen für die Pflege zu Lehrzwecken die mit Abstand bedeutendste Rolle spielen. Als Gefährdungsgrade werden folgende Kategorien unterschieden:

0 = Ausgestorben oder verschollen;
1 = Vom Aussterben bedroht;
2 = Stark gefährdet;
3 = Gefährdet;
4 = Potentiell gefährdet.

Ein * bezeichnet Arten, die laut Bundesartenschutzverordnung besonders geschützt sind. Diese Kennzeichnung gilt – zusammen mit den Gefährdungsstufen – auch für die nachfolgenden Kapitel. Entsprechende Angaben sind dort in eckigen Klammern enthalten.

Fangbeschränkungen für Fische – sie fehlen in der Bundesartenschutzverordnung – regeln die einzelnen *Landesfischereiordnungen*. Dort sind Schonzeiten, Schonmaße, Fangarten usw. für bestimmte Arten festgelegt.

Da wir den Fang und die Haltung einheimischer Singvögel für Unterrichtszwecke grundsätzlich ablehnen, haben wir auf eine Zusammenstellung einer entsprechenden Tabelle verzichtet. Angaben über weitere Tiergruppen sind den Roten Listen zu entnehmen.

Tab. 2.1: Die gefährdeten Kriechtiere (Reptilia) in der Bundesrepublik Deutschland. Erläuterungen s. Text

Gefährdungs-grad	Tierarten
1	*Elaphe longissima* (Äskulapnatter)*; *Emys orbicularis* (Europäische Sumpfschildkröte)*; *Lacerta viridis* (Smaragdeidechse)*; *Natrix tesselata* (Würfelnatter)*; *Vipera aspis* (Aspisviper)*.
2	*Podarcis muralis* (Mauereidechse)*; *Vipera berus* (Kreuzotter)*.
3	*Coronella austriaca* (Schlingnatter)*; *Natrix natrix* (Ringelnatter)*.

Tab. 2.2: Die gefährdeten Lurche (Amphibia) in der Bundesrepublik Deutschland. Erläuterungen s. Text

Gefährdungs-grad	Tierarten
1	*Bombina bombina* (Rotbauchunke)*.
2	*Bufo viridis* (Wechselkröte)*; *Hyla arborea* (Laubfrosch)*; *Rana arvalis* (Moorfrosch)*; *Rana dalmatina* (Springfrosch)*.
3	*Alytes obstetricans* (Geburtshelferkröte)*; *Bombina variegata* (Gelbbauchunke)*; *Bufo calamita* (Kreuzkröte)*; *Pelobates fuscus* (Knoblauchkröte)*; *Rana ridibunda* (Seefrosch)*; *Triturus cristatus* (Kammolch)*.

Tab. 2.3: Die gefährdeten Fische (Pisces) und Rundmäuler (Cyclostomata) in der Bundesrepublik Deutschland. Erläuterungen s. Text

Gefährdungs-grad	Tierarten
0	*Acipenser ruthenus* (Sterlet); *Acipenser sturio* (Stör); *Coregonus oxyrhynchus* (Wandermaräne); *Pelecus cultratus* (Ziege).
1	*Abramis sapa* (Zobel); *Alburnoides bipunctatus* (Schneider); *Alosa alosa* (Maifisch); *Alosa fallax* (Finte); *Chalcalburnus chalcoides mento* (Mairenke); *Cyprinus carpio* (Karpfen, Wildform); *Gobio uranoscopus* (Steingreßling); *Gymnocephalus schraetzer* (Schraetzer); *Hucho hucho* (Huchen); *Leuciscus souffia agassizi* (Strömer); *Rutilus frisii meidingeri* (Perlfisch); *Rutilus pigus virgo* (Frauennerfling); *Salmo salar* (Lachs); *Salmo trutta trutta* (Meerforelle); *Zingel streber* (Streber); *Zingel zingel* (Zingel).
2	*Abramis ballerus* (Zope); *Aspius aspius* (Rapfen); *Barbus barbus* (Barbe); *Chondrostoma nasus* (Nase); *Cobitis taenia* (Steinbeißer); *Cottus gobio* (Groppe); *Lampetra fluviatilis* (Flußneunauge); *Leuciscus idus* (Aland); *Lota lota* (Quappe); *Misgurnus fossilis* (Schlammpeitzger); *Osmerus eperlanus* (Stint); *Petromyzon marinus* (Meerneunauge)*; *Phoxinus phoxinus* (Elritze); *Rhodeus sericeus amarus* (Bitterling); *Salvelinus alpinus salvelinus* (Saibling); *Thymallus thymallus* (Äsche).
3	*Carassius carassius* (Karausche); *Gasterosteus aculeatus* (Dreistachliger Stichling); *Gobio albipinnatus* (Weißflossiger Gründling); *Gymnocephalus cernua* (Kaulbarsch); *Lampetra planeri* (Bachneunauge); *Leucaspius delineatus* (Moderlieschen); *Noemacheilus barbatulus* (Bachschmerle); *Pungitius pungitius* (Zwergstichling); *Salmo trutta fario* (Bachforelle); *Salmo trutta lacustris* (Seeforelle); *Scardinius erythrophthalmus* (Rotfeder); *Silurus glanis* (Wels); *Vimba vimba* (Zährte).
4	Coregonidae spp. (Renkenartige).

Fremdländische Tiere sollten dann nicht gekauft werden, wenn der Handel mit ihnen gegen die Bestimmungen des »Übereinkommens über den internationalen Handel mit gefährdeten Arten freilebender Tiere und Pflanzen *(Washingtoner Artenschutzübereinkommen)*« vom 3. März 1973 verstößt. Anhang I dieses Übereinkommens enthält alle von der Ausrottung bedrohten Arten, die durch den Handel beeinträchtigt werden oder beeinträchtigt werden können. Anhang II enthält Arten, die von der Ausrottung bedroht werden können, wenn der Handel mit Exemplaren dieser Arten nicht einer strengen Regelung unterworfen wird. In Anhang III sind Arten aufgezählt, die in bestimmten Hoheitsbereichen einer besonderen Regelung unterliegen.

Anhang I nennt u. a. zahlreiche Papageien-, Alligatoren- und Echte Krokodilarten. Anhang II z. B. die Prachtfinkenarten *Emblema oculata* (Rotohramadine) und *Poephila cincta cincta* (Schwarzkehl-Gürtelgrasfink), unter den Amphibien den Axolotl *(Ambystoma mexicanum)*, unter den Reptilien alle Landschildkröten (Testudinidae), Krokodile (Crocodylia), Chamäleons *(Chamaeleo)* und Riesenschlangen (Boidae) sowie als Fische u. a. verschiedene Fächerkärpflinge der Gattung *Cynolebias*.

Für Tiere, die in Gefangenschaft gezüchtet werden, gelten Sonderbestimmungen. In etlichen Fällen öffnen sie dem illegalen Tierhandel jedoch die Hintertür; deshalb sollte beim Kauf solcher Nachzuchtexemplare Zurückhaltung geübt werden.

Literatur
Blab, J., Nowak, E., Trautmann, W. & Sukopp, H., 1984: Rote Liste der gefährdeten Tiere und Pflanzen in der Bundesrepublik Deutschland. Reihe: Naturschutz aktuell. 4. Auflage. Greven, Kilda-Verlag.
Naturschutzrecht. Reihe: Beck-Texte im dtv. 3. Auflage. München, Deutscher Taschenbuchverlag, 1987.
Rehbronn, E., 1985: Handbuch für den Angelfischer. Edition Lambert Müller. 27. Auflage. München, Ehrenwirth.

2.1 Das Kaltwasseraquarium
Reinhard Gerecke

Ein besonderes Ziel des Biologieunterrichtes sollte sein, den Schülern die einheimische Flora und Fauna näherzubringen; dazu eignet sich gerade das *Kaltwasseraquarium* in hervorragender Weise. Ich werde in diesem Abschnitt zunächst kurz einiges zur *Einrichtung* sagen, um dann etwas ausführlicher die wichtigsten einheimischen Tiergruppen mit ihren speziellen Pflegeansprüchen und ihren biologischen Besonderheiten zu besprechen.

2.1.1 Einrichtung

Vom Warmwasseraquarium unterscheidet sich das Kaltwasseraquarium vor allem durch den geringeren technischen Aufwand. Falls wir nicht versuchen wollen, besonders anspruchsvolle Tiere zu halten, so sind – neben dem Heizer – oft auch Belüftung und Filter entbehrlich. Als Beleuchtung genügt bereits eine Schreibtischlampe, wenn das Tageslicht nicht ausreichen sollte.

Schwieriger ist die *Bepflanzung* – vor allem dann, wenn wir einheimische Wasserpflanzen zur Gestaltung des Beckens verwenden wollen: Die meisten einheimischen Wasserpflanzen gedeihen im Aquarium nämlich nicht gut und werden vor allem bei intensiver Beleuchtung bald von rascherwüchsigen Algen verdrängt.

Bewährt hat sich, etwas von dem Untergrund ins Aquarium einzubringen, auf dem die Pflanzen an ihrem natürlichen Standort gedeihen; entsteht dadurch eine zu starke Trübung, so geben wir auf den Untergrund noch eine mehr oder weniger dünne Sand- oder Kiesauflage.

Über die gesamte Dicke, mit der wir den Boden des Beckens bedecken, sollte der Gehalt des Bodengrunds an abbaubaren organischen Substanzen entscheiden. Ist der Gehalt hoch, so darf die Dicke nur gering sein, da sonst eine Fäulnisbildung im Aquarium zu befürchten ist.

Besonders für das Aquarium geeignete Pflanzen sind das Fieber-Quellmoos *(Fontinalis antipyretica)*, das Rauhe Hornblatt *(Ceratophyllum demersum)*, die Tausendblatt-Arten *(Myriophyllum sp.)* und die aus Nordamerika eingeschleppte Wasserpest *(Elodea canadensis)*. Andere Pflanzen, z. B. die Laichkrautgewächse *(Potamogeton sp.)**, verkümmern im Aquarium meist sehr schnell, oder sie schießen, nachdem sie ein paar Tage recht dekorativ ausgesehen haben, über die Wasseroberfläche empor und verlieren alle submersen Blätter (z. B. die Brunnenkresse *Nasturtium officinale*, der Froschlöffel *Alisma plantagoaquatica* und die Wasserminze *Mentha aquatica*).

Eine Verzögerung des Algenwuchses können wir erreichen, indem wir nur sparsam beleuchten und eine größere Anzahl Schnecken einsetzen. Gedeihen die Algen trotz aller Gegenmaßnahmen üppiger als die gewünschten höheren Wasserpflanzen, so mag es uns trösten, daß sie auch im Freiland während der Sommermonate oft die höheren Pflanzen zurückdrängen; gleichzeitig stellen sie auch eine wichtige Nahrungsgrundlage für unsere Aquarienbewohner dar.

---

* Zahlreiche *Potamogeton*-Arten sind in ihrem Bestand gefährdet [1, 2, 3].

2.1.2 Tiere

2.1.2.1 Schnecken (Gastropoda)

Die meisten einheimischen Schnecken stellen keine besonders hohen Ansprüche an die Wasserqualität. Die *Vorderkiemer* (Prosobranchia) sind vom Meer her eingewandert und haben ihre Entwicklung auf unterschiedliche Weise ans Süßwasserleben angepaßt: *Theodoxus sp.** legt runde Eipakete ab, in denen sich bis zu 90 Eier befinden; von ihnen entwickelt sich aber nur eines. Es kann so auf Kosten der anderen eine wesentlich längere Zeit im Eipaket verbleiben. (Im Mikroskop kann man beobachten, wie im Ei das sonst freie *Veligerstadium* durchgemacht wird!)

Viviparus viviparus [3] hingegen, die bis zu 4 cm hohe Sumpfdeckelschnecke, ist als einzige heimische Süßwasserschnecke zum Lebendgebären übergegangen. Bei der Geburt sind die Häuser der Jungen bereits 10 mm hoch.

Die Süßwasser-Lungenschnecken (Basommatophora) hingegen sind vom Land her ins Süßwasser eingewandert und legen alle einheitlich gallertige Eipakete ab, die viele Eier enthalten. Neben dem Atemraum in der Mantelhöhle, dessen Luftfüllung je nach Sauerstoffgehalt des Wassers mehr oder weniger häufig erneuert werden muß, spielt die Hautatmung eine wichtige Rolle. Die Tellerschnecken (Familie Planorbidae) besitzen darüber hinaus Haemoglobin als roten Blutfarbstoff.

Aufgrund ihrer Robustheit sind die Süßwasserschnecken (Abb. 2.1.1) ideale Aquarienpfleglinge, und nirgends sonst läßt sich die Funktion der *Radula* so schön beobachten wie an einer Wasserschnecke, die Algen auf der Aquarienscheibe abweidet.

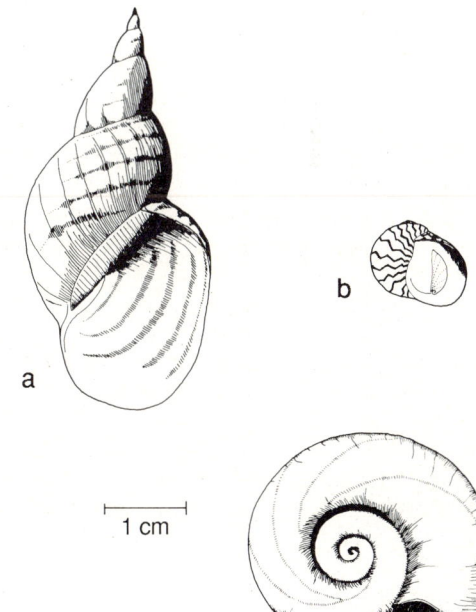

Abb. 2.1.1: Süßwasserschnecken.
a. Spitzschlammschnecke
(Lymnaea stagnalis);
b. *Theodoxus sp.*;
c. Posthornschnecke
(Planorbarius corneus)

* Donau-Flußkahnschnecke *(Theodoxus danubialis)* [1], Gemeine Flußkahnschnecke *(Theodoxus fluviatilis)* [1], Gebänderte Flußkahnschnecke *(Theodoxus transversalis)* [1].

2.1.2.2 Muscheln (Bivalvia)

Schwieriger gestaltet sich die Haltung von Muscheln im Aquarium. Unter den großen Muscheln unserer Gewässer ist nur die Teichmuschel *Anodonta sp.* (Länge bis zu 20 cm) für das Aquarium geeignet. Sie kann durchaus über längere Zeit im Aquarium gehalten werden, solange eine gewisse Detritusmenge für ein hinreichendes Nahrungsangebot auch im Freiwasser sorgt und das Wasser gleichzeitig sauerstoffreich ist. Wir können sie, wenn das Wasser gefiltert wird, auch mit Fleisch füttern, das wir vor ihrer Einströmöffnung zerreiben; diese Methode sollte man allerdings nur sparsam anwenden.

Da die Teichmuschel jedoch meist halb eingegraben ist und nicht allzu viele Lebenszeichen von sich gibt, bemüht man sich besser um die nur 3–4 cm langen Wandermuscheln *(Dreissena polymorpha)*. Sie sind vor gut 150 Jahren von Osten her nach Mitteleuropa eingewandert. Mit ihren *Byssusfäden* heften sie sich an Steinen, Pfählen und anderen Muscheln fest, können diese aber – zumindest in ihrer Jugend – wieder lösen und ihren Fuß zur Fortbewegung benutzen. Von ihnen lassen sich einige Exemplare längere Zeit in einem Aquarium, das genügend Schwebstoffe enthält, auch ohne zusätzliche Futtergabe pflegen.

Während die beiden bis jetzt genannten Arten komplizierte Larvalentwicklungsstadien durchlaufen – *Anodonta*-Larven parasitieren in Fischkiemen, *Dreissena* hat planktische *Veligerlarven* – besitzen die Kugelmuscheln (Familie Sphaeriidae) keine freien Larven mehr, sondern sind lebendgebärend. Diese unscheinbaren kleinen Muscheln lassen sich oft in fallaubreichen Tümpeln im Wald finden. Sie sind eigentlich die interessantesten Muscheln, da sie viel umherwandern und auch gern zur Wasseroberfläche kommen, wo wir sie zwischen Wasserlinsen finden können. Oft ist ihre Schale so dünn, daß man durch sie hindurch Teile ihrer inneren Organisation studieren kann.

2.1.2.3 Egel (Hirudinea)

Interessant im Aquarium zu beobachten ist das Verhalten des Gemeinen Fischegels *(Piscicola geometra)*, den man in den meisten fischreichen Gewässern an Wasserpflanzen sitzend finden kann. Auch im Aquarium sitzt er still ausgestreckt auf festen Substraten

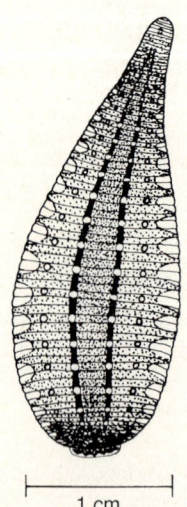

Abb. 2.1.2: Großer Schneckenegel *(Glossiphonia complanata)*

und wartet, bis sein Vorderende Kontakt mit einem Fischkörper bekommt, an dem er sich blitzschnell festsaugt.

Weniger bekannt ist, daß eine große Anzahl einheimischer Egelarten sich nicht vom Saugen an anderen Tieren, sondern vom Fang verschiedener Wasserorganismen ernährt, die verschlungen oder aus denen Stücke gerissen werden. So *Haemopis sanguisuga*, der Pferdeegel, der mit 10–15 cm die gleiche Länge erreicht wie der Medizinische Blutegel *(Hirudo medicinalis)*, gleichzeitig aber wesentlich häufiger als dieser auftritt.

Manche Egel besitzen ein interessantes Brutpflegeverhalten, so der an Schnecken saugende Große Schneckenegel *(Glossiphonia complanata*; Abb. 2.1.2), der seine Eier in einem Kokon ablegt, um dann über diesem sitzen zu bleiben und mit charakteristischen Körperbewegungen für einen ständig frischen Wasserstrom zu sorgen; er ist als Aquarientier sehr gut geeignet.

2.1.2.4 Spinnentiere (Arachnida)

Unter den Spinnen ist einzig und allein eine Art zum Wasserleben übergegangen, nämlich die Wasserspinne *(Argyroneta aquatica)* [3], die bei uns vor allem in kleineren Gewässern Norddeutschlands zu finden ist. Man kann das Vorhandensein von *Argyroneta* leicht erkennen, wenn man die Oberfläche des Gewässers längere Zeit beobachtet: Wasserspinnen müssen nämlich in regelmäßigen Abständen auftauchen, um ihren Luftvorrat zu ergänzen. Ansonsten läßt sich die Wasserspinne auch in nicht allzu oberflächenfernen Bereichen des Gewässers unter Steinen, Hölzern oder im Pflanzendickicht finden, wo sie ihre Netze spinnt.

Im Aquarium kann die Herstellung des Netzes und die anschließende Füllung mit am Hinterleib haftenden Luftbläschen gut beobachtet werden. Das Netz dient vor allem als Ort der Nahrungsaufnahme und als Aufenthaltsort zwischen den Raubzügen. Wichtig ist, daß den Tieren stets reichlich Futter zur Verfügung steht; gut eignen sich z. B. Insektenlarven.

Mit einer riesigen Zahl von Arten besiedeln hingegen die Wassermilben (Hydracarina; Abb. 2.1.3) unsere Gewässer. Es handelt sich zumeist um 1–2 mm große Tiere, die den landbewohnenden Milben sehr ähnlich sein können. Erst mit bewaffnetem Auge erkennt man, welch große Fülle verschiedener Formen diese Tiergruppe hervorgebracht hat. Die leuchtend rot gefärbten Arten (z. B. die häufige *Hydrodroma despiciens*) können uns

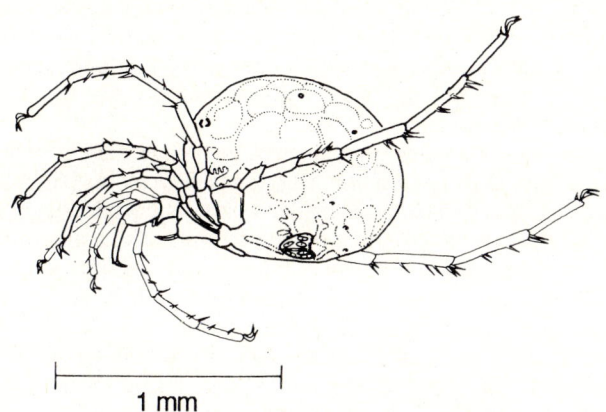

Abb. 2.1.3: Süßwassermilbe *Hygrobates sp.*

schon bei einem einzigen Blick in einen Weiher auffallen, andere unscheinbarere Formen entdecken wir oft erst als Beifang im Aquarium, eingebracht mit Pflanzen oder Futtertieren.

Während sich bei Wassermilben, die rasch fließende Gewässer besiedeln, oft kräftige Krallen- und Borstenbildungen finden, zeichnen sich die fürs Aquarium geeigneten Stillwasserformen oft durch einen mehr kugeligen Körper und durch mit Schwimmhaaren besetzte Beine aus, mit denen sie gewandt durchs freie Wasser paddeln. Alle erwachsenen Wassermilben sind räuberisch und verzehren vor allem Kleinkrebse und Insektenlarven.

Die aus den Eiern schlüpfenden Larven können freilebend sein; die Larven vieler anderer Arten suchen jedoch Wirtstiere (meist Insekten) auf, an denen sie eine Zeitlang parasitieren. Manchmal kann man kleine Larven in großer Zahl auf der Wasseroberfläche umherrennen sehen, wo sie sich auf schlüpfende Insekten, z. B. Dipteren, stürzen; nachher findet man sie dann als kleine Säckchen an den Intersegmentalhäuten und Flügeladern ihrer Wirtstiere, mit denen zusammen sie sich auch auf dem Luftwege ausbreiten können. Auf diese Larvenform folgt nach einer Ruhepause (Puppe I) das *Nymphenstadium*, das sich über die Puppe II zum adulten Tier entwickelt.

Im Aquarium bleiben die Milben oft lange Zeit am Leben, da sie kaum Freßfeinde haben: Fische und Amphibien beispielsweise, die nach ihnen schnappen, spucken sie regelmäßig wieder aus.

2.1.2.5 Krebse (Crustacea)

Allgemein verbreitete Krebstiere sind bei uns Wasserasseln (Isopoda). Die Wasserassel (in Mitteleuropa neben der höhlenbewohnenden Art *Asellus cavaticus* vor allem *Asellus aquaticus*; Abb. 2.1.4) bevorzugt stehende Gewässer mit hohem Fallaubanteil, findet sich oft aber auch in Fließgewässern, vor allem in entsprechenden Anreicherungen von Fallaub und anderem organischen Material, wo die Tiere ihre Nahrung suchen. Die Wasserassel ist leicht im Aquarium zu halten und zeigt auch hier ihr interessantes Brutpflegeverhalten: Die Exopoditen der vier vorderen Brustbeinpaare bilden unter dem Bauch des Weibchens einen abgeschlossenen Brutraum, das *Marsupium*. In diesen Brutsack werden die Eier abgelegt, und hier findet auch die (direkte) Entwicklung der Jungen statt; sie dauert je nach Wassertemperatur drei bis sechs Wochen.

Heikler im Aquarium zu halten sind Flohkrebse (Amphipoda), die im Süßwasser zumeist der Familie Gammaridae angehören. Vor allem stellen sie sehr hohe Ansprüche an den Sauerstoffgehalt des Wassers. Falls wir dennoch Gammariden im Aquarium pflegen wollen, sollten wir uns bemühen, Tiere aus stehenden Gewässern zu beschaffen. Diese können in einem gut belüfteten Aquarium einige Zeit belassen werden. Sowohl Gammariden als auch Asseln verlangen darüber hinaus ein – wenn auch geringes – Quantum an Kalk im Wasser.

Die größten Krebse – auch der Binnengewässer – stellt die Ordnung der Zehnfüßer (Decapoda). Zu ihnen gehört der Flußkrebs *Astacus astacus* [1] (Abb. 2.1.5). Nachdem seine Bestände aber Anfang dieses Jahrhunderts durch die Krebspest (ihr Erreger ist der Pilz *Aphanomyces astaci*) stark dezimiert worden sind, wurde ein nordamerikanischer Verwandter, der gegen diese Krankheit resistente *Orconectes limosus* eingesetzt, der sich jetzt in vielen Bächen vor allem der Mittelgebirge findet. Er ist auch in anderer Hinsicht nicht so anspruchsvoll wie sein Vorgänger und damit auch für die Haltung in einem Aquarium ohne großen Aufwand geeignet. Allerdings benötigt er auf jeden Fall ein belüftetes Becken, am besten mit einer gut funktionierenden Filteranlage. Was die Nahrung betrifft, ist der Amerikanische Flußkrebs nicht wählerisch und läßt sich gut mit Regenwürmern, Engerlingen oder frischem Fisch füttern.

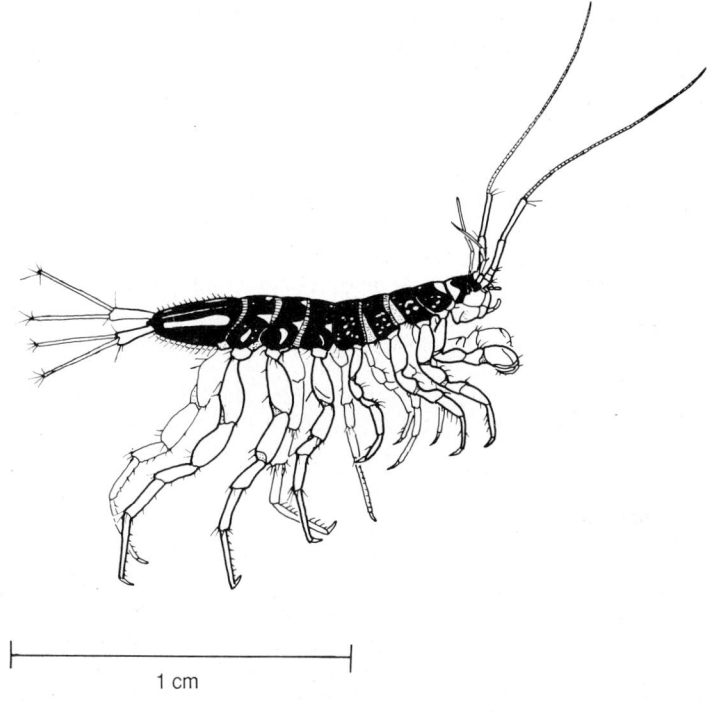

Abb. 2.1.4: Wasserassel *(Asellus aquaticus)*

Am besten beschafft man sich einen noch nicht ausgewachsenen Krebs, so daß man mit der Zeit eine Serie von Häuten erhält, die sich schön aufbewahren lassen und anhand derer man später das Wachstum des Tieres nachvollziehen kann. Es ist nicht ratsam, in kleineren Becken mehrere Krebse gleichzeitig zu halten, da sie sich sonst regelmäßig in die Quere kommen und vor allem im frisch gehäuteten Zustand (als »Butterkrebse«) leicht verletzt oder umgebracht werden.

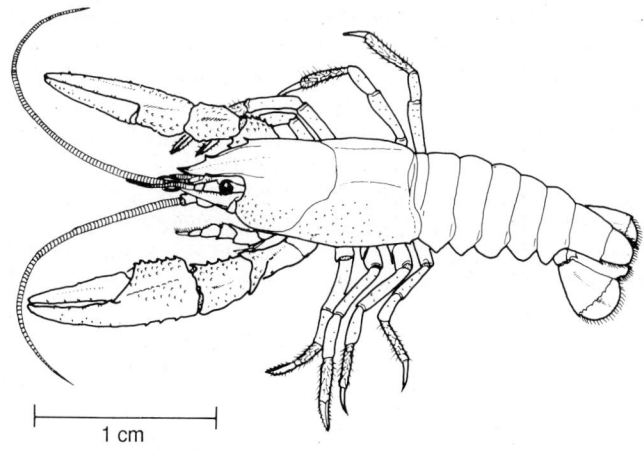

Abb. 2.1.5: Edelkrebs *(Astacus astacus)*, nach einer Exuvie gezeichnet

Ausgehend vom südlichen Rheingebiet hat sich in den letzten Jahren die Süßwassergarnele *Atyaephyra desmarestii* entlang verschiedener Kanal- und Flußsysteme quer durch Deutschland bis nach Berlin ausgebreitet. Diese Art ist zusammen mit einer weiteren, *Palaemonetes antennarius*, in Flüssen und Seen des Mittelmeerraumes weit verbreitet und ein hochinteressanter Aquarienbewohner.

Die Garnelen sind im Kaltwasserbecken recht unproblematische Pfleglinge, die alle möglichen natürlichen Abfälle, aber auch Fischfutter als Nahrung aufnehmen. Die Weibchen tragen die Eier längere Zeit an ihren Pleopoden, bevor die winzigen Jungen schlüpfen, deren Aufzucht allerdings schwierig ist. Die Tiere werden ca. 4 cm lang und lassen sich in größeren Gruppen im Aquarium halten. Auch von ihnen kann man sich eine Sammlung der Häute zulegen, die aber weniger stabil sind als beim Flußkrebs und daher besser in Alkohol oder – zerlegt – als Dauerpräparat aufbewahrt werden.

2.1.2.6 Insekten (Insecta)

Nachdem sich ihre Vorfahren von ihm gerade unabhängig gemacht hatten, eroberte eine große Fülle von Insekten das Wasser wieder zurück. Drei Gruppen ursprünglicher geflügelter Insekten haben wasserlebende Larven: Steinfliegen (Plecoptera), Eintagsfliegen (Ephemeroptera) und Libellen (Odonata).

Die Larven der Steinfliegen*, zumeist hochangepaßte Bewohner schnellfließender Bäche, sind von den meisten Eintagsfliegen an der Zahl der Schwanzanhänge zu unterscheiden: Während die Steinfliegen lediglich über die beiden fadenförmigen gegliederten Cerci verfügen, besitzen fast alle Eintagsfliegen ein zusätzliches ebenso gestaltetes Terminalfilum, das zwischen den beiden Cerci inseriert ist. Wenn überhaupt Kiemen vorhanden sind – der Sauerstoffreichtum des Wassers erübrigt dies oft –, so finden sich diese als schlauchförmige Anhänge an je nach Gattung verschiedenen Stellen des Körpers. Die einheimischen Steinfliegenlarven sind durchwegs ungeeignet für die Haltung im Aquarium.

Dies trifft auch für einen Teil der Larven von Eintagsfliegen** zu. Eintagsfliegenlarven, die aus fließendem Wasser gefangen wurden, sterben im Aquarium sehr schnell – egal, ob es sich um Tiere handelt, die durch stromlinienförmige Abplattung ihre Anpassung an schnellfließendes Wasser zeigen oder um solche, denen man keinen morphologischen Unterschied zu Bewohnern ruhiger Gewässer ansieht. Der Besitz beweglicher Kiemenblättchen am Hinterleib erlaubt es jedoch vielen Arten aus dieser Gruppe, auch stehende Gewässer zu besiedeln. Diese ernähren sich von Aufwuchs und Detritus, wie er im beleuchteten Aquarium stets zur Genüge vorhanden ist; sie sind damit völlig problemlos im Aquarium zu halten, vor allem die Gattungen *Cloeon* und *Caenis*.

Man kann sich von ihnen, wie von allen wasserlebenden Gliederfüßern, eine Sammlung der Larvalhäute *(Exuvien)* zulegen. Einzigartig unter allen Insekten ist die Tatsache, daß sich bei den Eintagsfliegen auch das geflügelte Tier noch einmal einer Häutung unterziehen muß. Bei dieser Häutung vom ersten geflügelten Stadium (der *Subimago*) zum letzten, erwachsenen Stadium (der *Imago*) bleibt eine geflügelte Exuvie zurück, die oft dem schlüpfenden Tier gleichzeitig als Startplattform für das Verlassen der Wasseroberfläche dient.

---

* In der Bundesrepublik Deutschland sind viele Steinfliegen-Arten bereits ausgestorben oder in ihrem Bestand stark gefährdet.
** Von den 81 in der Bundesrepublik nachgewiesenen Eintagsfliegen-Arten sind bereits 5 ausgestorben. 30 Spezies gelten als gefährdet und 8 als potentiell gefährdet.

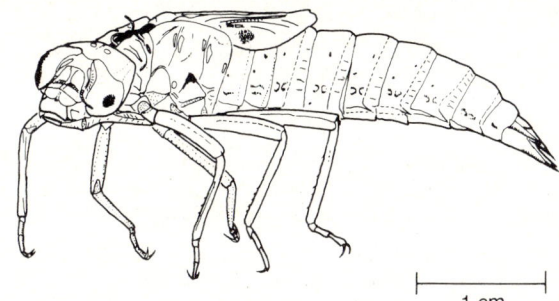

Abb. 2.1.6: Larve einer Großlibelle *(Aeschna cyanea)*, nach einer Exuvie gezeichnet

Die dankbarsten Aquarienbewohner dieser drei Gruppen stellen aber gewiß die Larven der Libellen* dar. Sie zeichnen sich durch den Besitz einer charakteristischen *Fangmaske* aus, die je nach Ernährungsweise unterschiedlich ausgebildet sein kann.

Die meisten Arten ertragen auch geringe Sauerstoffkonzentrationen im Wasser, da sie über eine sehr effektive Enddarmatmung verfügen. Wasser kann aktiv in den Enddarm herein- und wieder hinausgepumpt werden. Die Wand des Enddarms ist außerdem zottig aufgefaltet, so daß Sauerstoff aus dem Wasser durch die dünne Cuticula und Haut in die Hämolymphe übertreten kann. Die Larven der Großlibellen (Anisoptera; Abb. 2.1.6) benutzen den Enddarm gleichzeitig als Antriebsorgan, indem sie durch kräftige Enddarmkontraktion Wasser aus dem After ausstoßen und dadurch vorwärts beschleunigen.

Bei den Kleinlibellen (Zygoptera) stehen die drei *Schwanzblätter* wohl hauptsächlich im Dienste der Fortbewegung, die durch seitliches Schlagen des Hinterleibes erfolgt. Darüber hinaus haben sie, wohl vor allem bei geringem Sauerstoffpartialdruck, eine Bedeutung für die Atmung sowie – wenn bestachelt – möglicherweise auch für die Verteidigung.

Unter den Hemimetabolen haben außerdem noch die Wanzen (Heteroptera) mit etlichen Familien – sie werden als »Wasserwanzen« bezeichnet – das Wasser besiedelt. Keine Aquarientiere im engeren Sinne sind die Wanzen der Wasseroberfläche: Wasserläufer (Gerridae), Teichläufer (Hydrometridae), Stoßwasserläufer (Veliidae) und Mesoveliidae, die Stillwasserzonen in Fließgewässern besiedeln.

Eine starke Abhängigkeit von der Wasseroberfläche, wo sie ihre Atemluft holen müssen, besteht aber auch bei den meisten anderen Gruppen der Wasserwanzen. Vor allem der Wasserskorpion *(Nepa rubra)* und die Stabwanze *(Ranatra linearis)* [*] (Abb. 2.1.7) – beide gehören zur Familie Skorpionswanzen – verbringen die meiste Zeit ihres Lebens dicht unter der Wasseroberfläche, mit der sie über ihre vom Hinterleibsende ausgehenden Atemröhren Kontakt halten. Während die Raubbeine des Wasserskorpions zangenartig gegeneinander arbeiten, hat *Ranatra* richtige subchelate Zangenbeine ähnlich denen der Gottesanbeterin. Wir finden beide Arten dicht unter der Wasseroberfläche im Pflanzendickicht, was aber besonders bei der Stabwanze gar nicht einfach ist, da sie durch ihre längliche Körpergestalt hervorragend getarnt ist. Wenn die Tiere in tiefere Wasserschichten hinabsteigen, die einen Kontakt ihrer Stigmenöffnungen zur Wasseroberfläche nicht mehr erlauben, so werden diese durch hydrophobe Haare verschlossen.

---

* Etwa 60 % der einheimischen 80 Libellenarten sind vom Aussterben bedroht oder in ihrem Bestand gefährdet. Die höchsten Gefährdungsstufen weisen dabei die Libellen auf, deren Larvalentwicklung sich in den vom Menschen besonders stark beeinträchtigten Gewässern vollzieht: Fließgewässer, Hochmoore und sommertrockene Seggenriede. Einige Arten sind deshalb besonders geschützt.

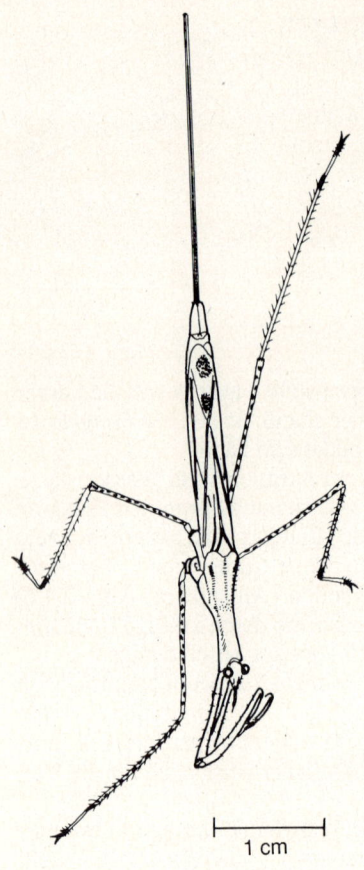

Abb. 2.1.7: Stabwanze *(Ranatra linearis)*

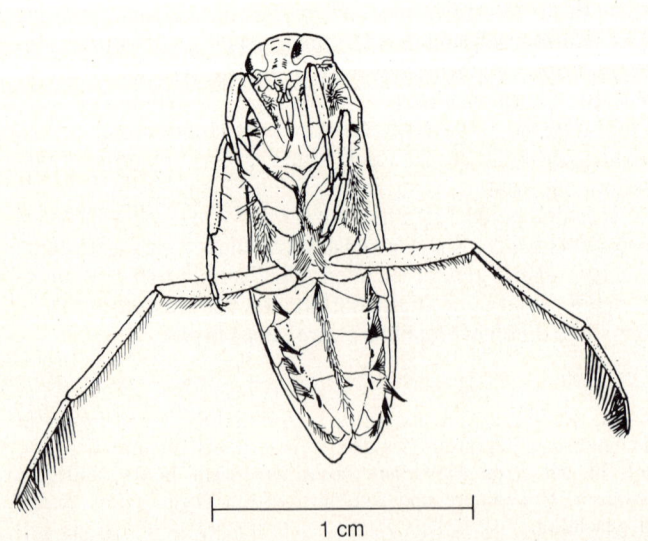

Abb. 2.1.8: Rückenschwimmer *(Notonecta sp.)*

Beide Wanzen sind fürs Aquarium durchaus geeignet. Das Becken sollte weder zu dicht, noch zu spärlich bepflanzt sein, um die Tiere bei ihren Ausflügen nicht zu behindern, ihnen andererseits aber überall die Möglichkeit zu geben, sich festzuhalten. Als Futter ist so ziemlich alles geeignet, was sich bewegt – bis zur Größe von Kaulquappen und Jungfischen. Die Tiere besitzen einen großen Appetit, und deshalb sollten wir immer für reichlich Futter sorgen.

Weniger abhängig vom Oberflächenwasser sind die Rückenschwimmer (Notonectidae) und die Ruderwanzen (Corixidae), da sie auf ihrer Bauchseite und unter den Flügeln einen größeren Luftvorrat mit sich führen können. Die Ruderwanzen sind Detritusfresser, der Rückenschwimmer (*Notonecta sp.*; Abb. 2.1.8) lebt räuberisch an der Wasseroberfläche, wo er schlüpfende bzw. ertrinkende Insekten frißt. Wie die Ruderwanzen ist auch er überkompensiert, d. h., er ist leichter als Wasser und kann so auf seinen (hydrophil behaarten) Beinen auf der Unterseite des Wasserspiegels richtig stehen – eine genaue Umkehrung der Verhältnisse, die wir beim Wasserläufer *(Gerris sp.)* finden.

Die Ruderwanzen sind zur *Stridulation* befähigt, was ihnen auch den Namen »Wasserzikaden« eingetragen hat; man kann sie im Aquarium zirpen hören.

Die Vertreter dieser zwei Familien sind im Aquarium etwas schwieriger zu halten, da sie schnell versuchen davonzufliegen. Hindert man sie daran, so lassen sie sich trotzdem eine Weile halten, die Imagines der Ruderwanzen gehen allerdings im Frühsommer ein, was aber auch ihrem natürlichen Lebenszyklus entspricht; erst im August erscheinen dann die Imagines der folgenden Generationen. Im Gegensatz zu den Rückenschwimmern sind die Ruderwanzen Detritusfresser.

Von der Ordnung der Käfer (Coleoptera) sind etliche Familien unabhängig voneinander zum Wasserleben übergegangen; die wichtigsten sind die Schwimmkäfer (Dytiscidae), die Wasserfreunde (Hydrophilidae), die Taumelkäfer (Gyrinidae), die Wassertreter (Haliplidae) und die Hakenkäfer (Dryopidae und Elminthidae).

Die Hakenkäfer und die Wassertreter enthalten nur relativ kleine Formen, wenngleich mit interessanten Anpassungen an das Wasserleben. Taumelkäfer stellen keine für das Aquarium geeignete Arten, da sie auf der Oberfläche größerer Wasserbecken rasend schnell in Kreisbahnen herumzuschwimmen pflegen und aus dem Aquarium wegzufliegen versuchen.

Die Wasserfreunde und die Schwimmkäfer sind ebenfalls Familien, die zum großen Teil aus recht winzigen Arten bestehen. Während die Schwimmkäfer ihren Luftvorrat unter den Vorderflügeln bei sich tragen und ihn erneuern, indem sie mit der Hinterleibsspitze an der Wasseroberfläche hängen, befindet sich der größte Teil der Atemluft der Wasserfreunde auf der Unterseite von Brust und Hinterleib; sie wird über einen hydrophoben Kanal, der von den Fühlern und einer Kopffurche gebildet wird, ventiliert, so daß die Käfer beim Luftschöpfen mit dem Kopf an der Wasseroberfläche hängen. Es ist interessant, diese beiden Anpassungen nebeneinander im Aquarium zu vergleichen. Von den Wasserfreunden kommen hierfür allerdings nur kleinere Arten in Frage, z. B. der Stachelwasserkäfer *(Hydrochara caraboides)*, da der einzige wirklich große Wasserfreund, der Große Kolbenwasserkäfer *(Hydrophilus piceus)* [2*] wegen seiner Seltenheit – wie auch die andere einheimische Art der Gattung, *H. aterrimus* – bei uns geschützt ist und deshalb als Aquarientier nicht gehalten werden darf.

Wasserfreunde haben eine stärkere Neigung zum Wegfliegen als Schwimmkäfer; das Becken sollte deshalb gut abgedeckt sein. Während die Larven der Wasserfreunde räuberisch leben, sind die meisten Arten im erwachsenen Alter Pflanzenfresser; sie lassen sich z. B. mit Salatblättern füttern.

In der Familie der Schwimmkäfer hingegen gibt es einige prächtige große Arten, die sich im Aquarium gut halten lassen und auch ziemlich häufig sind. Sie leben – wie ihre Larven, die Saugmandibeln besitzen – räuberisch und können mit allem, was sich

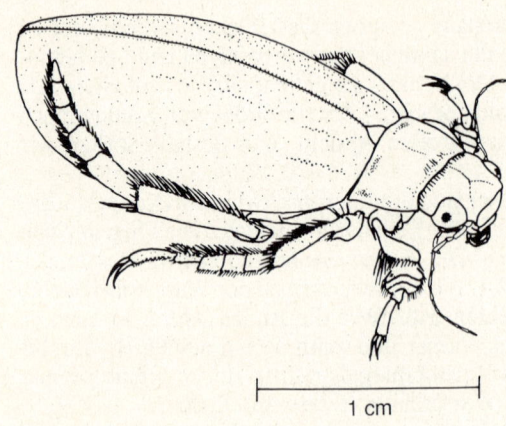

Abb. 2.1.9: Gelbrand *(Dytiscus sp.)*

bewegt, gefüttert werden. Im Gegensatz zu den Wasserfreunden bewegen die Schwimmkäfer ihre als Schwimmbeine ausgestalteten Hinterbeine stets gleichsinnig. Besonders häufige große Arten sind z. B. der Gelbrand *(Dytiscus marginalis;* Abb. 2.1.9) und der Furchenschwimmer *(Acilius sulcatus).*

Was bei den Holometabola stets schwieriger zu beobachten ist als bei den Hemimetabola, ist die Verwandlung und das Schlüpfen der Imagines. Hierfür müssen wir ein Aquaterrarium mit weicher Erde im Landteil schaffen und außerdem dafür sorgen, daß die Tiere das Ufer besteigen können. Meist kündigt sich die bevorstehende Verpuppung durch nachlassende Freßlust an; dann steigt die Larve an Land und gräbt sich zur Verpuppung ein.

Lediglich bei den Köcherfliegen (Trichoptera)* gibt es viele Arten, die sich in ihren Köchern unter Wasser verpuppen. Ihre Puppen haben zwei freie Beinpaare, mit denen sie vor der Imaginalhäutung das Trockene aufsuchen.

Die meisten Larven der Köcherfliegen sind vor allem dadurch interessant, daß sie sich aus Fremdpartikeln Gehäuse bauen. Da die köcherbauenden Arten meist Pflanzen- und Detritusfresser sind, ist ihre Haltung im Aquarium – sofern sie aus stehenden Gewässern stammen, wie Arten der Gattungen *Anabolia* und *Limnephilus* – nicht schwierig. Es läßt sich hier sehr schön der Neubau oder die Vergrößerung des Köchers beobachten.

Nicht fürs Aquarium geeignet sind hingegen die meisten räuberischen nichtköcherbauenden Köcherfliegenlarven, zum einen, weil sie in Fließgewässern leben und einen dementsprechend hohen Sauerstoffbedarf haben, zum anderen, weil sie ihre Nahrung mit Netzen aus der Strömung herausfischen – eine Situation, die sich im Aquarium mit einfachen Mitteln nicht nachbilden läßt.

Weitere holometabole Insekten mit im Wasser lebenden Larven sind die Schlammfliegen (Megaloptera), deren Larven im Schlamm eingegraben leben und daher im Aquarium nicht besonders interessant sind. Ebenfalls ungeeignet sind die Larven der Schwammfliege *Sisyra* (Ordnung Neuroptera, Netzflügler); sie leben als Nahrungsspezialisten in Schwämmen. Selten zu finden sind die wasserlebenden Raupen des Wasserschmetterlings *Nymphula nymphaeata* (Familie Pyralidae, Zünsler).

---

* Von den schätzungsweise 300 Köcherfliegen-Arten in der Bundesrepublik sind etwa 60% vom Aussterben bedroht oder in ihrem Bestand gefährdet. Die höchsten Gefährdungsstufen bestehen für empfindliche Arten der Quellen und nährstoffarmen Moore.

Von großer Bedeutung in der Natur sind schließlich noch die wasserlebenden Larven der Zweiflügler (Diptera), die aus sehr vielen (z. T. systematisch weit voneinander entfernt stehenden) Familien stammen. Wir wollen hier nur die Familie der Stechmücken (Culicidae) kurz besprechen, da sich ihre Larven im Aquarium gut vergleichend beobachten lassen.

Die Larve der »Malariamücke« *Anopheles* liegt waagerecht am Oberflächenhäutchen des Wassers aufgehängt; sie weidet hier, den Kopf der Oberfläche zugewandt, Partikel, die auf die Wasseroberfläche anfliegen, sowie Kleinorganismen, die das Oberflächenhäutchen besiedeln (das sog. *Neuston*), ab.

Die Larve von *Culex sp.* hängt nur mit ihrem Atemrohr in schräger Körperstellung an der Wasseroberfläche; sie frißt Kleinorganismen im freien Wasserraum. Die Wasseroberfläche verläßt sie nicht nur zur Flucht, sondern auch zur Nahrungsaufnahme.

Die Larve der Büschelmücke *Chaoborus sp.* schließlich ist völlig unabhängig von der Wasseroberfläche geworden. Sie hat aus ihrem Tracheensystem durch Bildung vorderer und hinterer Tracheenblasenpaare ein Gleichgewichtsorgan geschaffen; die Atmung erfolgt über die nur von einer sehr dünnen Kutikula bedeckten Haut sowie über abdominale Anhänge. In Waldteichen ist sie ein typischer Vertreter des Planktons.

Alle drei Gattungen haben stark abgewandelte freie und bewegliche wasserlebende Puppen, die die meiste Zeit mit ihren »Atemhörnern« – zwei hornartigen Fortsätzen an dem mächtig entwickelten Kopfbruststück – an der Oberfläche des Gewässers hängen. Diese Mücken lassen sich im Aquarium vom Ei bis zur Imago aufziehen.

2.1.2.7 Fische*

Ein großer Teil der einheimischen Fische ist zumindest in frühen Entwicklungsstadien für eine Aquarienhaltung sehr gut geeignet. Schwierig ist es hingegen bei vielen Arten, auch das Fortpflanzungsverhalten zu beobachten. Oft setzt hier die Körpergröße, die die Tiere im erwachsenen Zustand erreichen, der Aquarienhaltung eine Grenze.

Interessante Aquarientiere sind Jungtiere von Hecht *(Esox lucius)*, Quappe *(Lota lota;* Abb. 2.1.10), Wels *(Silurus glanis)* und Aal *(Anguilla anguilla)*. Während letzterer sich durch ein hohes Maß an Genügsamkeit auszeichnet, entwickeln die anderen einen unvorstellbaren Appetit. Da sie aber zugleich fast alles fressen, was sich bewegt, macht die

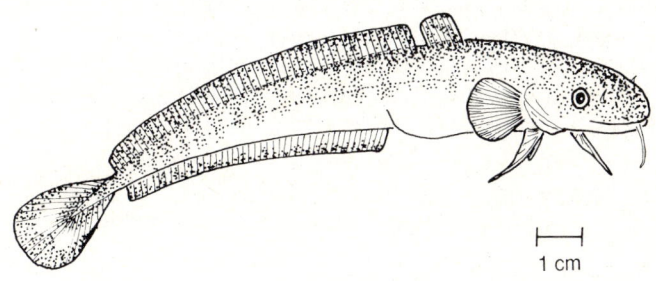

Abb. 2.1.10: Jungtier einer Quappe *(Lota lota)*

---

* Die Gefährdungsstufen für die verschiedenen Fischarten sind der Tab. 2.3 (S. 20) zu entnehmen.

Futterbeschaffung nicht allzuviel Mühe. Junge Quappen, Aale und (seltener) Welse finden wir am Rande großer Flüsse und Seen unter Steinen, Hechte hingegen eher im Krautgürtel des Uferbereichs.

Auch zahlreiche andere einheimische Nutzfische eignen sich als Jungtiere für die Pflege im Aquarium, so Karpfen *(Cyprinus carpio)*, Schleien *(Tinca tinca)*, Rotaugen *(Rutilus rutilus)*, Rotfedern *(Scardinius erythrophthalmus)*, Döbel *(Leuciscus cephalus)*, Barben *(Barbus barbus)* und Brachsen *(Abramis brama)*, um nur die bekanntesten zu nennen. Sie bilden im Aquarium wie in der Natur Schwärme, die aus Tieren verschiedener Arten zusammengesetzt sein können. Alle lassen sie sich außer mit Lebendfutter, das man im Freien fängt, auch mit käuflichem Trockenfutter ernähren. Falls wir die Fische selber aus Flüssen oder Seen beschaffen wollen, so ist es sehr wichtig, nicht zu kleine Tiere zu fangen, da diese sehr empfindlich auf die Belastungen des Transports reagieren und oft auch an die Ernährung besondere Ansprüche stellen, die sich im Aquarium nicht erfüllen lassen. Tiere von 3 cm Länge und mehr sollten zwar ebenfalls sorgfältig verpackt und vorsichtig transportiert werden (viel Sauerstoff, wenig Erschütterungen), sie sind aber doch schon um einiges robuster.

Weniger bekannt ist, daß auch junge Forellen *(Salmo trutta)* durchaus gut im Aquarium gehalten werden können – ja, sie stellen nicht einmal besonders hohe Ansprüche an Sauerstoffgehalt und Wasserbewegung; ein einfacher Ausströmerstein genügt bereits. Allerdings müssen wir sie einzeln halten, da sie sich anderen Fischen – auch Artgenossen! – gegenüber ausgesprochen rabiat verhalten.

Ideale Aquarienfische finden wir vor allem unter den kleineren Arten in unseren Gewässern, die in den Familien der Stichlinge (Gasterosteidae), Schmerlen (Cobitidae) und Groppen (Cottidae) zu suchen sind.

Die Groppen, bei uns mit zwei Arten vertreten, bewohnen vor allem die raschfließenden Oberläufe der Fließgewässer, lieben also kaltes und sauerstoffreiches Wasser. Sie halten sich tagsüber unter Steinen auf, wo im Frühjahr die Eiablage stattfindet. Der abgelegte Laichballen wird vom Männchen bewacht. Dieses Fortpflanzungsverhalten im Aquarium zu beobachten, dürfte schwierig sein – zumal die Bedingungen kaum nachzuahmen sind, unter denen in der Natur die gesunde Entwicklung des Laichs abläuft.

Hingegen erweisen sich die erwachsenen Groppen keineswegs als sehr anspruchsvoll; sie lassen sich in einem Aquarium, das mit einem Ausströmerstein belüftet wird, beobachten. Sie sind räuberisch und verzehren Insektenlarven sowie andere Wirbellose.

Bekanntlich treiben auch Stichlinge Brutpflege. Sowohl der Dreistachlige Stichling *(Gasterosteus aculeatus;* Abb. 2.1.11) als auch der in Norddeutschland verbreitete Neunstachlige Stichling *(Pungitius pungitius)* sind bestens geeignete Aquarienpfleglinge, da sie ihr interessantes Fortpflanzungsverhalten auch in kleinen Becken ohne jede technische Ausrüstung zeigen. Sie kommen in kleinen Wiesengräben ebenso vor wie in großen Fließgewässern, im Randbereich großer stehender Gewässer ebenso wie in Nordsee und Ostsee. Entsprechend ihrer Verbreitung sind sie fähig, sich den verschiedensten

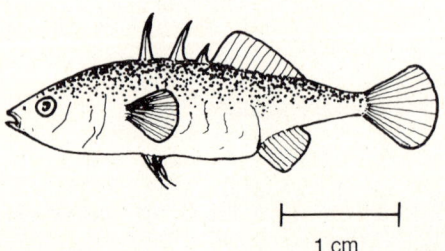

Abb. 2.1.11: Weibchen des Dreistachligen Stichlings *(Gasterosteus aculeatus)*

1 cm

Umweltbedingungen anzupassen. Im Aquarium lassen sie sich gut mit Insektenlarven und kleinen Würmern füttern; Trockenfutter nehmen sie nicht an.

Schwierig ist es hingegen, die Jungen in den ersten Lebenstagen zu ernähren. Wir können hierfür eine größere Menge an Nährstoffen, etwa in Form von Brotkrümeln, Pflanzenresten o. ä., ins Aquarium geben. Dies führt – wenn man durch kräftige Belüftung eine Fäulnisbildung verhindert – oft zur Massenentwicklung von Wimpertierchen (Ciliata) und Rädertieren (Rotatoria), die eine wichtige Jungfischnahrung bilden.

Wichtig ist ferner für eine erfolgreiche Beobachtung der Fortpflanzung von Stichlingen im Aquarium eine vorhergehende kühle Überwinterung der Tiere. Die Temperaturen sollten hierbei 9 °C für längere Zeit nicht überschreiten.

Aus der Familie der Schmerlen (Cobitidae) sind in Deutschland drei Arten zu finden. Sie alle sind ziemlich zählebige Bodenfische, die wir mit allen möglichen Kleintieren füttern können; sie lassen sich aber auch an Trockenfutter, insbesondere in Tablettenform, gewöhnen.

Der Schlammpeitzger *(Misgurnus fossilis)* ist die größte der drei Arten. Er verfügt über eine Darmatmung, die es ihm erlaubt, auch in sauerstoffarmen schlammigen Gewässern zu überdauern. Da er meist im Schlamm eingegraben lebt, ist er nicht leicht aufzuspüren.

Häufiger als dem Steinbeißer *(Cobitis taenia)* begegnet man der Bartgrundel *(Noemacheilus barbatulus)*, die reines Wasser mit sandig-kiesigem Untergrund bevorzugt und vor allem in Fließgewässern und im Uferbereich klarer Seen lebt. Trotzdem ist auch sie im Aquarium recht genügsam.

Alle Schmerlen sind als barteltragende Grundfische gut geeignet als Ergänzung zu einem Schwarm freischwimmender Jungfische in einem größeren Aquarium.

Schließlich sollen noch drei Arten aus der Familie der Karpfen- oder Weißfische (Cyprinidae) genauer besprochen werden, da sie sich aufgrund ihrer geringen Abmessungen gut für die Aquarienhaltung eignen:

Besonders interessant ist der Bitterling *(Rhodeus sericeus amarus)* wegen seiner Fortpflanzungsbiologie: Zur Laichzeit leuchtet das Männchen auf der Bauchseite in prächtigem Rot, während der Rücken grünlich bis blaugrün gefärbt ist. Das Weibchen entwickelt zur selben Zeit eine lange Legeröhre, mit der es seine Eier in die Kiemenhöhle einer Muschel aus den Gattungen *Unio* oder *Anodonta* einführt*. Das Männchen übergibt seine Spermien einfach dem Wassereinstrom der Muschel. Bis zum Schlüpfen entwickeln sich die Eier im Schutz der Schalenklappen, wo sie ständig mit Frischwasser versorgt sind.

Ebenfalls zur Laichzeit prächtig gefärbt ist das Männchen der Elritze *(Phoxinus phoxinus)*. Außer der leuchtend roten Kehle und dem Goldglanz auf den Flanken zeigt vor allem ein pilzähnlicher Laichausschlag im Kopfbereich seine Paarungsbereitschaft an. Die Nachzucht im Aquarium ist allerdings nicht einfach: Hierfür sind zumindest nicht zu hohe Temperaturen (ca. 15 °C) und ein niedriger Wasserstand erforderlich. Aber auch außerhalb der Laichzeit sind Elritzen interessante und schöne Pfleglinge.

Der Gründling *(Gobio gobio*; Abb. 2.1.12) besitzt zwar wie die Schmerlen Barteln, ist aber trotzdem kein echter Grundfisch, da er über eine Schwimmblase verfügt. Man findet ihn oft im Schwarm mit anderen Karpfenfischen vergesellschaftet, vor allem in größeren Fließgewässern und Seen. Bei der Eiablage stoßen die Gründlinge mit den

---

* Alle einheimischen Flußmuscheln (Gattung *Unio*) und Teichmuscheln (Gattung *Anodonta*) sind besonders geschützt. Gefährdungsstufen: Flußmuschel *(Unio crassus)* [2*], Malermuschel *(Unio pictorum)* [2*], Dicke Flußmuschel *(Unio tumidus)* [2*]. *Anodonta*-Arten sind in der Roten Liste nicht enthalten.

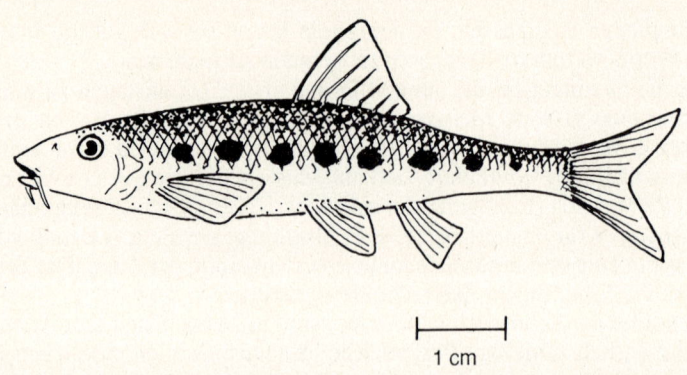

Abb. 2.1.12: Gründling *(Gobio gobio)*, fast voll ausgewachsenes Tier

Köpfen in schräg abfallenden Sandgrund, wobei sie jedesmal eine Portion Geschlechtsprodukte abgeben. Brutpflege findet nicht statt.

Wenig geeignet für die Haltung im Aquarium sind Neunaugen. Während das Flußneunauge *(Lampetra fluviatilis)* auf andere Fische angewiesen ist, an denen es saugen kann, nimmt das Bachneunauge *(Lampetra planeri)* im Adultzustand keine Nahrung auf; es hat dann nur noch kurze Zeit zur Verfügung, um zur Fortpflanzung zu schreiten. Da das Bachneunauge hohe Ansprüche an die Wasserqualität stellt, wird es immer seltener und sollte schon deshalb nicht gefangen werden.

Die Larven der Neunaugen, die sog. *Querder* – wir finden sie im Sand auch verunreinigter Flüsse –, sind nicht sehr anspruchsvoll und lassen sich durchaus im Aquarium halten. Da diese blinden Jugendstadien jedoch jahrelang im Sand eingegraben zubringen, ist ihre Pflege nicht sehr ergiebig.

Literatur

Engelhardt, W., 1982: Was lebt in Tümpel, Bach und Weiher? 9. Auflage. Stuttgart, Franckh'sche Verlagshandlung.

Jacobs, W. & Renner, M., 1974: Taschenlexikon zur Biologie der Insekten. Stuttgart, Gustav Fischer.

Janus, H., 1968: Das Tümpelaquarium. 2. Auflage. Stuttgart, Franckh'sche Verlagshandlung.

Kaestner, A., seit 1980: Lehrbuch der Speziellen Zoologie. Band I, Teil 1–6. Stuttgart, Gustav Fischer.

Ladiges, W., & Vogt, D., 1965: Die Süßwasserfische Europas. Hamburg/Berlin, Paul Parey.

Schindler, O., 1959: Unsere Süßwasserfische. 3. Auflage. Stuttgart, Franckh'sche Verlagshandlung.

Schwoerbel, J., 1969: Ökologie der Süßwassertiere – Fließgewässer. Fortschr. d. Zool. **20**, 173–206.

Spranger, K., 1952: Erfolgreiche Zucht der Schmerle *(Noemacheilus barbatulus)*. DATZ **5**, 231–232.

Wesenberg-Lund, C., 1939: Biologie der Süßwassertiere (Wirbellose Tiere). Wien, Springer.

Wesenberg-Lund, C., 1943: Biologie der Süßwasserinsekten. Berlin/Wien, Springer.

Zeitschriften
Aquarien-Magazin. Reimar Hobbing GmbH Verlag, Kettwiger Straße 33–35, 4300 Essen (Zenit Presse Vertrieb GmbH, Postfach 81 06 40, 7000 Stuttgartt 80).
Aquarien Terrarien. Urania Verlag, Salomonstraße 26/28, DDR-7010 Leipzig.
Aquarium Heute. AD aquadocumenta Verlag, Am Menkebach 41, 4800 Bielefeld 11.
Das Aquarium. Albrecht Philler Verlag, Postfach 28 60, Stiftsallee 40, 4950 Minden.
DATZ – Die Aquarien- und Terrarien-Zeitschrift. Reimar Hobbing GmbH Verlag, Kettwiger Straße 33–35, 4300 Essen (Zenit Presse Vertrieb GmbH, Postfach 81 06 40, 7000 Stuttgart 80).
TI international. Aquaristik in Wort und Bild. Tetra-Verlag, Postfach 15 80, Herrenteich 78, 4520 Melle 1.
Außerdem geben die verschiedenen Gesellschaften regelmäßig Mitgliedszeitschriften heraus, so die »Deutsche Cichliden-Gesellschaft« ihre »DCG-Informationen«.

Gesellschaften
Verband Deutscher Vereine für Aquarien- und Terrarienkunde e. V.; Geschäftsstelle: Hans Stiller, Luxemburgerstraße 16, 4630 Bochum 1. Dort kann die Anschrift der örtlichen Aquarienvereine erfragt werden.

2.2 Das Terrarium
Hartmut Greven

Angesichts der Vielfalt von Tieren, die sich für eine Haltung im Terrarium eignen, und ihrer z. T. extrem unterschiedlichen Ansprüche lassen sich für seine Auswahl, Einrichtung, Technik und Pflege nur wenige allgemein gültige Hinweise geben. Bei speziellen Fragen wird man den Kontakt mit Gleichgesinnten suchen, ausführliche Werke der Terrarienkunde studieren und sich vom Fachhändler beraten lassen.

2.2.1 Auswahl und Standort

Haltung, Pflege und Zucht der meisten Amphibien und Reptilien stellen hohe Anforderungen an den Pfleger. Daher richtet sich die *Auswahl* eines für ihre Haltung geeigneten Behälters in erster Linie nach den Bedürfnissen der Pfleglinge. Das gilt auch für seinen *Standort*. Da direkte Sonneneinstrahlung vor allem für tagaktive Terrarientiere von allergrößter Bedeutung ist, empfiehlt sich die Aufstellung des Terrariums in Nähe eines Südfensters. Auch Tiere, die schattige Lebensräume bevorzugen oder dämmerungs- und nachtaktiv sind (z. B. Molche und Salamander), brauchen Licht; doch ist hier eine Aufstellung am Südfenster oder eine direkte Beleuchtung nicht erforderlich, ja, in vielen Fällen sogar ungünstig.

Für den *Bau* eines Terrariums eignen sich viele Materialien einschließlich Holz. Am widerstandsfähigsten sind jedoch Eternit, eloxierte Aluminiumprofile, in die Glasscheiben geklebt werden, kratzfeste Kunststoffe (PVC) oder Glas. Da es heutzutage möglich ist, auch größere geklebte Ganzglasterrarien herzustellen, wird oft auf eine Rahmenkonstruktion verzichtet.

Die Ausmaße des Behälters richten sich nach Größe, Anzahl und Raumbedarf der zukünftigen Insassen, wobei jedoch zu beachten ist, daß die Pflege eines großen Terrariums mit einem erheblichen Zeitaufwand verbunden ist.

Baum- und Felsbewohner hält man in hohen Terrarien, die höher als lang, bodenbewohnende Tiere in niedrigen Behältern, die länger als hoch sind. Für kleinere Terrarientiere reichen bereits rechteckige Behälter mit den Maßen 50 x 50 x 40 cm.

Die im Handel erhältlichen, weitgehend genormten Terrarien genügen häufig spezielleren Ansprüchen nicht, so daß der Fortgeschrittenere Terrarien nach eigenen Angaben und Vorstellungen bauen lassen wird oder sogar selbst baut. Sehr ausführliche Anleitungen zum Bau von Zimmer-, Fenster- und Gewächshaus-Terrarien geben u. a. NIETZKE (1980) und STETTLER (1981).

Jedes Terrarium, ob gekauft oder selbst gebaut, sollte einigen Mindestanforderungen genügen. In größeren Behältern ist der Bodenteil so hoch zu wählen, daß Blumentöpfe verdeckt werden können, den Pflanzen eine ausreichende Bodentiefe zur Verfügung steht und Drainageschichten, die wichtig für die Bodendurchlüftung sind und zugleich Nässestaus vermeiden, eingebracht werden können. Besonders günstig ist ein doppelter Boden (s. u.). Entsprechend hohe Deckelrahmen verhindern, daß die Beleuchtung den Betrachter blendet; der Deckel enthält zusätzlich einen Gazerahmen, der mit einer Glasscheibe abgedeckt werden kann, oder Lüftungsschlitze sowie eine Öffnung für das Futter. Für eine ausreichende Belüftung sorgen weitere Gazeeinsätze in einer der Schmalseiten oder in der Rückwand des Terrariums. Große, am besten ganzflächige, verschließbare Schiebetüren ermöglichen ein bequemes Hantieren im Behälter und einen ungestörten Einblick.

Als vorübergehende Behausungen für Versuchstiere und Neuankömmlinge eignen sich alle Arten von Aquarien. Ihre Deckel und – wenn möglich – eine der Seitenwände erhalten Gazerahmen.

2.2.2 Heizung und Beleuchtung

Bestimmte Terrarientypen (s. u.) benötigen eine Heizung und alle – schon im Hinblick auf die Bepflanzung – eine Beleuchtung mit mehr oder weniger starker Lichtintensität.

Als besonders vielseitig einsetzbare *Heizkörper*, mit denen sich der Boden, der Wasserteil und der Luftraum eines Terrariums erwärmen lassen, dienen mit Blei oder Plastik umhüllte Heizkabel mit Leistungen von 20 bis 50 Watt. Für 0,25 m^2 Bodenfläche rechnet man etwa 25 Watt. Zur lokalen Bodenerwärmung eignen sich auch unterschiedlich große Heizplatten (bis ca. 30 Watt) oder Stabheizer von 10 bis 30 Watt, wie sie in der Aquaristik verwendet werden. Stabheizer springen nicht, wenn man verhindert, daß sie mit Wasser in Berührung kommen.

Meist nimmt bereits der Bodengrund (z. B. Sand) die Wärme langsam auf und gibt sie gleichmäßig und nicht zu stark wieder ab. Da jedoch bei anderen Böden ein Hitzestau nicht immer zu vermeiden ist und die Tiere gelegentlich die Heizkörper freigraben, kommen Plastikheizkabel zwischen zwei dünne Eternitplatten, die dann mit dem Bodengrund bedeckt werden. Aquarienstabheizer schiebt man in Blechkästen, die im Boden versenkt werden, oder in mit Zierkork verkleidete Tonröhren. In Terrarien mit doppeltem Boden kann auch der untere Teil beheizt werden. Die Wärme strömt dann durch ein perforiertes Bodenblech oder durch einen Schacht in den Luftraum.

Als *Wärmestrahler* verwendet man Infrarotlampen (z. B. Osram Theratem, 100 bis 250 Watt), deren Wärmewirkung jedoch so groß ist, daß der Abstand zu Tieren, Pflanzen und allem Brennbaren mindestens 50 cm betragen sollte. Für kleinere Behälter eignen sich auch gewöhnliche Glühbirnen mit versilbertem Grund und Kohlefadenlampen, die bei relativ geringer Leuchtkraft verhältnismäßig viel Wärme abgeben.

Alle Wärmestrahler werden auf den Gazeteil des Deckels (der wegen der starken Wärmeentwicklung nicht aus einem Nylongeflecht, sondern aus einem Metallgitter bestehen sollte) außerhalb des Terrariums angebracht oder mit einem Drahtgeflecht abgeschirmt, damit sich die Tiere nicht verbrennen. Luft- und Bodentemperatur werden mit zwei Thermometern registriert.

Die natürliche Beleuchtungsstärke des vollen Sonnenlichtes (bei uns etwa 100 000 Lux), aber auch des diffusen Tageslichtes (im Schatten etwa 10 000 Lux) sind im Zimmerterrarium nicht zu erreichen. Für seine Beleuchtung kommen vor allem Leuchtstoffröhren mit geringer Wärmeabgabe und bestmöglichem Einfluß auf das Wachstum der Pflanzen in Betracht. Ihre Wirksamkeit kann durch Reflektoren – im einfachsten Fall wird der Beleuchtungskasten mit Aluminiumfolie ausgekleidet – noch gesteigert werden. Bewährt haben sich z. B. die Leuchtstoffröhren Sylvania Gro-Lux, Osram Fluora und Vita-Lite, die mit TL-Amalgam-Leuchtstofflampen von Philips (z. B. TL-H 84, weiß de Luxe, und Philips TL-H 86, Tageslicht de Luxe; beide Lampen haben eine besonders hohe Lichtausbeute) kombiniert werden. Ein Terrarium mit den Maßen 70 x 40 x 75 cm sollte mit vier bis sechs Leuchtstoffröhren beleuchtet werden. Für sonnenliebende Tiere eignen sich die in verschiedenen Wattstärken erhältlichen Philips-Quecksilber-Leuchtstofflampen, die neben hohen Beleuchtungsstärken (über 4 000 Lux) auch Wärme abstrahlen.

Die Versorgung der Terrarientiere mit den notwendigen kurzwelligen *UV-Strahlen* erfolgt entweder durch »weiche« UV-Strahler (UVA-Leuchtstoffröhren, z. B. Philips TL

40 W/09 oder Osram L 40–100 W/79), die ohne Gefahr für die Tiere acht bis zwölf Stunden am Tag brennen können, oder durch »harte« UV-Strahler (z. B. Osram Ultravitalux oder Ultraphil von Philips), mit denen die Tiere dreimal je 10 min pro Woche aus einer Entfernung von etwa einem Meter bestrahlt werden.

Die Drosseln aller Leuchtstoffröhren erzeugen eine beachtliche Wärme, die ebenfalls für die Erwärmung des Terrariums genutzt werden kann, wenn sie getrennt von der Lampe (beispielweise unter den Terrarienboden) montiert werden.

Auch dämmerungs- und nachtaktive Tiere brauchen zu ihrem Wohlbefinden Licht. Der notwendige Wechsel von Hell und Dunkel wird mit Hilfe einer Schaltuhr erreicht. Hat diese zwei unabhängige Schaltkreise, kann mit dem einen die Hauptbeleuchtung (und unter Umständen auch die Heizung), mit dem anderen eine Glühlampe gesteuert werden, die abends allmählich verlischt, so daß den Tieren Gelegenheit gegeben wird, sich einen Schlafplatz zu suchen. In der Regel wird man das Terrarium etwa 12 bis 14 Stunden pro Tag beleuchten. Mit Hilfe von Schaltuhren lassen sich auch jahreszeitlich bedingte Schwankungen der Temperatur und der Tageslänge simulieren. Eine Temperaturregelung wird vor allem dann notwendig, wenn zu große Temperaturschwankungen vermieden werden sollen, z. B. in manchen feuchten, geheizten Terrarien (s. u.). Da in der Luft Temperaturschwankungen sehr viel häufiger als im Wasser sind, sollten strapazierfähige elektronische Regler verwendet werden.

2.2.3 Frischluft und Luftfeuchtigkeit

Das Temperaturgefälle zwischen Terrarium und Zimmer dient auch dem notwendigen *Luftaustausch* über die Gazerahmen bzw. die Lüftungsschlitze des Terrariums. Zugluft ist auf jeden Fall zu vermeiden. Um dieses Temperaturgefälle zu erhalten, dürfen allerdings größere Gazefenster nicht ständig geöffnet sein. Andererseits ermöglicht erst die Luftbewegung eine ausreichende Transpiration der Pflanzen. Für die Entlüftung und Luftumwälzung empfiehlt sich daher der Einbau von kleinen Ventilatoren. NIETZKE (1980) schlägt vor, in größeren Terrarien auf der einen Seite unter dem Deckel einen Ventilator anzubringen und auf der anderen Seite auf dem Boden einen Wasserteil sowie einen Ventilationsschieber vorzusehen. Der schwache Luftzug des Ventilators zieht die verbrauchte Luft nach oben heraus, wobei frische Luft durch den geöffneten Ventilationsschieber angesaugt und über dem Wasserteil noch mit Feuchtigkeit angereichert wird.

Verbrauchte Zimmerluft ist allerdings keine Frischluft; diese kann über das geöffnete Zimmerfenster oder über Röhren und Schläuche – eventuell durch den Fensterrahmen – in den hohlen Doppelboden des Terrariums geführt werden. Dort wird die Luft von einem Heizkörper erwärmt und kann durch ein perforiertes Bodenblech oder einen Schacht in das Terrarium aufsteigen.

Die *relative Luftfeuchtigkeit* mißt man mit einem Haarhygrometer; sie schwankt je nach Terrarientyp oder Tageszeit, sollte aber in einem Regenwaldterrarium (s. u.) bei 60 bis 80% liegen. Hohe Luftfeuchtigkeiten erreicht man durch tägliches ein- bis mehrmaliges Besprühen der Terrarieneinrichtung mit lauwarmem Regenwasser aus einer Blumenspritze oder durch größere beheizte Wasserbecken, in sehr großen Terrarien auch durch einen automatischen Feuchteregler.

2.2.4 Einrichtung und Bepflanzung

Der Bodengrund eines Terrariums (der stets auf eine Drainageschicht aus Bimsstein, Blähton, Holzkohle oder Tonscherben aufgebracht wird) besteht je nach Biotop aus Flußsand, feinem oder grobem Kies, lockerer Erde, Fallaub, Grobfasertorf, Rindenstücken oder Orchideensubstrat (Osmunda-Farnwurzeln, Orchid-Barks). STETTLER (1981) bevorzugt für alle Terrarien – mit Ausnahme von trockenen, geheizten Wüstenterrarien – einen doppelten Boden, bestehend aus einer oberen herausnehmbaren Pflanzenwanne aus PVC, die perforiert ist, und einer darunterliegenden Wasserwanne. Auf diese Weise ist das Problem der Bodenlüftung und zu einem großen Teil auch der Luftfeuchtigkeit gelöst – zumal dann, wenn die Wasserwanne beheizt wird und Frischluft über das erwärmte Wasser streichen kann.

Einrichtungsgegenstände sind u. a. aufgeschichtete Steine oder Felsplatten mit leicht zugänglichen Spalten und Höhlen, in denen sich die Tiere verstecken können. Für kleinere Terrarien können Felslandschaften aus Kunststoff nachgebildet werden. Auf Holz- oder Eternitplatten befestigte Baum- und Zierkorkrinde, Schaumgummi oder eingefärbte Styroporplatten, eventuell mit Epiphyten bepflanzt, dienen als dekorative Rückwände. In ausgehöhlten Astknorren finden verschiedene Pflanzen (u. a. Bromelien, Orchideen) Wachstumsmöglichkeiten. Baumbewohner erhalten Äste von Birn-, Apfel- oder Fliederbäumen sowie zusammengebundene Streifen von Zierkorkrinde als Kletterbäume, auf die verschiedene Epiphyten mit Nylon festgebunden oder festgeklammert werden können. Solche *Epiphytenbäume* werden nach einiger Zeit morsch. Ein sehr widerstandsfähiger Ersatz sind vierkantig gesägte Pfähle aus Baumfarnstämmen.

Pflanzen sollten – nicht zu dicht – entweder direkt in den Boden oder (besser) in niedrige Töpfe gepflanzt werden. Bisweilen ist eine Düngung mit einem der käuflichen Flüssigkeitsdünger angebracht. Pflanzen müssen regelmäßig mit kalkarmem Wasser besprüht (s. u.) und von Kotresten befreit werden.

Zu nahezu jedem Terrarientyp gehört ein mehr oder weniger großer *Wasserbehälter* aus Kunststoff, Glas oder Zement; er dient dazu, das Trinkbedürfnis der Insassen zu befriedigen (viele Terrarienbewohner trinken jedoch nicht aus einem Napf, sondern lecken lediglich Wassertropfen von der Scheibe und den Blättern der Pflanzen), mit für eine ausreichend hohe Luftfeuchtigkeit zu sorgen oder als notwendiger Bestandteil des Lebensraumes die Umwelt zu gestalten. In der Regel sollte die Tiefe des Wasserbehälters die Körperhöhe der Tiere nicht übersteigen, um ein Ertrinken zu vermeiden.

Die Reinigung kleinerer Gefäße und der Wasserwechsel erfolgen mit einem Schwamm, einem Schlammheber (wie er von Aquarianern gebraucht wird) oder einem Schlauch. Größere Wasserbecken und der Wasserteil in Aquaterrarien werden mittels eines Saugfilters mit Kreiselpumpe gereinigt. Eine Kombination mit UV-Strahlern, wie sie auch im Aquarium zur Entkeimung des Wassers und zur Bekämpfung von Schwebealgen empfohlen wird, wirkt sich günstig aus. Der dennoch in Abständen nötige vollständige Wasserwechsel geschieht am besten über ein Abflußrohr.

2.2.5 Futter

Unter den Terrarientieren finden sich Fleischfresser, Pflanzenfresser und solche, die vegetabilische und tierische Kost zu sich nehmen. Neben verschiedenen Pflanzen sind die wichtigsten Futtertiere Kleinsäuger, Fische, Insekten aller Art, Ringelwürmer und

Schnecken. Amphibien und Echsen sollten aus Naturschutzgründen nicht mehr verfüttert werden. Oberstes Gebot ist eine vitaminhaltige, abwechslungsreiche Kost.

Im Sommer ist die *Futterbeschaffung* aus dem Freiland nicht allzu schwierig – auch wenn es heutzutage nicht immer leicht ist, unverseuchte Biotope (Wiesen etc.) zu finden. Viele Terrarianer greifen daher nicht nur im Winter auf solche Futtertiere zurück, die regelmäßig – oft sogar im Abonnement – im Handel erhältlich sind oder ohne Schwierigkeiten zu Hause gezüchtet werden können. Durch zu einseitige und vitaminarme Kost bedingte Mangelkrankheiten vermeidet man durch die Beigabe von Mineralien und Vitaminpräparaten (z. B. Osspulvit, Multibionta, Protovit) zum Futter oder in das Trinkwasser.

Im Folgenden ist eine Auswahl von Pflanzen und Tieren aufgelistet, die entweder leicht gezüchtet (Z), im Freiland gefangen (F) oder im Fachhandel (H) gekauft werden können. Über die Zucht dieser und zahlreicher anderer Futtertiere informieren u. a. NIETZKE (1980), STETTLER (1981) und ZIMMERMANN (1982).

❏ Wirbeltiere (Vertebrata): Mäuse (nestjung bis erwachsen; H, Z); Küken (H, Z); Fische (H, Z).
❏ Insekten (Insecta): Wachsmotten (H, Z); Mehlkäfer und Larven (»Mehlwürmer«; H, Z); Taufliegen (H, Z); Stubenfliegen (H, Z, F); Mückenlarven (H, Z); Heuschrecken (F); Wanderheuschrecken (H, Z); Grillen (H, Z); Schaben (Z); Heimchen (H, Z); Blattläuse (F); Springschwänze (Z).
❏ Krebstiere (Crustacea): Wasserflöhe (F, H); Bachflohkrebse (F); Garnelen (H).
❏ Schnecken (Gastropoda): Wasserschnecken (Z, F); kleine Gehäuseschnecken (F); Nacktschnecken (F).
❏ Ringelwürmer (Annelida): Regenwürmer (H, Z, F; der Mistregenwurm *Eisenia foetida* ist nicht geeignet); Enchyträen (H, Z); Tubifex (H, F).
❏ Pflanzen (H, Z, F): Löwenzahn, Wegerich und andere Kräuter; Salat; Früchte (z. B. Tomaten, Gurken, Beeren aller Art, Bananen etc.).

In jüngerer Zeit ist auch vitaminreiches *Kunstfutter* im Handel, das sich für Wasserschildkröten und Landschildkröten sowie für eine Reihe anderer Reptilien eignet. Auch käufliches Katzen- und Hundefutter, in Streifen geschnittenes Rinderherz und anderes wird von vielen Terrarientieren angenommen und gilt als brauchbares Ersatzfutter.

2.2.6 Terrarientypen und Terrarientiere

Unter Berücksichtigung der unterschiedlichen klimatischen Ansprüche und Lebensräume von Amphibien und Reptilien unterscheidet man eine Reihe von Terrarientypen, die im wesentlichen durch ihre Temperatur und Feuchtigkeit charakterisiert sind. Diese Einteilung ist jedoch keinesfalls starr zu sehen; vielmehr gibt es zwischen den verschiedenen Typen gleitende Übergänge. Der Einfachheit halber werden hier zunächst ungeheizte und geheizte Terrarien unterschieden, die entweder trocken oder feucht sein können, sowie geheizte und ungeheizte Aquaterrarien, die sich durch einen besonders großen Wasserteil auszeichnen.

In Arbeitsgemeinschaften und Leistungskursen wird man nur in seltenen Fällen die wartungsintensiveren geheizten Terrarien in Betrieb nehmen. Daher werde ich das geheizte, trockene und das geheizte, feuchte Terrarium im folgenden nur sehr kurz behandeln. Der Interessierte sei hier auf die weiterführende Literatur verwiesen.

Terrarien in Schulen sollten, wenn möglich, vor allem Amphibien und Reptilien der engeren Heimat aufnehmen. Wegen des bedrohlichen Rückgangs der einheimischen Lurche und Kriechtiere ist deren Haltung durch Privatpersonen nicht mehr ohne weiteres möglich. In jedem Fall ist eine Ausnahmegenehmigung notwendig. Hinweise zu ihrer Beschaffung sind in den Vorbemerkungen zu dem Abschnitt »2 Die Haltung von Tieren im Unterricht«, S.18–21, enthalten.

Wegen dieser Schwierigkeiten sollte man in stärkerem Maße als bisher auf Arten aus dem Ausland, die in ihrem Bestand noch nicht gefährdet sind, regelmäßig eingeführt und/oder in ausreichender Menge in Gefangenschaft nachgezüchtet werden, zurückgreifen. Hier ist das Washingtoner Artenschutzabkommen zu beachten (s. S. 20). Im folgenden werde ich daher nur einige wenige einheimische sowie ausländische Arten vorstellen, die sich besonders für eine Haltung in ungeheizten oder mäßig beheizten Terrarien eignen und wegen ihrer leichten Haltbarkeit auch für den Anfänger geeignet sind.

Reptilien und Amphibien gemäßigter Breiten brauchen in der Regel eine Winterruhe. Eine *Überwinterung* empfiehlt sich vor allem dann, wenn gezüchtet werden soll. Dazu kommen die Tiere – nachdem bereits ab Oktober die Temperatur im Terrarium langsam abgesenkt wurde – in eine fugenlose Holzkiste, deren Deckel ein Gazefenster enthält, oder in eine Styroporkiste mit Luftlöchern. Der Behälter wird bis zum Rand mit lockerer Erde, Torfmull und Fallaub gefüllt, mit feuchtem Moos und Versteckmöglichkeiten versehen und in einem frostfreien Raum (Temperatur etwa 4 bis 10 °C) aufgestellt. Oft reicht auch ein mehrwöchiges Kühlstellen des Terrariums. Einheimische Arten können auch rechtzeitig wieder dort ausgesetzt werden, wo sie gefangen wurden.

2.2.6.1 Das ungeheizte, trockene Terrarium

Temperaturen und relative Luftfeuchtigkeiten entsprechen etwa den Verhältnissen in unseren Breiten. Die Vorzugstemperatur mancher einheimischer Reptilien liegt jedoch so hoch, daß zumindest bei längeren Schlechtwetterperioden Bodenheizer und UV-Strahler eingeschaltet werden sollten.

Der Bodengrund besteht je nach Biotop, der nachgestaltet werden soll, aus trockener, lockerer Erde, Sand oder Kies und eventuell einer Streu aus Buchenlaub. Baumstümpfe, Steine und Rindenstücke dienen als Verstecke. Bepflanzt wird mit Brombeerranken, Heidekraut und anderen kleinwüchsigen einheimischen Pflanzen.

Von den Amphibien eignen sich nur die Kreuzkröte (*Bufo calamita*; Abb. 2.2.1) [3] und die Wechselkröte (*Bufo viridis*; Abb. 2.2.2) [2*] für ein ungeheiztes, relativ trockenes Terrarium. Beiden Arten sollte ein kleines Wasserbecken zur Verfügung stehen. Kreuzkröten sind kurzbeinig – im Gegensatz zu anderen Froschlurchen hüpfen sie nicht, sondern laufen erstaunlich schnell – und graben sich sehr schnell und geschickt ein. Die sehr schön gemusterte Wechselkröte gilt in manchen Gegenden als Kulturfolger. Beide Arten sind vorwiegend nachtaktiv. Wie alle Kröten werden sie im Laufe der Zeit recht zahm und nehmen das Futter (z. B. Fliegenmaden, Regenwürmer, Schnecken und

Abb. 2.2.1: Kreuzkröte *(Bufo calamita)*

Abb. 2.2.2: Wechselkröte *(Bufo viridis)*

Fleischstückchen, die hin und her bewegt werden) von der Pinzette. Kreuz- und Wechselkröten ertragen mehr als andere Amphibien Trockenheit und Salzwasser (!).

Von den einheimischen Reptilien ist die wegen ihres relativ geringen Wärmebedürfnisses und des interessanten Fortpflanzungsmodus bemerkenswerte Wald- oder Bergeidechse *(Lacerta vivipara*; Abb. 2.2.3) zu empfehlen. Die Tiere bringen etwa acht bis zehn Junge zur Welt, die kurz vor der Geburt die pergamentartige Eihülle sprengen. Da der mütterliche Organismus nicht zur Ernährung der sich im Uterus entwickelnden Jungen beiträgt, bezeichnet man *Lacerta vivipara* als *ovovivipar*. Die Eidechse wird in Gefangenschaft u. a. mit Grillen, Heuschrecken und Wachsmotten ernährt und braucht zu ihrem Wohlbefinden neben trockenen auch einige feuchte Plätze.

Abb. 2.2.3: Wald- oder Bergeidechse *(Lacerta vivipara)*

Andere einheimische Eidechsenarten, wie die Zauneidechse *(Lacerta agilis)* und vor allem die Mauereidechse *(Podarcis muralis)* [2*] sind bedeutend wärmebedürftiger und daher besser in einem trockenen, geheizten Terrarium zu halten.

2.2.6.2 Das ungeheizte, feuchte Terrarium

Die für diesen Terrarientyp geeigneten Tiere stammen meist aus denselben geographischen Räumen wie die für das trockene, ungeheizte Terrarium; ihre Lebensräume (Wiesen, Moorgebiete, Wälder) sind jedoch wesentlich feuchter. Das Terrarium enthält neben der Drainageschicht eine Bodenfüllung aus Lauberde, Torfmull und Torfziegeln und sollte die frühe Morgen- oder späte Nachmittagssonne erhalten. Einige seiner Bewohner brauchen nicht nur trockene Stellen, sondern gelegentlich auch ein Sonnenbad. Die Bepflanzung besteht aus Farnen, Moosen und der auch als Zierpflanze bekannten (allerdings nicht einheimischen) *Tradescantia*.

Aus der einheimischen bzw. europäischen Amphibienfauna eignen sich der Feuersalamander *(Salamandra salamandra)* – in den Handel gelangt öfter die Unterart *S. s. salamandra*, die meist aus Jugoslawien importiert wird –, die Erdkröte *(Bufo bufo)* sowie die Landformen einheimischer, aber auch nordamerikanischer Molche. Als Ersatz für unseren

Abb. 2.2.4: Feuersalamander
(Salamandra salamandra)

Laubfrosch *(Hyla arborea)* [2*] bietet sich der aus Amerika importierte Königslaubfrosch *(Hyla regilla)* an.

Der Feuersalamander (Abb. 2.2.4), ein nahezu rein terrestrisch lebender Schwanzlurch, ist anspruchslos und langlebig (in Gefangenschaft über 40 Jahre!). Die Tiere sind ovovivipar; trächtige Weibchen suchen nach einer mehrmonatigen Tragzeit das Wasser auf und gebären bis zu 60 und mehr kiementragende Larven. Ihre Aufzucht gelingt unschwer mit Tubifex und Enchyträen. Während der Metamorphose muß der Wasserspiegel erniedrigt werden und den Tieren Gelegenheit gegeben werden, an Land zu gehen, da sie sonst ertrinken. Feuersalamander brauchen Wohnhöhlen aus Steinen und Rindenstückchen. Ein etwa 5 cm hohes Wasserbecken mit Ausstiegsmöglichkeit ist vor allem dann notwendig, wenn trächtige Weibchen gehalten werden. Die Tiere verschlingen Lebendfutter aller Art (Regenwürmer, Nacktschnecken, evtl. Mehlwürmer etc.). Das Gift des Feuersalamanders enthält Alkaloide und dient, wie andere Amphibiengifte auch, vornehmlich dem Schutz vor pathogenen Pilzen und Bakterien, aber auch der Feindabwehr. Die auffällige schwarzgelbe Zeichnung ist wahrscheinlich als Warnkleid *(aposematische Färbung)* zu deuten.

Erdkröten (Abb. 2.2.5) werden in Gefangenschaft sehr zahm und sind für zahlreiche einfache sinnesphysiologische und verhaltensbiologische Versuche geeignet (vgl. EWERT & EWERT 1981; HEMMER 1978). Ihr Terrarium enthält ein Badebecken. Die Tiere fressen alles, was sie bewältigen können. Wegen der anfallenden großen Kotmengen muß der Behälter öfters gereinigt werden. Nur im zeitigen Frühjahr suchen Erdkröten paarweise Wasserstellen auf, wo sie mehrere tausend Eier in langen Laichschnüren ablegen. Die Kaulquappen sind mit herkömmlichem Fischfutter und Salat aufzuziehen. Die frisch metamorphosierten Jungkröten erhalten flugunfähige Taufliegen und kleinste Enchyträen.

Abb. 2.2.5: Erdkröte *(Bufo bufo)*

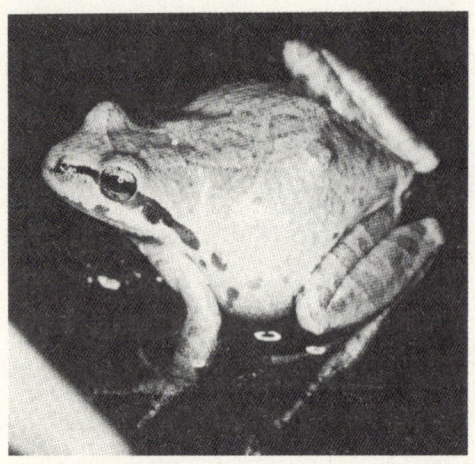

Abb. 2.2.6: Königslaubfrosch
(Hyla regilla)

Der Königslaubfrosch (Abb. 2.2.6) benötigt ein Terrarium mit einem größeren Wasserteil, das höher als lang ist. Das Futter besteht unter anderem aus Grillen und Fliegen. Im Winter ist eine kühlere Haltung (etwa 16 °C) angebracht. Laubfrösche besitzen Haftpolster an den Zehen, mit deren Hilfe sie mittels nasser Adhäsion sogar an glatten Flächen (z. B. Glasscheiben) haften.

Die einheimischen Grünfrösche (*Rana »esculenta«*-Komplex) sowie die Braunfrösche (u. a. *Rana temporaria*) brauchen sehr große Behälter und bleiben immer recht schreckhaft; sie sind – wenn überhaupt – nur als Jungtiere für eine Haltung in feuchten, ungeheizten Terrarien zu empfehlen.

Das ungeheizte, feuchte Terrarium kann zwar auch mit einheimischen Reptilien besetzt werden, z. B. der Blindschleiche *(Anguis fragilis)* oder der Ringelnatter *(Natrix natrix)* [3], doch ist es heutzutage nicht mehr vertretbar, diese zu privaten Zwecken zu halten.

2.2.6.3 Das Aquaterrarium

In einem Aquaterrarium werden vor allem solche Biotope gestaltet, in denen der Wasserteil dominiert, z. B. Flußufer, Bachläufe o. ä. Oft reicht ein Aquarium, in dessen Mitte eine Glasscheibe geklebt wird, die den Landteil vom Wasserteil trennt. Wird ein Aquaterrarium beheizt, sollte die Lufttemperatur geringfügig über der des Wassers liegen.

Besonders empfehlenswerte Pfleglinge sind einheimische Arten – in Frage kommen allerdings nur noch der Bergmolch (*Triturus alpestris*; Abb. 2.2.7) und der Teichmolch

Abb. 2.2.7: Bergmolch
(Triturus alpestris)

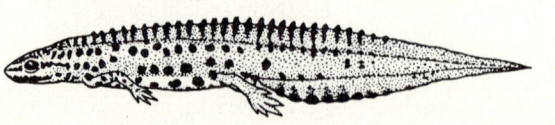

Abb. 2.2.8: Teichmolch
(Triturus vulgaris)

(Triturus vulgaris; Abb. 2.2.8) – sowie einige ausländische Molche, so der japanische Feuerbauchmolch *Cynops pyrrhogaster* (diese Art kann etwas wärmer gehalten werden, nämlich bei etwa 20 °C) und die aus Amerika importierten Arten *Notophthalmus viridescens* (Grünlicher Wassermolch) und *Taricha granulosa* (Rauhhäutiger Gelbbauchmolch). *Taricha granulosa* kann bei Temperaturen unter 20 °C das ganze Jahr im Wasser gehalten und bei noch niedrigeren Temperaturen auch dort überwintert werden.

Im Prinzip werden alle diese Arten ähnlich gehalten. Will man auf das typische Aquaterrarium mit Land- und Wasserteil verzichten, pflegt man Molche am einfachsten nach Arten getrennt in kleinen Aquarien. Diese enthalten lediglich zahlreiche freischwimmende Wasserpflanzen (*Elodea, Myriophyllum, Fontinalis* etc.), auf denen sich die Tiere ausruhen können und den Kopf zur Atmung aus dem Wasser strecken können, sowie eine schwimmende Insel aus Zierkork. Von Zeit zu Zeit wird das Wasser gewechselt. Das Futter besteht aus Regenwürmern (die je nach Größe und Bedarf zerschnitten werden), Enchyträen, Wasserflöhen u. ä.

Zeigen die Tiere durch dauernden Aufenthalt auf der Insel an, daß sie an Land gehen wollen, bietet man ihnen ein feuchtes, ungeheiztes Terrarium (s. o.).

Alle Molchbehälter müssen besonders dicht verschlossen werden. Die Haltungstemperatur kann je nach Jahreszeit zwischen 14 und 19 °C schwanken. Bei allen genannten Molcharten – besonders leicht aber bei den einheimischen Arten, die entweder im zeitigen Frühjahr gefangen oder kalt überwintert wurden – ist das Fortpflanzungsverhalten zu beobachten: Nach einem von Art zu Art unterschiedlichen Paarungszeremoniell nimmt das Weibchen die vom Männchen abgesetzte Spermatophore mit den Kloakenlippen auf und heftet später die Eier einzeln an Wasserpflanzen. Die ausschlüpfenden Larven sind zunächst mit Kleinstfutter (Infusorien), später mit Wasserflöhen, Tubifex und ähnlichem aufzuziehen.

Ganz besonders zu empfehlen sind zwei Amphibienarten, die ständig im Wasser gehalten werden können, schon seit Jahrzehnten als Versuchstiere dienen und regelmäßig in Laboratorien nachgezüchtet werden: Der Axolotl *(Ambystoma mexicanum)* und der afrikanische Krallenfrosch *(Xenopus laevis)*.

Der Axolotl (Abb. 2.2.9) – die Tiere sind in ihrer Heimat (Mexiko) geschützt – braucht bei einer Gesamtlänge von ca. 30 cm ein größeres Aquarium ohne besondere Einrichtung. Die gefräßigen Tiere können mit Lebendfutter aller Art, aber auch mit magerem Fleisch gefüttert werden. Die Haltungstemperatur sollte im Winter 5 bis 10 °C, im Sommer nicht mehr als 20 °C betragen. In Gefangenschaft pflanzen sich die Tiere im zeitigen Herbst und im Frühjahr fort. *Ambystoma mexicanum* ist *neoten*; die Tiere erreichen also ihre Geschlechtsreife als Larve. Durch die Verfütterung von Schilddrüsengewebe oder Zugabe des Schilddrüsenhormons Thyroxin ins Aquarienwasser kann die Metamorphose induziert werden. Die metamorphosierten Tiere ähneln anderen Querzahnmolchen.

Der Krallenfrosch (Abb. 2.2.10) benötigt Aquarien ab etwa 50 l Inhalt mit grobem, gut gewaschenem Kies als Bodengrund. Eine Bepflanzung ist nicht notwendig; eventuell bringt man einige freischwimmende Wasserpflanzen ins Aquarium. Die Haltungstempe-

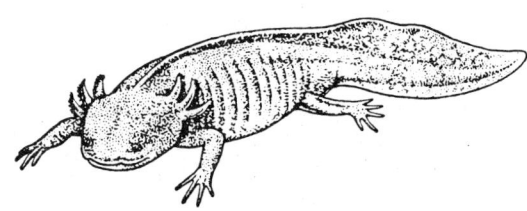

Abb. 2.2.9: Axolotl
(Ambystoma mexicanum)

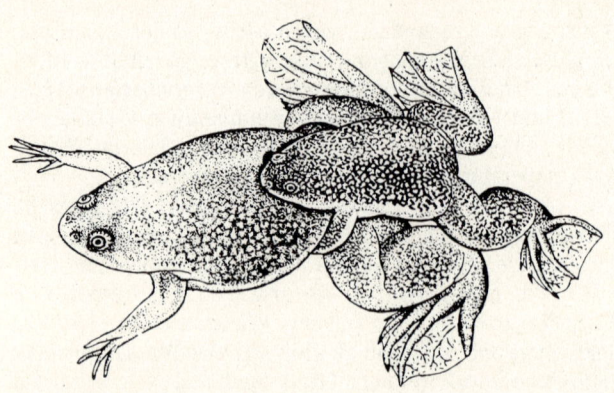

Abb. 2.2.10: Krallenfrosch
(Xenopus laevis)

ratur kann zwischen 15 und 30 °C liegen. Im Winter sollten die Tiere allerdings kühler gehalten werden. Wegen der enormen Gefräßigkeit (Lebendfutter aller Art, käufliches Fischfutter) und des starken Stoffumsatzes empfiehlt sich eine Filteranlage. Auf einen genügend großen Luftraum zwischen Abdeckscheibe und Wasseroberfläche ist zu achten, da die Tiere durch Lungen atmen.

Die Zucht gelingt am leichtesten, wenn man den zuvor getrennt gehaltenen Geschlechtern an zwei aufeinanderfolgenden Tagen Gonadotropine in die Lymphsäcke injiziert. Die Laichabgabe erfolgt meist nachts; die Eier sind vor den Eltern zu schützen. Die Larven sind Filtrierer und werden mit Brennesseltee, Infusorien und feinstem Fischfutter aufgezogen.

2.2.6.4 Das geheizte, trockene Terrarium

Seine Bewohner stammen vornehmlich aus dem Mittelmeerraum, den Trockengebieten und Halbwüsten der Alten und Neuen Welt sowie den Steppen und Savannen. Die Lufttemperatur wird je nach Lebensraum der Tiere zwischen 25 und 35 °C, gelegentlich auch höher liegen. Die Bodentemperatur kann an einzelnen Stellen über 40 °C ansteigen. Nachts kann die Heizung ausgestellt werden; die auftretenden Temperaturschwankungen sind immer noch geringer als im Freiland. Der Bodengrund enthält vor allem Sand, Kies und Steine. Als Bepflanzung bieten sich Efeu, stachellose Sukkulenten, Opuntien und kleine Agaven an, die vom erwärmten Teil des Bodens abzuschirmen sind.

Die Auswahl an Pfleglingen ist beträchtlich – geeignet sind z. T. auch solche Tiere, die für das ungeheizte trockene Terrarium genannt waren, z. B. Mauereidechsen – und reicht von Schildkröten, Gekkonen bis hin zu Agamen.

2.2.6.5 Das geheizte, feuchte Terrarium

Dieser Terrarientyp stellt die höchsten Anforderungen an den Pfleger, sieht er sich doch ständig mit dem Problem konfrontiert, seinen Pfleglingen zur selben Zeit Wärme, hohe Luftfeuchtigkeit und Frischluft zu bieten. Beheizte, feuchte Terrarien nehmen Tiere der feuchten Tropengebiete, besonders des Regenwaldes der Äquatorialzone auf. Diese Gebiete zeichnen sich durch relativ geringe Temperaturschwankungen – die Temperatur im Terrarium beträgt etwa 25 bis 30 °C und kann nachts um einige Grad absinken – und eine hohe relative Luftfeuchtigkeit (60 bis 80%) aus. Der Bodengrund besteht aus lockerer Erde vermischt mit Torfmull, Rindenstückchen und *Osmunda*. Die Bepflanzung richtet sich ganz nach dem nachzubildenden Biotop und kann aus tropischen Moosen und Farnen, Orchideen, Bromelien, *Scindapsus* u. a. bestehen. Epiphytisch lebende Pflanzen (z. B. Tillandsien) werden auf Pfählen, knorrigen Ästen oder an der Terrarienrückwand befestigt.

Das Spektrum der für solche Behälter geeigneten Tiere ist riesig und umfaßt junge Riesenschlangen, kleinere tropische Echsen wie *Anolis* sowie Pfeilgiftfrösche (Dendrobatidae) – die auch mit relativ kleinen Behältern vorlieb nehmen –, um nur einige zu nennen.

Literatur
Arnold, N., Burton, J. & Groß, Ch., 1979: Pareys Reptilien- und Amphibienführer Europas. Hamburg/Berlin, Paul Parey.
Ewert, J.-P. & Ewert, S. B., 1981: Wahrnehmung. Reihe: Biologische Arbeitsbücher, Band 35. Heidelberg, Quelle & Meyer.
Hemmer, H., 1978: Kröte und Frosch im Unterricht. Reihe: Biologische Arbeitsbücher, Band 23. Heidelberg, Quelle & Meyer.
Nietzke, G., 1980: Die Terrarientiere. Band 1 und 2. 2. Auflage. Stuttgart, Eugen Ulmer.
Rimpp, J., 1985: Salamander und Molche. Stuttgart, Eugen Ulmer.
Schulte, R., 1981: Frösche und Kröten. Stuttgart, Eugen Ulmer.
Stettler, P. H., 1981: Handbuch der Terrarienkunde. Stuttgart, Franckh'sche Verlagshandlung.
Zimmermann, H., 1979: Tropische Frösche. Stuttgart, Franckh'sche Verlagshandlung.
Zimmermann, H., 1982: Futtertiere von A–Z. Aquarien- und Terrarientiere – richtig ernährt. Stuttgart, Franckh'sche Verlagshandlung.

Zeitschriften
Aquarien-Magazin. Reimar Hobbing GmbH Verlag, Kettwiger Straße 33–35, 4300 Essen (Zenit Presse Vertrieb GmbH, Postfach 81 06 40, 7000 Stuttgart 80).
Aquarien Terrarien. Urania-Verlag, Salomonstraße 26/28, DDR-7010 Leipzig.
Das Aquarium. Albrecht Philler Verlag, Postfach 28 60, Stiftsallee 40, 4950 Minden.
DATZ – Die Aquarien- und Terrarien-Zeitschrift. Reimar Hobbing GmbH Verlag, Kettwiger Straße 33–35, 4300 Essen (Zenit Presse Vertrieb, Postfach 81 06 40, 7000 Stuttgart 80).
Herpetofauna. Herpetofauna-Verlag GmbH, Niedersachsenstraße 5, 7140 Ludwigsburg-Oßweil.
Salamandra. Herausgegeben von der Gesellschaft für Herpetologie und Terrarienkunde (DGHT) e. V.; Vorsitzender: Dr. W. Böhme, Zoologisches Forschungsinstitut und Museum Alexander Koenig, Adenauerallee 150–154, 5300 Bonn 1.

Gesellschaften
Gesellschaft für Herpetologie und Terrarienkunde e. V.; Vorsitzender: Dr. W. Böhme, Zoologisches Forschungsinstitut und Museum Alexander Koenig, Adenauerallee 150–154, 5300 Bonn 1.
Verband Deutscher Vereine für Aquarien- und Terrarienkunde e. V.; Geschäftsstelle: Hans Stiller, Luxemburgerstraße 16, 4630 Bochum 1. Dort kann die Anschrift der örtlichen Terrarienvereine erfragt werden.

2.3 Die Vogelvoliere
Roland Sossinka & Volker Hahn

2.3.1 Behausung

Die Konstruktion der Tierbehausung richtet sich primär nach den Ansprüchen der Vögel, sekundär nach den räumlichen und finanziellen Begrenzungen und dem Pflegeaufwand, den man betreiben will. Im folgenden sprechen wir drei verschiedene Größenordnungen an: Großkäfig, Zimmervoliere und Freivoliere.

Der *Großkäfig* sollte 100–120 cm lang, 60–80 cm hoch und ebenso tief sein. Der Boden wird von zwei bis drei großflächigen Schubladen gebildet, die Sand enthalten. Ein über 5 cm hoher Rand begrenzt die Menge herausfallenden Schmutzes. Die Wände bestehen beim offenen Käfig alle aus Metallgitter (nicht Messing) oder Holzstäbchen mit nicht mehr als 10 mm lichter Weite bei Kleinvögeln bzw. 15 mm bei mittelgroßen Arten. Beim Kistenkäfig sind Decke und Rückwand, evtl. auch die Seitenwände, aus wasserfestem Material (lackiertes Holz, Preßspan oder Kunststoff). In dieser Größe sind Käfige nur selten im Handel erhältlich, mitunter kann man aber die Bauteile beziehen. Zur Not läßt sich auch ein alter Schultisch verwenden, der auf die Platte gestellt wird und dessen Schublade umgedreht ist. Die Seitenwände bilden Gitter oder Maschendraht, die von Bein zu Bein gespannt werden.

In der Vorderwand sollten mindestens zwei Türen mit ca. 12 × 10 cm Durchlaß vorgesehen sein; in einer Seitenwand sollte sich noch eine wesentlich größere Tür (oder eine herausnehmbare Wand oder ein herausziehbarer Boden) für Umbauten und Grundreinigungen befinden (Abb. 2.3.1).

Sitzstangen verschiedenen Durchmessers (6–12 mm) sollten so angeordnet sein, daß im mittleren Käfigabschnitt genügend Flugraum frei bleibt und daß die Höhe zwischen dem bevorzugten Aufenthaltsraum im oberen Drittel und Boden mit mehreren »Zwischenlandungen« überwunden werden kann. Wandparallele Stangen müssen genügend Abstand zur Käfigbegrenzung haben, damit die Tiere nicht anstoßen.

Bezüglich des *Standortes* muß beim offenen Käfig auf eine zugfreie Ecke, beim Kistenkäfig auf ausreichendes Licht geachtet werden. Sonne darf höchstens in einen Teil des Käfigs fallen. Der Käfig soll möglichst hoch stehen, da sich die Tiere sonst leicht bedroht fühlen; er darf nicht unmittelbarem starken Publikumsverkehr ausgesetzt sein.

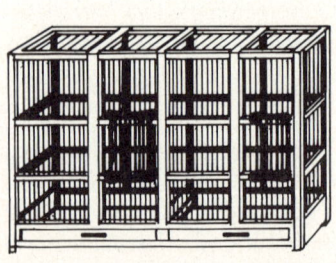 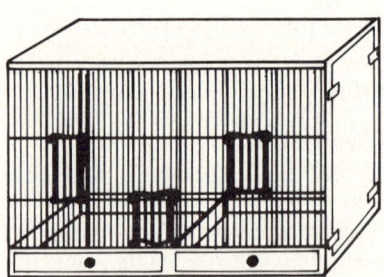

Abb. 2.3.1: Großkäfige.
a) Gitterkäfig. Die Bodenschubladen sind herausnehmbar, die Türen können in vertikaler Richtung hochgeschoben werden;
b) Kistenkäfig mit Schubladen. Die rechte Seitenwand läßt sich entfernen

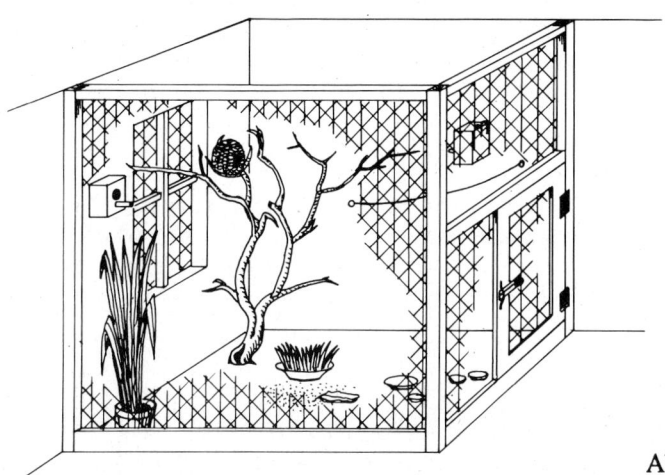

Abb. 2.3.2: Zimmervoliere

Der Übergang vom selbstgezimmerten Kistenkäfig zur *Zimmervoliere* ist beinahe fließend. Eine Ecke oder Nische eines Raumes wird mit einer Lattenkonstruktion und Maschendraht abgetrennt. Die Tür sollte deutlich niedriger als der Flugraum sein, weil so die oft nach oben flüchtenden Tiere nicht so leicht aus der Voliere entweichen können (Abb. 2.3.2). Beunruhigung durch häufig dicht herantretende Besucher ist einzuschränken. Sonst gilt vieles wie beim Käfig.

Die *Freivoliere* schließlich bedarf in unseren Breiten immer eines festen heizbaren Häuschens und einer Teilüberdachung. Sie kann auch als Verschlag außen an ein

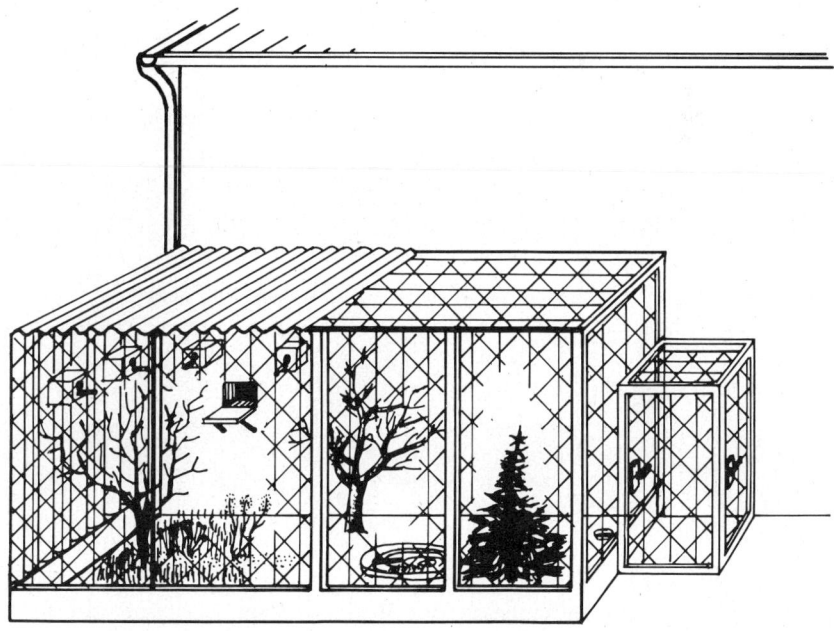

Abb. 2.3.3: Freivoliere mit Durchflug in einen Innenraum. Die Voliere ist mit einem Windschutz und einer Überdachung versehen; die Eingangsschleuse befindet sich rechts

Gebäude angebracht sein, mit Durchflug zu einer Zimmervoliere im Innern. Sofern Naturboden genutzt wird, muß gutes Ablaufen von Regenwasser gesichert sein; geeignet ist auch eine Sandfläche in der Umgebung der Futternäpfe und unter den Hauptsitzstangen oder Zweigen. Windschutz und eine partielle Sonneneinstrahlung sind vorteilhaft (Abb. 2.3.3). Bauanleitungen können der Spezialliteratur entnommen werden (z. B. AF ENEHJELM 1975).

Generell sollten Volieren länger als hoch sein, mit einer Längsseite an der Wand stehen und am Boden über einen schmutzabweisenden Rand verfügen (Höhe nach Sichtmöglichkeit bemessen). Scharfe Drahtenden oder Nägel im Inneren sind ebenso gefährlich wie Schlingen aus feinen Fäden, zu weite Gittermaschen oder enge Spalten und Winkel, in denen ein Vogel stecken bleiben kann.

2.3.2 Einrichtung

Da die meisten Käfigvogel-Arten aus äquatornahen Gegenden stammen, ist ihnen unser Wintertag zu kurz. Daher brauchen wir eine zusätzliche *Beleuchtung*, z. B. Leuchtstoffröhren oder Quecksilberhochdrucklampen, die an eine Schaltuhr angeschlossen ist (Hellphase z. B. von 6.00–20.00 Uhr); bei hellen Standorten kann sie tagsüber und im Sommer ganz abgestellt werden. Günstig ist es, wenn die Vögel auch nachts ein Dämmerlicht haben, etwa eine 5 Watt-Glühbirne, damit sie sich zurechtfinden können, falls sie aufschrecken.

Die Behausung sollte außer Sitzstangen (s. o.) bzw. Sitzbäumen auch einige sehr dichte Zweige (z. B. Ginster) enthalten, die als Versteck dienen können. Besonders wenn mehrere Paare in einer Voliere gehalten werden, ist ein solcher Sichtschutz notwendig. Auf dem Boden sind Badeschälchen und Futternäpfe – auch für flugunfähige Tiere erreichbar – angebracht. Für einige Arten ist es günstig, Schilfhalmbüschel in den Boden einzugraben, für andere, in flachen Blumenschalen Gras- und Hirsearten wachsen zu lassen.

Nistgelegenheiten sollten für die meisten Arten hoch in der Behausung, nahe einer Sitzstange, angebracht sein. Je nach Vogelart sind die *Nesthilfen* sehr verschieden: Finken- und Prachtfinkenarten bevorzugen Körbchen, Halbhöhlen und Kästen, die sie selbst auspolstern, Sittiche große Höhlenkästen (Abb. 2.3.4). Einige Arten bauen frei in dich-

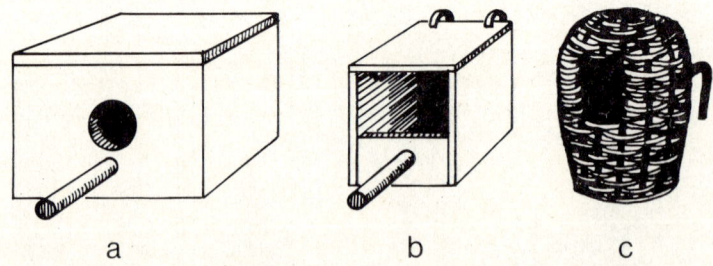

Abb. 2.3.4: Nistkästen.
a) Größe 25 x 15 x 15 cm. Durchmesser des Fluglochs 5 cm. Der Deckel ist aufklappbar, im Boden befindet sich eine kleine napfförmige Vertiefung;
b) Größe 18 x 15 x 15 cm. Die Einflugöffnung ist rechteckig;
c) Kugelförmiger Nistkasten mit einem Durchmesser von etwa 15 cm

tes Gezweig (z. B. Schlehenzweige oder Buchsbaum). Nistmaterialien können oft Kokosfasern (lange gerade Fasern, nicht gekräuselte) sein, auch feine Grasblätter oder Schilf. Zum Auspolstern werden weiße Dunen, Pflanzenwolle oder Scharpie (von Kanarienzüchtern verwendete kleingeschnittene Fäden) genutzt. Grundsätzlich sollten mindestens doppelt so viele Nistmöglichkeiten wie Brutpaare zur Verfügung stehen. Oft hilft es, einen Anfang der Nestkonstruktion vorzuformen, also z. B. einen Napf aus Kokosfasern in einem Kasten zu flechten. Diese Nistkästen werden von einigen Vogelarten auch zum Schlafen aufgesucht.

2.3.3 Pfleglinge

Die Wahl der Art und die Anzahl der Versuchstiere hängt stark von der Zielsetzung ab. Allerdings sollte man sich ohne reichliche Erfahrung in der Tierpflege seine Vögel aus dem kleinen Angebot von Arten suchen, die leicht zu halten sind und sich bereits vielfach als Versuchstiere bewährt haben. Ob man die Tiere dann überhaupt unterbringen und pflegen kann, wird man erst *nach* sorgfältigem Studium dieser Einführung in die Vogelhaltung abschätzen können.

Zu den robusten Käfigvögeln gehören körnerfressende Arten wie die Prachtfinken Japanisches Mövchen und Zebrafink, auch der finkenverwandte Kanarienvogel sowie von den Papageien der Wellensittich. Diese Arten können heute als domestiziert gelten, d. h. es existieren durch lange Züchtung bedingt genetisch veränderte Stämme. Dies ist besonders an Farbvarietäten, aber auch an Größe, physiologischen und verhaltensmäßigen Besonderheiten zu erkennen (vgl. SOSSINKA 1982). Besonders die geringe Fluchtbereitschaft ist eine Folge, die allerdings bei den Prachtfinken nie bis zu dem lernbedingten Grad an Zahmheit absinkt, den Papageien erreichen, die von früher Jugend Kontakt zum Menschen haben.

Das Japanische Mövchen (*Lonchura striata var. dom.*; Abb. 2.3.5a) wurde schon seit Jahrhunderten von den Japanern und Chinesen aus dem Spitzschwanz-Bronzemännchen (*Lonchura striata*) Südasiens, wo es in Schwärmen Schilfbestände und Reisfelder besiedelt, als Haustier gezüchtet. Entsprechend einfach sind Haltung und Zucht. Das Nest wird in Kästchen gebaut. Die 4–7 Eier werden in 14–16 Tagen ausgebrütet, und die Jungen sind mit etwa drei Wochen flügge.

Ausführliche Angaben über die Biologie des Zebrafinken (*Taeniopygia guttata*; Abb. 2.3.5b) enthält das Kapitel »3.11 Das Balzverhalten des Zebrafinken«, S. 210 - 220.

Der Wellensittich (*Melopsittacus undulatus*; Abb. 2.3.5c) lebt in seiner Heimat Australien, besonders in den zentralen Trockengebieten, in mitunter riesigen Schwärmen. Die Wildform besitzt eine gelbe Stirn und gelbe Wangen, eine grüne Unterseite sowie einen schwarz und grünlich gebänderten Rücken und ebensolche Flügeldecken. Wellensittiche sind Koloniebrüter, die – als Anpassung an die unregelmäßigen Regenfälle in den Steppen Australiens – zu verschiedenen Jahreszeiten zur Brut schreiten können. Als Bruthöhle dienen Asthöhlen, die noch weiter ausgehöhlt werden können. Ein Nest wird nicht gebaut; höchstens polstert das Weibchen die Höhle mit einigen Federn aus seinem Bauchgefieder aus. Ein Gelege umfaßt in der Regel 4–6 Eier. Die Jungen schlüpfen nach 18 Tagen Brutdauer und sind mit 30–35 Tagen flügge.

Entsprechend der Lebensweise ihrer Vorfahren sollten auch die Zuchtformen zusammen mit Artgenossen in Volieren gehalten werden.

Für die Zucht ist – wie bei allen Papageien – eine amtstierärztliche Genehmigung notwendig. Diese ist mit hygienischen Auflagen und dem Führen eines Zuchtbuches

Abb. 2.3.5: Empfehlenswerte Stubenvögel.
a) Japanisches Mövchen. Die Wildform stammt aus Südostasien. Die Grundfärbung ist braun, der Bauch ist weißlich, der Schnabel hell gefärbt. Beide Geschlechter sehen gleich aus;
b) Zebrafink. Die Wildform lebt in Australien. Ihre Oberseite ist grau, die Unterseite weiß und der Schnabel rot gefärbt. Das Männchen besitzt zusätzliche Wangen-, Brust- und Flankenzeichnungen;
c) Wellensittich. Die australische Wildform ist grün gefärbt mit schwärzlicher Zeichnung. Die Geschlechter unterscheiden sich nur in der Farbe der Wachshaut an der Schnabelbasis; sie ist beim Männchen bläulich, beim Weibchen bräunlich;
d) Kanarienvogel. Die Heimat der Wildform sind die Kanarischen Inseln. Ihre Unterseite ist gelb, der Rücken grau. Die Weibchen sind blasser

verbunden (Auskunft erteilt das zuständige Veterinäramt). Dadurch wird das Risiko der Übertragung und Ausbreitung der *Papageienkrankheit (Ornithose, Psittacose)* verringert, die auch dem Menschen gefährlich werden kann.

Der Kanarienvogel unterscheidet sich von den vorgenannten Arten besonders dadurch, daß er stärker territorial ist, d. h., Männchen und Paare verjagen Artgleiche aus ihrer Nähe. Als Stubenvogel wird der Kanari schon seit Jahrhunderten in Europa gehalten. Er stammt von dem Wilden Kanarienvogel *(Serinus canarius;* Abb. 2.3.5d), der auch Kanarengirlitz genannt wird, ab. Seine Heimat sind die Kanarischen Inseln und Madeira. In der Gefiederfärbung ähnelt die Wildform unserem Girlitz *(Serinus serinus)*, mit dem er eng verwandt ist.

Die Brutzeit des Wilden Kanarienvogels beginnt im März. Das Nest – es ist ein typisches napfförmiges Finkennest – wird vom Weibchen vor allem aus weißer Pflanzenwolle und nur mit wenigen trockenen Halmen in einigen Metern Höhe auf Bäumen angelegt. Das Gelege besteht aus 4–5 Eiern, die in etwa 13 Tagen erbrütet werden. Gewöhnlich werden zwei Bruten pro Jahr aufgezogen.

Auch bei der Zuchtform des Kanarienvogels ist das gesamte Balzverhalten stark saisonal begrenzt. Je nach der Temperatur in der Vogelvoliere kann mit der Zucht im März oder April begonnen werden. Nach 18–21 Tagen verlassen die Jungen das Nest, werden aber noch einige Zeit von ihren Eltern gefüttert.

Vom Kanarienvogel existieren zahlreiche Zuchtformen, die auf Farbe, Gestalt oder Gesang gezüchtet wurden.

Wer auf Zuchterfolge Wert legt, sollte – falls möglich –, bei allen diesen Arten etliche Männchen und Weibchen in eine Voliere geben und verpaaren lassen. Unverpaarte oder überzählige Individuen werden später wieder herausgefangen. Aber auch einzelne Paare in einem Käfig können brüten.

Die Zahl der Versuchstiere legt den Raumbedarf fest. In einem großen Käfig kann man ein Paar oder aber drei bis vier gleichgeschlechtliche Individuen halten (sofern es sich nicht um territoriale Tiere handelt). In Volieren rechnet man für jedes Paar einen Kubikmeter, bei geselligen und nicht brütenden Tieren kann der Raumbedarf etwas geringer sein. Versuchstiere sollten nicht längerfristig einzeln oder in engen Käfigen gehalten werden.

Die Vögel erwerben Sie am besten von einem erfahrenen Züchter oder von einem überdurchschnittlich kompetenten und auskunftsfreudigen Händler. Man sollte sie beringen lassen, um sie individuell erkennen zu können. Vogelkauf ist Vertrauenssache: Denn einem Unerfahrenen kann es nur allzu leicht passieren, daß er zwei kranke Männchen als »garantiertes Zuchtpaar« nach Hause trägt. Nicht erwerben kann (und soll) man einheimische Singvögel und die gefährdeten Vogelarten, die im Washingtoner Artenschutzabkommen aufgelistet sind (vgl. die allgemeinen Vorbemerkungen zu »2 Die Haltung von Tieren im Unterricht«, S. 18–21).

2.3.4 Haltung

Gerade in Schulen ist die dauerhafte Betreuung problematisch. Für längere Ferienzeiten ist es oft schwierig, »Pfleger« zu finden. Auch die Frage, wohin mit den Tieren, wenn die Versuche abgeschlossen sind, und wohin mit eventuellen Nachzucht-Individuen, sollte vorab bedacht werden. Tiere dürfen grundsätzlich nur an solche Halter abgegeben werden, bei denen eine sachkundige Betreuung garantiert ist.

Die Pflege ist auf die Bedürfnisse der jeweiligen Art abzustimmen, die in Anpassung an die Bedingungen ihres natürlichen Lebensraumes entstanden sind. Da die oben empfohlenen Vogelarten aus geringeren Breitengraden stammen, stellen sie andere klimatische Ansprüche, als hierzulande vorherrschen: Nicht unter 15 °C im Winter und 20–25 °C im Sommer sind geeignete Temperaturen. Zu trockene Luft (weniger als 50% relative Luftfeuchtigkeit) ist für die Fortpflanzung hinderlich, zu feuchte (über 75% relative Luftfeuchtigkeit) fördert den Parasitenbefall. Regendurchnäßte Tiere müssen sich aufwärmen und trocknen können (Rotlicht-Lampe!).

Die Nahrung sollte sehr reichhaltig sein. Statt eines »Idealfutters« ist es besser, eine bunte Palette verschiedener Futtersorten anzubieten. Dazu verwendet man flache, gut abwaschbare Schälchen mit griffigem Rand, die aber nicht unter Sitzplätzen stehen dürfen. Man kann auch Hirsekolben, Kräuter-Fruchtstände und weichholzige grüne Zweige

(besonders Weiden für Papageien) an den Gittern befestigen, z. B. in Reichweite von Sitzstangen; das Manipulieren an diesem Naturfutter übt die Tiere.
❏ Die *Körnermischung* besteht bei den Prachtfinken aus verschiedenen Hirsearten, Glanzsaat und eventuell kleinen Mengen Hafer und Raps. Der Kanarienvogel schätzt den fetten Raps sowie Negersaat, Hanf und Mohn neben der Hirse. Für die Papageien gibt man außer Hirse größerkörnige Samen, z. B. Hanf, Buchweizen und Sonnenblumen. In der Regel bieten Fachgeschäfte fertige Mischungen an (die Einzelbestandteile sind beim Großhandel allerdings sehr viel billiger).
❏ *Ei-* und *Weichfutter* wird besonders für die Jungenaufzucht gereicht, einige Arten schätzen es in kleinen Mengen auch zwischendurch. Zwieback kann mit Eidotter und geraspelten Möhren (vorher schälen) vermengt werden, oder man kauft fertige Mischungen, die man besonders für die Finken ab und zu mit Mehlwürmern (Larven des Mehlkäfers) anreichert.
❏ An *Grünfutter* lassen sich fast alle Gräser und Kräuter verwenden, sofern sie nicht Biozid-behandelt sind und nicht naß verfüttert werden. Besonders halbreife Sämereien, etwa von Ampfer, Distel oder Gras, sind sehr beliebt. Äpfel oder Apfelsinen, auch Bananen, werden in Scheiben geschnitten gern genommen.
❏ Besonders hochwertig ist *Keimfutter*, das auch zur Jungenaufzucht gereicht wird: Hirse- oder andere Körner werden über Nacht gewässert, dann 24–48 Stunden warm und feucht gelagert (z. B. zwischen saugfähigen Papierlagen im Plastikbeutel nahe der Heizung), bis die gelblichen Keimspitzen aus der Samenschale hervorbrechen; dann nochmals spülen und abtropfen lassen.

Als Kalk können abgekochte Eierschalen zermörsert angeboten werden, ebenso ein Sepia-Schulp oder ein künstlicher »Kalkstein«; dazu gibt man je nach Bedarf ins Obst oder Weichfutter Mineralpulver-Mischungen zur Versorgung mit Spurenelementen. In einem kleinen Gefäß kann man zerstoßene Aktiv-Kohle anbieten, besonders wenn die Tiere zu flüssigen Kot haben.

Trinkwasser wird in flachen kleinen Näpfen oder in Badeschalen (2–3 cm tief, eventuell mit flachen Natursteinen darin) geboten, nicht zu kalt und möglichst chlorfrei. Auch Multivitamin-Suspensionen sollen stark verdünnt regelmäßig dem Trinkwasser beigemischt werden. Am Boden müssen Sandkörner verfügbar sein, die von den Körnerfressern zur Zerkleinerung des Futters im »Kaumagen« verwandt werden.

Wasser und feuchtes Futter müssen täglich frisch gegeben werden, die Schälchen sind auszuwaschen; trockene Futterarten kann man dreimal in der Woche wechseln (leere Spelzen ausblasen, Körner – sofern nicht verkotet – wieder verfüttern). Je nach Besatzdichte und Schmutzanfall wechselt man in 14tägigem bis monatlichem Turnus den Sand aus, in dem sich besonders unter den Lieblingssitzplätzen Kothaufen angesammelt haben. Intensiv badende Vogelarten (z. B. das Japanische Mövchen) verspritzen so viel Wasser, daß bei mangelnder Reinigung Futterreste am Boden faulen. Nach Bedarf, etwa zweimal jährlich, wird die ganze Behausung gereinigt: Zweige und Stangen werden ausgewechselt oder gewaschen, Wände und Boden mit reichlich Wasser geputzt.

Müssen Vögel herausgefangen werden, so läßt sich das bei einiger Geschicklichkeit mit einem Netz bewerkstelligen. Dann umfaßt man den Vogel mit der ganzen Hand vom Rücken her und versucht, den Kopf seitlich mit den Fingern zu bedecken; auf diese Weise halten die Tiere still. Bei Papageien sollte man den Kopf auf Höhe der Ohren festhalten, sonst beißen sie (Anfänger können Handschuhe verwenden). In großen Behausungen lassen sich die Vögel entweder nachts im Dunkeln nach leisem Anschleichen »abpflücken«, oder man durchnäßt sie mittels einer Blumendusche mit lauwarmem Wasser so sehr, daß sie kaum noch fliegen können und leicht zu greifen sind. Anschließend müssen sie sich aber unter einer Rotlichtlampe wärmen und trocknen können. Jedes Fangen bedeutet Aufregung und Schwächung. Zur Brutzeit ist es ganz zu vermeiden.

Auf *Krankheiten* und ihre Behandlung können wir hier nicht im Detail eingehen. Sitzt ein Vogel lange mit stark aufgeplustertem Gefieder, steckt er gar tagsüber den Kopf unter die Flügel, so ist er ernsthaft krank. Man sollte ihn herausfangen, in einen kleinen Extrakäfig unter mäßiges Rotlicht setzen und einen erfahrenen Vogelzüchter oder Tierarzt um Rat fragen. Neben der bereits erwähnten Ornithose gibt es noch einige weitere – wenn auch seltene – humanpathogene Vogelkrankheiten (z. B. *Toxoplasmose, Bandwurmbefall*). Auch deshalb sollten die Tierkontakte auf ein Mindestmaß beschränkt bleiben. Allergien gegen Vogelstaub sind bei längerem Zusammensein mit den Tieren möglich.

Literatur
Enehjelm, C. af, 1974: Käfige und Volieren. Stuttgart, Kosmos.
Frisch, O. v., 1980: Kanarienvögel. München, Gräfe und Unzer.
Grahl, W. de, 1977: Papageien. 5. Auflage. Stuttgart, Eugen Ulmer.
Immelmann, K., Steinbacher, J. & Wolters, H. E., 1965: Vögel in Käfig und Volieren. Aachen, H. Limberg.
Koepff, Chr., 1983: Das neue Prachtfinkenbuch. München, Gräfe und Unzer.
Nicolai, J., 1976: Vogelhaltung – Vogelpflege. Stuttgart, Kosmos.
Sossinka, R., 1982: Domestication in birds. In: Avian biology, Band VI. Farner, D. S., King, J. R. & Parks, K. C. (Hrsg.), S. 373–403. New York, Academic Press.

Zeitschriften
AZ-Nachrichten. AZ-Geschäftsstelle Günter Wittenbrock, Vor der Elm 1, 2860 Osterholz-Scharmbeck.
Die Gefiederte Welt. Verlag Eugen Ulmer GmbH & Co., Postfach 70 05 61, 7000 Stuttgart 70.
Die Voliere. Verlag M. & H. Schaper, Postfach 81 06 69, 3000 Hannover 81.
Gefiederter Freund. Erika Rusterholz, Bachserstraße 2, CH-8173 Neerach (Schweiz).
Journal für Ornithologie. R. Friedländer & Sohn, Dessauer Straße 28–29, 1000 Berlin 61.
Kanarienfreund. Hanke-Verlag GmbH, Postfach 10 40, 7530 Pforzheim.

Gesellschaften
AZ – Austauschzentrale der Vogelliebhaber und -züchter Deutschlands e. V.; Geschäftsstelle: Günter Wittenbrock, Vor der Elm 1, 2860 Osterholz-Scharmbeck.
Deutsche Ornithologen Gesellschaft e. V. (DOG). Schatzmeister Dr. D. S. Peters, Senkenberganlage 25, 6000 Frankfurt/Main.
Estrilda. Gesellschaft für Liebhaber von Exoten, besonders von Prachtfinken; Geschäftsstelle: G. Kühn, Südring 47, 6453 Seligenstadt.

3 Beobachtungen und Versuche an Tieren

In diesem Buchteil werden in 13 Kapiteln zahlreiche – unterrichtsnah ausgearbeitete – Beobachtungen und Versuche zur Ethologie, Verhaltens- und Sinnesphysiologie vorgestellt. Um die Experimente durchführen zu können, ist es unbedingt notwendig, daß der Schüler oder Student den theoretischen Stoff und die prinzipielle Methodik der praktischen Durchführung bereits *vor* Kursbeginn beherrscht. Während der Versuche ist ein genaues Protokoll zu führen. Alle Kapitel sind nach einem einheitlichen Schema aufgebaut; dies soll dem Leser die Arbeit erleichtern.

Mit Hilfe der *Einleitung* kann sich der Kursteilnehmer die theoretischen Grundlagen für die nachfolgenden praktischen Beobachtungen und Versuche aneignen. Die Autoren haben hier die wichtigsten Ergebnisse der bereits vorhandenen Literatur verarbeitet. Die Länge der Einleitung ist von Kapitel zu Kapitel sehr verschieden, je nachdem, ob die Theorie bereits zum Schulwissen gehört oder nicht.

Trotzdem kann kein Kapitel alle notwendigen oder wünschenswerten Hintergrundinformationen geben. Deshalb werden in dem Abschnitt *Seminarthemen* Vorschläge zur vertiefenden Vorbereitung, Nachbereitung und Ergänzung des praktischen Teils gemacht. Die meisten Themen sind theoretischer Natur, einige wenige dienen zur praktischen Vorbereitung der Experimente. Häufig eignen sie sich besonders gut für Schüler- und Studentenreferate im kursbegleitenden Seminar. Bei Schülern sollte der Lehrer die angegebene Literatur zur Verfügung stellen; Studenten müssen dagegen selbst in der Lage sein, sich die entsprechenden Veröffentlichungen aus der Bibliothek zu besorgen.

Die Beobachtungen und Versuche haben aber – selbst wenn sie noch so sorgfältig durchgeführt wurden – nur dann einen wissenschaftlichen Wert, wenn die Tiere unter optimalen Bedingungen gehalten werden. Der Abschnitt *Beschaffung, Pflege und Zucht der Versuchstiere* enthält dazu Hinweise.

Der Abschnitt *Beobachtungen und Versuche* ist in einzelne *Versuche* unterteilt. Das *Versuchsmaterial* ist jeweils übersichtlich aufgelistet, so daß der Lehrer bereits vorhandene Tiere oder Materialien abhaken kann. Die *Versuchsdurchführung* beschreibt den experimentellen Ablauf; eventuelle Fragen sollten im Laufe des Versuchs beantwortet werden können. Die Antworten müssen aber nicht unbedingt identisch mit den *Ergebnissen* sein. Die dort kurz zusammengefaßten Resultate der Autoren dienen vielmehr zum Vergleich. Wenn der Kursteilnehmer andere Versuchsergebnisse erhält, muß er sich überlegen, welche Gründe dies haben könnte.

Als Ergänzung für diese Beobachtungen und Versuche dienen die *Weiterführenden Arbeiten*. Viele dieser Vorschläge bieten sich als Themen für Facharbeiten im Rahmen der Kollegstufe oder für Wettbewerbsarbeiten, z. B. bei »Jugend forscht«, an. Nicht wenige Themen berühren aktuelle Probleme der Forschung, so daß der Kursteilnehmer hier sogar wissenschaftliches »Neuland« betreten kann.

Die *Literatur* ermöglicht es dem Leser, sich in die behandelte Thematik tiefer einzuarbeiten. Sollten bestimmte Bücher oder Zeitschriften bei der örtlichen Bibliothek nicht vorhanden sein, so können sie häufig über Fernleihe bestellt werden.

In dem Abschnitt *Unterrichtsmaterial* sind schließlich gängige Filme und Diaserien aufgeführt, die sich für eine Vorführung im Unterricht eignen. Wenn nicht anders angegeben, sind die Filme Kopien im 16 mm-Format. Sie stammen entweder vom *Institut für den Wissenschaftlichen Film* (IWF, Nonnenstieg 72, 3400 Göttingen) oder vom *Institut für Film und Bild in Wissenschaft und Unterricht* (FWU, Bavaria-Film-Platz 3, 8022 Grünwald) und können – lokal unterschiedlich – häufig auch von den Stadtbildstellen ausgeliehen werden. Beide Institute geben regelmäßig neue Medienverzeichnisse heraus, die auch nähere Informationen über die Lieferbedingungen enthalten. Sie können beim IWF (kostenlos) und FWU (gegen eine geringe Gebühr) angefordert werden. Die Daten zu den Filmen (SW = Schwarzweißfilm, F = Farbfilm, st = ohne Ton, T = Tonfilm, Komm. = Sprache des Tonkommentars, dt. = deutsch, engl. = englisch) sowie die Angaben zur Länge und Dauer sollen dem Praktikumsleiter bei seiner Unterrichtsplanung helfen.

3.1 Galvanotaxis: Grundlagen der elektromechanischen Kopplung und Orientierung bei Paramecium
Hans Machemer

3.1.1 Einleitung

3.1.1.1 Allgemeines

Dreihundert Jahre nach der Entdeckung der *»Infusorien«* durch LEEUWENHOEK hat das Verständnis der oft rätselhaften Lebensäußerungen der Ciliaten mit der Entfaltung neuer Disziplinen wie der Zellphysiologie eine verbesserte Grundlage erhalten. Lange mußten sich Forschungen an diesen mikroskopisch kleinen »Wimpertierchen« auf ihre systematische und ökologische Einordnung sowie auf ihren eigentümlichen *Kerndualismus* beschränken. Um die Jahrhundertwende zogen die Bewegungen und Verhaltensweisen zunehmend das Interesse der wissenschaftlichen Zoologie auf sich. Die sogenannte *Galvanotaxis*, entdeckt von VERWORN (1889), und die *Fluchtreaktion* der Pantoffeltierchen (Gattung *Paramecium*; JENNINGS 1906) wurden als eigene Orientierungsbewegungen *(Topotaxis, Phobotaxis)* von KÜHN (1919) klassifiziert. Sie haben als solche Eingang in die Lehrbücher der Zoologie gefunden, obwohl die ihnen zugrundeliegenden Mechanismen erst heute verständlich werden.

Die Darstellung von *»Silberliniensystemen«* im Außenplasma *(Cortex)* von Ciliaten durch Imprägnation mit Silbersalzen (GELEI 1932) nährte seit den dreißiger Jahren die heute als irrig erwiesene Vorstellung, daß Ciliaten periphere und zentrale Kommunikationssysteme entwickelt haben, die denen höherer Tiere *analog* sind. Zahlreiche Arbeiten aus jener Zeit beschreiben nicht nur Silberlinien bei verschiedenen Ciliaten, sondern auch *»Neuromotorien«*, knotenartige Faserverdichtungen, in denen eine Koordination der Cilientätigkeit des Einzellers vermutet wurde.

Der hochgeordnete, seit Erfindung der Schnellfixation bewegter *Cilien* (GELEI 1926; PARDUCZ 1952) auch darstellbare *Metachronismus* cilientragender Membranoberflächen hat immer wieder Spekulationen über den Erregungsmechanismus der Ciliaten hervorgebracht. Bis in die jüngere Zeit wurden experimentelle Ergebnisse veröffentlicht, deren Gegenstand das angebliche Lernvermögen der Ciliaten war. Der Nachweis eines *assoziativen Lernens* der Ciliaten konnte allerdings nie zweifelsfrei erbracht werden (JENSEN 1957; MACHEMER 1966; VOSS & MACHEMER 1987).

Seit dem zweiten Weltkrieg haben drei Wissenschaftszweige neues Licht in die kunstvolle Organisation der Ciliaten samt ihren Cilien fallen lassen: (1) die Elektronenmikroskopie, (2) die zelluläre Elektrophysiologie und (3) die Biochemie. Die heute im Bereich der Physiologie der Ciliaten angesammelten Detailkenntnisse sind umfangreich. Im Rahmen des vorliegenden Kapitels sollen nur jene unumstrittenen Grundtatsachen beschrieben und erklärt werden, die für das kausale Verständnis der nachfolgenden Beobachtungen und Versuche an *Paramecium* unerläßlich sind.

3.1.1.2 Morphologie

Wie bei jeder lebenden Zelle umgibt *Paramecium* eine rundum geschlossene Zellmembran, die auch die Cilien umkleidet. Cilien als intrazelluläre *Organellen* haben im Tier-

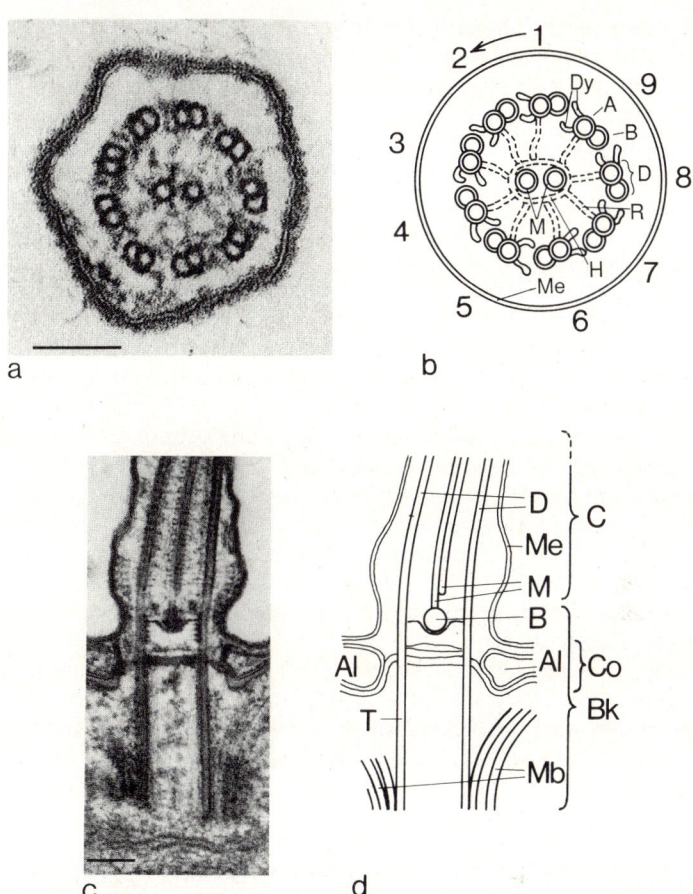

Abb. 3.1.1: Bau der Cilie.
a) *Paramecium*-Cilie im Querschnitt; Blickrichtung von der Cilienspitze zur Basis (Eichungsstrich = 100 nm). Beachte das von der Plasmamembran (Me) umhüllte, aus Mikrotubuli gebildete Axonem (Ø 200 nm);
b) Schema des nebenstehenden Cilienquerschnittes. Bei Blickrichtung zur Basis weisen die Dyneinärmchen (Dy) der 9 Doppeltubuli (D) gegen den Uhrzeigersinn (Pfeil); in dieser Richtung zählt man auch die Doppeltubuli, beginnend mit der topographisch vordersten Einheit. Jeder Doppeltubulus besteht aus einem vollständigen (A) und einem unvollständigen Mikrotubulus (B). Von den Subtubuli A ziehen radiale Brücken in Richtung auf eine zentrale Hülle (H), die zwei separate Mikrotubuli (M) umschließt;
c) Cilie von *Paramecium*; basaler Abschnitt längs. Der Ciliendurchmesser beträgt etwa 0,25 µm, die Gesamtlänge 10 µm (Eichungsstrich = 100 nm);
d) Schema des nebenstehenden Längsschnittes. Das aus Doppeltubuli (D), Zentraltubuli (M) und der Membran (Me) aufgebaute Cilium (C) geht auf der Höhe des Basalkorns (B) über in den Basalkörper (Bk) aus neun peripheren Mikrotubuli-Tripletts (T) ohne zentrale Tubuli. Verschiedene Mikrotubulibänder (Mb) dienen der Verankerung des Basalkörpers, an dessen innerem Ende Kinetodesmen ansetzen (nicht im Bild). Das Rindenplasma (*Cortex*, C) schließt membranumkleidete Alveolen (Al) ein. Beachte, daß nur *ein* zentraler Mikrotubulus (M) in das Basalkorn mündet

und Pflanzenreich einen einheitlichen Aufbau und gehören vermutlich zu den stammesgeschichtlich alten Erwerbungen der *Eukaryonten*zelle.

Hauptbauelemente des Bewegungsapparates der Cilie sind *Mikrotubuli* (Durchmesser 25 nm), die auch anderswo im *Cytoplasma* von Zellen Stütz- und Transportfunktionen wahrnehmen. Ein Blick auf einen Cilienquerschnitt (Abb. 3.1.1a, b) zeigt, daß die Achsenstruktur eines Ciliums (= *Axonem*; Durchmesser etwa 200 nm) durch einen Ring aus 9 *Doppeltubuli* gebildet wird, von denen nur ein Mikrotubulus (A) einen vollständigen Aufbau aus 13 Untereinheiten besitzt, während der unvollständige zweite Mikrotubulus (B) dem A-Tubulus angegliedert ist.

Der A-Tubulus trägt in regelmäßigen Dreiergruppen innere und äußere *Dyneinarme*; ferner gehen von ihm periodische *Radialglieder* aus, die Kontakt mit einer korbartigen Zentralstruktur aufnehmen, der zentralen Hülle. Hauptbestandteil der Zentralstruktur sind zwei Mikrotubuli. Eines dieser zentralen Tubuli ist im sog. *Basalkorn* verankert, das andere endet oberhalb des Basalkorns (Abb. 3.1.1c, d). Die 9 peripheren Doppeltubuli gehen in die *Triplett*struktur des *Basalkörpers* über, und zwar in der Weise, daß sich ein dritter unvollständiger C-Mikrotubulus jedem Doppeltubulus anschließt.

Der etwa 600 nm lange zylindrische Basalkörper dient der Cilie als Verankerungsstruktur. An den Basalkörper treten verschiedene »Bänder« von Mikrotubuli der cortikalen Zellregion heran. Ferner gehen vom Basalkörper quergebänderte, *kollagen*ähnliche Fibrillen aus, die sich zu Bündeln vereinigen *(Kinetodesmen)*. Eine Funktion im Zusammenhang mit der Bewegung der Cilien konnte für die Kinetodesmen (Name!) bisher nicht nachgewiesen werden.

Die Fasersysteme des Basalkörpers verleihen dem Cilium eine unverwechselbare Orientierung, die seine topographischen Achsen (vorn – hinten, rechts – links) festlegt. Jeder Doppeltubulus wird durch eine Zahl identifizierbar. Die Zählweise beginnt mit dem vordersten Doppeltubulus und schreitet in Richtung der Dyneinärmchen bis 9 fort (Abb. 3.1.1b).

3.1.1.3 Filament-Gleit-Mechanismus der Cilienbewegung

Cilien bewegen sich unter Verwendung der längenkonstanten Mikrotubuli des Axonems. Wie beim Gleiten der *Aktin-* und *Myosinfilamente* der *Muskelfibrillen* gleiten in der Cilie benachbarte Doppeltubuli gegeneinander (AFZELIUS 1959; SATIR 1968). Analog dem *Myosinköpfchen* erzeugen schwingende Dyneinärmchen eines Doppeltubulus »n« die Verschiebung des Doppeltubulus »n+1«. Die aktive Schwingbewegung der Ärmchen geschieht in Richtung der Cilienspitze. Während dieser Phase stehen die Ärmchen in Kontakt mit dem B-Tubulus n+1. Bei der Rückschwingung (basalwärts) lösen sich die Ärmchen vom B-Tubulus.

Da sämtliche Doppeltubuli im Basalkörper fest verankert sind, führen die von den aktiven Dyneinärmchen ausgehenden Scherkräfte zur Krümmung der beteiligten Doppeltubuli. Wie man sich leicht an zwei einseitig miteinander verbundenen Pappstreifen klarmachen kann, liegt der zur Cilienspitze hin verschobene Doppeltubulus wegen des geringeren Krümmungsradius stets am konkaven Innenrand des gekrümmten Systems.

Bei jedem *Schlagzyklus* einer Cilie pflanzt sich das aktive Gleiten zwischen einem Doppeltubulus-Paar einsinnig auf das benachbarte Paar fort (bei den Cilien der Protozoen im Sinne steigender Numerierung: 1/2 → 2/3 → 3/4 → ... → 9/1). Dies hat zur Folge, daß ein Cilium von *Paramecium*, von der Spitze zur Basis gesehen, stets entgegen dem Sinn des Uhrzeigers schlägt.

Der zyklische Mechanismus der Cilienbewegung beruht auf einem »*Rotations-Gleitprinzip*«, aus dem eine *Gyrationsbewegung* (Schwingung auf einem Kegelmantel) hervorgeht. In entfernter *Analogie* zu technischen Motoren verhält sich der Cilienmotor zum linearen Motor des Muskels wie ein Wankelmotor zum Ottomotor.

3.1.1.4 Cilienbewegung und ihre Kontrolle durch Calciumionen (Ca^{2+})

Der Verlauf eines Schlagzyklus der Cilie ist durch den Wechsel von effektivem Schlag und Rückschlag gekennzeichnet (Abb. 3.1.2b). Während des effektiven Schlages schwingt das Cilium bei erhöhter Winkelgeschwindigkeit nahezu senkrecht zur Zelloberfläche. Der effektive Schlag ist beim ungereizten *Paramecium caudatum* nach hinten und rechts orientiert, was der Zelle eine linksgerichtete Schraubenbewegung verleiht (Abb. 3.1.2a).

Das Programm des ciliären Schlagzyklus wird durch die freie Ca^{2+}-Konzentration im Cilien-Innern modifiziert. Die Schlagtätigkeit im ungereizten Zustand (d. h. nach rechtshinten) erfolgt bei einer Ca^{2+}-Konzentration von etwa 10^{-7} mol · l^{-1}. Erhöht sich die Ca^{2+}-Konzentration, z. B. auf 10^{-5} mol · l^{-1}, so wird das Bewegungsprogramm der Cilie gegen den Uhrzeigersinn verstellt: der effektive Schlag weist jetzt nach rechts-vorne, und die Zelle muß dementsprechend in einer Rechtsschraube rückwärts schwimmen. Eine Senkung der intraciliären Ca^{2+}-Konzentration unter den Wert von 10^{-7} mol · l^{-1} bewirkt eine Verstellung des Schlagprogramms im Uhrzeigersinn, d. h. von rechts-hinten nach hinten; die Zelle schwimmt demzufolge unrotiert vorwärts.

»*Modelle*« von *Paramecium*, deren Membran durch ein Detergens zerstört worden war und die in Lösungen aus ATP, Mg^{2+} und wechselnden Mengen Ca^{2+} untersucht wurden, veränderten mit der Schlagrichtung auch ihre Schlagfrequenz in charakteristischer Weise (NAITOH & KANEKO 1972; NAKAOKA et al. 1984). Die Befunde an *Paramecium*-Modellen ließen sich mit *elektrophysiologischen* Mitteln an lebenden Zellen bestätigen (MACHEMER 1977).

3.1.1.5 Die Rolle der Zellmembran

Da der intrazelluläre Cilienmotor Außenreize nicht »sehen« kann, kommt der Zellmembran die Rolle zu, Reize in eine Signalform zu verwandeln, die das Axonem versteht. Hierzu ist die Cilienmembran mit »*Kanälen*« ausgestattet, die bestimmten Ionen den Durchtritt gestatten.

Jede lebende Zelle hat gegenüber verschiedenen Ionen eine *selektive Permeabilität*, da bestimmte Ionenkonzentrationen im Zellinnern eingehalten werden müssen. Da jede Diffusion elektrisch geladener Teilchen durch die Zellmembran eine der Diffusion entgegenwirkende Spannung aufbaut, resultieren meist mehrere *Ionenbatterien*, aus deren Zusammenwirken nach dem Ohmschen Gesetz das *Membranpotential* entsteht.

Bei *Paramecium* (und vermutlich bei allen Ciliaten) ist die Membran des Zellkörpers ohne Cilien (*Soma*) vor allem mit Calcium- und Kalium-Kanälen ausgestattet, deren *Ruheleitfähigkeit* ein negatives Membranpotential gegenüber dem Außenmedium hervorbringt. Physikalisch lassen sich ionenselektive Kanäle als Spannungsquellen, ihre Leitfähigkeit als *Innenwiderstand* der Spannungsquelle darstellen (Abb. 3.1.3a). Eine grundlegende Behandlung der *Membrantheorie* ist im Rahmen dieses Kapitels nicht möglich. Interessierte Leser seien auf die einschlägige Literatur verwiesen, z. B. KATZ (1971) und MACHEMER (1988a).

Das Membranpotential verläßt seinen Ruhewert, wenn bestimmte Reize, z. B. ein mechanischer Stoß, auf die Somamembran einwirken und mechanisch empfindliche Ionenkanäle aktivieren. Solche Kanäle sind am Zellvorderende und Zellhinterende von

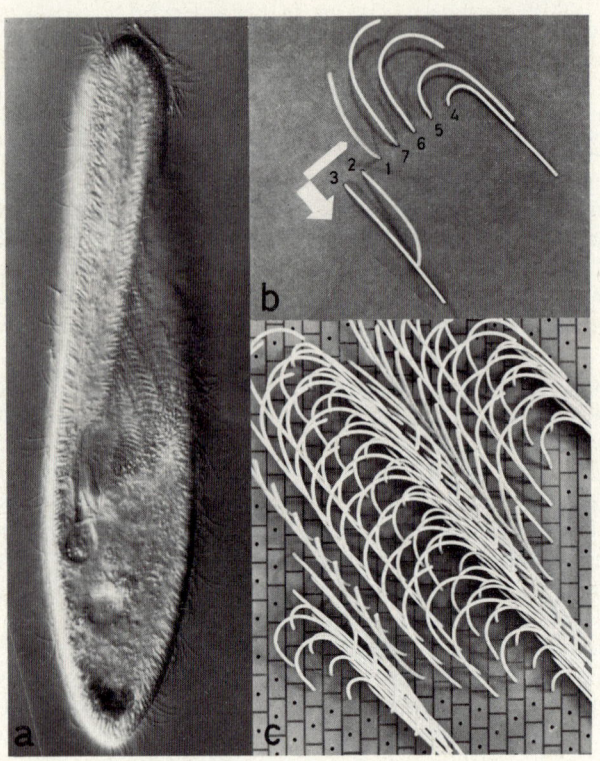

Abb. 3.1.2: Cilienschlag und Metachronismus bei *Paramecium*.
a) Zelle während des Vorwärtsschwimmens; metachrone Wellenfronten sind sichtbar in der Mundbucht (in Aufsicht) und am rechten Zellrand (im Profil);
b) Cilienschlagzyklus der vorwärtsschwimmenden Zelle. Das Modell zeigt eine Momentaufnahme von 7 benachbarten Cilien. Stadien 1–3: effektiver Schlag (nach rechts hinten; großer Pfeil); 4–7: Rückschlag oder »Erholungsschlag«. Beachte, daß der Zyklus gegen den Uhrzeigersinn fortschreitet. Kleiner Pfeil: Richtung der Phasenverschiebung bzw. der »metachronen Wellen«;
c) Gleiches Modell wie (b), doch unter Einschluß benachbarter Cilien. Das Muster metachroner Wellen entsteht durch hydrodynamische Wechselwirkungen zwischen den unabhängig schlagenden Einzelcilien, analog den Wechselwirkungen von Wasserteilchen bei Oberflächenwellen. Beachte (1), daß die Richtung des effektiven Cilienschlages die Orientierung der Wellenfronten (= Synchronisation) festlegt, (2) bei rückwärtsschwimmenden Zellen das Programm des Schlagzyklus (und damit der metachronen Wellen) um etwa 150° gegen den Uhrzeigersinn verstellt ist (Cilienschlagrichtung nach vorne-rechts) (MACHEMER 1975)

Paramecium konzentriert. Aktivierte *Rezeptorkanäle* des Hinterendes lassen ausschließlich K^+-Ionen aus der Zelle ausfließen; die Aktivierung der Kalium-Batterie führt zu einer *Membranhyperpolarisation* (Abb. 3.1.3b). Wirken mechanische Kräfte auf das Zellvorderende ein, so werden in erster Linie Calcium-Rezeptorkanäle aktiviert, was zu einer *Membrandepolarisation* führt (Abb. 3.1.3c).
Gute *Kabeleigenschaften* des Zellkörpers und der Cilien gestatten eine nahezu momentane und abschwächungsfreie Ausbreitung der lokal entstehenden Rezeptorpoten-

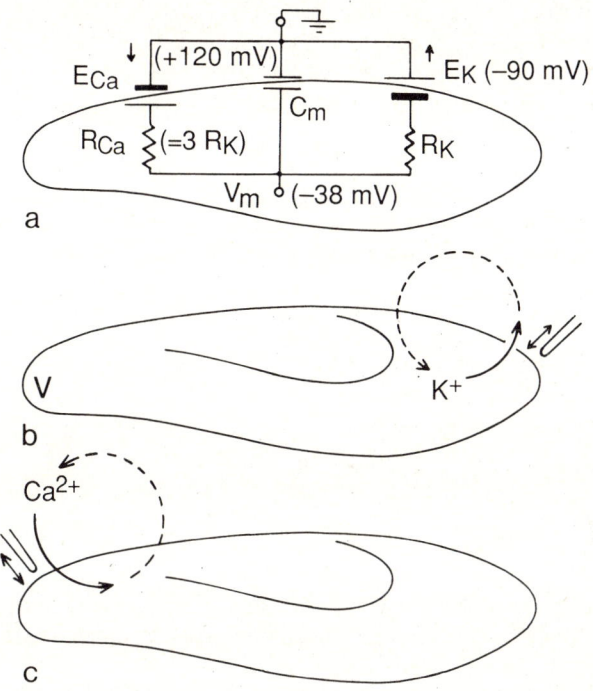

Abb. 3.1.3: Elektrische Membraneigenschaften von *Paramecium*.
a) Ersatzschaltbild. Ca^{2+}- und K^+-Konzentrationsgradienten werden durch Batterien (Gleichgewichtspotentiale E_{Ca} und E_K), der Öffnungsgrad der Ionenkanäle durch Batterie-Innenwiderstände (R_{Ca}, R_K), der Eingangswiderstand durch Parallelschaltung von R_{Ca} und R_K ($R_m = [R_{Ca} \cdot R_K] / [R_{Ca} + R_K]$) und die Membrankapazität durch einen Kondensator (C_m) repräsentiert. Beide Batterien liegen in Serie und treiben einen beständigen Strom durch die Zelle. Unter Annahme der vorgegebenen Näherungswerte für die Ionenbatterien und Widerstandsverhältnisse resultiert nach der Ohmschen Spannungsteilung ein Membranruhepotential von –38 mV. Das Membranpotential wird positiver oder negativer durch Änderung eines der Batterieinnenwiderstände;
b) Beispiel einer reizinduzierten Membranhyperpolarisation. Mechanische Reizung des Zellhinterendes aktiviert K-Rezeptorkanäle. Mit der Abnahme von R_K steigt (1) der K^+-Efflux, (2) hyperpolarisiert die Membran infolge der veränderten Widerstandsverhältnisse R_{Ca}/R_K;
c) Beispiel einer reizinduzierten Membrandepolarisation. Bei mechanischer Reizung des Zellvorderendes werden dort gehäufte Ca-Rezeptorkanäle aktiviert. Entsprechend (b) sinkt R_{Ca}, Ca^{2+}-Ionen fließen in stärkerem Maße einwärts, und die Membran depolarisiert. Weitere Ca-Kanäle, die jedoch depolarisationsempfindlich sind, befinden sich in den Membranen der Cilien

tiale, so daß alle Cilienmembranen praktisch gleichzeitig hyperpolarisiert oder depolarisiert werden. Das depolarisierende Rezeptorpotential aktiviert depolarisationsempfindliche Calcium-Kanäle in der Cilienmembran. Da durch zunehmende Depolarisation auch mehr Calcium-Kanäle aktivieren, und mehr Ca^{2+}-Influx die Depolarisation verstärkt, entsteht ein durch *positive Rückkopplung* gekennzeichnetes Aktionspotential, in dessen Verlauf Ca^{2+}-Ionen in die Cilien eintreten und die intraciliäre Ca^{2+}-Konzentration kurzfristig von 10^{-7} mol · l^{-1} auf etwa 10^{-4} mol · l^{-1} ansteigen lassen. Die Erhöhung der Ca^{2+}-Konzentration leitet die Umkehr des Cilienschlages und damit eine »Fluchtreaktion« von *Paramecium* ein.

Eine Membranhyperpolarisation führt über einen bisher noch nicht im einzelnen geklärten Mechanismus zur Absenkung der Ca^{2+}-Konzentration in den Cilien und damit einer Verstellung der Cilienschlagrichtung zum Zellhinterende.

Zusammenfassend ist festzustellen, daß Kabeleigenschaften und Kanalausstattung der Zellmembran einer *Paramecium*-Zelle die Fähigkeit verleihen, reizadäquate Bewegungsreaktionen der Cilien hervorzubringen.

3.1.1.6 Galvanotaxis: Die Zelle im Spannungsgradienten

Liegt eine Gleichspannung über einem wäßrigen Elektrolyten, in dem sich Paramecien befinden, so gilt das Ohmsche Gesetz der Spannungsteilung sowohl für das leitende Medium als auch für den Strom durch eine beliebige Zelle. In homogener Salzlösung fällt die Spannung proportional zur Länge des Weges zwischen den Elektroden ab. Liegen z. B. 4 Volt an den Elektroden mit einem Abstand von 2 cm, so beträgt der *Spannungsgradient* 2 V/cm senkrecht zu den Elektrodendrähten, aber unabhängig von der absoluten Lage zwischen den Elektroden. Beachte, daß dieser Spannungsgradient vom elektrischen Widerstand des Mediums und damit von der Stärke des fließenden Stroms unabhängig ist.

In diesem Spannungsgradienten unterliegt ein *Paramecium* einer elektrischen Reizung dadurch, daß die Zelle einen räumlich ausgedehnten elektrischen Widerstand darstellt, der dem Widerstand des Mediums parallelgeschaltet ist. Liegt die Längsachse der Zelle zufällig parallel zum Spannungsgefälle (Abb. 3.1.4a), so sind auf einer Zell-Länge (200 µm) der Widerstand des Mediums und der transzelluläre Widerstand parallelgeschaltet.

Der transzelluläre Widerstand besteht aus drei in Serie liegenden Teilwiderständen: dem Widerstand der vorderen Zellmembran (geschätzt für die halbe Membranoberfläche der Zelle: $R_{m1} = 8 \cdot 10^7 \Omega$), des Cytoplasmas ($R_c = 1,5 \cdot 10^5 \Omega$) und der hinteren Zellmembran ($R_{m2} = 8 \cdot 10^7 \Omega$).

Unter Annahme eines Spannungsgradienten von 2 V/cm fallen über der Strecke von 200 µm parallel zu den *Feldlinien* 40 mV ab; dieser Spannungsabfall gilt für den transzellulären Widerstand ebenso wie für den Widerstand des Mediums. Im letzteren Fall ist der Spannungsabfall längenproportional.

Beim transzellulären Widerstand bringen die großen Membranwiderstände R_{m1} und R_{m2} schon auf geringer Strecke (Dicke einer Zellmembran) je etwa die Hälfte des Spannungsabfalls hervor. Wegen des vergleichsweise geringen Widerstandes von R_c liegt das Cytoplasma praktisch überall auf gleichem Spannungsniveau. Die Bedingungen des transzellulären Widerstandes gelten für eine Kette aus entsprechenden Widerständen ebenso wie für die lebende Zelle; bei dieser addiert sich allerdings das Membranpotential, im Beispiel –40 mV, zu dem (vernachlässigbaren) Potentialabfall über dem Cytoplasma.

Wählen wir für das Außenmedium auf der Höhe der Zellmitte eine *Bezugsspannung* von 0 mV, so beträgt das Membranpotential hier –40 mV. Am kathodischen Ende der Zelle ist die Außenspannung, bezogen auf die Zellmitte, aber –20 mV; das Membranpotential beträgt deshalb nur –20 mV (Differenz zwischen –40 und –20 mV), und die Zellmembran ist somit hier depolarisiert.

Umgekehrt liegen die Verhältnisse am anodischen Zellende: Infolge der dort bestehenden Außenspannung von +20 mV steigt das Membranpotential von –40 mV auf –60 mV (Differenz zwischen –40 und +20 mV); die Membran ist hier hyperpolarisiert.

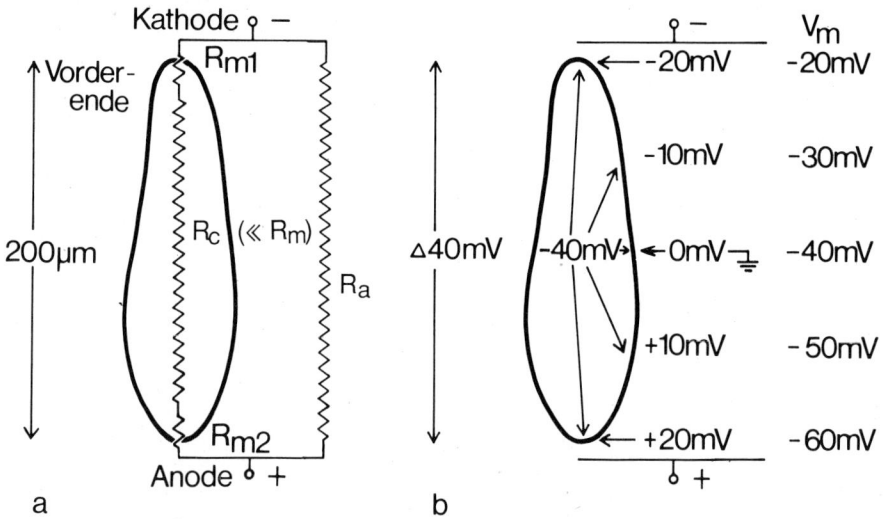

Abb. 3.1.4: Polarisation der *Paramecium*-Membran im elektrischen Feld.
a) Widerstände und Spannungsteilung. Transzellulärer Widerstand ($R_{m1} + R_c + R_{m2}$) und Widerstand des Mediums (R_a) liegen einander parallel. Bei einem Eingangswiderstand R_m = $5 \cdot 10^7$ Ω betragen R_{m1} und R_{m2}, die je etwa die Hälfte der Membranfläche repräsentieren, je 10^8 Ω. Der cytoplasmatische Widerstand (R_c) wird auf $2 \cdot 10^5$ Ω geschätzt. Da $R_{m1} = R_{m2} = 500\ R_c$, fällt eine äußere Spannung von 40 mV praktisch zu je 50 % über R_{m1} und R_{m2} ab, während der Spannungsabfall über R_c unmeßbar klein bleibt. Über R_a liegt ein längensymmetrischer Spannungsgradient (2 V/cm);
b) Membranpotential einer Zelle im äußeren Spannungsgradienten. Zum zelleigenen Potential (–40 mV) addiert sich das Potential des äußeren Spannungsgradienten. Das resultierende Membranpotential (V_m) ist am kathodennahen Zellende reduziert (Depolarisation), am anodennahen Zellende erhöht (Hyperpolarisation)

Allgemein ist festzustellen, daß eine von außen anliegende Gleichspannung jede lebende Zelle in Richtung der *Kathode* depolarisiert (= *kathodischer Reiz*) und gleichzeitig in Richtung der *Anode* hyperpolarisiert (= *anodischer Reiz*).

3.1.1.7 Wirkungen des Spannungsgradienten auf Cilienbewegung und Verhalten

Bei einer Membrandepolarisation schlagen alle Cilien in Richtung des Zellvorderendes, bei Hyperpolarisation dagegen in Richtung des Zellhinterendes. Da im äußeren Spannungsgradienten eine kathodische Depolarisation und anodische Hyperpolarisation gleichzeitig stattfinden, müssen die Cilien in elektrisch verschieden polarisierten Bereichen der Zellmembran einander entgegengesetzte Schlagrichtungen einnehmen.

Die Wirkungen der unterschiedlichen Cilienkräfte am Zellvorder- und -hinterende führen zu einer Zwangsorientierung, bei der die Zelle sich mit dem Vorderende der kathodischen *Elektrode* zuwendet und auf sie zuschwimmt (Galvanotaxis). Diese durch das elektrische Feld erzwungene Bewegung läßt sich gedanklich ableiten, wenn man der Zelle vor dem Einwirken des Spannungsgradienten verschiedene zufällige Orientierungen zur Kathode und Anode gibt (Abb. 3.1.5a–d).

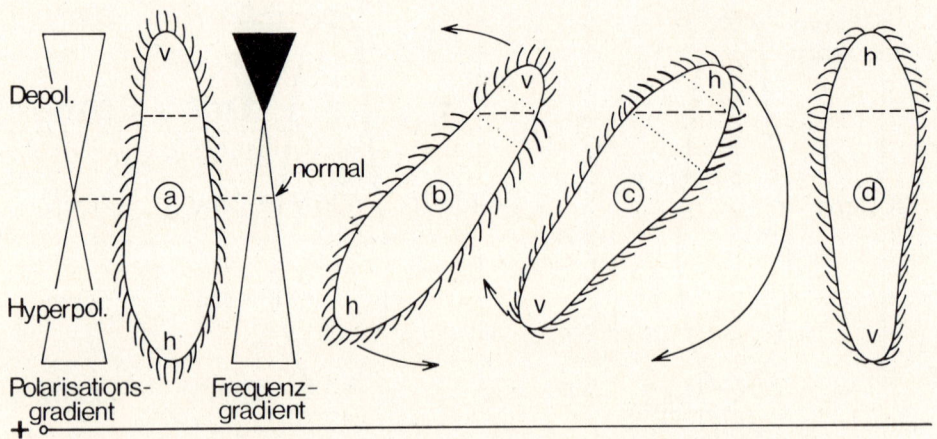

Abb. 3.1.5: Lageabhängige Cilienaktivierung im elektrischen Feld und Orientierung der Zelle (schematisch).
a) *Paramecium* in homodromer Orientierung (Längsachse parallel zu Feldlinien; Vorderende (v) weist zur Kathode); Cilien schlagen umgekehrt bei Depolarisationen ≥ 5 mV (vgl. Polarisationsgradient mit Frequenzgradient; schwarz = umgekehrte Schlagrichtung); Cilienaktivierung bei schwacher Depolarisation. Die Lage der Zelle ist stabil, da die Cilien längsachsensymmetrisch aktiviert sind; die Zelle schwimmt auf die Kathode zu;
b) Zelle in Schräglage zum Feld, vorwärtsschwimmend; asymmetrisch arbeitende Cilien in Zone zwischen punktierten Linien führen zur Wendung (Pfeile) bis zur Lage (a);
c) Zelle in Schräglage mit kathodennahem Zellhinterende (h), vorwärtsschwimmend. Entsprechend (b) wendet die Zelle (Pfeile), bis die stabile Lage (a) erreicht ist;
d) Zelle mit antidromer Orientierung (Hinterende weist zur Kathode) und Fortbewegung zur Anode. Abweichungen von dieser labilen Lage führen über (c) automatisch zu (a)

Beim Anlegen der Gleichspannung an die Elektroden nehmen die Membrandepolarisation und -hyperpolarisation einen gradientenartigen Verlauf parallel zu den Feldlinien und damit unabhängig von der Lage der Zelle im Raum. Da eine Cilienschlagreorientierung zum Vorderende erst bei einer Depolarisation von größer als 5 mV eintritt, ist der Bereich der in normaler Richtung (d. h. zum Zellhinterende) schlagenden Cilien größer als der Bereich mit zum Vorderende der Zelle schlagenden Cilien (Abb. 3.1.5, *Frequenzgradient*).

Eine Zelle in der Lage (a) wird daher auf die Kathode zuschwimmen. Hat eine Zelle die Lage (b) oder (c), so ist eine mittlere Oberflächenzone durch asymmetrisch schlagende Cilien gekennzeichnet. Wie ein Boot, dessen linke und rechte Ruder entgegengesetzt arbeiten, dreht sich die Zelle so lange um die Querachse, bis ihre Längsachse parallel zu den Feldlinien liegt (a) und damit die Cilien aller Körperseiten achsensymmetrisch arbeiten. Auch in der Lage (d) besteht ein – allerdings labiles – Gleichgewicht der Cilienkräfte zur Zell-Längsachse, doch führt eine geringe Abweichung aus dieser Lage über (c) zu (a).

Die Beispiele zeigen, daß für *Paramecium* im Spannungsgradienten nur *eine* stabile Raumlage möglich ist. Sie ist gekennzeichnet durch die Ausrichtung des Zellvorderendes zur Kathode (a) und wird »homodrome Orientierung« genannt (d: *antidrome Orientie-*

rung). In der homodromen Orientierung schwimmt die Zelle zwangsläufig auf die Kathode zu.

3.1.2 Seminarthemen

1. Manche reizvollen Beobachtungen und Experimente scheitern oft an der mangelnden Erfahrung bei der Kultur und Handhabung der Protozoen. Es empfiehlt sich, vor dem Galvanotaxis-Versuch das Sammeln von Material und den Aufbau einer Kultur zu üben. Als ein Ausgangspunkt kann ein Referat über die Kultur, die Bestimmung und Handhabung von Ciliaten dienen (STREBLE & KRAUTER 1982; HAUSMANN & PATTERSON 1983). Praktische Aufgaben stellen sich in dreifacher Weise:
a) Zu welcher Jahreszeit können an welchem Ort mit großer Wahrscheinlichkeit Paramecien bzw. andere Ciliaten angetroffen werden?
b) Reinigung einer Rohkultur: Wer große Zelldichten einer bestimmten *Protisten*art züchten will, muß eine *Reinkultur* aufziehen. Die Reinigung besteht in der Selektion der gewünschten Zellen bei »fraktionierter Verdünnung« der Rohkultur über eine Serie von Blockschälchen, aus denen unter der Stereolupe die Zellen mit einer sterilen Pasteurpipette isoliert und mit wenig Flüssigkeit in das nächste, frische, filtrierte Kulturlösung enthaltende Schälchen überführt werden. Von dort wird mit neuer, steriler Pipette erneut isoliert und überführt (bis zu 10 mal). Wenige gereinigte Zellen genügen zur Anzucht einer Reinkultur.
c) Aufzucht der Reinkultur: Varianten einer Stroh-, Heu- oder sonstigen Kultur werden gleichzeitig angesetzt und ihre Entwicklung in Abständen von 1–3 Tagen verfolgt. Zur Inspektion der Zelldichte genügt oft das seitliche Beleuchten des Kulturgefäßes. Genauere Informationen werden durch Abschätzen der Zelldichte und Zellform bei mikroskopischer Kontrolle gewonnen. »Fette« Zellen in der Vermehrungsphase (logarithmisches Wachstum) sind oft für physiologische Versuche wenig geeignet. Große, nahezu transparente Zellen findet man nach dem Abklingen des überreichen Bakterienangebotes.

2. Der Bau der Cilienmaschine und ihre Arbeitsweise sind nicht leicht verständlich. Wer etwas tiefer in die (zusammenfassende) Literatur eindringen möchte, sei auf folgende Arbeiten hingewiesen: SATIR (1974); MACHEMER (1977, 1986, 1988b); HAUSMANN (1983).

3. Nicht jedem ist der Umgang mit dem Ohmschen Gesetz bzw. der Membrantheorie der Erregung geläufig. Ein einleitendes Referat aus einem kompetenten Buch, z. B. KATZ (1971) oder ECKERT (1986), kann Verständnislücken schließen helfen. Einfache Rechnungen und Messungen zur Elektrophysiologie sind auch in Modellversuchen durchführbar (MACHEMER 1987c). Die für die Galvanotaxis angestellten Überlegungen lassen sich mit einigen Festwiderständen, gegebenenfalls auch mit einem Schiebewiderstand, experimentell überprüfen. Für die Simulation sind die absoluten Widerstandswerte unwesentlich; es muß aber auf die richtigen Widerstandsverhältnisse geachtet werden (ferner auch darauf, daß eine Gleichspannungsquelle bei zu geringen Widerstandswerten nicht zusammenbricht).

4. Die Cilienmetachronie ist bei *Paramecium* nicht leicht zu beobachten, es sei denn, daß das verwendete Mikroskop mit einer Interferenzkontrasteinrichtung ausgestattet ist und die Blitzlichtmikrophotographie eingesetzt wird. Eine Einführung in den bei Protozoen anzutreffenden Metachronismus von aktiven Cilien und seine physikalische

Begründung finden Sie in einem Übersichtsartikel (MACHEMER 1974), aus dem auszugsweise die für *Paramecium* relevanten Daten und Erkenntnisse zu referieren sind.

Praktisch lassen sich metachrone Wellen der Cilienbewegung verhältnismäßig leicht bei *Opalina*, einem großen, den Ciliaten nahestehenden *Flagellaten* (vgl. HAUSMANN 1983) beobachten. *Opalina* lebt im Enddarm (Rectum) des Frosches und kann von dort unblutig mittels einer mit Ringerlösung gefüllten Pipette gewonnen werden. Am besten beobachtet man die Metachronie im Dunkelfeld des Mikroskops (Achtung: *Opalina* stirbt bei Luftsauerstoff und Wärme alsbald ab).

5. Sind Cilien mechanisch empfindlich? *Paramecium caudatum* trägt an seinem Hinterende ein unbewegliches Cilienbüschel. Starre und oft verlängerte Cilien treten auch bei anderen Ciliaten auf. Da das Vorder- und das Hinterende vieler Ciliaten mechanisch empfindlich ist, hat man lange Zeit in den starren Cilien eine Rezeptorfunktion vermutet. Zusammenfassende Darstellungen zu dieser Frage lesen Sie bei: MACHEMER (1980); MACHEMER & DEITMER (1985).

3.1.3 Beschaffung, Pflege und Zucht der Versuchstiere

Paramecium caudatum findet sich in Gräben und Teichen, deren Wasser als stark verunreinigt, aber nicht als faulig anzusprechen ist. Günstige Sammelzeiten bestehen im Frühjahr und Herbst bei mäßigen Wassertemperaturen. Man sammelt in dicht verschließbaren Gefäßen und notiert die Fundorte. Zellen befinden sich bevorzugt im Uferbereich an zerfallendem Pflanzenmaterial (vgl. auch STREBLE & KRAUTER 1982; HAUSMANN & PATTERSON 1983). Rohkulturen müssen rechtzeitig gereinigt werden (vgl. Seminarthema 1). Paramecien können auch von bestimmten Firmen bezogen werden (z. B. A. Schlüter KG, Haus der Biologie, Gerberstr. 11, 7057 Winnenden).

Eine Kultur wird leicht mit Stroh- oder Heuaufgüssen angelegt (weitere Hinweise bei STREBLE & KRAUTER 1982).

❒ *Strohkolben:* 1 l Erlenmeyerkolben locker mit Stroh füllen, zu 2/3 mit destilliertem Wasser auffüllen, eine Spatelspitze Calciumcarbonat ($CaCO_3$, p. a.) hinzugeben; 1 Std. autoklavieren (Verschluß mit Watte und Alufolie) oder sonst aufkochen, danach mit destilliertem Wasser bis 3 cm unter den Kolbenrand auffüllen und locker abdecken; nach 24 Std. mit *Paramecium* (gereinigt) beimpfen. An mäßig warmem (18–21 °C) Ort ungestört aufbewahren; Luftzutritt gewährleisten. Entwicklungsgang der Kultur verfolgen (3mal wöchentlich prüfen); Kultur sollte nach 3–5 Wochen reif sein; Strohkolben kann über ein Jahr zur Überdauerung von Zellen dienen.

❒ *Heukulturen:* Diese Kulturen entwickeln sich in der Regel schneller, müssen aber noch sorgfältiger beobachtet werden. Nicht jedes Heu wird angenommen (Schwermetallspuren etc. !). Wenige Prisen kleingeschnittenes Heu in tiefe Kulturschälchen geben; auch Marmeladengläser, halbgefüllt und lose bedeckt, sind geeignet. Eine Spur Hefeextrakt (als Pulver) fördert die Entwicklung. Heu wird mit heißem, vorher abgekochten destillierten Wasser übergossen; nach 24 Std. beimpfen.

3.1.4 Beobachtungen und Versuche

Paramecien und andere Ciliaten schwimmen in einem *elektrischen Feld* stets auf den negativen Pol zu. Die experimentelle Prüfung dieser Galvanotaxis und die Erklärung der

Beobachtungen sollen zu den elementaren Tatsachen zellulärer Erregbarkeit und ihrer Signalwirkung für die koordinierte Fortbewegung der Zelle mittels Cilien hinführen.

3.1.4.1 Versuch 1: Paramecien im eingedickten und normalen Medium

■ *Versuchsmaterial:*
- Paramecien-Kulturen aus Stroh- oder Heuaufgüssen
- Mikroskop mit verschiedenen Objektiven und Okularen
- Objektträger und Deckgläser
- Watte
- Vaseline
- Filterpapier
- Präpariernadel
- Pasteurpipetten in verschiedenen Größen
- Erlenmeyerkolben in verschiedenen Größen
- Meßzylinder in verschiedenen Größen
- Plastikfläschchen mit Schraubverschluß zum Aufbewahren der fertigen Lösungen
- Klebeetiketten
- 50 ml-Meßkolben
- Bechergläser
- Taschenlampe
- Destilliertes Wasser (= Aqua dest.)
- $0,1 \text{ mol} \cdot l^{-1}$ Calciumchlorid ($CaCl_2$)-Stammlösung. 100 ml einer bestimmten *Stammlösung* erhalten Sie, indem Sie 1/100 des Molekulargewichtes des Salzes in 100 ml *End*volumen auflösen (zunächst Salzmenge mit etwa 50 ml Aqua dest. in einem 100 ml Meßzylinder lösen, dann unter Rühren auf 100 ml auffüllen). Reinheitsgrad des $CaCl_2$ »pro analysi« (p. a.).
- $0,1 \text{ mol} \cdot l^{-1}$ Stammlösung von Kaliumchlorid (KCl, p. a.). Herstellung s. o.
- $1 \text{ mmol} \cdot l^{-1}$ $CaCl_2$-Lösung. Mit Hilfe der *Kreuzregel* läßt sich aus der $0,1 \text{ mol} \cdot l^{-1}$ Stammlösung die gewünschte $CaCl_2$-Lösung herstellen.

Zur Herstellung eines definierten Lösungsgemisches benötigen Sie Angaben über die Konzentration der Komponenten. Nach der Kreuzregel lassen sich die Teilvolumina der Stammlösungen leicht berechnen. Wollen Sie aus einer a-molaren Stammlösung durch Mischen mit Wasser (= 0-molar) eine b-molare Lösung herstellen, so finden Sie das resultierende Mengenverhältnis durch Subtraktion der Werte der End- von den Werten der Ausgangskonzentration:

	Stammlösung		Wasser
Ausgangskonzentration	a		0
gewünschte Konzentration		b	
resultierendes Mengenverhältnis	b		a – b

1 l einer $1 \text{ mmol} \cdot l^{-1}$ $CaCl_2$-Lösung erhalten Sie also durch Mischen von 10 ml Stammlösung ($100 \text{ mmol} \cdot l^{-1}$) mit 990 ml Wasser ($0 \text{ mmol} \cdot l^{-1}$).

- Tris-HCl-Stammlösung. Sie dient zum Abpuffern auf pH 7.3–7.5. Hierzu werden zwei Ausgangslösungen angesetzt: 6,057 g Tris-Base auf 250 ml H_2O ergibt $0,2 \text{ mol} \cdot l^{-1}$ Tris (= Lösung A); 250 ml $0,1 \text{ mol} \cdot l^{-1}$ Salzsäure (= Lösung B; als solche käuflich). Eine $50 \text{ mmol} \cdot l^{-1}$ Tris-HCl-Stammlösung mit dem pH von etwa 7.4 erhält man aus diesen Ausgangslösungen durch Mischen von 25 ml der Lösung A mit 42 ml der Lösung B und anschließendem Auffüllen mit Aqua dest. auf 100 ml.

Es wird empfohlen, die Pufferstammlösung (pH 7.4) mit einem pH-Meter zu überprüfen und ggf. nachzueichen.
- 500 ml *Standardlösung*. Die Standard-Experimentierlösung dient als künstliche Süßwasserlösung. Sie wird zu einer 1 mmol $\cdot$ l^{-1} CaCl$_2$-, 1 mmol $\cdot$ l^{-1} KCl- und 1 mmol $\cdot$ l^{-1} Tris-HCl-Pufferlösung gemischt. Die nach der Kreuzregel berechneten Teilvolumina der drei Stammlösungen werden in einen Meßzylinder pipettiert, der auf 500 ml mit Aqua dest. aufgefüllt wird. Die fertige Lösung ist zu kennzeichnen (Zusammensetzung, Datum). Aufbewahren im Kühlschrank bei 12 bis 16 °C.
- 2%ige *Methylcellulose*-Lösung in Standardlösung. Methylcellulose verleiht wässrigen Lösungen eine erhöhte Viskosität. In gereinigter Form ist sie frei von Ionen. Für *Protozoen*versuche sind handelsübliche Packungen (Glutofix-Papierkleber; Tapetenkleister) meistens nicht hinreichend gereinigt von Beiprodukten. Gut geeignet ist u. a. Tylose MB 10000 der Farbwerke Hoechst AG (6000 Frankfurt-Hoechst). Stellen Sie 40 ml einer 2%igen Methylcellulose-Lösung in Standardlösung her. Rühren Sie das Pulver in die kalte Flüssigkeit; Behälter verschließen und kennzeichnen.

■ *Versuchsdurchführung:*
Um die folgenden Beobachtungen und Versuche durchführen zu können, müssen wir die Paramecien zunächst konzentrieren und reinigen (Abb. 3.1.6). Übertragen Sie dazu 5 Pipettenfüllungen einer dichten Zellansammlung aus der Kultur in einen 50 ml-Meßkolben und füllen Sie diesen mit auf 12–16 °C vorgekühlter Lösung von 1 mmol $\cdot$ l^{-1} CaCl$_2$ (= *Steiglösung*) bis zur Bildung eines konvexen Flüssigkeitsmeniskus über dem Rand auf. Wärmeeinwirkung auf die Kolbenfüllung vermeiden.

Nach 3–5 min Taschenlampe seitlich auf den oberen Kolbenrand richten und die dort (infolge *negativer Geotaxis*) konzentrierten Zellen mit sauberer Pipette in ein Blockschälchen mit etwas Standardlösung überführen. Abdecken des Schälchens und Aufbewahren an schattigem, möglichst kühlen Ort. Die so gereinigten Zellen können etwa einen Tag lang für Versuche verwendet werden. Achtung: Gebrauchte Pasteurpipetten mit Aqua dest. durchspülen und im Becherglas mit kochendem Aqua dest. sterilisieren.

Die nun folgenden Lebendbeobachtungen dienen dem Vertrautwerden mit der Gestalt und den Bewegungen der frei beweglichen Zelle unter dem Mikroskop (Objektive: 10 x, 40 x; Blau- oder Grünfilter).

Zur Beobachtung sollen die Ciliaten zwischen Objektträger und Deckglas in eine Ebene gebracht werden und zugleich gegen eine Erhöhung der Salzkonzentration infolge Austrocknung des Mediums geschützt werden. Als Distanzhalter sind (wenige) Wattefäden oder Vaseline-»Füßchen« an den Deckglas-Ecken geeignet. Stets nur einen kleinen, mit Zellen angereicherten Versuchstropfen aufpipettieren.

Die Beobachtungen können Sie in einer Methylcellulose-Lösung oder in normaler Standardlösung durchführen. Bei der ersten Methode stellen Sie mit einer Präpariernadel einen Ring von 2%iger Methylcellulose-Standardlösung auf dem Objektträger her und bringen ins Zentrum des Rings einen kleinen Tropfen mit angereicherten Zellen. Vorsichtig (!) mit der Nadel mischen, dann Deckglas ohne Füßchen auflegen. Die Höhe der Wasserschicht kann durch seitliches Absaugen mit einem Filtrierpapierstreifen reguliert werden.

Je nach der erzielten Endkonzentration der Methylcellulose ist die Bewegung der Zellen stärker oder schwächer eingeschränkt. Die Zellen zeigen häufig einen spontanen Wechsel der Fortbewegungsrichtung. Da die Cilienschlagamplitude eingeschränkt ist, lassen sich Cilienschlagorientierung und Lokomotion einander zuordnen.

Die Durchführung in normaler Standardlösung erfordert Geschicklichkeit und Übung. Beachten Sie die technischen Hinweise zur Höhenregulation des Tropfens zwischen Objektträger und Deckglas. Für das Studium anatomischer Einzelheiten empfiehlt sich

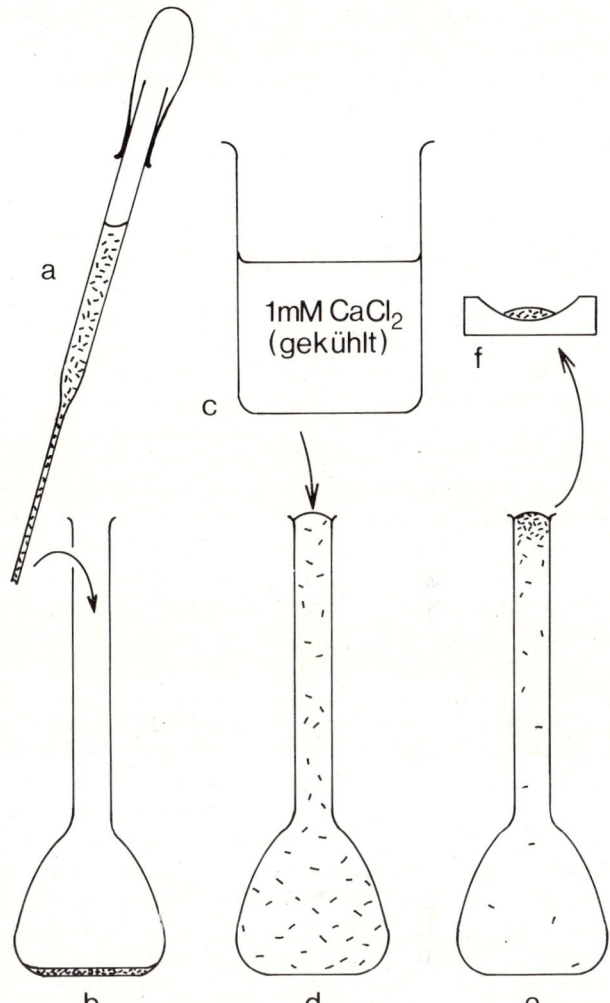

Abb. 3.1.6: Konzentration und Reinigung von *Paramecium*.
Eine dichte Zellansammlung wird aus der Kultur abpipettiert (a) und in einen 50 ml-Meßkolben übertragen (b). Der Meßkolben wird mit vorgekühlter 1 mmol·l^{-1} CaCl$_2$-Lösung (c) bis zum Rand aufgefüllt (d). Nach einigen Minuten sind die Zellen zum oberen Kolbenrand aufgestiegen (e) und werden unter Mitnahme von wenig Flüssigkeit vorsichtig in ein Blockschälchen pipettiert (f), das anschließend mit der Versuchslösung zu zwei Dritteln aufgefüllt wird

eine Höhenregulation der Wasserschicht bis zur leichten Abflachung der Zelle. Vermeiden Sie möglichst eine Erwärmung des Präparates (Zimmertemperatur höchstens 21 °C; Abstand zu Tischlampen und Heizkörpern; Blau- oder Grünfilter am Mikroskop).

Lernen Sie, das zylindrische Vorderende vom konischen Hinterende zu unterscheiden. Hilfreich ist es, auf die Lage des Zellmundes *(Cytostom)* in der hinteren Körperhälfte und auf die verlängerten unbeweglichen Schwanzcilien am Zellhinterende zu achten. Beachten Sie die alternierend *pulsierenden Vakuolen*. Lange, über die Cilien hinausragende Fäden sind ausgeschleuderte *Trichocysten*. Bestimmen Sie die Zell-Länge.

■ *Ergebnisse:*
Dieser Versuch sollte einige Voraussetzungen zum Studium der Galvanotaxis schaffen. Sie wurden angeleitet, definierte Versuchslösungen herzustellen, Paramecien zu konzentrieren und in einer Versuchskammer mikroskopisch zu beobachten. Sie haben gelernt, am festgelegten *Paramecium* das Zellvorder- vom Hinterende zu unterscheiden. Im ein-

gedickten Medium haben Sie die bei geringer Amplitude schlagenden Cilien erkennen können. Sie haben gesehen, daß sämtliche Cilien gelegentlich von der normalen, nach hinten orientierten Schlagweise zur umgekehrten Schlagweise übergehen.

3.1.4.2 Versuch 2: Elektrische Reizung der frei schwimmenden Zellen

■ *Versuchsmaterial:*
Siehe Versuch 1. Zusätzlich werden gebraucht:
- 1%ige Agar-Standardlösung. Agar, ein aus Meeresalgen isoliertes Polysaccharid, dient zum Gelieren wässriger Lösungen. 1 g Agar in 100 ml kalter Standardlösung suspendieren und über kleiner Flamme unter Rühren zum Aufkochen bringen. Die heiße Agar-Lösung wird mit einer Pasteurpipette auf die vorbereiteten Elektroden getropft (s. u.).
- Reizkammer. Auf einem sorgfältig entfetteten Objektträger werden mit Silikonkleber (käuflich für elastische Dichtungen; farblos) zwei Silberelektroden parallel zueinander angeheftet (Beispiel s. Abb. 3.1.7c). Zur Beseitigung von *Polarisationsspannungen* muß der Silberdraht (Feinsilber, Durchmesser 0,5 mm) zuvor chloriert werden (Ag-AgCl-Elektrode; Abb. 3.1.7e). Dazu ein Bündel sorgfältig entfetteter Drähte etwa 3 cm tief in $0,1 \text{ mol} \cdot l^{-1}$ HCl tauchen; die zum Bündeln verwendete Silberdrahtschlinge wird mit dem positiven Pol der Gleichspannungsquelle verbunden. Als *Referenzelektrode* beim Chlorieren dient ebenfalls Silber (Silberblech; Silberdrahtspirale).
Zum Chlorieren werden 24 V Gleichspannung benötigt (zwei 12 V-Autobatterien in Serie oder regelbares Netzgerät. Achtung: Akku-Ladegeräte liefern starke Konstantströme und sind daher ungeeignet). Über einen *Begrenzungswiderstand* fließt dann über die Elektroden (+Pol) und die Referenzelektrode (–Pol) ein nahezu konstanter Strom. Es soll im Mittel eine Stromdichte von $0,1 \text{ mA/cm}^2$ zu chlorierender Silberfläche für eine Stunde fließen.
Für 10 Reizkammern werden 20 Silberdrahtstücke von 5 cm Länge (davon 3 cm eingetaucht) benötigt. Da die zu chlorierende Silberoberfläche bei 10 cm² liegt, muß ein Strom von etwa 1 mA fließen, der Begrenzungswiderstand also 18 kΩ oder 22 kΩ betragen. Wenn möglich, ein Milliamperemeter zur Kontrolle in den Stromkreis schalten (Abb. 3.1.7e). Zur Isolation schädlicher Elektrolysewirkungen werden die angehefteten Elektroden auf dem Objektträger mit flüssigem 1%igen Agar dünn überschichtet. Das erkaltete Gel wird mit einer Rasierklinge so beschnitten, daß zwischen den Elektroden eine 5 mm breite Zone zur Aufnahme des Versuchstropfens bleibt (Abb. 3.1.7c, d). Im Reizversuch wird gewöhnlich mit offener Kammer gearbeitet. Bei hinreichend dünner und ebener Agarschicht kann auch ein Deckglas verwendet werden. Die Reizkammern mit den *Agarbrücken* müssen zum Schutz gegen Austrocknung in einem geschlossenen Behälter aufbewahrt werden. Der Behälterboden ist mit Filtrierpapier ausgelegt, das mit Standardlösung befeuchtet wird. Nach Versuchsende werden die Kammern unter fließendem Wasser gespült, um die Agarbeschichtung zu entfernen. Gereinigte Kammern sind staubfrei im geschlossenen Gefäß aufzubewahren.
- Reizgerät. Eine 4,5 V Taschenlampenbatterie oder drei in Serie geschaltete 1,5 V Batterien werden über einen zweipoligen Umschalter an einen Stromkreis mit fünf in Serie liegenden 1 kΩ-Widerständen und einen Taster angeschlossen. Die Spannungsteilung über den Widerständen gestattet, mittels eines 6-Stufenschalters Teilspannungen zwischen 0 und 4,5 V abzugreifen. Zum Anklemmen an die Elektroden der Reiz-

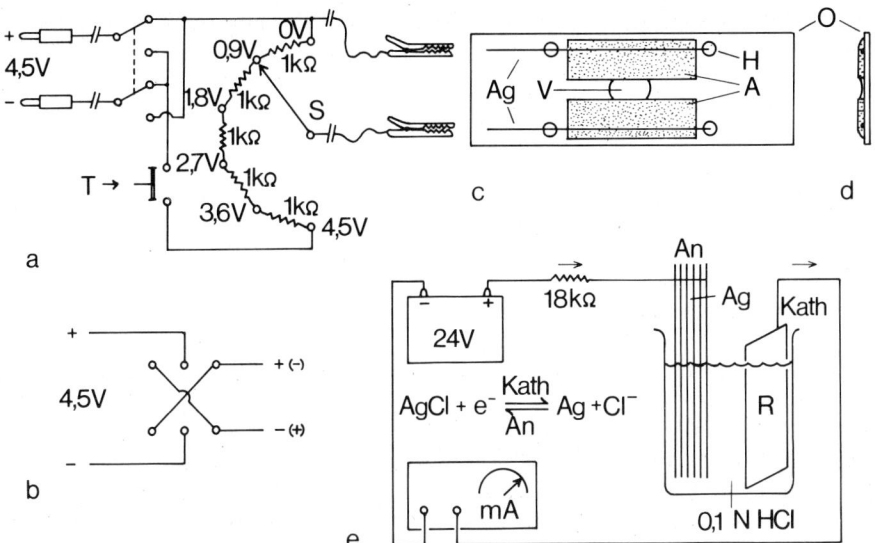

Abb. 3.1.7: Versuchsaufbau.
a) Reizgerät mit Anschluß an Batterie (4,5 V), Polwender, Taster (T), Spannungswähler (S) und Anschluß an die Reizkammer über Miniaturkrokodilklemmen;
b) Belegung der Anschlüsse eines 2poligen Umschalters;
c) Aufsicht auf die Reizkammer, bestehend aus Objektträger mit seitlich befestigten Silber-Silberchloridelektroden (Ag; Haftpunkte, H, aus Silikonkautschuk). Überschichtung des zentralen Elektrodenbereichs mit Agar (A), aus dem eine mittlere Zone herausgeschnitten wird zur Aufnahme des Versuchstropfens (V);
d) Querschnitt durch die Reizkammer;
e) Chlorieren der Silberelektroden (Ag) mit einer Silber-Referenzelektrode (R) als Kathode. Milliamperemeter und Begrenzungswiderstand zur Einregulierung der Stromdichte auf etwa 0,1 mA/cm² Silberfläche

kammern sollen eine weiche isolierte Litze und Miniaturkrokodilklemmen verwendet werden (Abb. 3.1.7a).

■ *Versuchsdurchführung:*
Es wird dringend empfohlen, vor diesem Versuch sich mit dem Reizgerät vertraut zu machen (Abb. 3.1.7a). Prüfen Sie das Schaltschema: Welchen Zweck erfüllen die Serienwiderstände im Mehrfachschalter? Warum benötigen wir einen Taster und einen Polwender? Nach dem Anklemmen des Reizgerätes an die Elektroden: Prägen Sie sich ein, wo jeweils nach einer Polwendung die Kathode liegt. Beachten Sie die Oben-Untenbzw. Rechts-Links-Verkehrung des mikroskopischen Gesichtsfeldes.

Berechnen Sie überschlägig den maximalen Spannungsgradienten (V/cm) zwischen Ihren Elektroden. Legen Sie einen mittleren Wert der beobachteten Zell-Längen zugrunde und berechnen Sie, wieviel Millivolt maximal über einer homodrom orientierten Zelle abfallen werden.

Nehmen Sie ein Membranruhepotential von −40 mV an und berechnen Sie nun für Ihre Durchschnittszelle die maximal erzielbare Depolarisation am Zellvorderende und Hyperpolarisation am Zellhinterende. Erlaubt Ihr Reizgerät die Einstellung von fünf verschiedenen Spannungen, so können Sie jeder Teilspannung einen bestimmten Gradienten und einen Wert der maximalen De- und Hyperpolarisation zuordnen (Tabelle anlegen!).

Bringen Sie drei Tropfen der gereinigten Zellsuspension in Standardlösung auf den mit Agar-Ag-Elektroden ausgestatteten Objektträger, klemmen Sie das Reizgerät an und beobachten Sie bei schwächster Objektivvergrößerung (3,5fach) die Bewegungen der ungereizten Zellen. Stellen Sie den schwächsten Spannungsgradienten ein und betätigen Sie während der Beobachtung für einige Sekunden den Taster. Tasten Sie dann sukzessive stärkere Gradienten und kontrollieren Sie dabei folgende Reaktionen:

☐ Auf welchen Pol (Kathode? Anode?) schwimmen die Zellen zu?
☐ Welchem Pol wenden die Zellen ihr Vorderende zu? Gibt es Ausnahmen von der Regel?
☐ Welche Bewegungsmerkmale beobachten Sie bei der Polaritätsumkehr während einer Tastung?
☐ Welchen Einfluß hat die Stärke des Spannungsgradienten auf die Schraubenbahn der Zelle (Durchmesser und Steigung der Bahn)?

■ *Ergebnisse:*
Sie haben für den elektrophysiologischen Versuch eine Reizkammer vorbereitet und sich mit einem Reizgerät zur Herstellung verschiedener Gleichspannungen vertraut gemacht. Aus einfachen Überlegungen über die Spannungsteilung im Reizfeld konnten Sie für verschiedene angelegte Spannungen die erwarteten maximalen Depolarisationen und Hyperpolarisationen über der Zellmembran näherungsweise berechnen. Sie konnten beobachten, daß die Versuchstiere bei hinreichend großem Spannungsgradienten stets mit ihrem Vorderende auf die Kathode schwimmen. Mit steigendem Spannungsgradienten schwimmen die Zellen in jeweils flacheren und weiteren Schraubenbahnen.

3.1.4.3 Versuch 3: Identifizierung von Zonen mit unterschiedlicher Cilienaktivität auf der Zelloberfläche

■ *Versuchsmaterial:*
Siehe Versuch 2.

■ *Versuchsdurchführung:*
Versuchen Sie, einen kausalen Zusammenhang zwischen der Membranpolarisation und der Schwimmbahn der Zelle herzustellen. Dazu helfen Ihnen folgende Überlegungen: Bei einer Membranhyperpolarisation wird die Cilienschlagrichtung im Uhrzeigersinn zum Hinterende der Zelle hin verstellt. Bei einer typischen Membrandepolarisation erfolgt eine solche Verstellung um etwa 150° gegen den Uhrzeigersinn, so daß die Cilien »umgekehrt« schlagen (Abb. 3.1.8a).

Der Grad der Schlagrichtungsverstellungen hängt vom Betrag der Hyper- und Depolarisationen ab. Da die Cilien der *Peristomfurche* (= Ventralseite) eine von den übrigen Cilien abweichende Schlagtätigkeit haben, heben sich die seitlichen Vektoren der Cilienkräfte auf der Dorsalseite der Zelle *nicht* auf. Man kann daher in grober Näherung aus der Cilienschlagrichtung auf den Drehsinn und die Steilheit der Schwimmbahn der Zelle schließen.

Entwerfen Sie eine Skizze der zu erwartenden Schwimmbahnen im reizfreien Zustand (normale Schlagrichtung) sowie bei schwachen und starken De- bzw. Hyperpolarisationen. Warum können die Bewegungen einer einheitlich erregten Zelle (d. h. in Abwesen-

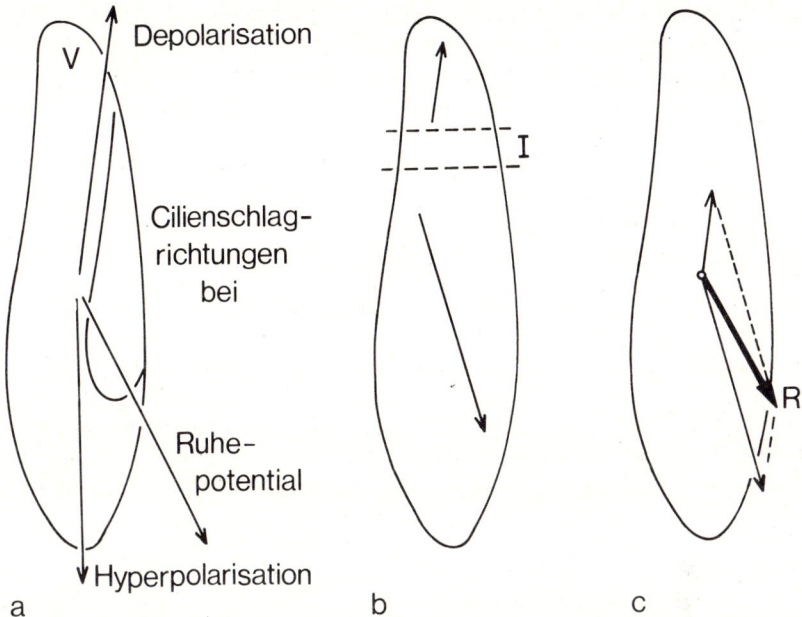

Abb. 3.1.8: Cilienschlagrichtungen und Fortbewegung im elektrischen Feld.
a) Schematische Darstellung der typischen Schlagrichtungen (Pfeile) während des Ruhepotentials (nach rechts hinten; Zelle schwimmt in Linksschraube vorwärts), der Depolarisation (nach rechts vorne; Zelle schwimmt rückwärts in Rechtsschraube) und der Hyperpolarisation (nach hinten; Zelle schwimmt geradlinig vorwärts);
b) In homodromer Orientierung bestehen Kraftvektoren von umgekehrt schlagenden Cilien am Zellvorderende (v) und von nach hinten schlagenden Cilien im mittleren und hinteren Zellabschnitt. Beide Zonen entgegengesetzt arbeitender Cilien werden durch ein Band weitgehend inaktiver Cilien (I) getrennt;
c) Die Kraftvektoren sämtlicher Cilien addieren sich zu einer Resultierenden (R), deren Richtung die Steilheit der schraubigen Fortbewegung in Richtung auf die Kathode bestimmt. Mit steigendem Spannungsgradienten verschiebt sich die Inaktivierungszone nach hinten (vgl. Abb. 3.1.5a), wächst der vordere Vektor und nimmt der hintere Vektor ab. Entsprechend weist die Resultierende stärker zur Seite

heit eines äußeren Spannungsgradienten) mit den Bewegungen im Spannungsgradienten nicht übereinstimmen?

Fertigen Sie auf Ihrem Elektroden-Objektträger ein Präparat mit Standardlösung-Methylcellulose an. Decken Sie mit einem (halbierten) Deckglas ab (Silberelektroden in Agar bleiben außerhalb des Deckglases) und beobachten Sie die Zellen bei starker Objektivvergrößerung (16fach oder 40fach).

Nun wird die elektrische Reizserie, angefangen mit schwachen Spannungsgradienten, wiederholt. Wählen Sie nach Möglichkeit eine Zelle in homodromer Orientierung (Vorderende zur Kathode gewendet). Machen Sie sich klar, daß die Cilien im hochviskosen Medium die Amplitude und Frequenz ihres zyklischen Schlages stark reduzieren, die Schlagrichtung aber erkennbar bleibt. Registrieren Sie die Orientierung der Cilien *während der Reizung*. Im einzelnen:

❏ Unterscheiden Sie Membranbezirke, auf denen die Cilien zum Zellhinterende (»normal«) und solche, auf denen sie zum Vorderende (»umgekehrt«) schlagen.
❏ Wie werden bei Zellen, die im Spannungsgradienten verschiedene Lagen haben, die Zonen normal und umgekehrt schlagender Cilien zu den Feldlinien (bzw. den *Isopotentiallinien* = parallel zu den Elektroden) ausgerichtet?
❏ Wie beeinflußt die Polarität des Spannungsgradienten die Verteilung der Zonen auf der Zelloberfläche?

■ *Ergebnisse:*
Überlegungen und Beobachtungen zur Beziehung zwischen Membranpolarisation und Cilienschlagrichtung (elektromechanische Kopplung) erlauben Ihnen, zwischen den Schwimmbewegungen einer »freien« Zelle und einer Zelle im Spannungsgradienten zu unterscheiden. Im letzteren Falle erkannten Sie, daß die anodennahen Cilien auf das Zellhinterende zu, d. h. »normal«, schlagen, während die kathodennahen Cilien »umgekehrt«, weil zum Zellvorderende hin, schlagen. Die Felder normal und umgekehrt arbeitender Cilien waren an der Geometrie des äußeren Spannungsabfalls orientiert und damit unabhängig von der Lage der Zelle im Raum.

3.1.4.4 Versuch 4: Zuordnung von reizbedingter Membranpolarisation und Cilienschlagtätigkeit

■ *Versuchsmaterial:*
Siehe Versuch 2.

■ *Versuchsdurchführung:*
Es wird Ihnen aufgefallen sein, daß – vor allem bei mittleren und schwachen Spannungsgradienten – die Zonen normal und umgekehrt orientierter Cilien nicht scharf getrennt sind, sondern allmählich ineinander übergehen. In einem mittleren Bereich stehen die Cilien fast bewegungslos senkrecht zur Zelloberfläche. Es handelt sich um inaktivierte Cilien, die für eine schwache Depolarisation kennzeichnend sind.
❏ Ordnen Sie das Band inaktivierter Cilien dem Zellkörper (vordere Hälfte, hintere Hälfte?) sowie dem Spannungsgradienten zu (kathodische Reizung, anodische Reizung?).
❏ Versuchen Sie, eine Beziehung zwischen der Größe der örtlich wirkenden Reizspannung und dem Größenverhältnis der Felder normal und umgekehrt arbeitender Cilien sowie des Bandes inaktivierter Cilien herzustellen. Skizzieren Sie diese Beziehung auf Grund Ihrer Beobachtungen bei verschieden starken Spannungsgradienten.

■ *Ergebnisse:*
Sorgfältiges Beobachten von Zellen, die im eingedickten Medium verschieden großen Spannungsgradienten ausgesetzt waren, führte zur Entdeckung eines Feldes inaktivierter Cilien zwischen den Zonen umgekehrt und normal schlagender Cilien. Cilien inaktivierten bei schwacher Depolarisation. Mit steigendem Spannungsgradienten nehmen die Zonen der umgekehrt und normal arbeitenden Cilien an Größe zu, und das Band der inaktivierten Cilien in der kathodennahen, vorderen Zellhälfte wird schmaler. Diese Beobachtungen entsprechen den theoretischen Erwartungen.

3.1.4.5 Versuch 5: Die Wirkung des Spannungsgradienten auf die Schwimmbahn der Zelle

■ *Versuchsmaterial:*
Siehe Versuch 2.

■ *Versuchsdurchführung:*
Ihre Beobachtungen von immobilisierten Zellen in der Reizkammer erlauben Ihnen nun eine kausale Begründung der Bewegungen der Zellen im normalen Medium unter dem Einfluß des außen anliegenden Spannungsgradienten. Hierzu hilft Ihnen folgende Überlegung: Jedem in die Ebene projizierten Cilienfeld ist, unter vereinfachenden Annahmen, eine gemeinsame Richtung und eine absolute Größe der von den Cilien entwickelten Triebkräfte zuzuordnen (Abb. 3.1.8b). Ändern sich die Größenverhältnisse dieser Felder in Abhängigkeit vom Reizgradienten, so ändert sich auch die resultierende Triebkraft der Zelle im Sinne einer Vektoraddition (Abb. 3.1.8c).
❑ Versuchen Sie nun, die unterschiedlichen gradientenabhängigen Schwimmbahnen im normalen Medium mit der erwarteten Resultierenden der Cilienkräfte in eine kausale Beziehung zu setzen.
 Da wir die genauen Schlagrichtungen und Triebkräfte der einzelnen Cilien auf der gesamten Zelloberfläche nicht messen können, bleibt die Erklärung der Schraubenbahnen unter dem Einfluß der Spannungsgradienten auf eine qualitative Beurteilung beschränkt (steile und enge Schraube bei geringem Gradienten; flache und weite Schraube bei starkem Gradienten).
❑ Stellen Sie eine Beziehung zwischen der Schwimmgeschwindigkeit (in der Schraubenachse) und der Gradientenstärke her. Begründen Sie Ihre Beobachtungen.
❑ Erklären Sie durch Skizzen die beobachtete Kehrtwendung der Zellen bei der Polaritätsumkehr. Hierzu ist es hilfreich, sich in die Rolle des Kapitäns einer spanischen Galeere zu versetzen, der die zahlreichen Ruder z. T. zum Schiffshinterende, z. T. zum Schiffsvorderende arbeiten läßt.

■ *Ergebnisse:*
Sie haben näherungsweise einen kausalen Zusammenhang zwischen dem Spannungsgradienten und der Schwimmbewegung der Zelle hergestellt, indem Sie die mechanischen Triebkräfte, die von den entgegengesetzt wirkenden Cilienfeldern ausgehen, als Vektoren addierten.

3.1.4.6 Schlüsse aus den Versuchen 1–5

Die beobachteten Zwangsbewegungen der Zelle im äußeren Spannungsgradienten beruhen auf ortsfesten, unterschiedlichen Membranpolarisationen. Die Galvanotaxis von *Paramecium* ist zwar ein Laborprodukt, doch vermittelt sie auf einfache Weise die Erkenntnis, daß die motorischen Antworten der Cilien an das Vorzeichen und die Amplitude der Membranpotentialänderung gebunden sind. Eine derartige »elektromechanische Kopplung« ist die Voraussetzung für die Fähigkeit von *Paramecium*, Reize aus seiner Umwelt in ein adäquates Verhalten zu überführen.
 Eine der Cilienkontrolle vergleichbare elektromechanische Kopplung besteht auch für Muskelzellen. Im Gegensatz zur linearen, durch Membrandepolarisation verursachten Kontraktion der Muskelfaser, ist die membrankontrollierte Cilienbewegung jedoch dreidimensional und zyklisch, und sie beruht auf einem Rotationsgleitprinzip, das eines *Antagonisten* nicht bedarf.

Die Versuche haben gezeigt, daß Ciliaten als stammesgeschichtlich alte und überaus erfolgreiche Organismen sich der gleichen elementaren Prinzipien der Reizung, Erregung und Bewegung bedienen wie Zellen höherer Tiere. Sie können daher in vielen Fällen als »Modelle« dienen, um Probleme der Physiologie klären zu helfen.

3.1.5 Weiterführende Arbeiten

3.1.5.1 Zur negativen Geotaxis von Paramecium

Läßt man Paramecien ungestört in einem Standzylinder schwimmen, so steigen sie aufwärts und sammeln sich in der oberen Grenzschicht des Wassers *(negative Geotaxis)*. Hat diese Erscheinung eine physiologische Grundlage, wie ihre Bezeichnung suggeriert, oder liegt ein rein physikalisches Phänomen zugrunde?

In den letzten hundert Jahren wurden vier grundsätzlich verschiedene Arbeitshypothesen diskutiert (vgl. MACHEMER & DE PEYER 1977). Machen Sie sich mit einigen zentralen Arbeiten zum Geotaxis-Problem vertraut (DEMBOWSKI 1929; KOEHLER 1930; ROBERTS 1970; JAHN & WINET 1973). Versuchen Sie, die Experimente der zitierten Autoren zu verifizieren und planen Sie eigene Versuche, die vielleicht einen schlüssigen Beweis zur Geotaxis-Frage erbringen.

3.1.5.2 Cilienschlagtätigkeit und Metachronismus bei einem Ciliaten

Diese Themenstellung setzt voraus, daß Sie (a) Ciliatenkulturen anlegen und erhalten, (b) mikroskopische Lebendpräparate von Zellen herstellen können, (c) über ein Mikroskop mit Interferenzkontrasteinrichtung verfügen (z. B. von Carl Zeiss), an das (d) eine Kleinbildkamera und ein Blitzlichtgerät angeschlossen werden können. Bei 40facher Objektivvergrößerung lassen sich einzelne Cilien hinreichend gut optisch auflösen und mikroskopisch im Profil abbilden. Wie man bei einem Ciliaten aus dem metachronen Wellenmuster die Cilienschlagrichtung erkennt, lesen Sie in einem Übersichtsreferat nach (MACHEMER 1974). Durch Variation der Temperatur und der Viskosität des Mediums ändern sich die Bewegungsmerkmale des Cilienschlages in kennzeichnender Weise. Machen Sie dazu eigene Versuche an *Paramecium* oder an einem anderen Ciliaten Ihrer Wahl.

Literatur
Afzelius, B., 1959: Electron microscopy of the sperm tail. J. Biophys. Biochem. Cytol. **5**, 269–278.
Dembowski, J., 1929: Die Vertikalbewegungen von *Paramecium caudatum* I. Arch. Protistenk. **66**, 104–132.
Eckert, R., 1986: Tierphysiologie. Mit Beiträgen von D. Randall. Übersetzt und bearbeitet von R. Apfelbach unter Mitarbeit von E. Weiler. Stuttgart/New York, Thieme.
Gelei, J. von, 1926: Eine neue Osmium-Toluidinmethode für Protistenforschung. Mikrokosmos **20**, 97–103.
Gelei, J. von, 1932: Die reizleitenden Elemente der Ciliaten in naß hergestellten Silber- bzw. Goldpräparaten. Arch. Protistenk. **77**, 152–174.
Hausmann, K., 1983: Flagellen- und Cilienbewegung: Kenntnisstand zum 9 + 2-Muster. Biologie in unserer Zeit **13**, 161–169.

Hausmann, K. & Patterson, D. J., 1983: Taschenatlas der Einzeller. Protisten. Arten und mikroskopische Anatomie. Stuttgart, Franckh'sche Verlagshandlung.
Jahn, T. L. & Winet, H., 1973: Mechanism of negative geotaxis. 4. Int. Congr. Protozool. Clermont-Ferrand, 197.
Jennings, H. S., 1906: Behavior of the lower organisms. New York, Columbia University Press.
Jensen, D. D., 1957: Experiments on »learning« in paramecia. Science **125**, 191–192.
Katz, B., 1971: Nerv, Muskel und Synapse. Einführung in die Elektrophysiologie. Stuttgart, Georg Thieme.
Koehler, O., 1930: Über die Geotaxis von *Paramecium* II. Arch. Protistenk. **70**, 279–306.
Kühn, A., 1919: Die Orientierung der Tiere im Raum. Jena, Gustav Fischer.
Machemer, H., 1966: Versuche zur Frage nach der Dressierbarkeit hypotricher Ciliaten unter Einsatz hoher Individuenzahlen. Z. Tierpsychol. **6**, 641–654.
Machemer, H., 1974: Ciliary activity and metachronism in Protozoa. In: Cilia and Flagella. Sleigh, M. A. (Hrsg.), S. 199–286. New York/London, Academic Press.
Machemer, H., 1975: Mechanical conditions of flagellar and ciliary metachronism. Vol. 1. In: Swimming and Flying in Nature. Wu, T. Y. T., Brokaw, C. J., Brennen, C. (Hrsg.), S. 211–221. New York, Plenum Press.
Machemer, H., 1977: Motor activity and bioelectric control of cilia. Fortschr. Zool. **24**, 195–210.
Machemer, H., 1980: Sind Cilien wirklich Fühler? Mechanorezeption bei Ciliaten als Modell. Umschau **80**, 597–600.
Machemer, H., 1986: Electromotor coupling in cilia. Fortschr. Zool. **33**, 205–250.
Machemer, H., 1987: Übungen zur Elektrophysiologie tierischer Zellen und Gewebe. Edition Medizin, Weinheim, VCH.
Machemer, H., 1988a: Electrophysiology. In: *Paramecium*. Görtz, H. D. (Hrsg.), S. 185–215. Berlin, Springer.
Machemer, H., 1988b: Motor control of cilia. In: *Paramecium*. Görtz, H. D. (Hrsg.), S. 216–235. Berlin, Springer.
Machemer, H. & Deitmer, J. W., 1985: Mechanoreception in ciliates. Progress in Sensory Physiology, vol. 5, 81–118. Berlin, Springer.
Machemer, H. & de Peyer, J., 1977: Swimming sensory cells: Electrical membrane parameters, receptor properties and motor control in ciliated protozoa. Verh. Dtsch. Zool. Ges. **70**, 86–110.
Naitoh, Y. & Kaneko, H., 1972: Reactivated Triton-extracted models of *Paramecium*: Modification of ciliary movement by calcium ions. Science **176**, 523–524.
Nakaoka, Y., Tanaka, H. & Oosawa, F., 1984: Ca^{2+}-dependent regulation of beat frequency of cilia in *Paramecium*. J. Cell Sci. **65**, 223–231.
Parducz, B., 1952: Neues Schnellfixierungsverfahren im Dienste der Protistenforschung und des Unterrichts. Ann. Nat. Mus. Natl. Hung. **2**, 5–12.
Roberts, A. M., 1970: Geotaxis in motile micro-organisms. J. Exp. Biol. **53**, 687–699.
Satir, P., 1968: Studies on cilia. III. Further studies on the cilium tip and a »sliding filament« model of ciliary motility. J. Cell Biol. **39**, 77–94.
Satir, P., 1974: How cilia move. Scientific American **231**, 44–52.
Streble, H. & Krauter, D., 1982: Das Leben im Wassertropfen. Stuttgart, Franckh'sche Verlagshandlung.
Verworn, M., 1889: Psychophysiologische Protistenstudien. Experimentelle Untersuchungen. Jena, Gustav Fischer.

Voß, H. J. & Machemer, H., 1987: Das Experiment: Können Einzeller lernen? Prüfung am klassischen Konditionierungsexperiment. Biologie in unserer Zeit **17** (No. 4), 122–127.

Unterrichtsmaterial
Grell, K.-G., 1976: Pulsierende Vakuolen bei Paramecien. SW, st, 11 m, 1 min. K 44. IWF, Göttingen.
Hausmann, K., 1982: Nahrungsaufnahme, Verdauung und Defäkation bei *Paramecium*. F, T (Komm. dt.), 125 m, 11 1/2 min. D 1457. IWF, Göttingen.
Hausmann, K., 1983: Morphologie, Teilung und Konjugation bei *Paramecium*. F, T (Komm. dt. oder engl.), 139 m, 13 min. D 1513. IWF, Göttingen.
Schimanski, G., 1980: Reizphysiologische Versuche beim Pantoffeltierchen. Format 8 mm, F, st, 5 min. (24 Bilder/s). 36 1063. FWU, Grünwald.
Schlieper, C., 1938: Reizphysiologische Versuche an *Paramecium caudatum*. SW, st, 93 m, 8 1/2 min. C 214. RWU/IWF, Göttingen.
Schlieper, C., 1938: Reizphysiologische Versuche am Pantoffeltierchen. Format 16 mm, SW, st, 10 min. (20 Bilder/s). 30 0183. FWU, Göttingen.

3.2 Netzbau und Beutefangverhalten bei der Sektorspinne
Ernst Kullmann

3.2.1 Einleitung

Die Webspinnen (Ordnung Araneae) gehören zu dem großen Stamm der Gliederfüßer (Arthropoda) und zum Unterstamm der Fühlerlosen (Chelicerata). Sie zeichnen sich durch die Perfektion aus, mit der sie ihre *Spinnfäden* für die verschiedensten Zwecke verwenden: Als Lauf-, Abseil- und Brückenfäden sowie für die Herstellung von Eierkokons, Wohngespinsten und Fangnetzen. Diese Eiweißfäden werden im Hinterleib in speziellen *Spinndrüsen* produziert und treten über die *Spinnwarzen* aus (Abb. 3.2.1, 3.2.2 und 3.2.3).

Ihre mitunter höchst komplizierten, technisch ausgereiften Gewebe dienen als Vorbild für Seilkonstruktionen in der modernen Architektur: Die »Olympia-Zeltdächer« in München, die große Freiflugvoliere im dortigen Tiergarten und großmaschige, elastische Klettergerüste aus kunststoffbeschichteten Stahlseilen auf vielen Spielplätzen sind Beispiele dafür. Die Fadenkreuze in optischen Geräten bestanden früher ihrer Dünne und physikalischer Eigenschaften wegen ausschließlich aus Spinnfäden.

Ursprüngliche Webspinnen sind die Vogelspinnen, die ihren Spinnstoff noch sehr spärlich verwenden. Vogelspinnen verfügen nur über zwei verschiedene Spinndrüsentypen. Die höchstentwickelten Netzspinnen, zu denen auch die Radnetzspinnen (Familie Araneidae) gehören, besitzen dagegen sechs verschiedene Spinndrüsentypen. Die dementsprechend unterschiedlichen Fadentypen haben eine jeweils spezifische chemische Zusammensetzung und damit auch besondere physikalische Eigenschaften.

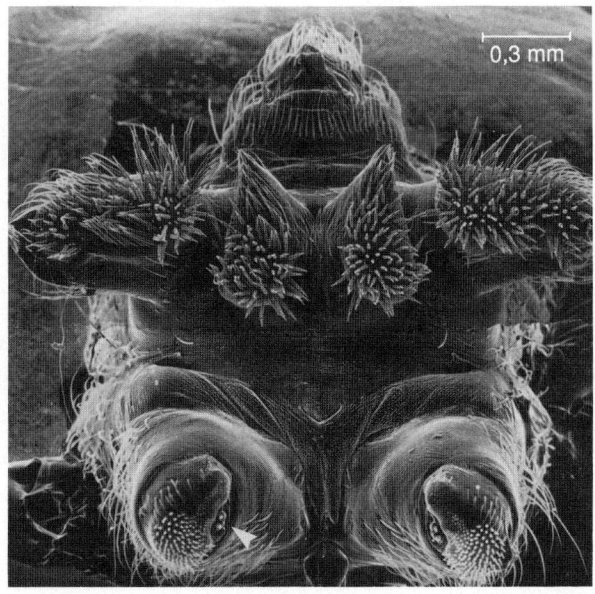

Abb. 3.2.1: Spinnapparat einer Netzspinne (Opuntienspinne, *Cyrtophora citricola*). Unten ist das 1. Spinnwarzenpaar, in der Mitte das 2. und daneben das 3. Spinnwarzenpaar zu sehen. Oben der Afterhügel

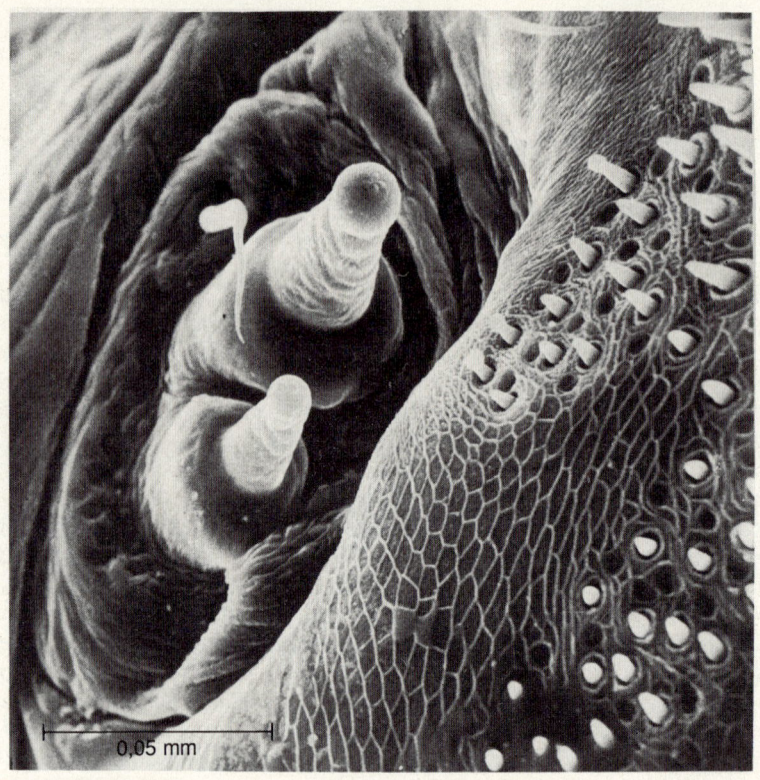

Abb. 3.2.2: Spinnapparat mit stark vergrößerten Spinnspulen. Die rasterelektronenmikroskopische Aufnahme ist ein Ausschnitt aus Abb. 3.2.1; die entsprechende Stelle wurde durch einen Pfeil markiert

Die dünnsten Fäden wurden in der Fangwolle der Spinne *Spegodyphus pacificus* gefunden, die über 40 000 produzierende Drüsen und ebensoviele *Düsen*, durch die die Fäden auf dem Spinnsieb *(Cribellum)* austreten, verfügt. Die Elementarfäden ihrer Fangwolle sind nur 0,000015 mm (!) dick. Sie können nur unter dem Elektronenmikroskop betrachtet und abgebildet werden.

Die dicksten Fäden erzeugt die Seidenspinne *Nephila*: Ihre *Kokonfäden* besitzen einen Durchmesser von 0,012 mm; sie sind damit etwa 800mal so dick wie die Fäden von *Stegodyphus pacificus*. Früher wurden sie auf Madagaskar zur Herstellung von Kleidungsstücken verwendet.

Die *Rahmen-* und *Radialfäden* unserer Radnetzspinnen weisen eine weit höhere Dehnungsfähigkeit und zugleich auch Festigkeit auf als Stahl; das erklärt, warum Spinnennetze selbst an stark dem Wind ausgesetzten Bauplätzen nicht zerreißen und fangfähig bleiben (vgl. Abb. 3.2.3).

Die Radnetzspinnen lassen sich in zwei Gruppen einteilen, nämlich in die der *cribellaten* und die der *ecribellaten* Spinnen. Das Spinnsieb – *Cribellum* – ist vor den (für die meisten Webspinnenarten typischen) drei Spinnwarzenpaaren plaziert. Mit Hilfe dieses Organkomplexes stellen die cribellaten Spinnen trockene Fangfäden her (Abb. 3.2.4a). Diese Spinnen sind bestens dazu angepaßt, in extrem trockenen Biotopen Gewebe herzustellen, die längere Zeit fangfähig bleiben. Das Beuteinsekt verhaspelt sich in der auf

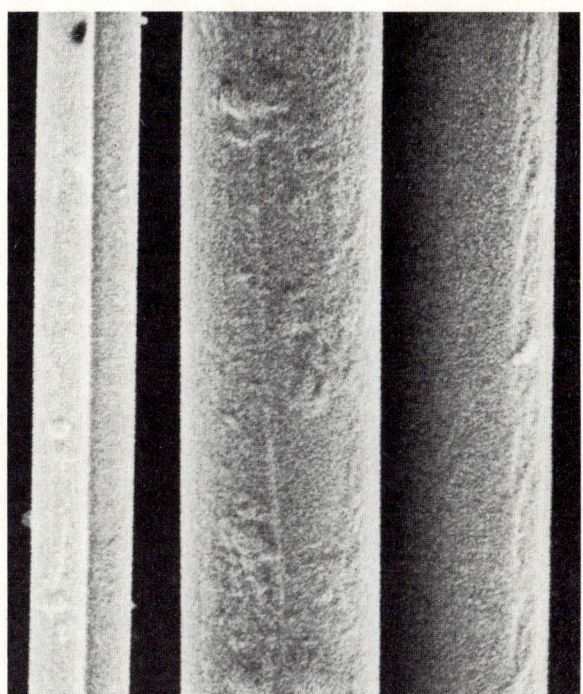

Abb. 3.2.3: Abseilfäden, die aus den Spinnspulen der Opuntienspinne stammen. Da die beiden vorderen Spinnwarzen zusammenarbeiten, sind die Fäden paarig. Der Durchmesser der beiden dickeren Fäden beträgt jeweils 0,0035 mm, der dünneren 0,0011 mm. Das Bild dokumentiert den Stahlseilcharakter der Abseil- oder Lauffäden

dickeren, paarigen Achsenfäden aufgelagerten Fangwolle. Die Feinheiten der Fäden darzustellen, ist nur mit Hilfe eines Elektronenmikroskops möglich.

Anders das Fangprinzip der ecribellaten Spinnen: Ihre Fangfäden bestehen aus *Achsenfäden*, denen ein flüssiger Klebstoff aufgetragen ist. Da sich dieser Klebstoff zu Klebtröpfchen zusammenzieht, sieht der Fangfaden – bereits im Lichtmikroskop erkennbar – wie eine Perlenkette aus (Abb. 3.2.4b).

Cribellate und ecribellate Spinnen bieten ein höchst interessantes Beispiel für *Konvergenzentwicklungen* im Tierreich: Bei ihnen ist im Laufe der Stammesgeschichte parallel ein im Bauprinzip und in der Fangmethode übereinstimmender Netztyp entwickelt worden; cribellate und ecribellate Radnetze sind jedoch aus völlig verschiedenen Vorstufen hervorgegangen.

Unser Versuchstier, die Sektorspinne *(Zygiella x-notata)* ist – wie auch die bekannte Kreuzspinne *Araneus diadematus* – eine ecribellate Radnetzspinne. Als weiterentwickelte Radnetzspinne hat *Zygiella* ihren Aufenthaltsort an die Peripherie des Netzes verlagert, wo sie tagsüber in einem von ihr ausgesponnenen Schlupfwinkel lebt. Um mit dem Netzzentrum (der sog. »Nabe«), wo die Signale zusammenlaufen, möglichst störungsfrei verbunden zu sein, spart sie einen Sektor der Radialfäden von der *Klebfadenspirale* aus (Abb. 3.2.5). Durch ihn führt ein *Signalfaden* ungedämpft durch die anderen Fäden zum Schlupfwinkel. *Zygiella* wird deshalb als »Sektorspinne« bezeichnet.

Falls sie jedoch keinen Schlupfwinkel in der Ebene des Netzes bewohnen kann, weil dieser 30 bis 40° außerhalb liegt, spart sie keinen Sektor aus, sondern spinnt ein Vollnetz. Der Signalfaden von *Zygiella* führt dann im spitzen Winkel von der Netznabe zum Aufenthaltsort der Spinne. Auch in diesem Fall wird die Signalübertragung nicht von seitlich anhaftenden Fäden gedämpft.

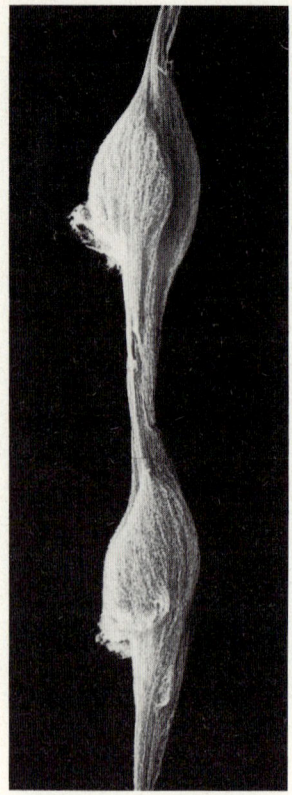 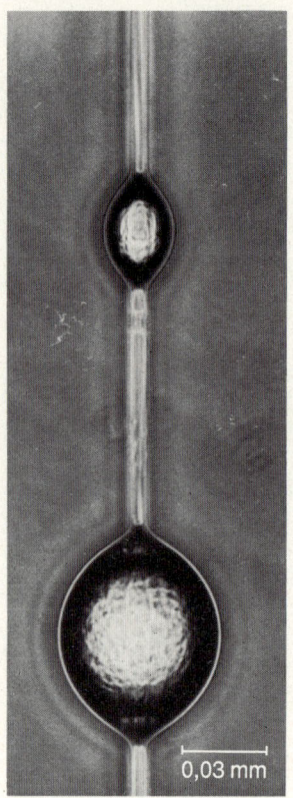

Abb. 3.2.4: Fangfäden von Spinnen.
Links Ausschnitt aus dem Fangfaden einer cribellaten Spinne;
Rechts Ausschnitt aus dem Fangfaden einer ecribellaten Spinne

Ein weiteres interessantes Phänomen bei dieser Gattung ist der Netzbau der Jungen: Die Netze der aus dem Kokon geschlüpften Jungspinnen sind nämlich immer Vollnetze, auf deren Nabe sie sich aufhalten – ein interessantes Beispiel für *Instinktreifung* im Individualleben, und zugleich ein wichtiger Hinweis darauf, daß *Zygiella* wahrscheinlich in ihrer Stammesgeschichte Vorgänger hatte, die Vollnetze bauten.

Alle Radnetzspinnen – cribellate und ecribellate – stellen nach Anlage des Rahmens und des Radienfadengerüstes zunächst eine von innen nach außen gezogene »Hilfsspirale« her. Diese wird zugleich mit dem Einbau der von außen nach innen gesponnenen Fangspirale wieder abgebaut. Im gleichen Arbeitsgang werden also vorn Fäden beseitigt und hinten neue produziert. Man kann die Hilfsspirale erhalten, wenn man die Spinne bei der Anlage ihres Netzes stört. (Leider läßt sich der Vorgang selbst nicht vor den Praktikumsteilnehmern demonstrieren, da er in den frühen Morgenstunden abläuft.)

Bei den ursprünglichen Radnetzspinnen, zu denen die Seidenspinnen (Gattung *Nephila*) gehören, wird die Hilfsspirale nicht beseitigt. Ihr Konstruktionsmuster ist in Abb. 3.2.6 dargestellt, die einen Ausschnitt aus einem *Nephila*-Netz zeigt. In der rechten Bildhälfte sind die *Klebfäden* wegretuschiert, um das von Radialfäden (senkrecht) und Hilfsspirale plus Klebfadenspirale (waagerecht) gebildete Maschenmuster zu zeigen. Deutlich wird hierdurch, daß die Umgänge der Hilfsspirale einen weit größeren Abstand

Abb. 3.2.5: Mit Ammoniumchlorid angeräuchertes Netz von *Zygiella* in einem Holzrahmen; die Streichholzschachtel dient als Schlupfwinkel

voneinander haben als die der *Fangfäden*; sie sind dazu fester mit den Radialfäden verbunden.

Dies gilt nicht nur für die im fertigen Radnetz der Seidenspinne verbleibende Hilfsspirale, sondern auch für die wieder beseitigte Hilfsspirale der Sektorspinne. In ihrem Netz lassen sich bei genauer Betrachtung im Gegenlicht auf den Radialfäden die früheren Überkreuzungsstellen als aufleuchtende Punkte erkennen (Abb. 3.2.5).

3.2.2 Seminarthemen

1. Die Webspinnen verfertigen bis zu sechs verschiedene Fadentypen. Wozu dienen die unterschiedlichen Drüsenprodukte? Welche Besonderheiten haben die Fangfäden der Cribellaten und der Ecribellaten?
Literatur: KULLMANN & STERN (1981), S. 54–61 und 266–269.

2. Cribellate und ecribellate Radnetze sind konvergente Endstufen langer Entwicklungen. Wie kann man sich die stammesgeschichtlichen Vorstufen der Radnetze vorstellen?
Literatur: KULLMANN & STERN (1981), S. 276–284.

3. Radnetze sind das Ergebnis erblich festgelegter Bewegungsabläufe; ihre Herstellung wird vom Zentralnervensystem gesteuert. Dieses ist durch *Nervengifte* beeinflußbar. Nach Verabreichung von Drogen an die Spinnen lassen sich typische Veränderungen am

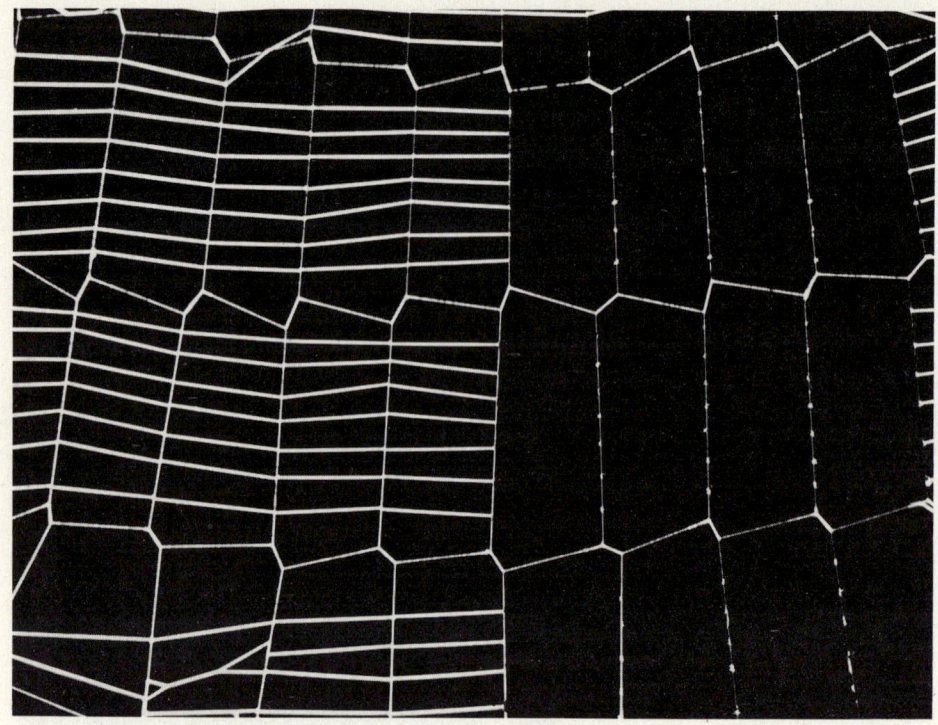

Abb. 3.2.6: Ausschnitt aus dem Netz der Seidenspinne *Nephila*. In der rechten Bildhälfte wurden die Klebfäden wegretuschiert, um die Hilfsspirale deutlich zu machen

Netz feststellen. Welche Veränderungen treten auf? Lassen sich Parallelen in der Wirkungsweise auf Mensch und Spinne feststellen?
Literatur: KULLMANN & STERN (1981), S. 185–191.

4. Die Mehrzahl der Spinnen lebt in den Tropen und Subtropen, von wo aus sie sich in die kälteren Regionen ausgebreitet haben. Wie ist es möglich, daß sie z. T. bei Kältegraden tief unter Null überwintern können?
Literatur: KIRCHNER (1965); KIRCHNER & KULLMANN (1972).

3.2.3 Beschaffung und Pflege der Versuchstiere

Die Sektorspinne *(Zygiella x-notata)* ist die häufigste Radnetzspinne in Deutschland. Man findet sie von April bis November an Gebäuden und Pflanzen. Zu identifizieren ist sie leicht über ihr Netz (Radnetz mit freiem Sektor und Signalfaden zum Schlupfwinkel).

Für die Versuche eignen sich am besten erwachsene Weibchen. Ihre Körperlänge beträgt etwa 1 cm. Man läßt ein solches Tier vorsichtig aus dem Schlupfwinkel in ein Glasröhrchen (etwa von Arzneimitteln) gleiten und verschließt dieses mit Deckel oder Watte.

Um das Netz besser analysieren und den Beutefang genauer beobachten zu können, ist es angebracht, Sektorspinnen in beweglichen Holzrahmen anzusiedeln. Gebraucht werden hierzu rechteckige Holzrahmen (Größe etwa 30–40 cm), in denen man einen der oberen Winkel mit einem künstlichen Schlupfwinkel versieht. In diesen sperrt man die Spinne 1–2 Tage ein, damit sie sich dort mit ihren Fäden einrichten kann. Bewährt hat sich – wie in Abb. 3.2.5 gezeigt – die Anbringung einer Streichholzschachtel, die man später etwas öffnet. Um es den Spinnen zu erschweren, die ihnen vorgegebene Netzumrahmung zu verlassen, empfiehlt es sich, das Holzgestell in eine Badewanne oder ein Plastikgefäß zu stellen. Die Tiere haben dann Schwierigkeiten, sich zu entfernen, da sie keine Flugfäden als Brücke benutzen und an glatten Flächen nicht klettern können.

Nachdem *Zygiella* angesiedelt wurde, ist sie leicht zu halten. Als Beute sind Stubenfliegen, Florfliegen und ähnliche Fluginsekten besonders geeignet. Eine regelmäßige Fütterung ist nicht erforderlich, da alle Spinnen wochen- und zum Teil gar monatelang auf Nahrung verzichten können. Nach Annahme des Schlupfwinkels ist *Zygiella* seßhaft. Von ihm aus baut sie ihr altes Netz ab und neue wieder in den Rahmen ein.

3.2.4 Beobachtungen und Versuche

Für die folgenden drei Versuche werden mindestens drei Holzrahmen mit bereits eingebauten Netzen benötigt, wenn man beabsichtigt, sie in *einer* Unterrichtsveranstaltung durchzuführen.

3.2.4.1 Versuch 1: Analyse des Radnetzes der Sektorspinne Zygiella

■ *Versuchsmaterial:*
– Holzrahmen (ca. 30 x 40 cm)
– Streichholzschachtel als Schlupfwinkel
– Geschlossenes Behältnis, in das der Holzrahmen hineinpaßt
– 2 Glasschälchen
– Konzentrierte Salzsäure
– Ammoniak.

■ *Versuchsdurchführung:*
In Rahmen gebaute Netze werden den Kursteilnehmern vorgeführt. Man wird erkennen, daß die aus sehr dünnen Fäden bestehenden Netzelemente am besten im Gegenlicht vor dunklem Hintergrund beobachtet werden können. Um sie noch besser sichtbar zu machen, besteht die Möglichkeit, die Fäden durch Anräuchern mit Ammoniumchlorid zu verdicken. Dazu werden die Rahmen in ein geschlossenes Behältnis überführt, auf dessen Boden zwei Glasschälchen mit Salzsäure und Ammoniak gestellt werden. Es entsteht ein dichter, weißer Rauch, der sich auf den Fäden niederschlägt. Abb. 3.2.5 zeigt ein so behandeltes Netz.

■ *Ergebnisse:*
Die Kursteilnehmer erkennen die Konstruktionselemente eines Radnetzes, also *Rahmenfäden, Radialfäden, Fangspirale, Nabe* sowie – als Spezialisation bei der Gattung *Zygiella* – den freien Sektor, den *Signalfaden* und den *Schlupfwinkel*. Die Zahl der Radien und Klebfadenumgänge kann registriert werden.

Bei einem Vergleich mehrerer Netze kann festgestellt werden, ob der Netzumriß, die Zahl der Radien und Umgänge, der Sektorwinkel oder die Länge des Signalfadens konstant oder variabel sind. Es sollte wenigstens ein Netz zeichnerisch festgehalten werden. Der Vergleich gibt Auskunft darüber, ob Spinnen »Instinktmaschinen« sind (wie vielfach angenommen wird) oder nicht, d. h. ob ihr Verhalten genetisch streng festgelegt ist, was nur bei gleichem Netzumriß, gleicher Radienzahl etc. der Fall wäre.

3.2.4.2 Versuch 2: Mikroskopische Analyse der unterschiedlichen Fadenelemente in einem Radnetz

■ *Versuchsmaterial:*
- In Rahmen gebaute Netze (s. Versuch 1)
- Mikroskop
- Durchlöcherter Objektträger. Diese lassen sich leicht aus durchsichtigen Kunststoffplatten herstellen. Bewährt haben sich solche von ca. 5 x 15 cm Kantenlänge mit bis zu 1 cm großen Bohrungen.
- Tesafilm
- Schere oder Nadel.

■ *Versuchsdurchführung:*
Auf dem oben skizzierten Objektträger wird ein Teil des Netzes aufgefangen. Dank der Klebefäden haftet er auf ihm. Um jedoch Netzverzerrungen beim Heraustrennen zu vermeiden, empfiehlt es sich, den erfaßten Netzabschnitt mittels Tesafilm am Rand des Objektträgers festzuheften. Mit einer Schere kann man ihn dann aus dem Netz herausschneiden oder mit einer erhitzten Nadel herausbrennen.

■ *Ergebnisse:*
Die mikroskopische Betrachtung macht vor allem den Unterschied zwischen den Fäden des Netzgerüstes (Rahmenfäden, Radien) und den Fangfäden, für deren Einbau das Gerüst angelegt wird, deutlich. Auf den letzteren sind die Klebstofftröpfchen perlschnurartig aufgereiht (Abb. 3.2.4b). Daß die Klebmasse hygroskopisch ist (also auf Luftfeuchtigkeitsveränderungen reagiert), läßt sich zeigen, indem man das Präparat anhaucht: Die Klebtropfen vergrößern sich.

3.2.4.3 Versuch 3: Beobachtung des Beutefangs der Radnetzspinne Zygiella

■ *Versuchsmaterial:*
- In Rahmen gebaute Netze (s. Versuch 1)
- Stubenfliegen oder andere Fluginsekten
- Pinzette
- Glasröhrchen zur Unterbringung der Beute vor dem Verfüttern
- Äther
- Watte.

■ *Versuchsdurchführung:*
Bringen Sie mittels einer Pinzette ein von der Größe her geeignetes Insekt in Kontakt mit der Klebspirale. Um sich die Fütterung zu erleichtern, ist es zu empfehlen, die Beu-

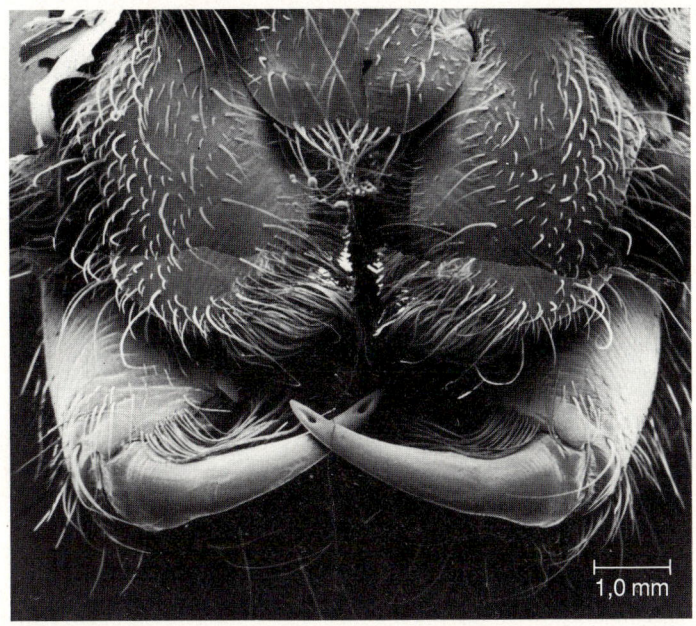

Abb. 3.2.7: »Mundwerkzeuge« (Cheliceren) der Webspinne *Olios patellatos*. Die Cheliceren waren namengebend für die systematische Gruppe der Chelicerata, zu denen auch die Spinnen gehören. Bei den Webspinnen (Beispiel: *Zygiella*) sind sie zu Giftklauen geworden. Wie bei einer modernen medizinischen Kanüle zur Injektion von Arzneimitteln wird das die Beute lähmende Gift über seitliche, nicht an der Spitze angebrachte Öffnungen eingespritzt. Bei einer Öffnung an der Spitze bestünde die Gefahr, daß sie beim Einstich verstopfen könnte

teobjekte mit Äther zu betäuben. Dazu gibt man einen mit einigen Tropfen Äther benetzten Wattebausch in das Röhrchen mit der Fliege.

■ *Ergebnisse:*
Nach den vorbereitenden Tätigkeiten lassen sich sowohl das komplexe Beutefangverhalten der Sektorspinne Zygiella im speziellen als auch die hohe Sensibilität und die schnelle Reaktionsfähigkeit der Spinnen im allgemeinen vorführen. Der Ablauf des Beutefangs kann in seinen einzelnen Phasen festgehalten werden:
❏ Herauseilen der Spinne aus ihrem Schlupfwinkel nach Wahrnehmung des über den Signalfaden übertragenen Alarms.
❏ Schnelle Orientierung auf der Nabe, über welchen Radialfaden die Beute direkt zu erreichen ist.
❏ Ergreifen der Beute mit den Vorderbeinen und sofortiges Anbringen des Giftbisses (vgl. Abb. 3.2.7).
❏ Bespinnen mit Fesselfäden unter Zuhilfenahme des 4. Beinpaares, wodurch das Insekt fest an die Netzfäden angeheftet wird.
❏ Abwarten der Giftwirkung, wobei häufig zu beobachten ist, daß die Spinne kurzzeitig (meist 1–3 min) in ihr Wohngespinst zurückkehrt.
❏ Nach Eintreten der Giftwirkung je nach Größe und Stärke der Beute erneutes, mehr oder weniger starkes Bespinnen mit *Fesselfäden*.

❐ Durchtrennen der anhaftenden Netzfäden mit Hilfe der aus der Mundöffnung austretenden *Verdauungsflüssigkeit* (also kein mechanisches Zerreißen!).
❐ Nach erfolgter Loslösung Anheftung des Insekts an die Spinnwarzen und Abtransport zum Schlupfwinkel, wobei es mit dem 4. Beinpaar gehalten wird. Die Spinne benutzt zum Laufen im Netz also nur ihre drei vorderen Beinpaare.
❐ Nach der Rückkehr Speichelinjektion in die Beute *(extraintestinale Verdauung)* und danach Aussaugen derselben. Die Dauer der Nahrungsaufnahme richtet sich nach der Größe des Beuteobjekts. Reife *Zygiella*-Weibchen benötigen bei einer Stubenfliege dazu etwa eine Stunde.
❐ Am Ende Beseitigung der ausgesogenen Chitinhülle aus dem Netz. Sie wird vom Schlupfwinkel oder der Nabe aus so fallengelassen, daß sie sich nicht wieder in ihm verfängt.

3.2.5 Weiterführende Arbeiten

3.2.5.1 Die Wirkung von Nervengiften

Wenn es gelungen ist, die Sektorspinnen der Gattung *Zygiella* in Rahmen anzusiedeln, um den normalen Netzaufbau analysieren zu können, lassen sich interessante Versuche durchführen, welche die Wirkung von Nervengiften deutlich machen. Gifte wie Coffein, Strychnin und viele andere wirken sich auf das Verhalten der Spinnen nachweisbar über die typischen Veränderungen beim Netzbau aus. Die Drogen können in Zuckerwasser gelöst mittels einer Pipette den Tieren angeboten werden. Die Verdünnungsgrade sind der Literatur zu entnehmen (WITT 1956; WITT et al. 1968; KULLMANN & STERN 1981). Die nach Verabreichung der Stoffe hergestellten Netze sind danach mit Normalnetzen zu vergleichen. Es empfiehlt sich, nach der beschriebenen Methode fotografierte Radnetze (s. Versuch 1) gegenüberzustellen.

Literatur
Kirchner, W., 1965: Wie überwintert die Schilfradspinne *Araneus cornutus*? Natur und Museum **95** (4), 163–170.
Kirchner, W. & Kullmann, E., 1972: Ökologische Untersuchungen an einer Freilandpopulation von *Nesticus cellulanus* im Siebengebirge unter besonderer Berücksichtigung der Kälteresistenz. Decheniana **125** (1/2), 219–227.
Kullmann, E. & Stern, H., 1981: Leben am seidenen Faden. 4. Auflage. München, Kindler.
Witt, P. N., 1956: Der Netzbau der Spinne als Test zur Prüfung zentralnervös angreifender Substanzen. Berlin/Heidelberg/Göttingen, Springer.
Witt, P. N., Reed, C. F. & Peakall, D. B., 1968: A spiders web – problems in regulatory biology. Berlin/Heidelberg/New York, Springer.

Unterrichtsmaterial
Peters, H. M., 1950: Beutefang bei der Kreuzspinne. SW, st, 103 m, 9 1/2 min. C 594. IWF, Göttingen.
Skinner, E. R., Thompson, G. H. & Cooke, J. A. L., 1966/67: Spiders, film 8: Web and capture of prey. F, T (Komm. engl.), 111 m, 10 1/2 min. W 1014. IWF, Göttingen.

3.3 Orientierungsmechanismen bei der Kellerassel
Marliese Müller

3.3.1 Einleitung

Die Kellerassel (*Porcellio scaber*, Ordnung Isopoda-Asseln; Abb. 3.3.1a und b) ist eine der wenigen auf Land lebenden Krebsarten. Sie ist auf einen sehr hohen Grad relativer Luftfeuchtigkeit angewiesen, wobei nur geringe Schwankungen toleriert werden können; deshalb wird sie als *poly-stenohygrer* Organismus bezeichnet. Je niedriger die relative Luftfeuchtigkeit (rF-Wert) ihrer Umgebung ist, desto größere *Transpirationsverluste*

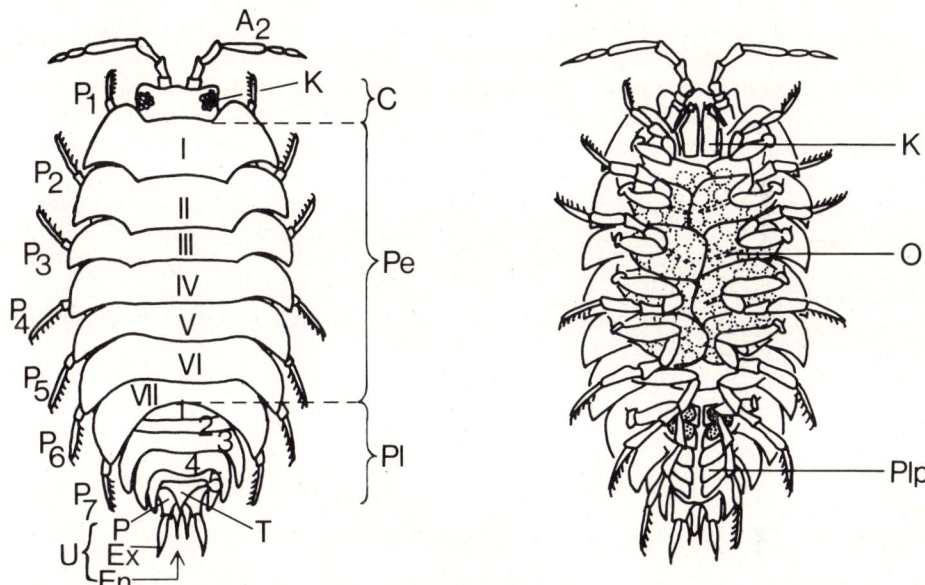

Abb. 3.3.1: Morphologie der Kellerassel.
a) Tier von oben. A$_2$ = gut ausgebildete 2. Antenne. Das 1. Antennenpaar ist nur unter dem Binokular sichtbar; es setzt kopfwärts nahe der Basis der 2. Antennen an. K = Komplexauge. C = Cephalothorax (= Kopfbruststück), gebildet aus dem Kopf und dem 1. Thoraxsegment. Pe = Peraeon (= Thorax, Mittelleib) mit 7 Peraeomeren (= Segmenten, I–VII). Pl = Pleon (= Abdomen, Hinterleib) mit 5 Pleomeren (= Segmenten 1–5). P$_{1-7}$ = Extremitätenpaare des Peraeons. T = Telson (= Endglied). U = Uropod (= Gliedmaße am 6. Pleonsegment, das mit dem Telson verschmolzen ist). Das Uropodenpaar ist gegliedert in P = Protopodit (= Stammglied), En = Endopodit (= Innenast), Ex = Exopodit (= Außenast);
b) Weibliches Tier von unten. K = Kieferfuß. O = Oostegit (= Brutplatte). Die 5 Oostegitenpaare bilden zusammen das Marsupium (= Brutbeutel), in dem sich die Eier (dargestellt durch gestrichelte Kreise) entwickeln. Plp = Pleopod (= Extremität des Pleons). Von den 5 Extremitätenpaaren tragen die des 1. und 2. Pleonsegmentes je eine Tracheenlunge (dargestellt durch punktierte Flächen), die am lebenden Tier als »weiße Körper« sichtbar sind

erleidet sie (AUZOU 1953), bedingt durch die Wasserdurchlässigkeit der *Cuticula*, der eine schützende Wachsschicht fehlt (BURSELL 1955).

Der hohe Feuchtigkeitsbedarf bestimmt als zentraler Faktor das Vorkommen und die Verhaltensformen der Asseln: Sie bewohnen Kleinstlebensräume *(Mikrobiotope)*, die ihnen feuchte Schlupfwinkel und wasserhaltige Nahrung, vorzugsweise in Form verrottender Pflanzenteile, bieten.

Bei der Gruppenbildung handelt es sich um *Konglobationen*, d. h. Verbände, die nur durch gleichartige Reaktionen auf Umweltfaktoren bedingt sind, aber keinen längeren Bestand und keine sozialen Beziehungen aufweisen (KLOFT 1978; SCHNEIDER & GÜNTHER 1982). Im vorliegenden Fall sind vor allem positive Reaktionen auf Berührreize und Feuchtigkeit sowie negative Reaktionen gegenüber Helligkeit maßgebend.

In diesem Kapitel sollen die durch mechanische Reize ausgelösten Verhaltensweisen *Thigmotaxis* (nach Tastreizen ausgerichtete freie Ortsbewegung) und *Thigmokinese* (in der Intensität von der Untergrundstruktur abhängige, ungerichtete Ortsbewegung) dargestellt werden, die sich leicht beobachten und anhand einfacher Versuche analysieren lassen.

Diese Reaktionen veranlassen im natürlichen Lebensraum die Kellerasseln, zu Ende ihrer kurzen, *nächtlichen Aktivitätsphase* (CLOUDSLEY-THOMPSON 1956) als Tagesverstecke Hohlräume aus rauhem, porösen Material zu wählen, deren Abmessungen in einer bestimmten Relation zu ihrer eigenen Körpergröße stehen. Derartige Spaltensysteme pflegen sich durch einen hohen rF-Grad auszuzeichnen (s. Lehrbücher zur Bodenkunde). Ein weiteres typisches Verhalten, das *Anpressen* an den Untergrund (oder an Artgenossen – besonders im Experiment), vermindert zusätzlich die ansonsten sehr hohe Transpirationsrate der dünnhäutigen Unterseite. Als *Mechanorezeptoren* dienen zahlreiche *Tastborsten* (Abb. 3.3.2) an beiden Antennenpaaren sowie auf dem Rücken und an den Körperseiten (HENKE 1960; HOLDICH & LINCOLN 1974; RISLER 1977).

Bei den Experimenten sind im Interesse einer möglichst geringen Streuung der Ergebnisse und einer guten Reproduzierbarkeit folgende Punkte zu beachten: Nur unbe-

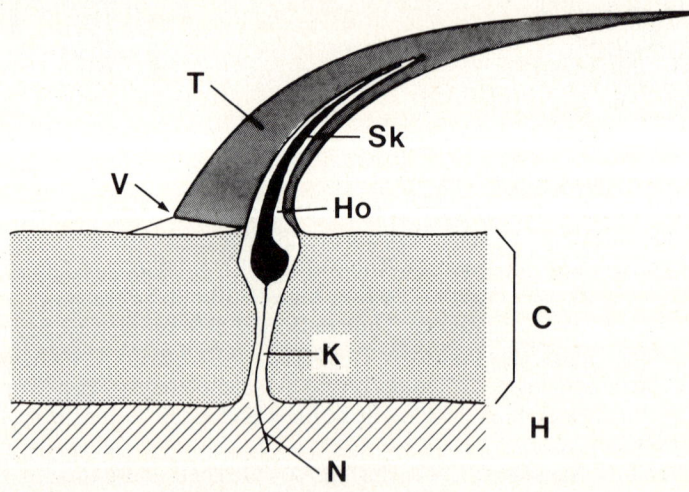

Abb. 3.3.2: Schematischer Aufbau eines Tasthaares.
C = Cuticula. H = Hypodermis. Ho = Hohlraum innerhalb des Tasthaares. K = durch die Cuticula führender Kanal. N = Nerv. Sk = Sinneskolben (Rezeptororgan für Verbiegungsreize). T = Tasthaar. V = Gelenkartige Verbindung des Tasthaares mit der Cuticula

schädigte Tiere verwenden, keine auffällig trägen (sie stehen meist unmittelbar vor der Häutung), keine in der Häutung befindlichen (kenntlich an der unterschiedlichen Färbung und Größe des vorderen und hinteren Körperabschnittes) sowie keine Weibchen mit Brutbeutel *(Marsupium)* an der Thoraxunterseite.

Weiterhin resultieren aus dem Verhalten der Tiere folgende Maßnahmen: Nur runde Versuchsgefäße benutzen (Winkel stellen einen erhöhten thigmotaktischen Anreiz dar), die Gefäße mit einem weißen Pappring als neutralem Hintergrund umgeben und bei Streulicht bzw. zentralem Oberlicht arbeiten (Vermeidung *phototaktischer Reaktionen*).

Wegen ihres Feuchtigkeitsbedürfnisses gibt man die Tiere in Gefäße mit feuchtem (nicht nassem!) Papier, in die sie nach jedem Versuchsdurchgang sofort zurückgebracht werden. Die Versuchszeit soll nicht über maximal 7 min ausgedehnt werden (bei schlechter Wasserbilanz Verhaltensänderung, nämlich »Hektisch-Werden«, und Schädigungsgefahr).

3.3.2 Seminarthemen

1. Die Kellerassel ist ein landlebender Krebs. Beschreiben Sie die Morphologie dieser Tierart und heben Sie dabei diejenigen Merkmale hervor, welche
☐ die Kellerassel als Angehörige der Krebse kennzeichnen
☐ für die Artbestimmung maßgeblich sind.
Literatur: KAESTNER (1967); Bestimmungswerke wie WÄCHTLER in BROHMER, EHRMANN & ULMER (1937).

2. Eine Besonderheit der Kellerassel ist ein außen am Körper entlangziehendes *Wasserleitungssystem*. Welche Bedeutungen kommen ihm zu? Zu berücksichtigen sind Zusammenhänge mit den Funktionskreisen Wasserbilanz, Ausscheidung, Temperaturregulation und Fortpflanzung.
Literatur: KAESTNER (1967); SCHNEIDER & GÜNTHER (1982).

3. Ein gemeinsamer Typ von Sinnesorganen bei Krebsen und Insekten sind die *Haarsensillen* und *Scolopidien*. Welchen Grundbauplan besitzen sie, und welche wichtigsten Funktionen können ihnen zugeordnet werden?
Literatur: WEBER & WEIDNER (1974).

4. Der *Tastsinn* hat große Bedeutung für die Orientierung der Kellerassel. Wo finden sich Tastorgane bei diesen Tieren, und wie sind sie gebaut?
Literatur: HENKE (1960); HOLDICH & LINCOLN (1974).

3.3.3 Beschaffung, Pflege und Zucht der Versuchstiere

Entsprechend ihrer Lebensweise sind Kellerasseln in Wäldern, Gärten und Parks verbreitet, wo die Tiere unter locker liegenden Steinen, Holzstücken, loser Rinde o. ä. meist in größeren Gruppen zu finden sind. Da man an solchen Stellen – mit Ausnahme der kältesten Wochen im Jahr – stets genügend Exemplare antrifft, lohnen sich Dauerhaltung und Zucht i. a. nicht.

Kurzfristige Haltung (mehrere Wochen): Auf den Boden eines ca. 30 cm langen Plastikaquariums eine 5 cm hohe Schicht Kies oder Blähton geben und 2 cm hoch Wasser einfüllen. Mit saugfähigem Papier abdecken, darauf ca. 3 cm Fallaub schichten. Als Verstecke Rindenstücke, Blumentopfscherben (Ton) o. ä. locker in das Fallaub legen.

Fütterung: Zusätzlich zum Laub in einer Petrischale rohe Kartoffel- und Möhrenscheiben einstellen. Schimmelndes Futter sofort entfernen.

3.3.4 Beobachtungen und Versuche

3.3.4.1 Versuch 1: Nachweis einer thigmotaktischen Orientierung bei der Kellerassel

■ *Versuchsmaterial:*
- Kellerasseln
- Petrischalen von 15 cm Durchmesser
- Papier und Bleistifte.

■ *Versuchsdurchführung:*
Setzen Sie eine Assel in die Mitte der Petrischale und beobachten Sie das Tier 4 min lang. Alle Verhaltensweisen sind zu protokollieren.

■ *Ergebnisse:*
Fast stets läuft das Tier, evtl. nach kurzer Totstellreaktion *(Thanatose)*, unter fortwährenden Tastbewegungen der 2. Antennen auf kürzestem Weg zum Rand der Schale und dann in ständigem Kontakt mit einer Antenne daran entlang (Abb. 3.3.3), wobei mehrfach ein Wechsel der Laufrichtung erfolgen kann; ab und zu versucht die Assel auch, am Rand hochzuklettern. Durchquerungen der Schale ohne Randkontakt werden nur relativ selten zwischengeschaltet; unterschiedlich häufig erfolgt Anpressen an den Boden in Körperseitenkontakt zum konkaven Rand.

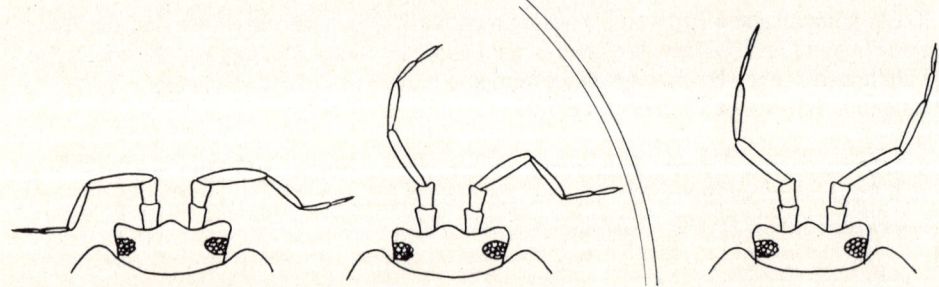

Abb. 3.3.3: Typische Antennenhaltungen der Kellerassel

3.3.4.2 Versuch 2: Quantitative Analyse der thigmotaktischen Orientierung

■ *Versuchsmaterial:*
Siehe Versuch 1. Zusätzlich werden (Stopp-)Uhren mit Sekundenanzeige gebraucht.

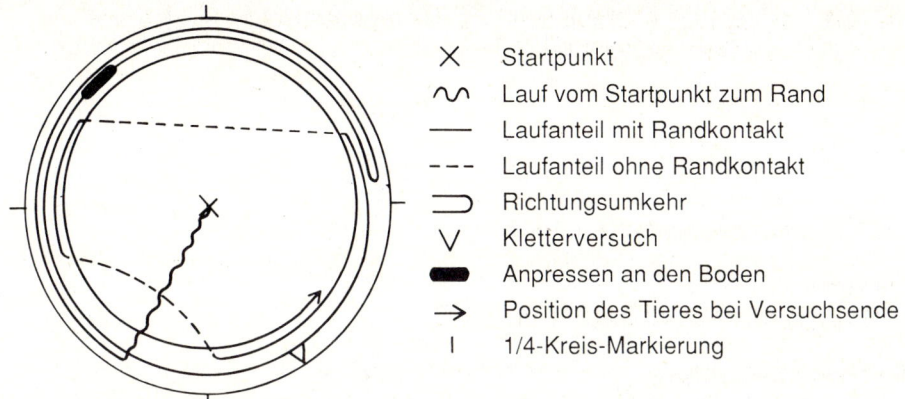

Abb. 3.3.4: Protokollierungsschema

■ *Versuchsdurchführung:*
Zur quantitativen Analyse werden – bei einem Versuchsaufbau wie in Versuch 1 – fünf Läufe jeder Assel je 4 min lang auf einem Arbeitsbogen nach dem in Abb. 3.3.4 aufgeführten Schema protokolliert. Bitte beachten Sie: An den Außenseiten der Petrischalen 1/4-Kreis-Markierungen anbringen; die Zeichnungen von außen nach innen anfertigen, evtl. mit verschiedenen Farben.

■ *Ergebnisse:*
Die Protokolle können auf folgende Fragestellungen hin ausgewertet werden: Prozentuale Anteile des Laufs mit und ohne Randkontakt, Häufigkeit und Dauer des Anpressens, Verhältnis der Laufanteile im und gegen den Uhrzeigersinn (in etwa 50 : 50 bei Auswertung der Läufe einer größeren Anzahl von Asseln, also Zufallsverteilung. Kontrollversuch hierzu: Bei Tieren mit nur einer Antenne erfolgen über 90% der Laufanteile in die Richtung, in der Antennenkontakt möglich ist).

3.3.4.3 Versuch 3: Unterscheidung von konkaven und konvexen Konturen

■ *Versuchsmaterial:*
Siehe Versuch 1. Zusätzlich werden Petrischalen von 10 cm Durchmesser gebraucht.

■ *Versuchsdurchführung:*
Stellen Sie die kleinere Petrischale exzentrisch so in die größere hinein, daß an der engsten Stelle eine Assel bei normaler Antennenhaltung passieren kann. Ein Tier wird eingesetzt (oder mehrere gleichzeitig) und einige Minuten lang beobachtet.

■ *Ergebnisse:*
Nach Tastvergleich an der engen Stelle entscheiden sich die Asseln in der Mehrzahl der Fälle für ein Weiterlaufen entlang der konkaven Kontur. Verengt man den Spalt auf weniger als den o. g. Abstand, passiert das Tier ihn nicht, sondern dreht um. Sonstiges Verhalten wie unter Versuch 1 beschrieben. Anleitungen zu einem quantitativen Experiment zur konkav-konvex-Unterscheidung in MÜLLER (1981).

3.3.4.4 Versuch 4: Nachweis des thigmokinetischen Verhaltens bei der Kellerassel

■ *Versuchsmaterial:*
- Asseln
- 20 x 20 cm große Styroporstücke (z. B. ungemustertes Deckenplattenmaterial)
- 10 x 20 cm große Overhead-Folien
- doppelseitiges Klebeband oder Tesafilm
- Petrischalen mit 15 cm Durchmesser
- Markierstifte
- (Stopp-)Uhren mit Sekundenanzeige.

■ *Versuchsdurchführung:*
Kleben Sie die Folie mit den Ecken auf einer Hälfte des Styropors fest. Markieren Sie einen Standort für die Petrischale, bei dem jeder Untergrundtyp die Hälfte ausfüllt. Dann geben Sie 10 Asseln in die Schale, legen die Styroporplatte mit der Folienseite auf die Petrischale, drehen das Ganze vorsichtig um und bringen mit Hilfe der Markierungen die Schale in die richtige Position (Abb. 3.3.5). Notieren Sie 4 min lang alle 15 s die Anzahl der Tiere auf der a) rauhen und der b) glatten Hälfte. Protokollieren Sie alle Beobachtungen.

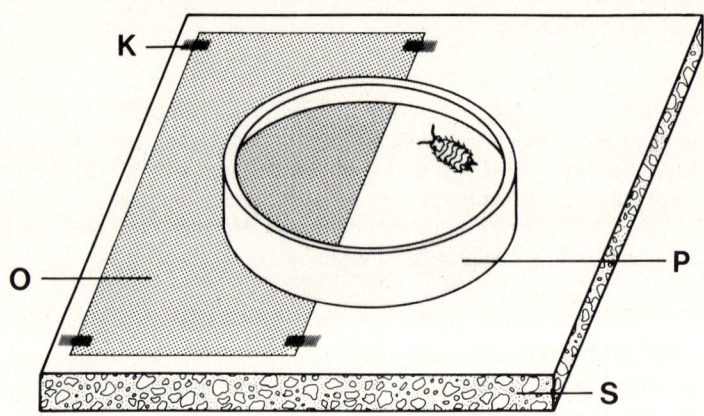

Abb. 3.3.5: Aufbau von Versuch 4.
K = Klebestreifen. O = Overheadfolie. P = umgedrehte Petrischale, Öffnung nach unten. S = Styroporplatte

■ *Ergebnisse:*
Die Glätte des einen Bodenteils provoziert eine starke Laufbeschleunigung, die Rauhheit des anderen eine ebenso deutliche Verlangsamung *(Orthokinese)*. Auf eine kurze *Orientierungsphase*, in der die ganze Schale durchlaufen wird, erfolgen immer öfter *Abdrehreaktionen* (*Klinokinese* nach SCHÖNE 1973; ältere Bezeichnung *Phobotaxis*) an der Grenze zum Glatten. Insgesamt resultiert eine Ansammlung in der rauhgrundigen Hälfte, in der nach kurzer Zeit die Mehrzahl der Tiere angepreßt zu verharren pflegt (Tab. 3.3.1).

Tab. 3.3.1: Anzahl der Tiere auf glattem (g) und rauhem (r) Untergrund. Ergebnisse von 5 Arbeitsgruppen eines ökologischen Praktikums. Insgesamt resultiert ein Verhältnis g : r = 97 : 591 (≈ 1 : 6)

Messung nach sec	I g	I r	II g	II r	III g	III r	IV g	IV r	V g	V r
15	–	6	6	4	4	6	3	7	2	5
30	–	6	3	7	4	6	4	6	1	6
45	–	6	3	7	6	4	3	7	2	5
60	–	6	1	9	7	3	2	8	–	7
75	1	5	2	8	1	9	2	8	1	6
90	1	5	–	10	2	8	1	9	1	6
105	2	4	3	7	1	9	–	10	–	7
120	1	5	–	10	–	10	–	10	–	7
135	1	5	1	9	1	9	1	9	–	7
150	2	4	–	10	2	8	–	10	–	7
165	1	5	2	8	2	8	–	10	–	7
180	1	5	–	10	1	9	–	10	–	7
195	1	5	1	9	3	7	–	10	–	7
210	1	5	2	8	–	10	–	10	–	7
225	1	5	–	10	–	10	–	10	–	7
240	2	4	1	9	–	10	–	10	–	7
Σ	15	81	25	135	34	126	16	144	7	105

3.3.5 Weiterführende Arbeiten

3.3.5.1 Beobachtungen im Freiland zur Ökologie der Kellerasseln

Suchen Sie ein Tagesversteck von Kellerasseln und analysieren Sie es auf seine Eigenschaften hin. Beobachten und protokollieren Sie dabei die Verhaltensweisen der Tiere. Aus der Biotopbeschaffenheit und dem Verhalten können Sie Hypothesen aufstellen hinsichtlich der reaktionsbedingenden Reizqualität. Je nach Kenntnisstand und Fertigkeiten der Kursteilnehmer sollen dann Versuchsansätze zur Überprüfung der formulierten Arbeitshypothesen entwickelt werden.

3.3.5.2 Der Einfluß der Reizqualitäten Helligkeit und Beschaffenheit des Bodengrunds auf das thigmotaktische und thigmokinetische Verhalten

(Siehe hierzu auch MÜLLER 1981.) Die Wirkung der Reizqualitäten »Helligkeit« und »Beschaffenheit des Bodengrunds« kann mit einem Versuchsaufbau wie in Versuch 4 beschrieben untersucht werden. Es sind folgende Kombinationen gegenüberzustellen: gw/gs; rw/rs; gw/rw; gs/rs; gs/rw; gw/rs. g = glatt, r = rauh, s = schwarz (Styropor mit Abtönfarbe anstreichen), w = weiß.
1. und 2. Kombination: Nachweis der Bevorzugung »schwarz« vor »weiß«;
3. und 4. Kombination: Nachweis der Bevorzugung »rauh« vor »glatt«;

5. Kombination: Nachweis der Dominanz der *Thigmokinese* über die *Photokinese*;
6. Kombination: Kontrollversuch, bei dem für »rauh-schwarz« besonders hohe Werte zu erwarten sind.

3.3.5.3 Der Einfluß der Reizqualität Feuchtigkeit auf das Orientierungsverhalten

Je eine Petrischale wird mit a) trockenem, b) feuchtem und c) sehr feuchtem Papier ausgelegt. Nach der Version zur quantitativen Analyse des Orientierungsverhaltens (s. Versuch 2) können Sie das Verhalten der Asseln vergleichend überprüfen (3 Läufe pro Schale und pro Tier): *Hygrokinetisch* bedingte Unterschiede in Aktivität (Länge der Laufstrecke, Häufigkeit bzw. Dauer des Anpressens) und Ausprägungsgrad der *Thigmotaxis*. Ergänzende Literatur: FRIEDLANDER (1964) und LINDQVIST (1968).

Literatur
Auzou, M. L., 1953: Recherches biologiques et physiologiques sur deux isopodes Onisciens *Porcellio scaber* Latr. et *Oniscus asellus* L. Ann. Sci. Nat. 11 Ser. (Zool.) **15**, 71–98.
Bursell, E., 1955: The transpiration of terrestrial isopods. J. exp. Biol. **32**, 238–255.
Cloudsley-Thompson, J. L., 1956: Studies in diurnal rhythms – VII. Humidity responses and nocturnal activity in woodlice (Isopoda). J. exp. Biol. **33**, 576–582.
Friedlander, C. P., 1964: Thigmokinesis in woodlice. Anim. Behav. **12**, 164–174.
Henke, G., 1960: Sinnesphysiologische Untersuchungen bei Landisopoden, insbesondere bei *Porcellio scaber*. Verh. Dtsch. Zool. Ges. **53**, 167–170.
Holdich, D. M. & Lincoln, R. J., 1974: An investigation of the surface of the cuticle and associated sensory structures of the terrestrial isopod, *Porcellio scaber*. J. Zool., Lond. **172**, 469–482.
Kaestner, A., 1967: Lehrbuch der Speziellen Zoologie. Band I/2. 2. Auflage. Stuttgart, Gustav Fischer.
Kloft, W. J., 1978: Ökologie der Tiere. UTB 729. Stuttgart, E. Ulmer.
Lindqvist, O. V., 1968: Water regulation in terrestrial isopods, with comments on their behavior in a stimulus gradient. Ann. zool. fenn. **5**, 279–311.
Müller, M., 1981: Orientierungsmechanismen wirbelloser Tiere – Versuche zu Thigmotaxis und Thigmokinese. Praxis d. Naturwiss. (Biologie) **30**, 15–25.
Risler, H., 1977: Die Sinnesorgane der Antennula von *Porcellio scaber* Latr. (Crustaceae, Isopoda). Zool. Jb. Anat. **98**, 29–52.
Schneider, P. & Günther, I., 1982: Asseln. Krebse erobern das feste Land. Bild der Wissenschaft, Heft 2, 52–62.
Schöne, H., 1973: Raumorientierung. Begriffe und Mechanismen. Fortschritte Zool. **21** (2/3), 1–19.
Wächtler, W., 1937: Isopoda. In: Die Tierwelt Mitteleuropas. Band II, Lieferung 2 b. Brohmer, P., Ehrmann, P. & Ulmer, P. (Hrsg.). Leipzig, Quelle & Meyer.
Weber, H. & Weidner, H., 1974: Grundriß der Insektenkunde. 5. Auflage. Stuttgart, Gustav Fischer.

3.4 Sozialverhalten und Lauterzeugung bei der Feldgrille
Martin Dambach

3.4.1 Einleitung

Grillen sind allgemein bekannt durch ihre Lautäußerungen. Sie zeigen zudem ein auffälliges Paarungs-, Kampf- und Territorialverhalten. Dies sowie ihre einfache Haltung und Züchtbarkeit machen sie zu idealen Insekten für Verhaltensstudien (DAMBACH 1978).

Die bei uns heimische Feldgrille (*Gryllus campestris* L.) findet man auf warmen, trockenen Wiesenhängen und Feldrainen, vor allem im südlichen Teil Deutschlands. Die Grillen leben einzeln in selbstgegrabenen, bis zu 20 cm langen Höhlen, in denen sie als Larven überwintert haben.

Anfang Mai, wenn die letzte Häutung *(Imaginalhäutung)* erfolgt ist, beginnen die Männchen mit ihrem eintönigen *Lockgesang*, der an paarungsbereite Weibchen adressiert ist und diese veranlaßt, ihre Höhle zu verlassen und sich dem Sänger zu nähern *(Phonotaxis)*. Nachdem sie sich getroffen und mit den Fühlern betastet haben, beginnt das

Abb. 3.4.1: Die Feldgrille, *Gryllus campestris*, in Paarungsstellung. Das Männchen versucht, seine Spermatophore an die Genitalöffnung des auf ihm sitzenden Weibchens anzuheften

Abb. 3.4.2: Rivalenkampf zweier Männchen. Das linke Männchen versucht, mit gespreizten Mandibeln das rechte zu greifen

Männchen mit seinem *Werbegesang*, wodurch die Paarung (Abb. 3.4.1) eingeleitet wird. Später legt das Weibchen seine Eier in der Höhle ab; nach ca. einem Monat schlüpfen daraus die jungen Larven. Diese vagabundieren bis zum Herbst herum, graben sich dann eine Höhle und überwintern darin im zweitletzten oder letzten Larvenstadium.

Ab und zu verläßt ein Männchen seinen Platz vor der Höhle. Wenn es dabei einem anderen Männchen begegnet, tritt *Rivalenverhalten* auf: schriller *Rivalengesang* ertönt und die Kontrahenten bedrohen und attackieren sich (Abb. 3.4.2), bis die Auseinandersetzung mit dem Rückzug des Unterlegenen endet.

3.4.2 Seminarthemen

1. Einige Tage nach der Imaginalhäutung beginnen die Männchen mit ihrem Lockgesang. Auch schallisoliert aufgezogene Männchen fangen im entsprechenden Alter spontan zu zirpen an und weisen die gleiche arttypische zeitliche Struktur (Silben, Verse) des Lockgesangs auf. Was kann daraus über die *Ontogenese* des Lockgesangs ausgesagt werden? Mit welchen Experimenten bzw. Eingriffen könnte die Frage untersucht werden, ob das dem Lockgesang zugrunde liegende motorische Muster rein zentral programmiert *(autonom)* ist, oder ob eine *periphere Kontrolle* (propriozeptive Rückmeldung) mit im Spiel ist?
Literatur: KUTSCH & HUBER (1970); DAMBACH, RAUSCHE & WENDLER (1983).

2. Ein Grillenweibchen ist in der Lage, ein arteigenes, singendes Männchen akustisch zu lokalisieren und über eine Entfernung von mehreren Metern gezielt aufzusuchen, um sich mit ihm zu verpaaren. Das gerichtete Anmarschieren des Weibchens (Phonotaxis) läßt sich auch unter definierten Laborbedingungen auslösen und studieren. Mit geeigneten Techniken und Fragestellungen lassen sich damit grundsätzliche Ergebnisse zu Problemen der *Signalerkennung*, zum *Richtungshören* und zur *Kurssteuerung* bei Tieren gewinnen.
Literatur: HUBER (1983); SCHMITZ, SCHARSTEIN & WENDLER (1982, 1983).

3.4.3 Beschaffung, Pflege und Zucht der Versuchstiere

Als Versuchstier eignet sich am besten unsere einheimische Feldgrille, *Gryllus campestris*, die man von Mai bis Juli in der Natur fangen und zu Hause über ein bis zwei Generationen weiterzüchten kann. (*G. campestris* fällt nicht unter die Bundesartenschutzverordnung; trotzdem sollte man nur soviele Tiere fangen, wie man unbedingt braucht und versorgen kann.)

Grillen sind sehr scheu. Singende Männchen verstummen, wenn man sich ihnen nähert. Sie werden durch Bodenerschütterungen gewarnt und verschwinden blitzschnell in ihrer Höhle. Man sucht daher am besten nach den Höhlen und kitzelt die Tiere mit einem Grashalm heraus. Dieses Verfahren funktioniert mit etwas Übung sehr gut. Auf keinen Fall sollte man die Höhlen aufgraben. Dabei verletzt man nur die Grillen; außerdem verbleiben unschöne Spuren in der Landschaft.

Die erbeuteten Tiere transportiert man einzeln in kleinen, mit Luftlöchern versehenen Plastikdosen. Zu Hause kommen sie, weiterhin einzeln, in 0,5 l Marmeladengläser mit durchlöchertem Deckel und einer 1 cm dicken Bodenschicht aus Sand oder Torf.

Zur Zucht setzt man ein Pärchen für ein bis zwei Tage zusammen. Das befruchtete Weibchen kommt danach zur Eiablage für einige Tage in ein Einmachglas mit einer mehrere Zentimeter hohen Schicht aus feuchtem Torf oder Sand. Das Glas mit den Gelegen wird dann in einen größeren Plastikbehälter mit Gazeabdeckung überführt, wo die Larven nach 14 bis 20 Tagen schlüpfen (Temperatur 26–28 °C).

Die Entwicklung dauert 78–98 Tage; dabei werden 10 Larvenstadien durchlaufen. Wegen des ausgeprägten Rivalenverhaltens und der damit verbundenen Gefahr einer gegenseitigen Verletzung hält man sie vom letzten Larvenstadium an einzeln. Die relative Luftfeuchtigkeit sollte mindestens 50% betragen. In den Marmeladengläsern wird dies durch den täglich frischen Salat erreicht, in den größeren Behältern muß der Boden zusätzlich mit einem Zerstäuber besprüht werden.

Falls *Gryllus campestris* nicht verfügbar ist, kann auch *Gryllus bimaculatus* De Geer, die Zweifleckgrille (südeuropäische Feldgrille), verwendet werden (MAU 1979; GERASCH 1980). Ihre Verhaltensweisen sind zwar nicht so ausgeprägt wie bei der ersten Art, dafür ist sie jederzeit im Handel erhältlich. *G. bimaculatus* hat eine kürzere Entwicklungsdauer (ca. 36 Tage, 9 Larvenstadien) und kann über die ganze Zeit in Gruppen gehalten werden. Als Versteckmöglichkeit legt man ein Stück Eierkarton in den Kasten.

G. bimaculatus unterscheidet sich äußerlich von *G. campestris* durch den kleineren Kopf, der schmaler ist als das *Pronotum* (bei *G. campestris* breiter als das Pronotum) sowie durch die langen Hinterflügel. Für die Zucht gilt das bereits für *G. campestris* Gesagte.

Als Futter dient für beide Arten Salat, der täglich einmal erneuert wird (Blätter aus dem Kopfinneren, vorher waschen. Vorsicht vor Insektizidresten!) sowie Haferflocken oder ein Hunde-Trockenfutter. Tote Tiere konserviert man in 70%igem Ethylalkohol. Sie können für spätere Vergleiche und anatomische Untersuchungen verwendet werden.

Will man die Grillen nicht selbst im Freiland fangen, so können sie über folgende Bezugsquellen beschafft werden *(G. bimaculatus)*: Grigfarm, CH-4699 Wittinsburg oder Hans Hildner, Röthenackerstr. 75, D-8521 Anrachtal-Falkendorf oder Dr. Jan Frieshammer, Hamburgerstr. 8, D-2933 Jaderberg.

3.4.4 Beobachtungen und Versuche

3.4.4.1 Versuch 1: Morphologie der Grillen

■ *Versuchsmaterial:*
Konservierte oder lebende Grillenmännchen und -weibchen.

■ *Versuchsdurchführung:*
Wir informieren uns an dem konservierten oder lebenden Material und unter Zuhilfenahme der Abb. 3.4.3 über die äußere Gestalt unserer Versuchstiere. Wodurch unterscheiden sich Männchen und Weibchen? Welche Organe dienen der *Lauterzeugung*, welche dem *Hören*?

■ *Ergebnisse:*
Die Männchen sind an der charakteristischen Anordnung von Adern und Feldern auf den Vorderflügeln zu erkennen (Schallerzeugung und Schallabstrahlung!). Die Vorderflügel der Weibchen sind dagegen einfach, netzartig geädert. Außerdem besitzen die Weibchen einen langen *Ovipositor*. In beiden Geschlechtern sind auf den *Tibien* der Vorderbeine *Tympanalorgane* ausgebildet.

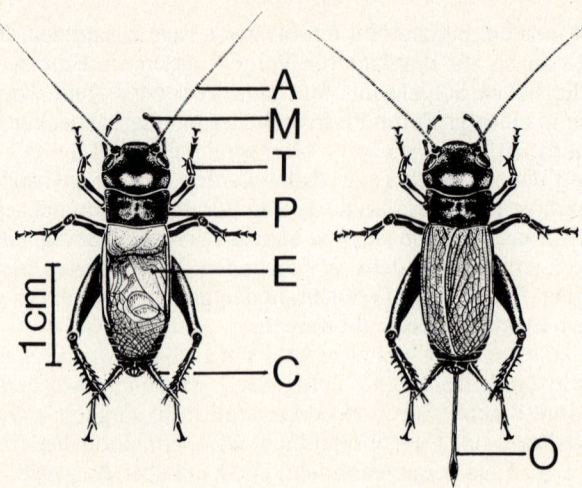

Abb. 3.4.3: Feldgrille *(Gryllus campestris)*. Links Männchen, rechts Weibchen.
A = Antenne, C = Cercus, E = rechte Elytre (Vorderflügel), M = Maxillartaster, O = Ovipositor (Legebohrer), P = Pronotum (Halsschild), T = Tibia (Schiene) des Vorderbeins mit Tympanalorgan (Ohr)

3.4.4.2 Versuch 2: Beobachtung des Paarungsverhaltens

■ *Versuchsmaterial:*
- Adulte Grillenmännchen und -weibchen
- Beobachtungsarena (Aquariumbecken oder Plastikwanne) mit Sand oder trockenem Torf als Bodenbelag
- Aquarellpinsel.

■ *Versuchsdurchführung:*
Wir setzen in unserer Beobachtungsarena ein Männchen mit einem Weibchen zusammen und beobachten das sich einstellende Verhalten. Wie verläuft die Kontaktaufnahme? Welche Merkmale oder Verhaltensweisen könnten für die Erkennung der Geschlechter von Bedeutung sein?

Sobald ein Männchen mit einem Weibchen näheren Kontakt aufgenommen hat, beginnt es in der Regel mit *Werbegesang*. Wie unterscheidet sich die Körper- und Flügelhaltung beim Werbegesang im Vergleich zum Lockgesang?

Wir beobachten und beschreiben (Protokoll!) nun den Verlauf der eigentlichen *Paarung*. Wer besteigt wen? Wie lange dauert die Paarungshaltung? Wie verläuft die Abgabe und Anheftung der *Spermatophore* durch das Männchen? Wie ist das Verhalten nach der Kopulation *(Nachbalz!)*?

Wie verhält sich ein paarungsbereites Männchen, wenn man ihm das Weibchen vorenthält und stattdessen seinen Hinterleib mit einem weichen Aquarellpinsel bestreicht? (Man informiere sich in diesem Zusammenhang über die Begriffe *Schwellenerniedrigung, Schlüsselreiz, Angeborener Auslösemechanismus = AAM*.)

Versuchen Sie, die Aktionen und Reaktionen zwischen den Geschlechtern in einem Verhaltensdiagramm darzustellen.

■ *Ergebnisse:*
Das Paarungs- oder Balzverhalten beginnt, wenn das Weibchen sich bis auf Antennenkontakt dem Männchen genähert hat. Im typischen Fall läuft nun folgende Sequenz von Ereignissen ab:
❏ Männchen beendet den Lockgesang.
❏ Antennenspiel zwischen Männchen und Weibchen.
❏ Männchen stellt die Flügel flach und zirpt Werbegesang.
❏ Männchen orientiert sich mit dem Abdomen in Richtung Weibchen.
❏ Weibchen betastet die *Cerci* des Männchens.
❏ Männchen schiebt sich rückwärts unter das Weibchen.
❏ Weibchen senkt, Männchen hebt das Abdomen.
❏ Männchen heftet die Spermatophore an die Geschlechtsöffnung des Weibchens.
❏ Weibchen steigt ab.
❏ Nachbalz: Männchen legt die Antennen auf das Weibchen und folgt ihm.

Das gesamte Paarungsverhalten ist also aus nacheinander folgenden Elementen aufgebaut, wie dies für eine Handlungskette *(Instinktkette)* charakteristisch ist (vgl. mit der Stichlingsbalz).

3.4.4.3 Versuch 3: Kampfverhalten und Territorialität

■ *Versuchsmaterial:*
– Mehrere Grillenmännchen, evtl. auch ein Weibchen
– Beobachtungsarena (s. Versuch 2)
– Tipp-Ex flüssig, evtl. in verschiedenen Farben
– leere Streichholzschachteln
– Tonbandgerät mit Mikrofon
– Lineal.

■ *Versuchsdurchführung:*
Wir setzen 3–5 Männchen, die vorher 24 Stunden isoliert waren, zusammen in eine Beobachtungsarena. Um die Tiere voneinander unterscheiden zu können, markieren wir sie individuell mit einem oder mehreren Tupfen »Tipp-Ex flüssig« auf verschiedenen Stellen des Halsschildes. Bei dieser Gelegenheit messen wir auch die Körperlängen (vom Vorderrand des Kopfes bis zur Hinterleibsspitze entlang der Mittellinie).
Wir beobachten und protokollieren nun das sich einstellende *Kampfverhalten* und registrieren den Rivalengesang auf Tonband (höchste Bandgeschwindigkeit). Auf folgende, für aggressive Auseinandersetzungen typische Verhaltensweisen ist zu achten: *Fühlerpeitschen, Kopf-gegen-Kopf-Orientierung, wechselseitiger Rivalengesang, Körperschütteln* in Längsrichtung, *Mandibelsperren* und ineinander *Verbeißen*. Wie verhält sich der Sieger nach dem Kampf?
Wir protokollieren die einzelnen aggressiven Begegnungen und stellen aus dem Ausgang der Kämpfe für jedes Tier eine Sieg-/Niederlage-Bilanz auf. Welchen Einfluß haben Größe (Gewicht) oder Alter auf die Rangstellung? Läßt sich aus der Zahl der Siege bzw. der erlittenen Niederlagen eine eindeutige, lineare *Rangordnung* erstellen oder enthält diese u. U. ein Dreiecksverhältnis?
Um das Revierverhalten studieren zu können, legen wir in eine Beobachtungsarena eine einseitg aufgeschnittene Streichholzschachtel und setzen ein Grillenmännchen hinzu. Wie verläuft die Inbesitznahme der Schachtel als Heim? Wie verhält sich der Heimbesitzer, wenn nach einigen Tagen ein zweites Männchen hinzugesetzt wird und dieses in die Nähe der Schachtel kommt?

Die Situation läßt sich beliebig variieren, z. B. 2 Schachteln und 2 Männchen, 2 Schachteln und 3 Männchen, Hinzusetzen eines Weibchens, nachdem 2 Schachteln von den Männchen in Besitz genommen sind, usw.

■ *Ergebnisse:*
Ein *Revier (Territorium)* ist ein begrenztes Gebiet, das von einem Tier bewohnt und gegen Rivalen verteidigt wird. Innerhalb des Reviers gibt es meist einen bevorzugten Aufenthaltsort, das Heim. Bei der Feldgrille ist dies die Höhle. Die Territorialität führt dazu, daß günstige Gebiete gleichmäßig dicht von Männchen besetzt werden.

Das Kampf- und Revierverhalten ist bei der solitär lebenden Art *G. campestris* stärker ausgeprägt als bei *G. bimaculatus*. Unter den besonderen Bedingungen unserer experimentellen Situation (Zwangsgemeinschaft) führen die kämpferischen Auseinandersetzungen nach einiger Zeit zur Ausbildung einer Rangordnung *(Hierarchie)*.
Literatur: ALEXANDER (1961).

3.4.4.4 Versuch 4: Das Gesangsrepertoire

■ *Versuchsmaterial:*
– Adulte Grillenmännchen und -weibchen
– Beobachtungsarena (s. Versuch 2)
– Tonbandgerät mit Mikrofon
– Oszilloskop (wenn möglich Speicheroszilloskop)
– Verbindungskabel
– Kamera für Schirmbildaufnahmen (z. B. Spiegelreflexkamera mit Zwischenringen oder Makroobjektiv).

■ *Versuchsdurchführung:*
Von Tonbandaufnahmen ausgehend sollen in diesem Versuch die drei Gesangsformen (Lock-, Rivalen- und Werbegesang) als Oszillogramme bildlich dargestellt und ihre zeitlichen Muster sowie die Frequenz ausgewertet werden. Um das zeitliche Muster und die Tonhöhe (Frequenz) von Grillengesängen untersuchen zu können, ist es notwendig, sie zuerst auf Tonband aufzuzeichnen. Wir wählen dazu einen möglichst ruhigen Raum und stellen die höchste Bandgeschwindigkeit ein (im allgemeinen 19 cm/s).

Wir spielen eine Bandaufnahme vom Lockgesang mit ein viertel oder ein achtel der normalen Aufnahmegeschwindigkeit ab. Durch die Zeitdehnung wird deutlich, daß ein

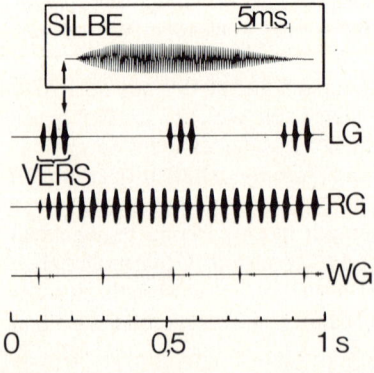

Abb. 3.4.4: Oszillogramme von Gesängen der Feldgrille.
LG = Lockgesang, RG = Rivalengesang, WG = Werbegesang. Oben: Letzte Silbe eines Verses bei stärkerer Zeitdehnung

»kri« (= *Vers*) kein Einzelschallereignis ist, sondern in Wirklichkeit aus mehreren, für unser Ohr aber nicht auflösbaren Untereinheiten (= *Silben*) zusammengesetzt ist.

Um das zeitliche Muster des Lockgesangs darzustellen, überspielen wir ihn auf ein Oszilloskop. Dazu wird eine Kabelverbindung vom Verstärkerausgang des Bandgerätes zum Eingang des Oszilloskops hergestellt. Zeitablenkung und Verstärkung (AC) am Oszilloskop sind so zu wählen, daß ein ähnliches Bild wie in Abb. 3.4.4 entsteht. Man fertigt nun nach Möglichkeit eine Fotografie des Schirmbildes an.

Anhand eines Oszillogrammes bestimmen wir nun folgende Parameter: Versperiode (= Zeit vom Beginn eines Verses bis zum Beginn des nächsten), Versdauer, Silbenperiode, Silbendauer (Berechnung des Zeitmaßstabes aus der am Oszilloskop eingestellten Zeitablenkung unter Berücksichtigung einer evtl. verlangsamten Wiedergabe vom Tonband). Wie sehen die zeitlichen Muster vom Rivalen- und Werbegesang aus?

Die Tonhöhe des Grillengesangs wird durch die Frequenz der Elementarschwingungen bestimmt, aus denen die Silben bestehen (s. Versuch 5, »Biophysik der Lauterzeugung«, und Abb. 3.4.5). Beim Lockgesang und beim Werbegesang dominiert die Grundfrequenz so stark, daß sich im oszilloskopischen Bild eine Sinusschwingung ergibt, deren Frequenz sich aus dem Oszillogramm bestimmen läßt.

Wir stellen einen Lockgesang mit hoher Zeitauflösung auf dem Oszilloskopschirm dar (z. B. Zeitablenkung 2 ms/cm), so daß die einzelnen Schwingungszüge einer Silbe sichtbar werden. Wir zählen nun 20 Schwingungszüge aus dem mittleren Bereich einer Silbe aus und bestimmen den dazugehörigen Zeitabschnitt. Daraus läßt sich die Frequenz (Schwingungen/Sekunde) berechnen.

■ *Ergebnisse:*

Der *Lockgesang* besteht aus Versen, die 2–3 mal in der Sekunde aneinandergereiht und aus einzelnen Silben aufgebaut sind. Die Silben bestehen aus einer sinusförmigen Grundschwingung von 4–5 kHz, die die Tonhöhe des Lockgesangs bestimmt. Der Lockgesang wird vom Männchen spontan gesungen. Seine Funktion: Anlockung paarungsbereiter Weibchen.

Der *Rivalengesang* wird im Zustand starker Erregung gegenüber einem männlichen Rivalen vorgetragen. Er ist ein schrilles, bis zu einer Sekunde anhaltendes »triii ...«, das aus einer Aneinanderreihung einzelner Silben besteht. Seine Funktion: Akustische Drohung.

Der *Werbegesang* besteht aus einem rhythmisch wiederholten »zick« und leiseren sogenannten Zwischensilben. Der Körper ist dabei geduckt und die Flügel werden, anders als beim Lockgesang und Rivalengesang, flach über dem Abdomen bewegt. Seine Funktion: Paarungsaufforderung. Literatur dazu: HUBER (1970, 1977); KUTSCH (1969).

3.4.4.5 Versuch 5: Biophysik der Lauterzeugung

■ *Versuchsmaterial:*
- Singbereites Grillenmännchen
- abgetrennter Singflügel (auch von einem konservierten Tier verwendbar)
- Präparierbesteck
- Präparationsmikroskop (»Binokular«)
- Mikroskop
- Probierglas
- Petrischale
- 15%ige Kalilauge
- Glyzerin

- Vaseline
- Zahnstocher.

■ *Versuchsdurchführung:*
Mit einfachen Experimenten soll nun das Prinzip der *Stridulation* und der Schallverstärkung durch Resonanz untersucht werden. Wir beobachten dazu ein zirpendes Grillenmännchen: Die Flügel bewegen sich, rhythmisch vibrierend, gegeneinander – jedoch für unser Auge zu schnell, um das Schallereignis mit einer bestimmten Bewegungsphase korrelieren zu können. Aus komplizierten elektronischen Registrierverfahren in Kombination mit Tonaufnahmen ist bekannt, daß der Stridulationsschall bei der Gegeneinanderbewegung (Einwärtsbewegung) der Vorderflügel entsteht. Dabei streicht die mit Zähnchen besetzte *Schrilleiste* des rechten Flügels über den Rand *(Schrillkante)* des linken (Abb. 3.4.5).

Wir untersuchen einen abgetrennten Flügel eines Männchens unter dem Binokular und informieren uns über die einzelnen Flügelfelder sowie über die Lage von Schrilleiste und Schrillkante (Abb. 3.4.6 und 3.4.7).

Für die Betrachtung der Schrilleiste bei stärkerer Vergrößerung stellen wir ein mikroskopisches Präparat her. Mit einer feinen Schere wird der Bereich der Schrilleiste herausgeschnitten und ca. 10 min in 15%iger Kalilauge gekocht (Vorsicht Spritzgefahr! Probierglasmündung niemals gegen Personen halten! Augenschutz!). Danach wird der Inhalt in eine Petrischale gegossen, das Flügelstückchen mit einer feinen Pinzette herausgeholt, kurz gewässert und dann in einem Tropfen Glyzerin auf einen Objektträger

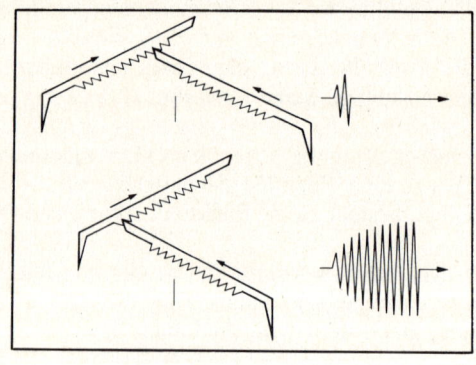

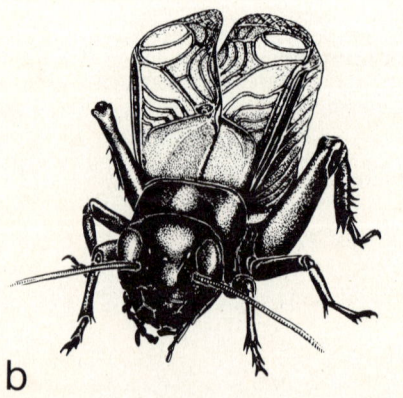

Abb. 3.4.5: Mechanismus des Zirpens bei der Feldgrille.
a) Schematische Darstellung des Zirpvorgangs (Orientierung des Tieres wie in b). Beide Vorderflügel bewegen sich einwärts gegen die Körpermitte (senkrechte Striche). Die Schrilleiste des rechten (oberen) Flügels streicht über die Schrillkante des linken (unteren) Flügels. Beim Überstreichen eines Zähnchens entsteht jeweils eine Schallschwingung;
b) Feldgrillenmännchen in Singstellung

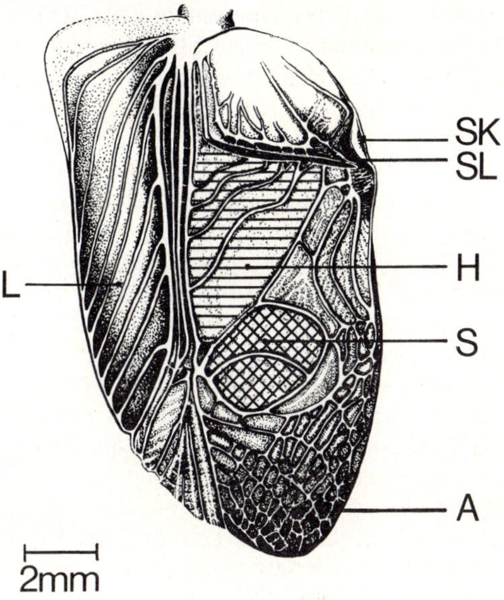

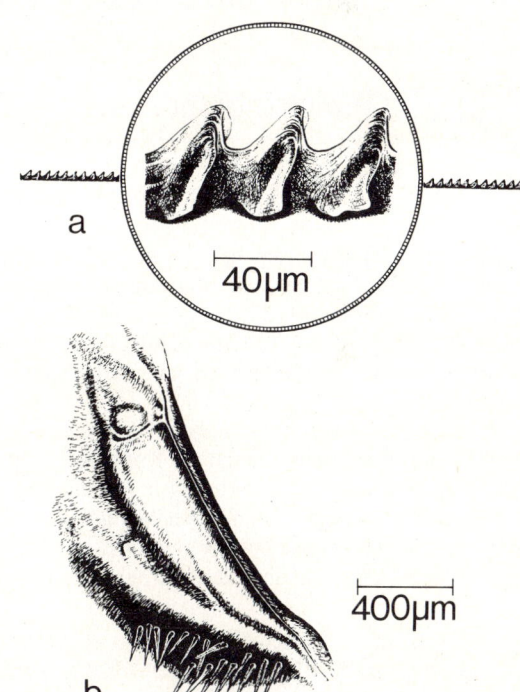

Abb. 3.4.6: Rechter Vorderflügel (Unterseite) eines Feldgrillenmännchens.
A = Analfeld, H = Harfe (schraffiert), L = Lateralfeld, S = Spiegelzelle (gerastert), SK = Schrillkante, SL = Schrilleiste

Abb. 3.4.7: Die an der Stridulation beteiligten Strukturen.
a) Schrilleiste (Ausschnitt) vom rechten Vorderflügel;
b) Schrillkante vom linken Vorderflügel mit nach oben ragendem Grat, über den die Schrilleiste bewegt wird

gebracht und mit Deckglas versehen. Wir informieren uns anhand des Präparates über die Zahl der Lamellen (Zähnchen) und die Regelmäßigkeit ihrer Anordnung.

Um die Funktion von Schrilleiste und Schrillkante für die Schallerzeugung zu demonstrieren, versuchen wir – bei sonst intaktem Tier – deren Funktion zu beeinträchtigen: Wir streichen mit einem Zahnstocher etwas Vaseline auf die Schrilleiste an der Unterseite des oberen (rechten) Flügels sowie über die Schrillkante des unteren. Wie wirkt sich dieses »Schmieren« des Schrillapparates aus?

Der Nachweis, daß die Harfe eine Schallverstärkerwirkung hat, wurde auf zweierlei Weise geführt: Man hat sie gezielt herausgeschnitten und festgestellt, daß danach die Lautstärke drastisch absank. In einem anderen Experiment wurde ein abgetrennter Flügel mit feinstem Korkpulver bestreut. Bei Beschallung mit reinen Tönen gerieten bei einer Anregungsfrequenz von 4–5 kHz (was der Tonfrequenz des Lockgesangs entspricht) die *Harfe* und, etwas schwächer, die *Spiegelzelle* in Schwingung. Beide Experimente sind nur mit viel Übung und entsprechender technischer Ausrüstung durchzuführen.

Für eine einfache Demonstration der Harfenfunktion genügt es, einem (unnarkotisierten) Grillenmännchen mit einer feinen Schere beide Flügel hinter der Schrilleiste abzutrennen. Die verbleibenden Flügelstümpfe haben dann noch Schrilleisten und -kanten, aber keine Harfen und Spiegelzellen mehr. Wir warten, bis das so behandelte Tier mit der Stridulation beginnt. Was hat sich am Gesang verändert?

■ *Ergebnisse:*
Durch die Sägezahnbewegungen von Schrilleiste und -kante werden beide Flügel in Schwingungen versetzt, wobei entscheidend ist, daß auf jedem Flügel besondere Felder, nämlich Harfe und Spiegelzelle, in Resonanz geraten und die Schallabstrahlung im Bereich von 4–5 kHz verstärken. Literatur: NOCKE (1971); KOCH (1980).

3.4.5 Weiterführende Arbeiten

3.4.5.1 Der Erbgang verschiedener Verhaltensweisen

Die beiden Grillen-Arten können in der Kombination *G. bimaculatus*-Weibchen x *G. campestris*-Männchen leicht gekreuzt werden. Die *Bastarde* sind fruchtbar, wodurch sich die Möglichkeit bietet, die *Erbgänge von Verhaltensmerkmalen* zu untersuchen. HÖRMANN-HECK (1957) hat für vier Verhaltensweisen, die bei den beiden Arten unterschiedlich stark bzw. alternativ ausgebildet sind, die Erbgänge untersucht. Es handelt sich um
Larvenkampf, Fühlerzittern während der Nachbalz,
Pendeln des Vorderkörpers bei der Kopulation und
Anstreichlaute vor Balzbeginn (zur genaueren Information sollte die Originalarbeit zu Rate gezogen werden). Man versuche nun, die für die Ausgangsarten beschriebenen Verhaltensunterschiede zu beobachten und, soweit es Zeit und Umstände erlauben, durch Bastardierungen etwas über deren Erbgang zu erfahren.

3.4.5.2 Das Ei-Ablageverhalten des Grillenweibchens

Einige Stunden nach der Kopulation ist das Grillenweibchen bereit zur Eiablage. Es beginnt nach einer geeigneten Ablagestelle zu suchen *(Appetenzverhalten?)*. Hat das Weibchen durch Prüfen mit den Mundwerkzeugen eine feuchte Stelle (Sand, Torf) entdeckt, so sticht es die Legeröhre *(Ovipositor)* ein (Feuchtigkeit = Schlüsselreiz für das Einstechen). Der Ablauf des Geschehens soll an *G. bimaculatus* beobachtet werden. Wie läßt sich prüfen, ob, nachdem der Ovipositor eingestochen ist, ein weiterer Schlüsselreiz

(Feuchtigkeit, mechanische Reize) für die Auslösung der Eiablage notwendig ist? Weitere Angaben und Hinweise zum Thema »Ei-Ablageverhalten« sind zu entnehmen aus DAMBACH & IGELMUND (1983).

Literatur

Alexander, R. D., 1961: Aggressiveness, territoriality and sexual behaviour in field crickets (Orthoptera: Gryllidae). Behaviour **17**, 130–223.

Dambach, M., 1978: Beobachtungen und Experimente zur Ethologie der Grillen. In: Praktikum der Verhaltensforschung. 2. Aufl. Stokes, A.W. & Immelmann, K. (Hrsg.), S. 75-83. Stuttgart, Gustav Fischer.

Dambach, M. & Igelmund, H., 1983: Das Ei-Ablageverhalten von Grillen (Saltatoria: Grylloidea). Entomologia Generalis **8**, 267–281.

Dambach, M., Rausche, H.-G. & Wendler, G., 1983: Proprioceptive feedback influences the calling song of the field cricket. Naturwissenschaften **70**, 417.

Gerasch, R., 1980: Akustische Kommunikation bei Grillen. Unterricht Biologie, Heft 41, 24–29.

Hörmann-Heck, S. von, 1957: Untersuchungen über den Erbgang einiger Verhaltensweisen bei Grillenbastarden (*Gryllus campestris* L. ~ *Gryllus bimaculatus* De Geer). Z. Tierpsychol. **14**, 137–183.

Huber, F., 1970: Nervöse Grundlagen der akustischen Kommunikation bei Insekten. Rheinisch-Westfälische Akademie der Wissenschaften, Heft 205, 41–93. Opladen/Köln, Westdeutscher Verlag.

Huber, F., 1977: Lautäußerungen und Lauterkennen bei Insekten (Grillen). Rheinisch-Westfälische Akademie der Wissenschaften, Heft 265, 15–66. Opladen/Köln, Westdeutscher Verlag.

Huber, F., 1983: Der Weg vom Verhalten zur einzelnen Nervenzelle. Studien an Grillen. Akad. d. Wiss. u. d. Literatur, Mainz (Abhandl. d. Math.-Nat. Klasse; Jg. 1982, Nr. 3). Wiesbaden, Franz Steiner.

Koch, U. T., 1980: Analysis of cricket stridulation using miniature angle detectors. J. Comp. Physiol. **136**, 247–256.

Kutsch, W., 1969: Neuromuskuläre Aktivität bei verschiedenen Verhaltensweisen von drei Grillenarten. Z. vergl. Physiol. **63**, 335–378.

Kutsch, W. & Huber, F., 1970: Zentrale versus periphere Kontrolle des Gesanges von Grillen (*Gryllus campestris*). Z. vergl. Physiol. **67**, 140–159.

Mau, K. G., 1979: Fortpflanzung und Entwicklung eines Insekts. Unterricht Biologie, Heft 32, 18–28.

Nocke, H., 1971: Biophysik der Schallerzeugung durch die Vorderflügel der Grillen. Z. vergl. Physiol. **74**, 272–314.

Schmitz, B., Scharstein, H. & Wendler, G., 1982: Phonotaxis in *Gryllus campestris* L. (Orthoptera, Gryllidae), I. Mechanism of acoustic orientation in intact female crickets. J. Comp. Physiol. **148**, 431–444.

Schmitz, B., Scharstein, H. & Wendler, G., 1983: Phonotaxis in *Gryllus campestris* L. (Orthoptera, Gryllidae), II. Acoustic orientation of female crickets after occlusion of single sound entrances. J. Comp. Physiol. **152**, 257–264.

3.5 Das Spurpheromon der Glänzend-Schwarzen Holzameise
Ulrich Maschwitz, Klaus Dumpert & Wilhelm Beier

3.5.1 Einleitung

Unter den *sozialen Insekten*, besonders unter den Ameisen, gibt es einige Arten, die im Freiland leicht zu finden und einfach zu erkennen sind, und die ohne große Schwierigkeit in den Unterrichtsraum geholt und dort gehalten werden können. Sie zeigen nicht nur alle für Tiere typischen Verhaltensweisen wie z. B. Lokomotion, Orientierung, Nahrungserwerb und agonistisches Verhalten, sondern auch das breite Spektrum sozialer Aktivitäten, die insbesondere bei den *eusozialen Insekten* beobachtet werden können. Diese Gruppe hat die höchste Stufe sozialer Organisation erreicht.

Zu diesen sozialen Aktivitäten zählt die hochentwickelte Brutpflege, die gemeinschaftliche Suche und Ausbeutung von Nahrungsquellen, die Abwehr von Feinden, die Wohnungssuche, der Nestbau, die Nesthygiene, die Temperaturregulierung und die Kastenregulation, die alle durch *Kommunikation*, d. h. durch Signalsysteme, organisiert und koordiniert werden. Das *Lernverhalten*, das bei den mehr »instinktgesteuerten« solitären Insekten meist nur wenig entwickelt ist, zeigt sich bei manchen sozialen Insekten – wenn auch in begrenztem und überschaubarem Rahmen – sehr ausgeprägt.

Innerhalb der sozialen Insekten sind es die Ameisen, die am besten für viele Praktikumsversuche geeignet sind. Sie erfüllen alle oben genannten Vorzüge sozialer Insekten, sind handlich klein und zudem – im Unterschied zu Wespen und Bienen – ungefährlich in der Handhabung. Die *Kolonien* der Ameisen existieren mehrere Jahre, so daß man die Tiere im Sommer in Kunstnester setzen und auch im Winter mit ihnen arbeiten kann.

Die »Fremdheit« der Insekten, die das Verhältnis der Schüler und Studenten zu Ameisen belasten kann, erweist sich sicher nicht auf Dauer als Nachteil. Der Umgang mit Ameisen kann vielmehr Vorurteile abbauen und dazu verhelfen, Ameisen und auch andere Insekten sachlich und mit Interesse zu betrachten.

Der vorliegende Beitrag soll einige Möglichkeiten aufzeigen, wie Ameisen im Rahmen eines praktischen und experimentellen Biologieunterrichts eingesetzt werden können. Er beschränkt sich im wesentlichen auf die Glänzend-Schwarze Holzameise *(Lasius fuliginosus)* und auf die ethologischen und einige sinnesphysiologische Aspekte eines bestimmten Pheromonsystems, nämlich des *Spurpheromons*.

Pheromone sind Substanzen, die in exokrinen Drüsen von Tieren erzeugt werden und bei Artgenossen entweder charakteristische Verhaltensreaktionen oder – weit seltener – langsame physiologische Veränderungen auslösen (KARLSON & LÜSCHER 1959). Diese Signalstoffe sind im Ameisenstaat die wichtigsten Kommunikationsmedien. *Mechanische Signale* wie Fühlertrommeln oder akustische Signale *(Stridulation)* spielen eine weit geringere Rolle (WILSON 1971; DUMPERT 1978).

Wir kennen Pheromone als Sexuallockstoffe und Aphrodisiaka, Kastenregulationssubstanzen, Alarmstoffe, Bruterkennungssubstanzen, Reviermarken, Arterkennungsdüfte und als Stoffe zum Erkennen gestorbener Nestgenossen.

Eine besonders breite Palette chemischer Auslöser wird im Zusammenhang mit der *Rekrutierung* von Neulingen und der Spurmarkierung beim Futtererwerb bzw. beim Nestwechsel eingesetzt. Bisher wurden bei Ameisen solche Spurmarkierungs- und Rekrutierungssekrete in den beiden Drüsen des Stachelapparates, in Analdrüsen, im Rectum, in Tergal- und Sternaldrüsen des Hinterleibes und in Tibialdrüsen gefunden. Im

Unterschied zu *Alarmstoffen* ist die Konzentration der eigentlichen Spurstoffe in den Drüsenflüssigkeiten meist so gering, daß ihre chemische Konstitution bisher nur in wenigen Fällen aufgeklärt wurde (HÖLLDOBLER 1977; PARRY & MORGAN 1979).

Die Methoden, Neulinge zu werben, sind im einzelnen sehr unterschiedlich. Wir müssen hier grundsätzlich zwischen Aufforderungs- oder *Rekrutierungsinformation* und der Information über das Ziel, der *Orientierungsinformation*, unterscheiden.

Die am wenigsten effektiven Methoden, Neulinge zu Futterstellen oder Nistplätzen zu bringen, sind das *Trageverhalten* und die *Tandemrekrutierung*. Hier werden die unkundigen Tiere entweder zu dem Ziel getragen oder einzeln in einem Tandemlauf geführt. Zur Aufforderung werden meist mechanische Signale wie Anstoßen oder Zerren mit den Mandibeln eingesetzt. Die Finderinnen können sich dabei auf Spuren orientieren, die sie zuvor gelegt haben. Diese Orientierungsspuren dienen gleichzeitig als Information für Neulinge, die auf ihnen zum Nest zurückkehren und weitere Neulinge werben.

Effektiver in bezug auf die Zahl der geworbenen Neulinge ist die *Gruppenrekrutierung*, bei der die Neulinge nicht einzeln, sondern in Grüppchen geführt werden. Hierbei treten mechanische Signale zunehmend zurück.

Ausschließlich chemische Signale werden schließlich bei der *Massenrekrutierung* eingesetzt. Aber auch hier können Aufforderungs- und Orientierungsinformation durch unterschiedliche Pheromone übermittelt werden, die unterschiedlich flüchtig sind und entweder in einer oder in verschiedenen Drüsen erzeugt werden (HÖLLDOBLER 1978; MASCHWITZ 1975).

In diesem Beitrag soll ein solches Massenrekrutierungssystem vorgestellt und genauer behandelt werden. Es handelt sich um das Spurkommunikationssystem der Glänzend-Schwarzen Holzameise *(Lasius fuliginosus)*.

3.5.2 Seminarthemen

1. Ähnlich spezifisch wie die Wirkung der Pheromone ist vielfach die Funktionsweise der entsprechenden *Rezeptoren*, die zudem außerordentlich empfindlich reagieren können. Ein besonders gut untersuchtes Beispiel eines Pheromonrezeptors ist der *Sexuallockstoff*-Rezeptor des Seidenspinners *(Bombyx mori)*. Wie spezifisch und wie empfindlich reagiert dieser Rezeptor auf den Sexuallockstoff *Bombykol*, und mit welchen Methoden wurden diese Fragen untersucht?
Literatur: SCHNEIDER (1971); KAISSLING & PRIESNER (1970).

2. Außer der bei *Lasius fuliginosus* näher behandelten rein chemisch ausgelösten Massenrekrutierung existieren bei Ameisen auch noch andere Formen der Neulingswerbung, wie die Tandem- oder die Gruppenrekrutierung. Wie funktionieren derartige Rekrutierungssysteme? Welche Rolle spielen dabei mechanische Signale?
Literatur: MASCHWITZ et al. (1974, 1975); HÖLLDOBLER et al. (1974); HÖLLDOBLER (1971); MASCHWITZ & SCHÖNEGGE (1983); DUMPERT (1978).

3. *Lasius fuliginosus* errichtet ihre *Kartonnester* zumeist in hohlen Bäumen. Zur Verfestigung des Nestkartons wird ein spezifischer Pilz auf dem Baumaterial gezüchtet. Wie nisten andere Ameisenarten? Welche anderen Ameisenarten betreiben ebenfalls *Pilzzucht* und welche biologische Bedeutung haben hier die Pilze?
Literatur: WILSON (1971); DUMPERT (1978).

4. Das Weibchen von *Lasius fuliginosus* gründet seine Kolonie, indem es in ein *Lasius umbratus*-Volk eindringt und dessen Königin eliminiert. Die *Lasius umbratus*-Arbeiterinnen akzeptieren das artfremde Weibchen und ziehen seine ersten Bruten auf. Dies ist nur eine Art des *Sozialparasitismus* bei Ameisen. Welche anderen Formen von Sozialparasitismus existieren bei Formiciden, und wie gründen nicht-parasitische Ameisenarten ihre Kolonien?
Literatur: WILSON (1971); DUMPERT (1978).

5. *Lasius fuliginosus* ernährt sich außer von Insekten auch von Honigtau, den die Ameisen von Blatt- und Schildläusen erhalten. Diskutieren Sie diese sowohl für die Ameisen als auch für die Pflanzenläuse so wichtige *Symbiose*.
Literatur: WILSON (1971); DUMPERT (1978).

6. Pheromone sind in ihren physikalisch-chemischen Eigenschaften und in ihren Schwellenkonzentrationen an ihre jeweilige Funktion genau angepaßt. Welche Zusammenhänge bestehen im einzelnen zwischen Molekülgröße und Flüchtigkeit der Pheromone, der Riechschwellenkonzentration und der jeweiligen biologischen Funktion dieser Substanzen?
Literatur: BOSSERT & WILSON (1963).

3.5.3 Beschaffung und Bestimmung der Versuchstiere

Lasius fuliginosus, die Glänzend-Schwarze Holzameise, ist bei uns weit verbreitet, wenn auch nicht in allzu dichter Population. Die Kolonien bilden ein weitverzweigtes, dichtbelaufenes System von Straßen aus, das sich bis in einer Entfernung von 30 m um das Nest erstrecken kann.

Lasius fuliginosus gründet temporär sozialparasitisch bei anderen *Lasius*-Arten ihre Kolonien, indem sie in deren Nester eindringt, die Königin eliminiert und mit Hilfe der fremden Arbeiterinnen allmählich ein eigenes Volk etabliert. Die riesigen Völker, die bis zu zwei Millionen Arbeiterinnen umfassen können, nisten meist in Baumhöhlen, wo sie einen Nestkarton aufbauen. Er besteht aus Holz- und Erdpartikeln, die mit dem Hyphengeflecht eines spezifischen »Baupilzes« verfestigt sind.

Von der Kolonie führen die Straßen zu den Futterplätzen: Entweder zu Sträuchern und Bäumen mit honigtauspendenden Blatt- und Schildlausherden oder in offenes Gelände, wo die Arbeiterinnen nach lebenden und toten Insekten suchen. Die Kolonien finden sich meist in verwilderten Parks und Obstanlagen sowie an Waldrändern, wo sie durch Schüler und Studenten auf Spaziergängen leicht aufgefunden werden können (STITZ 1939; DOBRZANSKA 1966; MASCHWITZ & HÖLLDOBLER 1970; HENNAUT-RICHE et al. 1979).

Lasius fuliginosus ist an folgenden Merkmalen eindeutig zu erkennen: Die Arbeiterinnen sind 4–6 mm lang, glänzend schwarz (Abb. 3.5.1) und geben bei kräftigem Anfassen ein Mandibeldrüsensekret ab, das intensiv nach Zitronen riecht. Keine andere Ameisenart besitzt diese Merkmalskombination. Erleichtert wird das Auffinden dieser Art dadurch, daß immer eine große Zahl von Arbeiterinnen auf den *Ameisenstraßen* läuft (Bestimmungsliteratur: STITZ 1939; KUTTER 1977).

Da die Völker von *Lasius fuliginosus* sehr groß sind und – wie erwähnt – ein ausgedehntes System von Ameisenstraßen besitzen, ist es nicht möglich, eine vollständige Kolonie in den Unterrichtsraum zu bringen. Um aber trotzdem das natürliche Verhalten der Tiere zeigen zu können, gibt es verschiedene Möglichkeiten, z. B. ein vom Kurslei-

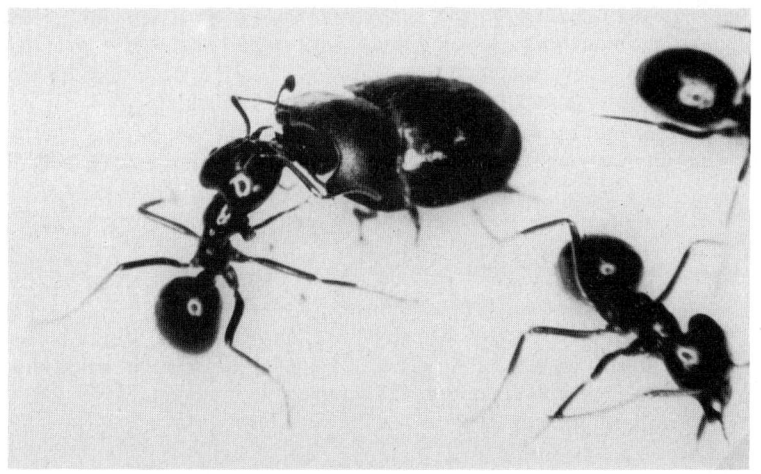

Abb. 3.5.1: Eine Arbeiterin von *Lasius fuliginosus*. Sie wird hier von dem Käfer *Amphotis marginata* um Kropffutter angebettelt. Dieser Käfer, der sich vorwiegend in unmittelbarer Nestnähe unter Rinde und ähnlichem aufhält, kann die Spuren von *Lasius fuliginosus* »lesen«. Zur Nahrungsaufnahme findet er sich am Straßenrand ein und läßt sich von heimkehrenden Ameisen mit Honigtau füttern. Hier wird, wie in vielen anderen Fällen auch, ein Pheromon von Parasiten »mißbraucht« (HÖLLDOBLER 1968; über andere Gäste von *Lasius fuliginosus* siehe HÖLLDOBLER et al. 1981). Über das Verhalten des »wegelagernden« Käfers gibt es einen Film: *Amphotis marginata*, Futterbetteln bei *Lasius fuliginosus*

ter oder von den Praktikumsteilnehmern selber angefertigter Super 8-Film oder Videofilm. Ebenso sind vom Kursleiter angeregte Beobachtungen durch Schüler oder Studenten außerhalb der Unterrichtszeit möglich. Schließlich kann der ganze Kurs zur *Freilandarbeit* in Gruppen oder Partnerschaften aufgeteilt werden.

3.5.4 Beobachtungen und Versuche

3.5.4.1 Versuch 1: Nachweis und biologische Bedeutung des Spurpheromons

■ *Versuchsmaterial:*
- Schaschlikstäbchen mit Fähnchen
- Dextrostix der Firma Merck (Bezugsquelle: Apotheke oder E. Merck, Frankfurter Straße 250, 6100 Darmstadt)
- mehrere Blätter Papier
- 1 Glasplatte (Größe etwa 20 x 20 cm)
- Bärlappsporenpulver (Bezugsquelle: Apotheke).

■ *Versuchsdurchführung:*
Mit einigen einfachen Demonstrationsversuchen wollen wir zunächst das Vorhandensein einer Duftspur nachweisen und deren biologische Bedeutung erklären. Dazu werden vom

Nest aus die *Straßen* vorsichtig verfolgt und mit Fähnchen gekennzeichnet. Durch leichten Druck veranlaßt man einige Arbeiterinnen, Kropfinhalt abzugeben; in ihm kann mit Hilfe von Dextrostix *Zucker* nachgewiesen werden. Damit erklärt sich die biologische Bedeutung des Straßensystems: Es dient der *Ernährung* der Kolonie.

Ein erster Versuch im Freiland demonstriert das Vorhandensein einer *Pheromonspur*. Hierzu wird auf einer ebenen Bodenstelle durch Wegkratzen des Untergrunds die Straße zerstört und ein etwa 10 cm langes Blatt Papier über diese Stelle gelegt. Nun bilden sich auf beiden Seiten des Papiers Arbeiterinnen-Ansammlungen, und nach einiger Zeit ist eine neue Straße über das Papier entstanden.

Wir drehen nun das Blatt um 90° und halten dabei Kontakt mit der Anschlußstrecke der alten Straße. Was beobachten Sie?

Das Vorhandensein einer Duftspur demonstriert auch folgende Variante dieses Versuchs: Das im ersten Versuchsteil verwendete Blatt Papier wird an irgendeiner Stelle einer gut belaufenen Spur im Winkel von 90° angelegt. Wie verhalten sich die Ameisen?

■ *Ergebnisse:*
Im ersten Teil des Versuchs laufen die Ameisen im rechten Winkel von der ursprünglichen Richtung ab und zeigen damit an, daß sie sich auf den Straßen nicht optisch, sondern sehr wahrscheinlich chemisch orientieren (Duftspur).

Dieses Ergebnis kann nicht durch eine Störung erklärt werden: Denn obwohl im zweiten Teil des Versuchs keinerlei Störung erfolgt ist, benutzt ein Teil der Ameisen die Spur auf dem Papier und läuft in die verkehrte Richtung.

Die Spuren können auch sichtbar gemacht werden, indem man die Ameisen auf einer Glasplatte laufen läßt und die Duftmarken sofort mit Bärlappulver bestäubt (CARTHY 1951).

3.5.4.2 Versuch 2: Das Legen der Duftspur

■ *Versuchsmaterial:*
- 1 Glas oder 1 Büchse
- Pappkartons
- 1 Kescher (Bezugsquelle: Reiter GmbH, Veterinärstraße 4, 8000 München 22)
- eventuell 1 Stoppuhr (Bezugsquelle: Sportgeschäft)
- eventuell 1 Handstückzähler (Bezugsquelle: Firma Willi Fischer KG, Laborbedarf, Insterburgerstraße 9, 6000 Frankfurt/M. 93).

■ *Versuchsdurchführung:*
Dieser Versuch von einigen Stunden demonstriert das Legen der Duftspur. Hierzu wird auf eine erhöhte Plattform (Glas oder Büchse) ein Stück Pappe gelegt, das über eine Pappbrücke mit der Ameisenstraße verbunden ist. Wir legen auf die Plattform ein Häufchen toter Insekten (Fliegen, Heuschrecken, Raupen u. ä., die vorher mit einem Kescher in der Vegetation gefangen wurden) und setzen nun vorsichtig einige Arbeiterinnen an die Beuteobjekte. Diese Tiere dürften nicht »verängstigt« werden. Das erreichen wir am besten dadurch, daß wir ein Laubblatt auf die Spur legen. Sobald einige Arbeiterinnen auf dem Laubblatt sind, werden diese mit dem Blatt an die Futterstelle gebracht.

Den nachfolgenden *Rekrutierungsvorgang* können wir in einem Zeitverlaufsdiagramm darstellen (Abszisse: Zeit in Minuten, alle 2 oder 3 Minuten eine Minute Meßzeit; Ordinate: Zahl der Tiere im Zählzeitraum an der Futterstelle).

Etwa 20 Minuten vor Beginn des eigentlichen Versuchs mit Futterdarbietung wird ein Kontrollversuch in derselben Weise ohne Futter durchgeführt.

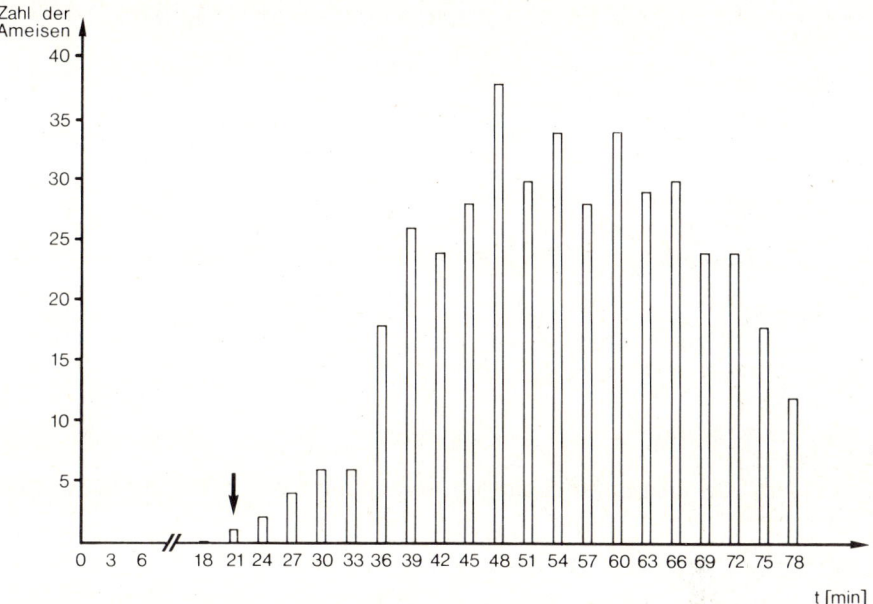

Abb. 3.5.2: Zeitverlaufsdiagramm einer Futteralarmierung im Freilandversuch (genaue Angaben zur Methode siehe Text). In Straßennähe wurde eine größere Zahl getöteter Stechmücken geboten. Eine nach einiger Zeit vorsichtig ans Futter gesetzte Ameise (↓) löste nach ihrer Rückkehr zur Straße einen Alarm aus, der zu einem rasch ansteigenden Zulauf von beutesammelnden Arbeiterinnen führte. Nachdem die Futterquelle ausgebeutet war, ging die Zahl der Ameisen am Futterplatz rasch wieder zurück

Beobachten Sie während des gesamten Experiments genau, was die rekrutierenden Tiere tun!

■ *Ergebnisse:*
Die an die Futterstelle gebrachten Ameisen fangen nach einigen Suchläufen an, an den Insekten zu fressen und finden ihren Weg zur Straße zurück. Sobald sich ein oder zwei Ameisen eingelaufen haben und mehrfach zum Futterplatz zurückgekehrt sind, beginnt die Zahl der Tiere am Futterplatz zu steigen (Abb. 3.5.2). Dies zeigt, daß die Ameisen Neulinge zum Futterplatz gelockt haben.

Genaue Beobachtungen zeigen, daß die rekrutierenden Ameisen ihre Gasterspitze auf den Boden auftupfen. Daß dabei Spursubstanz aufgetragen wird, läßt sich durch Anlegen der Brücke an eine gut belaufene Spur an beliebiger Stelle demonstrieren.

Durch Anlegen frisch bespurter Brücken an die Hauptspur und je 1-minütige Zählung der Ameisen, die sie belaufen, läßt sich zeigen, daß nach kurzer Zeit (Messungen nach 10, 30 und 60 Minuten) die Attraktionswirkung der Spur abnimmt. Dies erklärt, warum die Futterstelle nach ihrer Ausbeutung rasch wieder verwaist.

3.5.4.3 Versuch 3: Groblokalisation der Pheromonquelle

■ *Versuchsmaterial:*
- 1 Plastikbox 20 x 20 x 7 cm (Kühlfachgefäß aus dem Haushaltswarengeschäft)
- 1 Plastikbox 20 x 10 x 7 cm (Kühlfachgefäß aus dem Haushaltswarengeschäft)
- Gips
- Paraffinöl oder Speiseöl
- 1 Korkbohrer und 1 Gasbrenner
- 1 PVC-Schlauch von etwa 1 cm Durchmesser und 1,5 cm Länge
- Watte
- 1 selbstangefertigtes Ameisensaugrohr (Abb. 3.5.3) aus einer Plastikweithalsflasche (300 cm^3), einem Korken, zwei PVC-Schläuchen (Innendurchmesser 9 mm) und einem Metall- oder Plastiksieb
- Filterpapier
- 5 feine Pinsel
- Rasierklingen
- je 1 Uhrmacherpinzette Nr. 4 und 5 (Bezugsquelle: Fischer, Laborbedarf, Insterburgerstraße 9, 6000 Frankfurt 93)
- 1 graduierte Pipette (1 ml)
- 4 kleine Reagenzgläser
- 3 Glasstäbchen
- mehrere Blätter Papier.

■ *Versuchsdurchführung:*
Mit den bisher gewonnenen Kenntnissen kann in der Schule oder im Institut das Organ lokalisiert werden, in dem der Spurstoff erzeugt wird. Wir benötigen dazu einen *Biotest*, den wir folgendermaßen ausführen:

Wir gießen eine durchsichtige, mit Deckel versehene quadratische Plastikschale (A), z. B. eine Kühlschrankbox, mit einer dünnen Schicht Gips aus und beschmieren die Wände vorsichtig mit Paraffin oder Speiseöl, damit die Ameisen hier nicht entweichen können. Dicht über dem Boden wurde zuvor in eine Wand der Schale mit einem erhitzten Korkbohrer ein Loch geschmolzen, in das wir einen etwa 1,5 cm langen PVC- Schlauch von etwa 1 cm Durchmesser einpassen. An diesen Schlauch wird ein zweites rechteckiges Plastikgefäß (B) angeschlossen, das in derselben Weise wie A durchbohrt wurde und dessen Wände ebenfalls paraffiniert wurden. Der Schlauch wird zunächst mit einem Wattepfropf verschlossen.

Nun werden in Schale A mindestens 300 Arbeiterinnen gegeben, die zuvor mit einem Saugrohr (Abb. 3.5.3) im Freiland gefangen worden sind. In Schale B wird ein Filterpapier gelegt, auf dem in Doppel-S-Spur eine Wasserspur zur Kontrolle bzw. eine Sekretspur mit einem Pinsel aufgetragen wurde, wobei peinlich auf saubere Pinsel geachtet werden muß.

Daraufhin wird der Wattepfropf entfernt und das Verhalten der in Schale B einlaufenden Ameisen beobachtet. Falls wir Spurstoff aufgetragen haben, folgen die Tiere der S-Spur, im anderen Fall laufen sie zufällig. Als positiven Lauf können wir werten, wenn eine Ameise mindestens der Hälfte der Sekretspur exakt folgt.

Sekretgewinnung (die hier dargestellte Methode sollte nach Möglichkeit dem Versuchsleiter vorbehalten bleiben, der dann die Sekretextrakte für die Versuche bereithält): Wir nehmen zunächst eine *Groblokalisation* vor, indem wir 10 Arbeiterinnen im Tiefkühlfach abtöten und zur Entfernung von Spurstoffverunreinigungen kurz mit Wasser abspülen. Mit einer Rasierklinge wird von allen Tieren der Kopf und der Hinterleib abgetrennt. Die Köpfe, Brustteile und Hinterleibe werden mit 0,2 ml Wasser versetzt und

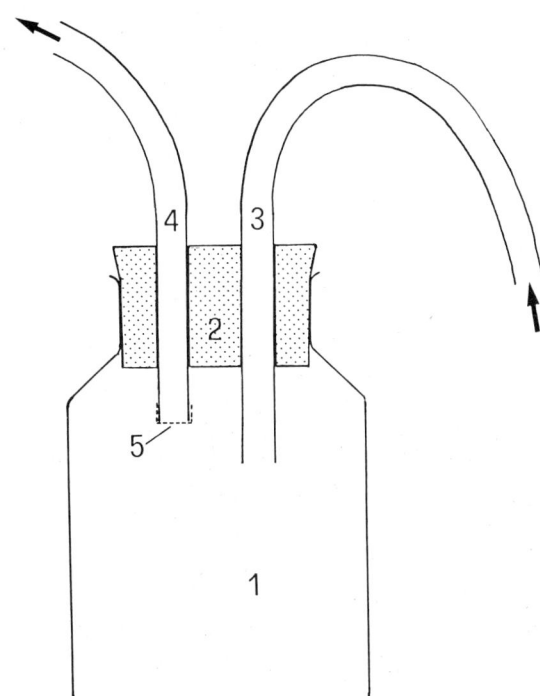

Abb. 3.5.3: Ameisensaugrohr zur Selbstanfertigung. (1) Plastikweithalsflasche, (2) Korken, (3) PVC-Einsaugschlauch, (4) Mundsaugschlauch mit (5) Metall- oder Plastiksieb

in kleinen Reagenzgläsern mit Glasstäbchen zerstampft. Die mit dem Inhalt der verschiedenen Körperteile gemischten Wasserproben und eine Kontrollprobe (reines Wasser) werden auf ein Blatt Papier aufgetragen und das Verhalten der Ameisen beobachtet.

■ *Ergebnisse:*
Wenn sauber gearbeitet wurde, zeigt sich, daß die Ameisen nur der Hinterleibsspur folgen. Wir können daraus schließen, daß der Spurstoff ausschließlich im Hinterleib *(Gaster)* enthalten ist.

3.5.4.4 Versuch 4: Genauere Lokalisation der Pheromonquelle

■ *Versuchsmaterial:*
Siehe Versuch 3. Zusätzlich wird ein Stereo-Mikroskop (»Binokular«) mit Beleuchtung und eine kleine mit Paraffin ausgegossene Präparierschale gebraucht.

■ *Versuchsdurchführung:*
Zur genaueren Lokalisation müssen die Gaster von einigen Arbeiterinnen unter dem Binokular mit Uhrmacherpinzetten vorsichtig unter Wasser aufgezupft und mit den Pinzetten der Darmkanal, insbesondere der Enddarm, entnommen werden (Abb. 3.5.4). Es reicht aus, wenn 2 oder 3 gefüllte Enddärme in 0,1 ml Wasser aufgenommen werden. Zusätzlich wird der gesamte Rest des Hinterleibs wie zuvor getestet.

■ *Ergebnisse:*
Bei sauberem Arbeiten zeigt sich, daß ausschließlich das *Rectum* die Spursubstanz enthält, nicht aber die *Giftblase* mit ihrer Ameisensäure oder die Giftapparat-Nebendrüse

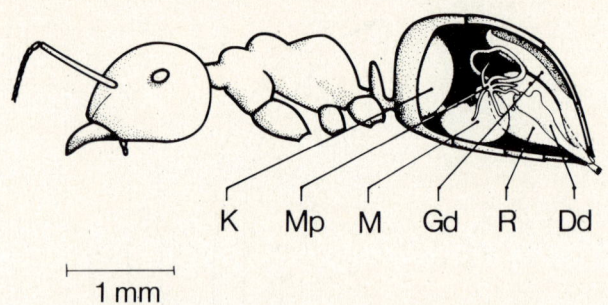

K Mp M Gd R Dd

1 mm

Abb. 3.5.4: Organe im Hinterleib von *Lasius fuliginosus*. Das meist prall gefüllte, opake Rectum (R) ist leicht daran zu erkennen, daß es über einen dünnen Darmabschnitt mit den zahlreichen Malphighischen Gefäßen (Mp) und dem sich nach vorn anschließenden Mitteldarm (M) und dem Kropf (K) in Verbindung steht. Die längliche Dufourdrüse (Dd) ist gelblich gefärbt. Die im gefüllten Zustand (Ameisensäure!) durchsichtig erscheinende Giftdrüse (Gd) hat seitlich ein ovales weißes Polster aus dichtgelagerten Drüsenschläuchen

(Dufoursche Drüse) (HANGARTNER & BERNSTEIN 1964). Diese enthält Kohlenwasserstoffe, insbesondere *Undecan*, die als Gefahrenalarmierungspheromone bedeutsam sind. Das Gefahrenal-mierungspheromon, das wir nicht näher betrachten wollen, stört bei den Spurversuchen nicht.

Ebensowenig stört bei den Versuchen das stark riechende Sekret der *Mandibeldrüse*. Dieses Organ hat bei *Lasius fuliginosus* zusätzlich zur Giftdrüse Abwehrfunktion. Es enthält u. a. *Citral* und *Dendrolasin*, die beim Kampf mit anderen Ameisen und sonstigen Insekten als Repellent- oder Giftsekret wirksam sind (BERNARDI et al. 1967).

3.5.4.5 Versuch 5: Die chemische Natur des Spurstoffs

■ *Versuchsmaterial:*
Siehe Versuch 3. Zusätzlich werden gebraucht:
- 2 graduierte Pipetten (0,1 ml)
- 1 N Natronlauge
- 1 N Schwefelsäure
- Capronsäure (= Hexansäure, $C_5H_{11}COOH$).

■ *Versuchsdurchführung:*
Bei *Lasius fuliginosus* sind durch HUWYLER et al. (1975) in der Rectalflüssigkeit 6 *Fettsäuren* nachgewiesen worden, die *Pheromonaktivität* besitzen: *Hexan-, Heptan-, Octan-, Nonan-, Decan-* und *Dodecansäure*. Es dürften aber noch zusätzlich Pheromonkomponenten in der Flüssigkeit enthalten sein, die noch nicht identifiziert wurden. Die Bedeutung der Einzelkomponenten, so z. B. Orientierungs- oder Rekrutierungswirkung, ist noch nicht aufgeklärt. Auch die quantitativen Aspekte der Pheromonspur sind bislang nur unvollständig geklärt und sollen daher nicht weiter verfolgt werden (HANGARTNER 1969).

Wir führen folgende Versuche zur chemischen Natur des Spürstoffes durch:
10 Gaster werden in 0,2 ml Wasser zerquetscht. Die abdekantierte Lösung wird mit 0,02 ml 1 N Natronlauge versetzt und nach einer viertel Stunde getestet (s. Versuch 3). Folgen die Ameisen der Spur?

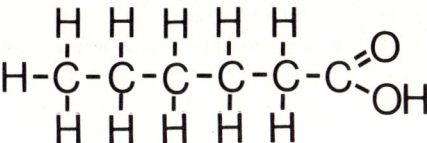

Abb. 3.5.5: Chemische Struktur der Capronsäure (Hexansäure)

Wir wiederholen das Experiment, setzen jedoch statt Natronlauge 0,02 ml 1 N Schwefelsäure zum ursprünglichen Extrakt zu. Wie verhalten sich jetzt die Ameisen? Welchen Effekt hat reine Schwefelsäure der gleichen Konzentration (Kontrollversuch)? Wie wirkt sich der Zusatz von 0,03 ml 1 N Schwefelsäure zu der basischen Pheromonlösung aus?

Prüfen Sie, ob sich mit einer 0,1%igen Capronsäurelösung (Abb. 3.5.5) eine wirksame Spur legen läßt.

■ *Ergebnisse:*
Das Pheromongemisch kann mit Lauge neutralisiert und mit Säure wieder aktiviert werden. Das läßt den vorsichtigen Schluß auf Säuren zu. Reine Schwefelsäure der gleichen Konzentration ist inaktiv.

Der direkte Nachweis der Säuren ist nicht möglich, da die im Spursekret enthaltenen Säuren nur geringe Acidität besitzen und zudem nur in winzigen Mengen (0,2 ng pro Tier) vorliegen.

Mit der Hauptkomponente *Capronsäure* läßt sich eine wirksame Spur legen.

3.5.4.6 Versuch 6: Artspezifität der Spursubstanz

■ *Versuchsmaterial:*
Siehe Versuch 3.

■ *Versuchsdurchführung:*
Da auch andere Ameisenarten über Spurpheromone verfügen, kann getestet werden, ob die Spursubstanzen von *Lasius fuliginosus* bei diesen wirksam sind, oder ob *Lasius fuliginosus* auch auf Spursubstanzen anderer Arten anspricht.

Steht nur wenig Zeit zur Verfügung, empfehlen wir, das Spurpheromon von Knotenameisen der Gattung *Myrmica* zu testen. Diese häufig unter Steinen oder in morschen Baumstümpfen zu findenden Ameisen zeichnen sich durch zwei Stielchenglieder aus, was sich mit dem Binokular leicht feststellen läßt. Sie besitzen in der Giftdrüse produzierte Spurstoffe. Sind diese Pheromonsubstanzen für *Lasius fuliginosus* aktiv?

■ *Ergebnisse:*
Die in der Giftdrüse produzierten Spursubstanzen der Gattung *Myrmica* sind völlig anderer chemischer Natur als bei *Lasius fuliginosus*: Es handelt sich bei ihnen um *Alkaloide* aus der Gruppe der *Pyrazine* (EVERSHED et al. 1982). Die Spur von *Myrmica* ist daher inaktiv für *Lasius fuliginosus*.

3.5.4.7 Versuch 7: Sinnesphysiologische Aspekte des Spurfolgeverhaltens

■ *Versuchsmaterial:*
Siehe Versuch 3. Zusätzlich wird ein dünnes, geruchloses Papiertaschentuch gebraucht.

■ *Versuchsdurchführung:*
Wir können auf einfache Weise nachprüfen, ob es sich bei den Spursubstanzen sinnesphysiologisch um *Duftstoffe* oder *Geschmacksstoffe* handelt. Die *Geschmacksrezeptoren* liegen bei den Ameisen hauptsächlich auf *Mundwerkzeugsanhängen* und an den Beinen, die *Geruchsrezeptoren* dagegen auf den *Fühlern*.

Geschmacksstoffe wie Zucker und Salze sind nicht flüchtig und werden durch direkten Kontakt mit dem festen oder flüssigen Substrat wahrgenommen. Typische Duftstoffe dagegen sind flüchtig und wirken über die Gasphase auf mehr oder minder kurze Distanzen (DUMPERT 1972).

Auf die Problematik der sogenannten *Kontaktpheromone* wie z. B. Larvenerkennungsstoffe, die ebenfalls über spezielle Rezeptoren auf den Fühlern rezipiert werden, aber in direkten Kontakt mit der festen Substanz kommen müssen, soll hier nicht weiter eingegangen werden.

Wir wollen nun nachprüfen, ob es sich bei dem *Lasius fuliginosus*-Spurpheromon um einen flüchtigen Duftstoff oder um einen nicht-flüchtigen Geschmacksstoff handelt: In der beschriebenen Versuchsanordnung (s. Versuch 3) wird eine doppelkonzentrierte S-förmige Pheromonspur mit einem dünnen Papier (z. B. einer Lage eines duftfreien Papiertaschentuchs) überdeckt; das Taschentuch wurde vorher gebügelt oder mit Wasser geglättet. Wie verhalten sich die Arbeiterinnen in der Testanordnung?

■ *Ergebnisse:*
Die Arbeiterinnen folgen der abgedeckten ebenso wie der nicht abgedeckten Spur; sie zeigen damit an, daß sie die Spur »gerochen« und nicht »geschmeckt« haben.

3.5.5 Weiterführende Arbeiten

3.5.5.1 Orientierung der Ameisen im Duftfeld

Als Ergänzung zu den dargestellten Experimenten und Demonstrationen bieten sich Versuche zur *Orientierung* der Ameisen im Duftfeld an. Mit solchen Untersuchungen läßt sich zeigen, daß sich die Tiere normalerweise *osmotropotaktisch* orientieren, indem sie die von beiden Fühlern gelieferten Informationen simultan miteinander vergleichen. Die Tiere stellen sich in ihrem Lauf so ein, daß beide Antennen die gleiche Duftintensität melden.

Entfernt man einen Fühler, so ist osmotropotaktische Orientierung nicht mehr möglich. Dennoch sind die Tiere – nachdem sie sich etwa einen Tag von der Amputation erholt haben – weiterhin in der Lage, der Duftspur zu folgen, indem sie sich *klinotaktisch* orientieren. Die Ameisen nehmen mit dem noch vorhandenen Fühler nacheinander verschiedene Riechproben, vergleichen sie miteinander und können durch »Abtasten des Duftraums« die Richtung der Spur ermitteln.

Zur experimentellen Unterscheidung zwischen tropotaktisch und klinotaktisch orientierten Ameisen kann man einseitig antennenamputierte Tiere in einem T-Weg laufen lassen, auf dessen mit Filterpapier ausgelegtem Boden eine gleich starke Duftspur vom Stamm in die beiden Schenkel des T-Stückes führt. Während intakte Tiere im Versuch beide Schenkel mit gleicher Häufigkeit wählen, bevorzugen Tiere mit einer amputierten Antenne zu einem überwiegenden Prozentsatz die Seite der intakten Fühlergeißel, die Seite also, von der die sensorischen Meldungen über den Spurstoff kommen (HANGARTNER 1967; hier sind noch weitere Orientierungsversuche beschrieben; vgl. auch DUMPERT 1978).

3.5.5.2 Vergleich des Spurpheromons verschiedener Lasius-Arten

In Versuch 6 untersuchten wir die Wirkung des Spurpheromons der Gattung *Myrmica* auf *Lasius fuliginosus*. Als Fortführung dieses Experiments können wir auf die Frage eingehen, ob andere *Lasius*-Arten *(Lasius flavus, Lasius niger)* dasselbe Spurpheromon besitzen wie *Lasius fuliginosus*.

Nach der Arbeit von HANGARTNER (1967), von dem die wichtigsten Untersuchungen des Spurpheromonsystems stammen, kann *Lasius fuliginosus* die Spur von *Lasius niger* lesen, nicht aber die von *Lasius flavus*. Umgekehrt sollen *Lasius niger* und *Lasius flavus* die Spuren von *Lasius fuliginosus* nicht erkennen können.

Wir sind in unseren Praktikumsexperimenten zu anderen Resultaten gekommen. Danach »liest« *Lasius fuliginosus* nur ihre eigenen Spuren, und auch *Lasius niger* reagiert nur auf das artspezifische Spurpheromon. *Lasius flavus* dagegen läuft auf *Lasius fuliginosus*- und auf *Lasius niger*-Spuren.

Beide Ergebnisse sind widersprüchlich und bedürfen daher einer weiteren möglichst exakten experimentellen Überprüfung.

Literatur

Bernardi, R., Cardani, C., Ghiringhelli, D. & Selva, A., 1967: Of the components of secretions of mandibular glands of the ant *Lasius (Dendrolasius) fuliginosus*. Tetrahedron Letters **40**, 3 893–3 896.

Bossert, W. H. & Wilson, E. O., 1963: The analysis of olfactory communication among animals. Journal of theoretical biology **5**, 443–469.

Carthy, J. D., 1951: Odour trail laying and following in *Acanthomyops (Lasius) fuliginosus*. Behaviour **3**, 304–318.

Dobrzanska, J., 1966: The control of the territory by *Lasius fuliginosus*. Acta biol. exp. (Warsaw) **26**, 193–213.

Dumpert, K., 1972: Alarmstoffrezeptoren auf der Antenne von *Lasius fuliginosus*. Z. vergl. Physiol. **76**, 403–425.

Dumpert, K., 1978: Das Sozialleben der Ameisen. Pareys Studientexte 18. Berlin/Hamburg, Paul Parey.

Evershed, R. P., Morgan, E. D. & Cammaerts, M.-C., 1982: 3-ethyl-2,5-dimethylpyrazine, the trail pheromone from the venom gland of eight species of *Myrmica* ants. Insect Biochem. **12**, 383–391.

Hangartner, W., 1967: Spezifität und Inaktivierung des Spurpheromons von *Lasius fuliginosus*. Z. vergl. Physiol. **57**, 103–136.

Hangartner, W., 1969: Orientierung von *Lasius fuliginosus* an einer Gabelung der Geruchsspur. Insectes sociaux **16**, 55–60.

Hangartner, W. & Bernstein, St., 1964: Über die Geruchsspur von *Lasius fuliginosus*. Experientia **20**, 392–393.

Hennaut-Riche, B., Josens, G. & Pasteels, J., 1979: L'approvisionnement du nid chez *Lasius fuliginosus*: pistes, cycles d'activité et spécialisation territoriale des ouvrières. C. R. UIEIS sct. francaise, 71–78.

Hölldobler, B., 1968: Der Glanzkäfer *Amphotis marginata* als Wegelagerer an Ameisenstraßen. Naturwissenschaften **55**, 397.

Hölldobler, B., 1971: Recruitment behavior in *Camponotus socius*. Z. vergl. Physiol. **75**, 123–142.

Hölldobler, B., 1977: Communication in social Hymenoptera. In: How animals communicate. Sebeok, T. (Hrsg.), S. 418-471. Lomington (Indiana), Indiana University Press.

Hölldobler, B., 1978: Ethological aspects of chemical communication in ants. Advances in the study of behavior **8**, 75–115.
Hölldobler, B., Möglich, M. & Maschwitz, U., 1974: Communication by tandem running in the ant *Camponotus sericeus*. J. comp. Physiol. **90**, 105–127.
Hölldobler, B., Möglich, M. & Maschwitz, U., 1981: Myrmecophilic relationship of *Pella* (Col., Staph.) to *Lasius fuliginosus*. Psyche **88**, 347–374.
Huwyler, S., Grob, K. & Viscontini, M., 1975: The trail pheromone of the ant *Lasius fuliginosus*: Identification of six components. J. Insect. Physiol. **21**, 299–304.
Karlson, P. & Lüscher, M., 1959: Pheromone. Ein Nomenklaturvorschlag für eine Wirkstoffklasse. Naturwissenschaften **46**, 63–64.
Kaissling, K.-E. & Priesner, E., 1970: Die Riechschwelle des Seidenspinners. Naturwissenschaften **57**, 23–28.
Kutter, H., 1977: Formicidae. In: Insecta Helvetica. Entomolog. Institut der ETH, ETH-Zentrum CH-8092, Zürich.
Maschwitz, U., 1975: Old and new trends in the investigation of chemical recruitment in ants. Proc. VIII Congr. IUSSI, Dijon, 47–59.
Maschwitz, U. & Hölldobler, B., 1970: Der Kartonnestbau bei *Lasius fuliginosus*. Z. vergl. Physiol. **66**, 176–189.
Maschwitz, U., Hölldobler, B. & Möglich, M., 1974: Tandemlaufen als Rekrutierungsverhalten bei *Bothroponera tesserinoda*. Z. Tierpsychol. **35**, 113–123.
Maschwitz, U., Möglich, M. & Hölldobler, B., 1975: Tandemlauf, eine ursprüngliche Verständigungsart bei Ameisen. Naturwiss. Rundschau **28**, 328–329.
Maschwitz, U. & Schönegge, P., 1983: Forage communication, nest moving recruitment, and prey specialization in the oriental ponerine *Leptogenys chinensis*. Oecologia **57**, 175–182.
Parry, K. & Morgan, E. D., 1979: Pheromones of ants: a review. Physiol. Entomol. **4**, 161–189.
Schneider, D., 1971: Molekulare Grundlagen der chemischen Sinne von Insekten. Naturwissenschaften **58**, 194–200.
Stitz, H., 1939: Formicidae. In: Die Tierwelt Deutschlands. Band 37. Dahl, F. (Hrsg.). Jena, Fischer.
Wilson, E. O., 1971: The insect societies.Cambridge (Massachusetts)/London, The Belknap Press of Harvard University Press.

Unterrichtsmaterial
Hölldobler, B., 1973: *Amphotis marginata* (Nitidulidae) – Futterbetteln bei *Lasius fuliginosus* (Formicidae). SW, st, 39 m, 3 1/2 min. E 2014. IWF, Göttingen.

3.6 Sinnesleistungen, Orientierung und Verständigung bei Bienen
Martin Lindauer

3.6.1 Einleitung

Ein besonderes Anliegen biologischer Forschung ist, das Verhalten eines Organismus in seinem Lebensraum als arterhaltende Wirkungskette zu verstehen. Hierzu haben uns in den letzten Jahrzehnten die Sinnes-, Neuro- und Verhaltensphysiologie entscheidende Beiträge geliefert. Neue Sinneswelten sind entdeckt worden, wie etwa die Wahrnehmung des polarisierten Lichtes durch das Insektenauge, die Echoortung im Ultraschallbereich der Fledermäuse oder die Orientierung von Insekten, Vögeln und Fischen im Erdmagnetfeld.

Im folgenden wollen wir an Bienen *(Apis mellifera)* durch einfache Beobachtungen und Versuche das Farbensehen und die Wahrnehmung der Schwingungsrichtung des polarisierten Lichtes nachweisen sowie einige Mechanismen der Orientierung und der Verständigung im Bienenstaat kennenlernen (zusammenfassende Darstellungen bei VON FRISCH 1965 und LINDAUER 1975).

Das *Farbensehen* gehört neben dem Hell-/Dunkelsehen, dem Formen- und dem Bewegungssehen zu den elementaren Sehleistungen. Es beruht darauf, daß als Primärreaktion ein Pigment, das *Rhodopsin*, bei Belichtung zerfällt – in eine Proteinkomponente, dem *Opsin*, und einem Carotinoid, dem *Retinal*, das ein Aldehyd des Vitamin A ist; bei diesem Prozeß ändert das Retinal seine sterische Konfiguration, es wird vom *11-cis-Retinal* zum *all-trans-Retinal*.

Da es mehrere Retinale und mehrere Opsine gibt, existieren auch verschiedene *Sehpigmente*. Sie unterscheiden sich in ihren *spektralen Empfindlichkeiten* und zerfallen damit bei unterschiedlichen Wellenlängen des Lichtes. Farbensehen wird dadurch möglich, daß verschiedene Gruppen von Sehzellen verschiedene solcher Sehpigmente enthalten. Bei der Biene sind drei *Sehzelltypen* mit unterschiedlichen spektralen Empfindlichkeiten nachgewiesen: Eine Sehzelle, die maximal im ultravioletten Bereich (350 nm) absorbiert, eine mit Absorptionsmaximum im blauen (450 nm) und eine im gelben (530 nm) Wellenlängenbereich.

Diese Farbtüchtigkeit der Bienen hatte schon 1914 KARL VON FRISCH (1886–1982) im *Dressurversuch* nachweisen können. Bei seinen Untersuchungen fand er außerdem, daß ihre wahrnehmbare Farbskala im Vergleich zu unserem Sehvermögen in den kurzwelligen Bereich (300–650 nm) verlagert ist: Bienen sind zwar rotblind, dafür können sie aber *ultraviolette Strahlung* wahrnehmen.

Neben dem Farbensehen hatte VON FRISCH 1949 auch die Wahrnehmung der *Schwingungsrichtung des polarisierten Lichtes* bei Bienen entdeckt. Die Bedeutung dieser Sinnesleistung wird klar, wenn wir Erkenntnisse aus der Physik heranziehen: Licht, das von der Sonne direkt auf die Erde fällt oder von den Wolken reflektiert wird, ist *depolarisiert*, es schwingt also in allen Richtungen. Der blaue Himmel hingegen reflektiert *polarisiertes* Licht auf die Erde; die sich fortpflanzenden Lichtwellen schwingen damit nur in einer Ebene (Abb. 3.6.1). Schwingungsrichtung und Grad der Polarisation sind an jeder Himmelsstelle vom jeweiligen Sonnenstand abhängig. Das bedeutet, mit der Sonne wandert ein differenziertes *Polarisationsmuster* über das Himmelsgewölbe (Abb. 3.6.2). Die Bienen können dieses Muster erkennen und für die *Sonnenkompaßorientierung* verwenden – selbst wenn die Sonne durch Wolken verdeckt ist (Abb. 3.6.3).

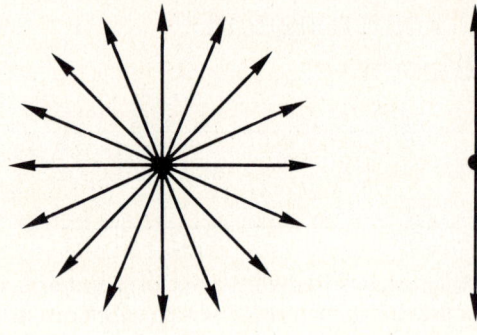

Abb. 3.6.1: Zum Polarisationszustand der Lichtstrahlung. Der Punkt versinnbildlicht in beiden Zeichnungen einen auf den Betrachter zukommenden Lichtstrahl.
Links: Natürliches Licht ist unpolarisiert, es schwingt in einer Vielzahl von Richtungen;
Rechts: Beim polarisierten Licht dagegen sind die Schwingungen nur in einer Richtung orientiert und liegen in einer Ebene

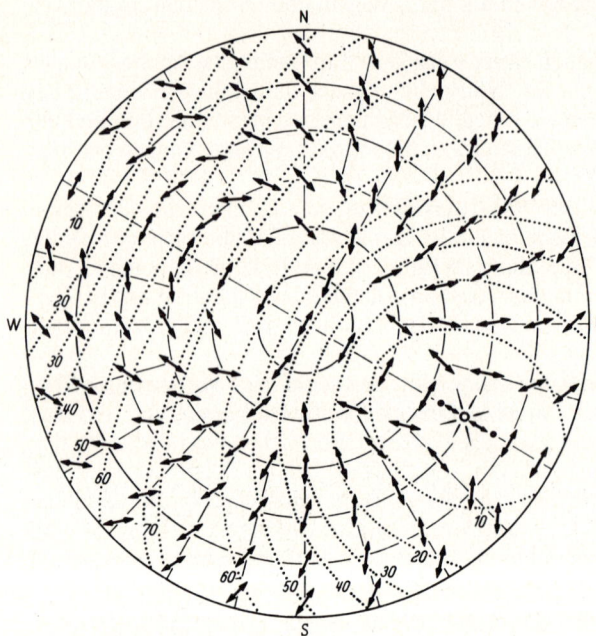

Abb. 3.6.2: Polarisationsmuster des blauen Himmels. Im Südosten ist die Sonne eingezeichnet. Die Doppelpfeile geben die Schwingungsrichtung des polarisierten Lichtes an. Die eingetragenen Ziffern beziehen sich auf den Polarisationsgrad (bei einem Polarisationsgrad von 100% ist das Licht vollständig polarisiert; 50%ige Polarisation bedeutet, daß ebensoviele Anteile polarisierten wie auch natürlichen Lichtes vorhanden sind.)

Ermöglicht wird das Polarisationssehen durch die besondere Struktur der Sehzellen: Das Komplexauge der Biene ist aus 5000 bis 7000 Sehkeilen *(Ommatidien)* aufgebaut (Abb. 3.6.4). Der lichtempfindliche Teil eines Ommatidiums besteht aus acht Sehzellen, die zylinderförmig um die Ommatidienachse gruppiert sind und zur Mitte hin einen Stäbchensaum, das *Rhabdomer*, besitzen. Diese acht Rhabdomere liegen sehr dicht nebeneinander und bilden so einen geschlossenen Sehstab, der *Rhabdom* genannt wird (Abb. 3.6.5a). Da das Rhabdom einen höheren Brechungsindex als die umgebenen Strukturen aufweist, wird einfallendes Licht wie in einem Lichtleiter total reflektiert und durch das ganze Rhabdom längs geleitet.

Die Sehpigmentmoleküle, die das Licht absorbieren, befinden sich in Membranfalten *(Mikrovilli)* der einzelnen Rhabdomere. Die rund 100000 Membranausstülpungen einer Sehzelle sind dicht übereinander parallel gestapelt; sie stehen senkrecht zur Sehzellenachse (Abb. 3.6.5b). Da die Membransysteme der einzelnen Rhabdomere in verschiede-

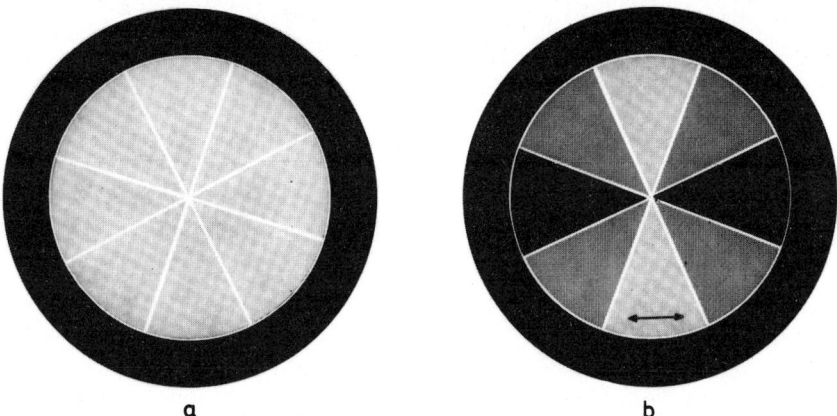

Abb. 3.6.3: Eine Sternfolie als Modell des Bienenauges. Aus einer Polarisationsfolie wurden gleichschenklige Dreiecke ausgeschnitten und sternförmig angeordnet. Die Schwingungsrichtung verläuft jeweils parallel zum Außenrand.
a) Blickt man durch diese Sternfolie gegen den bewölkten Himmel, der natürliches Licht aussendet, so erscheinen alle Dreiecke gleich hell;
b) Blickt man aber gegen den blauen Himmel, der reich an polarisiertem Licht ist, so läßt sich ein deutliches Hell-Dunkel-Muster erkennen

nen Richtungen orientiert sind, kann die Schwingungsrichtung polarisierten Lichtes wahrgenommen werden: Membranausstülpungen, die parallel zur Schwingungsrichtung angeordnet sind, absorbieren das Licht maximal; Mikrovilli, die senkrecht zu dieser Richtung orientiert sind, weisen dagegen eine nur etwa halb so große Empfindlichkeit auf *(Prinzip der dichroitischen Absorption)*. Der Erregungszustand der Sehzelle hängt

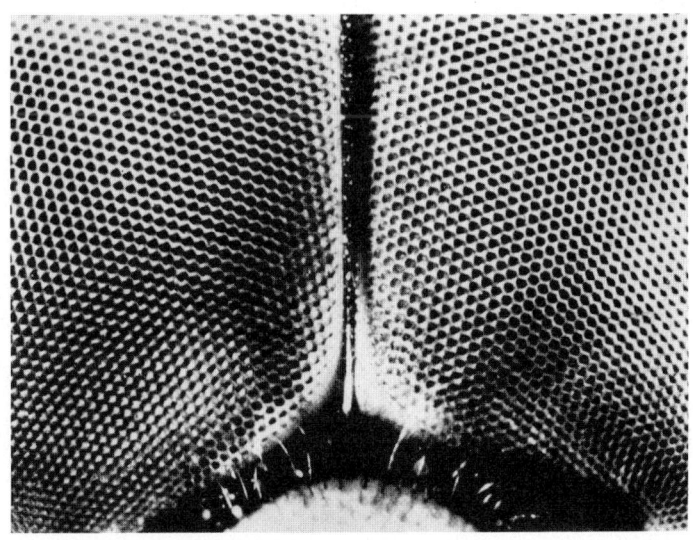

Abb. 3.6.4: Vergrößerte Aufnahme aus dem zentralen Bereich eines Libellenauges. Die einzelnen Ommatidien sind rasterförmig angeordnet

 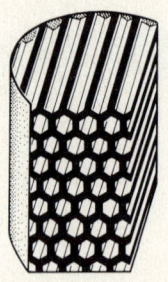

Abb. 3.6.5: Struktur des Bienenauges.
Links: Scheibenförmiger Querschnitt aus einem Einzelauge der Biene. Die acht Sehzellen sind zylinderförmig um die Ommatidienachse gruppiert. Sie geben zur Mitte hin die Rhabdomere (dunkel schraffiert) ab. Zur Verdeutlichung wurde eine Sinneszelle bis auf ihr Sehstäbchen entfernt;
Rechts: Vergrößerter Auschnitt aus einem Sehstäbchen, wie es sich im Elektronenmikroskop präsentiert. Die winzigen röhrenförmigen Mikrovilli stehen parallel zueinander; in ihnen sind die Moleküle des lichtempfindlichen Sehfarbstoffes orientiert eingelagert

damit – gleiche Lichtintensität vorausgesetzt – von der Schwingungsrichtung des polarisierten Lichtes ab.

Das Polarisationssehen erhält seine biologisch wichtigste Funktion bei der gegenseitigen Verständigung im *Bienentanz*, wobei der jeweilige Sonnenstand ein zentrales Bezugssystem darstellt. Der Bienentanz ist eine einzigartige Verständigungsform im Tierreich. Sowohl bei der Nahrungs- wie bei der Wohnungssuche künden erfolgreiche Sammel- oder Schwarmbienen damit ein entdecktes Ziel an – das kann eine Futterquelle (Nektar oder Pollen) oder ein Nistplatz sein. Die Verständigung erfolgt durch symbolische Bewegungen, dem Rund- und Schwänzeltanz (Abb. 3.6.6 und 3.6.7); beide »Tänze« werden im dunklen Stock auf den Waben ausgeführt.

Abb. 3.6.6: Rundtanz einer Nektarsammlerin auf der Wabe. Die Nachtänzerinnen halten engen Fühlerkontakt mit der alarmierenden Biene

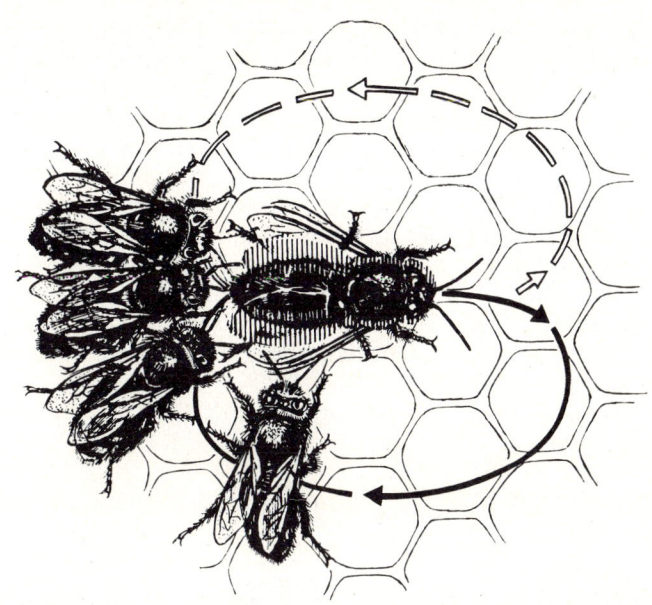

Abb. 3.6.7: Schwänzeltanz einer Fernsammlerin. Die Tänzerin führt auf der geradlinigen Laufstrecke rasche Schwänzelbewegungen mit dem Hinterleib aus

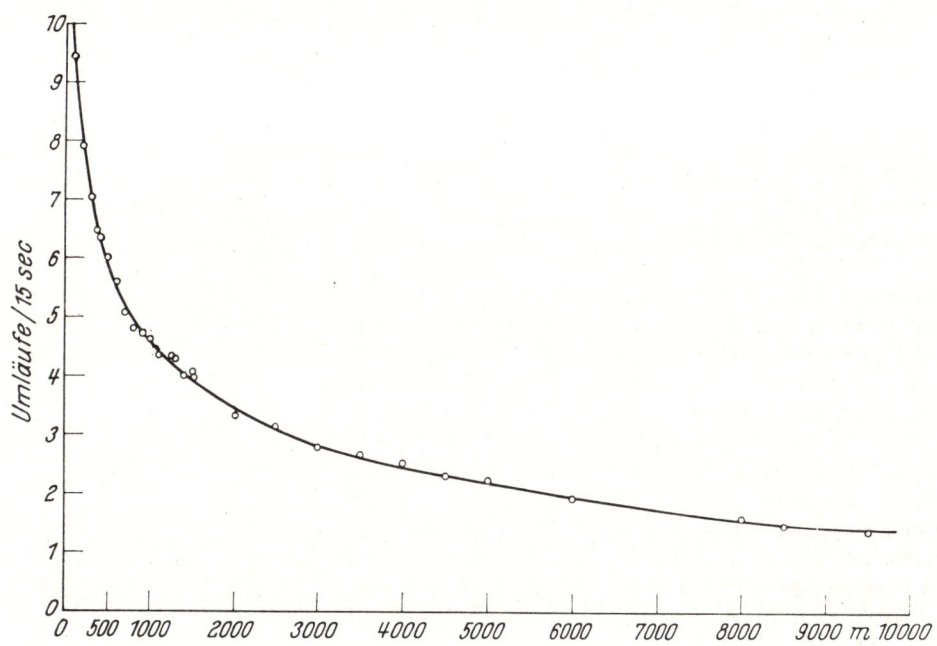

Abb. 3.6.8: Entfernungsweisung durch den Schwänzeltanz. Die Zahl der Schwänzelläufe pro 15 s (Ordinate) ist in Abhängigkeit von der Entfernung zwischen Futterplatz und Stock in Metern (Abszisse) aufgetragen. Die Kurve verdeutlicht, wie das Tanztempo mit zunehmender Entfernung abnimmt

Der *Rundtanz* zeigt nahe Futterstellen bis zu einer Entfernung von etwa 80 m an, ohne aber die Richtung der Nahrungsquelle mitzuteilen. Während die Stockgenossinnen hinter der Tänzerin hertrippeln, prägen sie sich den Blütenduft, der an ihr haftet, ein; nach diesem Duft suchen sie, wenn sie daraufhin durch die Gegend schwärmen.

Im Gegensatz zum Rundtanz enthält der *Schwänzeltanz* – er weist auf ferne Futterquellen hin – auch Informationen über Entfernung und Richtung des Zieles: Der Rhythmus des Tanzes gibt die Entfernung (Abb. 3.6.8), der Winkel des Schwänzellaufes zur Lotrechten die Richtung zum Ziel an, wobei zum jeweiligen Sonnenstand Bezug genommen wird (Abb. 3.6.9).

Neben diesen Mitteilungen enthalten beide Tanzformen auch Angaben über Qualität und Rentabilität der Futterquelle. Durch die »Tänze« werden beschäftigungslose Stockgenossen alarmiert, die angekündigte Futterquelle abzusuchen und bei der Ausbeute der Trachtquelle zu helfen.

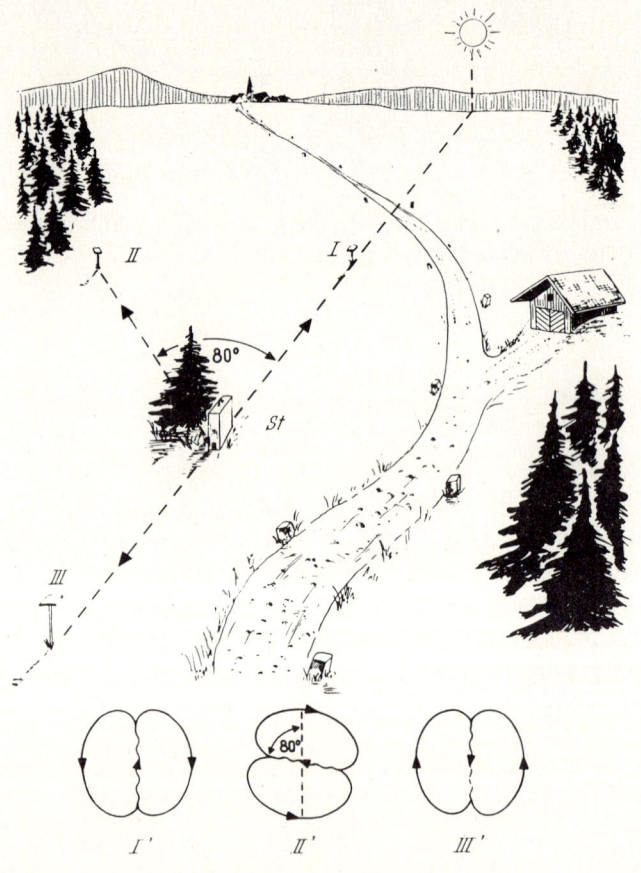

Abb. 3.6.9: Richtungsweisung im Schwänzeltanz. Vom Stock aus sind drei Futterplätze errichtet; einer (I) in Richtung direkt zur Sonne, ein zweiter (II) 80° links vom momentanen Sonnenstand und ein dritter (III) entgegengesetzt zur Sonne. Im Schwänzeltanz wird diese Richtung auf der vertikalen Wabe in verschlüsselter Form wie folgt angezeigt:
I': Schwänzellauf weist auf der Vertikalen direkt nach oben.
II': Schwänzellauf zeigt 80° nach links von der Vertikalen.
III': Schwänzellauf zeigt nach unten

3.6.2 Seminarthemen

1. Voraussetzung für das Verständnis des Farben-, Formen- und Polarisationssehens sind gründliche Kenntnisse des Baues und der Funktion des Insektenauges. *Appositions-* und *Superpositionsauge, neurales Superpositionsauge* sowie das Prinzip der *rezeptiven Felder* und der *lateralen Hemmung* sollten eingehend studiert werden.
Literatur: Ausführliche und hervorragende Übersichtsartikel zu diesem Thema finden sich in AUTRUM, JUNG, LOEWENSTEIN, MACKAY & TEUBER (1971). Knapper gefaßte Informationen, die sich dennoch auf dem wesentlichen neuen Wissensstand befinden, enthält das Kapitel »Sinne«, S. 345–387, in SIEWING (1980) und das Kapitel »Sensorische Mechanismen«, S. 198–247 in ECKERT (1986).

2. Die *Bienendressur*, Anfang dieses Jahrhunderts von Karl von Frisch eingeführt, beläßt die freifliegenden Bienen im natürlichen Lebensraum. Sie hat durch diese Methode, vor allem jedoch in ihrer klaren Fragestellung, zum Durchbruch der Sinnesphysiologie und der Verhaltensphysiologie geführt.
Literatur: VON FRISCH (1965).

3. Alle Tätigkeiten einer Biene, insbesondere auch ihre Orientierungsleistungen, sind der Erhaltung des sozialen Verbandes zugeordnet. Die Organisation der *Insektenstaaten* sollte in ihren Grundzügen bekannt sein, damit Orientierungsleistungen und Verständigungsmethoden richtig eingeordnet werden können.
Literatur: VON FRISCH (1977); LINDAUER (1975); MICHENER (1974); WILSON (1971).

3.6.3 Beschaffung und Pflege der Versuchstiere

Die Haltung eines Bienenvolkes über mehrere Jahre hinweg bedarf einer langen Erfahrung. Eventuell sollten wir einen Imker mit der Betreuung beauftragen. Falls wir aber selbst die Pflege übernehmen wollen, ist es ratsam, sich das Volk etwa im Mai zu beschaffen, damit es sich im Laufe des Sommers gut entwickelt und stark in den Winter geht. Allerdings sollten wir dann Maßnahmen treffen, um das *Schwärmen* zu verhindern – dazu gibt es viele Hinweise aus der Imkerliteratur (z. B. »Der praktische Imker« von STORCH & DREHER. Bezugsquelle: Imkerverlag H. Storch, Königsbergerstr. 8, 3550 Marburg); wir können uns aber auch den Rat eines Imkers einholen.

Sehr sorgfältig muß der Gesundheitszustand des Volkes überwacht werden. Wir müssen hierzu regelmäßig nach Infektionen besonders durch *Nosema*, Faulbrut, Tracheenmilbe und Asiatische Milbe *(Varroa)* – die sich derzeit in ganz Deutschland ausbreitet – Ausschau halten.

Wenn wir vom Imker ein möglichst friedfertiges Bienenvolk bekommen haben, können wir ohne Bedenken die vorgesehenen Versuche durchführen. Vor allem am Futterplatz werden diese Bienen den Menschen niemals stechen – es sei denn, er quetscht sie unvorsichtig. Vorsichtshalber können Sie sich aber auch eine Imkerschutzkleidung beschaffen: Für unsere Zwecke genügen ein sog. Bienenschleier und Bienenhandschuhe, eventuell legen Sie sich noch eine Bienenpfeife zu, denn mit Rauch lassen sich die Bienen schnell besänftigen.

Wer an *Allergie* leidet, sollte nach Möglichkeit nicht am Flugloch hantieren, weil sich dort die Wächterbienen aufhalten. Ein Bienenstich ist nämlich nicht deswegen gefährlich, weil das Gift schmerzhaft ist, sondern weil das Fremdeiweiß, das mit dem Bienenstachel injiziert wird, allergische Reaktionen auslösen kann. Für einen solchen Fall halten Sie am besten ein Kalziumpräparat oder ein Antihistaminikum (beide Präparate sind vom Arzt zu verschreiben) bereit. Bekommt man trotz aller Vorsicht dennoch einen Bienenstich ab, so ist es wichtig, sofort mit dem Fingernagel den Stachel aus der Haut zu kratzen; tut man das nicht, arbeitet sich der Stachel selbsttätig weiter und injiziert weiter das Gift in die Haut.

Wichtiger als diese Schutzmaßnahmen ist aber, daß Sie sich vorsichtig verhalten: Machen Sie keine schnellen hastigen Bewegungen, denn dadurch lassen sich die Bienen leicht zum Angriff reizen. Auch sollten Sie nicht verschwitzt sein oder Parfüm verwenden, denn beides wirkt ebenfalls erregend auf die Bienen. Frisch gewaschen, mit hellen Kleidern (keine wolligen Stoffe!) und mit ruhigem Hantieren werden Sie schnell die Sympathie der Bienen gewinnen.

3.6.4 Beobachtungen und Versuche

3.6.4.1 Versuch 1: Dressur der Bienen auf zwei Farbpapiere

■ *Versuchsmaterial:*
- 1 Tischchen, z. B. ein zusammenklappbarer Campingtisch
- 2 Pappkartons oder 2 Spanplatten (Größe ca. 50 x 50 cm) als Arbeitsunterlage
- 4 Glasschälchen (z. B. kleine Uhrgläschen) gleicher Größe und gleichen Aussehens
- 100 ml 2 M Zuckerwasser; Herstellung der Zuckerlösung: 68,4 g Rohrzucker (Saccharose) mit Wasser auf 100 ml auffüllen.
- 2 blaue Kartons (Größe 10 x 10 cm) gleicher Farbintensität.
- 2 gelbe Kartons (Größe 10 x 10 cm) gleicher Farbintensität.

■ *Versuchsdurchführung:*
Um die nachfolgenden Versuche erfolgreich durchführen zu können, müssen die Bienen zuerst auf einen künstlichen Futterplatz dressiert werden: Wir ersetzen dazu die natürlichen Blüten durch ein Glasschälchen mit konzentriertem (zweimolarem) Zuckerwasser. Dabei müssen wir einige Bienen vom Flugloch anlocken. Dies geschieht am besten auf die Weise, daß wir zunächst am Flugbrett einige Zuckerwassertropfen auslegen; sobald fünf bis zehn Bienen saugen, versuchen wir, sie an das Glasschälchen zu gewöhnen. Das Glasschälchen wird dann zentimeterweise vom Flugloch entfernt, bis wir in etwa 10 m Entfernung vom Stock an unserem Standplatz angekommen sind.

Wir stellen nun unser Zuckergefäß auf den blauen Karton; die Bienen sollen dadurch lernen, daß es auf dem blauen Feld Futter gibt. Um die Lernaufgabe zu erleichtern, wird mit Hilfe eines zweiten Kartons Gelb als negatives Futtersignal hinzugegeben; hier ist aber das Glasschälchen leer.

Während der *Futterdressur* müssen Sie unbedingt darauf achten, daß die Bienen sich neben der Futterfarbe *nicht auch den festen Futterort* einprägen; alle drei Minuten werden wir daher die beiden Farbkartons gegeneinander vertauschen.

Nachdem wir zwei bis drei Stunden auf diese Weise gefüttert haben, werden die Bienen vom Futtergefäß weggeblasen und die Dressuranordnung wird gegen eine *frische Testanordnung* ausgetauscht. Wir nehmen eine neue Tischplatte und legen darauf zwei unbenutzte Farbpapiere, Blau und Gelb, sowie zwei *leere* frische Glasgefäße; es muß nämlich auf jeden Fall vermieden werden, daß Duftspuren zurückbleiben, die die Bienen anlocken könnten.

Nunmehr wird der Test durchgeführt: Wir zählen fünf Minuten lang die Anzahl der Bienen, die sich auf das Glasschälchen über dem blauen Karton und dem Glasgefäß auf dem gelben Karton niederläßt.

■ *Ergebnisse:*
Bereits nach wenigen Sekunden werden wir feststellen, daß die Bienen auf dem Glasgefäß über dem blauen Feld bevorzugt suchen. Der gelbe Karton wird nicht beachtet.

Mit diesem Versuch haben wir aber noch keineswegs nachgewiesen, daß Bienen farbtüchtig sind. Auch der *Helligkeitswert* von Blau und Gelb könnte als Futtersignal gelernt worden sein: Das Blau hat eine mittlere Remission von 22,5%, das Gelb hingegen von 30,2% bezogen auf Magnesiumoxid. Wir verbessern daher in dem nachfolgenden Versuch unsere Dressuranordnung.

3.6.4.2   Versuch 2: Nachweis der Farbtüchtigkeit

■ *Versuchsmaterial:*
- 1 Tischchen
- 2 Pappkartons oder 2 Spanplatten (Größe ca. 50 x 50 cm) als Arbeitsunterlage
- 32 Glasschälchen gleicher Größe und gleichen Aussehens
- 100 ml 2 M Zuckerwasser
- 2 blaue Kartons (Größe 10 x 10 cm)
- 2 x 15 Graupapiere (Größe 10 x 10 cm) verschiedener Graustufe, von Weiß bis zu völlig Schwarz. Diese Graustufen können wir uns entweder durch unterschiedliche Belichtung eines Fotopapiers selbst herstellen oder sie aus der genormten Ostwald-Serie (Bezugsquelle: Wiest & Sohn GmbH, Junghofstraße 14, 6000 Frankfurt 1) kaufen. Nr. 6 davon entspricht der Helligkeitsstufe des blauen Kartons.

■ *Versuchsdurchführung:*
Wir setzen diesmal dem blauen Karton, auf den wir das Glasschälchen mit der konzentrierten Zuckerlösung stellen, die 15 Graustufen mit leeren Glasschälchen als negatives Futtersignal entgegen. Diese 16 Kartons werden schachbrettartig angeordnet. Wir müssen auch jetzt wieder darauf achten, daß die Bienen sich nicht auf den Ort und die Musteranordnung dressieren; deshalb wird alle drei Minuten die Position des blauen Kartons vertauscht, ebenso die Verteilung der Graupapiere.

Nach einigen Stunden Dressur blasen wir wieder die Bienen vom Futtergefäß weg. Auf einer neuen Holzplatte werden unbenutzte Graupapiere und auch ein frischer Blaukarton ausgelegt – natürlich wieder in neuer Anordnung. Wieviel Bienen setzen sich auf den blauen Karton und wieviel auf die einzelnen Graupapiere?

■ *Ergebnisse:*
Auch jetzt landen die Bienen auf dem blauen Feld, kaum eine wird sich auf den Graupapieren niederlassen. Daraus dürfen wir folgern, daß Blau nicht am Helligkeitswert, sondern an seiner *Farbqualität* erkannt wird.

3.6.4.3   Versuch 3: Nachweis der Rotblindheit

■ *Versuchsmaterial:*
Siehe Versuch 2. Statt des Blaukartons wird jedoch ein rotes Papier benötigt.

■ *Versuchsdurchführung:*
Die Dressur wird in gleicher Weise wie bei Versuch 2 wiederholt, nur mit dem Unterschied, daß wir statt des Blaukartons ein rotes Papier auslegen. Wie verhalten sich die Bienen nach Austausch der Versuchsanordnung gegen eine frische?

■ *Ergebnisse:*
Anders als bei der Dressur auf Blau zögern jetzt die Bienen beim Test, sich auf ein Glasschälchen zu setzen. Nach einiger Zeit bevorzugen sie die Graustufe Nr. 8 der Ostwald-Serie, die in ihrem Helligkeitsgrad dem Rot entspricht. Einige setzen sich vielleicht auch auf den roten Karton. Die Unsicherheit bleibt aber minutenlang erhalten. Offensichtlich ist das Bienenauge rotblind.

3.6.4.4   Versuch 4: Nachweis der Ultraviolettempfindlichkeit

■ *Versuchsmaterial:*
Siehe Versuch 1. Statt der blauen und gelben Kartons werden 4 Papierkartons benötigt, von denen 2 mit Zinkweiß – das UV reflektiert – und 2 mit Bleiweiß (Bezugsquelle: E. Merck, Frankfurter Straße 250, 6100 Darmstadt) bestrichen werden.

■ *Versuchsdurchführung:*
Wir belohnen einige Stunden lang mit derselben Versuchsanordnung wie in Versuch 1, als positives Futtersignal verwenden wir jedoch Zinkweiß; Bleiweiß wird als negatives Futtersignal benutzt. Können die Bienen zwischen den beiden Kartons unterscheiden?

■ *Ergebnisse:*
Während für unser Auge beide Kartons den gleichen Weißeindruck und die gleiche Helligkeit besitzen, können Bienen ohne Schwierigkeit Zinkweiß, das UV reflektiert, als Futterzeichen erkennen.

3.6.4.5   Versuch 5: Der Rundtanz

■ *Versuchsmaterial:*
- 1 Beobachtungsstock. Wir brauchen einen Stock, in dem die Waben nicht hintereinander – wie beim normalen Bienenstock –, sondern übereinander angeordnet sind, für sämtliche nachfolgenden Beobachtungen und Versuche. Jeder Schreinermeister kann diesen Beobachtungsstock zusammenbauen (Abb. 3.6.10). Es genügt, wenn zwei Waben untergebracht sind. Durch Glasscheiben lassen sich dann die Bienen beobachten.
- 1 Tischchen
- 1 Glasschälchen
- 100 ml 2 M Zuckerlösung
- Farbpulver in 5 verschiedenen Farben
- Schellacklösung
- 5 feine Haarpinsel.

■ *Versuchsdurchführung:*
Voraussetzung für dieses Experiment wie auch für die Versuche 6, 7 und 8 ist – neben dem Beobachtungsstock –, daß wir die Bienen *individuell markieren:* Wir dressieren dazu wie beim ersten Versuch eine Schar von etwa 20 Bienen an unseren künstlichen Fut-

Abb. 3.6.10: Skizze eines Beobachtungsstockes, wie ihn Karl von Frisch benutzt hat, um die Tänze der markierten Bienen beobachten zu können. Die Waben sind nicht hintereinander, sondern übereinander angeordnet

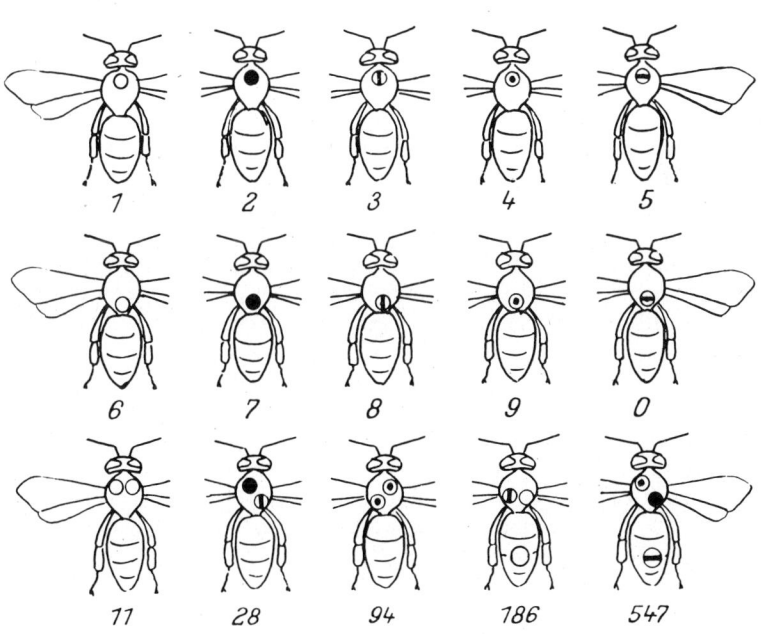

Abb. 3.6.11: Durch Kombination verschiedener Farbtupfen am Thorax und am Abdomen ergibt sich die Möglichkeit, mehrere hundert Bienen individuell mit Nummern zu versehen

terplatz. Dort füttern wir mit zweimolarem Zuckerwasser und markieren jetzt die einzelnen Sammlerinnen mit einem Farbtupfen.

Hierzu nehmen wir normale Pulverfarben und verrühren dieses Farbpulver mit Schellacklösung. Mit einem feinen Haarpinsel können wir dann jeder Biene einen Farbtupfen auf Thorax und Abdomen geben. Wenn wir fünf verschiedene Farben nehmen – z. B. Weiß, Rot, Blau, Gelb und Grün – können wir je nach der Position des Farbtupfens jeder Biene eine bestimmte Nummer geben (Abb. 3.6.11). Weiß z. B. bedeutet 1, Rot 2, Blau 3, Gelb 4, Grün 5; wenn wir die Position des Tupfens am Thorax weiter hinten ansetzen, dann bedeutet Weiß 6, Rot 7, Blau 8, Gelb 9 und Grün 0. Durch Nebeneinandersetzen von zwei Tupfen schreiben wir zweistellige Zahlen, z. B. Weiß-Rot am Vorderende der Brust = 12, Rot links vorne und Gelb rechts hinten = 29 usw. Am Abdomen können wir die Hunderterstellen unterbringen.

Mit Hilfe dieses Verfahrens markieren wir etwa 20 Bienen an einem Futterplatz in 10 m Entfernung vom Beobachtungsstock. Beschreiben Sie das Verhalten der heimkehrenden Nahsammlerinnen auf der Wabe!

■ *Ergebnisse:*
Alle unsere Nahsammler führen einen Rundtanz auf, der in der Form einer 8 Kreisbögen nach links und rechts beschreibt (Abb. 3.6.6). Dieser Tanz enthält die Meldung »in der Nähe des Stockes gibt es Futter«. Die Lebhaftigkeit des Tanzes bezieht sich auf die Rentabilität und Ergiebigkeit des Futters. Wenn wir dem Zuckerwasser einen Duft beigegeben hätten, wäre auch der Duft dieser »Blüte« mitgeteilt worden.

3.6.4.6 Versuch 6: Entfernungsweisung durch den Schwänzeltanz

■ *Versuchsmaterial:*
Siehe Versuch 5. Zusätzlich wird eine Stoppuhr gebraucht.

■ *Versuchsdurchführung:*
Versetzen Sie das Futtertischchen mitsamt den saugenden Bienen stufenweise auf 100 m. Dabei müssen Sie jedoch möglichst ruhig wandern und jede Erschütterung beim Abheben und Aufsetzen des Tischchens vermeiden. Die Sammelbienen führen jetzt im Stock einen *Schwänzeltanz* auf, wobei zwischen zwei Kreisbögen jeweils ein Schwänzellauf eingeschaltet wird (Abb. 3.6.7). Zählen Sie mit Hilfe einer Stoppuhr, wie oft die Bienen innerhalb einer Viertelminute die geradlinige Strecke der Tanzfigur durchlaufen!

Verlegen Sie den Futterplatz dann auf 200 m, auf 500 m und auf 1000 m Entfernung vom Beobachtungsstock. Welchen Rhythmus des Tanzes können Sie jetzt mit der Stoppuhr messen?

■ *Ergebnisse:*
Bei einer Entfernung der Futterquelle von 100 m zählen wir etwa 9–10 Durchläufe pro Viertelminute. Mit zunehmender Entfernung des Futterplatzes wird der Rhythmus langsamer: Bei 200 m messen wir noch etwa 8 Durchläufe, bei 500 m 6 und bei 1000 m 4–5 Durchläufe pro Viertelminute (Abb. 3.6.8).

3.6.4.7 Versuch 7: Richtungsweisung im Schwänzeltanz

■ *Versuchsmaterial:*
Siehe Versuch 5. Zusätzlich wird ein Winkelmeßgerät gebraucht.

■ *Versuchsdurchführung:*
Wir errichten einen Futterplatz 500 m vom Stock entfernt im Süden. Mit einem Winkelmeßgerät, z.B. einem Geodreieck, das wir an die Glasscheibe des Beobachtungsstockes anlegen, messen wir den Tanzwinkel im Schwänzellauf. Welche Beziehung zwischen Sonnenstand und Flugbahn und dem Tanzwinkel in Richtung Schwerefeld der Erde können Sie feststellen?

■ *Ergebnisse:*
Der Winkel zwischen Sonnenstand und Flugbahn wird winkeltreu ins Schwerefeld transponiert: Wenn der Futterplatz also genau in Richtung zur Sonne liegt, weist der Schwänzellauf nach oben, wenn der Futterplatz entgegen der Sonne ausgerichtet ist, tanzen die Bienen nach unten. Ein Futterplatz, der 40° links vom jeweiligen Sonnenstand liegt, wird durch einen Tanz angezeigt, dessen Schwänzellauf 40° links von der Lotrechten nach oben zeigt (Abb. 3.6.9). Im Laufe des Tages ändert sich die Richtung des Schwänzellaufes bei gleichbleibendem Futterplatz entgegen dem Uhrzeigersinn genau mit der Geschwindigkeit, mit der die Sonne über das Himmelsgewölbe wandert.

3.6.4.8 Versuch 8: Wahrnehmung der Schwingungsrichtung des polarisierten Lichtes

■ *Versuchsmaterial:*
Siehe Versuch 5. Zusätzlich wird eine Polarisationsfolie in der Größe von etwa 25 x 25 cm (Bezugsquelle: Optische Werkstätten GmbH, Erwin Käsemann, Auerburgstraße 5, 8203 Oberaudorf am Inn) und ein schwarzes Tuch zum Abdecken des Beobachtungsstockes gebraucht.

■ *Versuchsdurchführung:*
Wir legen einen Beobachtungsstock horizontal und errichten einen Futterplatz 200 m südlich vom Stock; die Richtung des Schwänzellaufes zeigt jetzt direkt zum Ziel. Wir verdecken nun die Sonne mit dem schwarzen Tuch so, daß nur ein blauer Himmelsfleck für die Bienen sichtbar ist. Sind die Schwänzeltänze auch weiterhin in Richtung Futterplatz orientiert?

Jetzt decken wir mit dem schwarzen Tuch den Stock soweit ab, daß nur noch der Tanzboden mit einem Ausschnitt von ca. 20 x 20 cm freibleibt. Über den Ausschnitt legen wir die Polarisationsfolie. Durch Drehen der Folie kann die Schwingungsrichtung des polarisierten blauen Himmelslichtes entsprechend abgelenkt werden. Welche Auswirkungen hat dies für die Richtung des Schwänzellaufes? Was schließen Sie daraus?

■ *Ergebnisse:*
Voraussetzung für den orientierten Schwänzeltanz ist, daß die Bienen Sicht zur Sonne oder – falls diese verdeckt ist – zum blauen Himmel haben. Durch Drehen der Polarisationsfolie können wir die Richtung des Schwänzellaufes nach Belieben ablenken.

Dies ist ein Nachweis für die Empfindlichkeit des Bienenauges für polarisiertes Licht. Ferner zeigen diese Versuche, daß die Bienen sich anhand dieser Schwingungsrichtung und des Polarisationsmusters am blauen Himmel nach dem Sonnenstand orientieren können (*»Sonnenkompaßorientierung«*).

3.6.5 Weiterführende Arbeiten

3.6.5.1 Untersuchungen zur Struktur und Funktion der Geruchssinnesorgane

Für die Biene ist – neben dem optischen Sinn – der *Geruchssinn* von größter Bedeutung. Mit Hilfe der Dressurmethode können wir seine Leistungsfähigkeit untersuchen (VON FRISCH 1919, 1965, 1977). Lokalisiert sind die Geruchssinnesorgane an *Porenplatten* des Bienenfühlers. Über ihre grobe Struktur gibt das Lichtmikroskop, über ihren Feinbau und ihre Funktionsprinzipien das Elektronenmikroskop und die Elektrophysiologie Aufschluß (VON FRISCH 1921, LACHER 1964, LACHER & SCHNEIDER 1963, MARTIN 1964, 1965).

3.6.5.2 Lernen, Gedächtnis und Vergessen bei Bienen

Die Orientierungsleistungen und die Kommunikation der Bienen erfordern ein hohes Maß an Lern- und Gedächtnisfähigkeit. Die Lerndisposition, bestimmte Signale der Umwelt als Futterzeichen auszuwählen, sind bei den verschiedenen Bienenrassen erblich festgelegt. Hierbei wird eine Hierarchie der Lernsignale deutlich: Beispielsweise erlernt eine Biene den Duft eines Signals sehr viel schneller als dessen Farbe oder Muster. Anregungen für Untersuchungen zum Lernen, Gedächtnis und Vergessen bei Bienen enthalten die Arbeiten von LAUER & LINDAUER (1971, 1973), LINDAUER (1973, 1974) und MENZEL (1983).

Literatur

Autrum, H., Jung, R., Loewenstein, W. R., MacKay, D. M., & Teuber, H. L. (Hrsg.), 1971–1978: Handbook of sensory physiology. 9 Bände mit mehreren Lieferungen. Berlin/Heidelberg/New York, Springer.
Eckert, R., 1986: Tierphysiologie. Mit Beiträgen von D. Randall. Übersetzt und bearbeitet von R. Apfelbach unter Mitarbeit von E. Weiler. Stuttgart/New York, Thieme.
Frisch, K. v., 1919: Über den Geruchssinn der Biene und seine blütenbiologische Bedeutung. Zool. Jb., Abt. allg. Zool. u. Physiol. 37, 1–238.
Frisch, K. v., 1921: Über den Sitz des Geruchssinnes bei Insekten. Zool. Jb., Abt. allg. Zool. u. Physiol. 38, 1–68.
Frisch, K. v., 1965: Die Tanzsprache und Orientierung der Bienen. Berlin/Heidelberg, Springer.
Frisch, K. v., 1977: Aus dem Leben der Bienen. 9. Auflage. Berlin/Heidelberg/New York, Springer.
Lacher, V., 1964: Elektrophysiologische Untersuchungen an einzelnen Rezeptoren für Geruch, Kohlendioxid, Luftfeuchtigkeit und Temperatur auf der Antenne der Arbeitsbiene und der Drohne *(Apis mellifera)*. Z. vergl. Physiol. **48**, 587–623.
Lacher, V. & Schneider, D., 1963: Elektrophysiologischer Nachweis der Riechfunktion von Porenplatten auf den Antennen der Drohne und der Arbeitsbiene *(Apis mellifera)*. Z. vergl. Physiol. **47**, 274–278.
Lauer, J. & Lindauer, M., 1971: Genetisch fixierte Lerndisposition bei der Honigbiene. Mainzer Akad. d. Wiss. u. d. Lit.. Wiesbaden, Franz Steiner.
Lauer, J. & Lindauer, M., 1973: Die Beteiligung von Lernprozessen bei der Orientierung. Fortschritte d. Zoologie **21**, 349–370.

Lindauer, M., 1973: Lernen und Gedächtnis – Neue Erkenntnisse über das Tierexperiment. Der mathematische und naturwissenschaftliche Unterricht **26**, 412–419.
Lindauer, M., 1974: Lernen, Gedächtnis, Vergessen. Wiesbaden, Franz Steiner.
Lindauer, M., 1975: Verständigung im Bienenstaat. Stuttgart, Gustav Fischer.
Martin, H., 1964: Nahorientierung der Biene im Duftfeld, zugleich ein Nachweis für die Osmotropotaxis bei Insekten. Z. vergl. Physiol. **48**, 481–533.
Martin, H., 1965: Leistungen des topochemischen Sinnes bei der Honigbiene. Z. vergl. Physiol. **50**, 254–292.
Menzel, R., 1983: Neurobiology of learning and memory: The honeybee as a modelsystem. Naturwissenschaften **70**, 504–511.
Michener, Ch., 1974: The social behavior of the bees. Cambridge, Harvard University Press.
Siewing, R., 1980: Lehrbuch der Zoologie. Band I: Allgemeine Zoologie. 3. Auflage. Stuttgart, Gustav Fischer.
Wilson, E. O., 1971: The insect societies. Cambridge, Harvard University Press.

Unterrichtsmaterial

Frisch, K. v. & Lindauer, M., 1977: Nachweis des Farbensehens bei der Honigbiene. F, T (Komm. dt.), 87 m, 8 min. C 1263. IWF, Göttingen.
Frisch, K. v. & Lindauer, M., 1979: Entfernungs- und Richtungsweisung bei der Honigbiene – Rund- und Schwänzeltanz. F, T (Komm. dt. oder engl.), 209 m, 19 1/2 min. C 1335. IWF, Göttingen.

3.7 Schwimmen von Fischen
Benno Darnhofer-Demar

3.7.1 Einleitung

3.7.1.1 Fortbewegungsweisen von Fischen

In diesem Kapitel wollen wir uns die Fortbewegungsweisen von Fischen etwas genauer ansehen. Am häufigsten und am weitesten verbreitet ist das Schwimmen im Wasser, auf dessen verschiedene Erscheinungsformen wir uns hier beschränken wollen. Daneben sind bei Fischen seltenere, aber auch sehr interessante Fortbewegungsweisen zu beobachten, die hier nur kurz erwähnt seien:

Zahlreiche Fische graben sich mehr oder weniger tief in weiche Sedimentböden ein, um dort versteckt zu ruhen oder zu lauern.

Andere Fische kriechen auf dem Untergrund, wobei sie als Beinchen die paarigen Flossen, wie die Anglerfische (Antennariidae), oder nur die vorderen freien Flossenstrahlen der Brustflossen, wie die Knurrhähne (Triglidae), benützen. Der in der Tiefsee lebende Stelzenfisch *Benthosaurus* steht auf extrem verlängerten Schwanz- und Bauchflossen. Bei der Fortbewegung auf Hartsubstraten spielen Saugnäpfe eine wichtige Rolle, die bei Meergrundeln (Gobiidae) aus den Bauchflossen, bei den Saugfischen (Gobioesocidae) aus Brust- und Bauchflossen gebildet worden sind.

Manche Fische können sich auch an Land gezielt vorwärts bewegen: Aale können in feuchten Nächten größere Strecken sich schlangenartig schlängelnd zurücklegen. Andere Arten benützen ihre paarigen Flossen wie Beinchen, wie z. B. der Schlammspringer *Periophthalmus*, der sogar im Mangrovedickicht gut klettern kann. Der Kletterfisch *Anabas* schnellt sich auf der Seite liegend durch Rumpfschläge vorwärts, wobei er sich jeweils mit dem Kiemendeckel am Untergrund festhakt.

Sogar das Fliegen in der Luft haben auch die Fische entdeckt. Es kommt sowohl passiver Gleitflug mithilfe flügelartig vergrößerter Brustflossen bei den Fliegenden Fischen (Exocoetidae) wie auch aktiver Schwirrflug mithilfe von extrem kräftiger Muskulatur zu hochfrequentem Flügelschlag angetriebenen Brustflossen bei den Beilbauchfischen (Gasteropelecidae) vor.

Als seltene Spezialisierung seien noch die Schiffshalter (Echeneidae) angeführt, die sich mit der zu einer Saugscheibe umgebildeten vorderen Rückenflosse an größeren Fischen festhalten und die auf diese Weise größere Strecken ohne eigene Anstrengung zurücklegen.

3.7.1.2 Prinzipien der Vortriebserzeugung

Die überwältigende Fülle verschiedener Schwimmbewegungen von Fischen läßt drei Prinzipien erkennen, nach denen die für die Fortbewegung nötige Kraft erzeugt wird: das Tragflächenprinzip, das Widerstandsprinzip und das Rückstoßprinzip.

Das *Tragflächenprinzip* in seiner allgemeinen Form bedeutet, daß an einem flachen Gegenstand, der mit einem Anstellwinkel größer als Null durch das Wasser bewegt wird, eine Kraft quer zur Bewegungsrichtung auftritt (Abb. 3.7.1a). Dies trifft vor allem für das am weitesten verbreitete Schlängelschwimmen, bei dem der Rumpf bzw. die unpaaren Flossen abwechselnd hin und her bewegt werden, zu. Das Prinzip, nach dem hierbei Vortrieb entsteht, sei an Abb. 3.7.1b erläutert, die den Bewegungsablauf eines

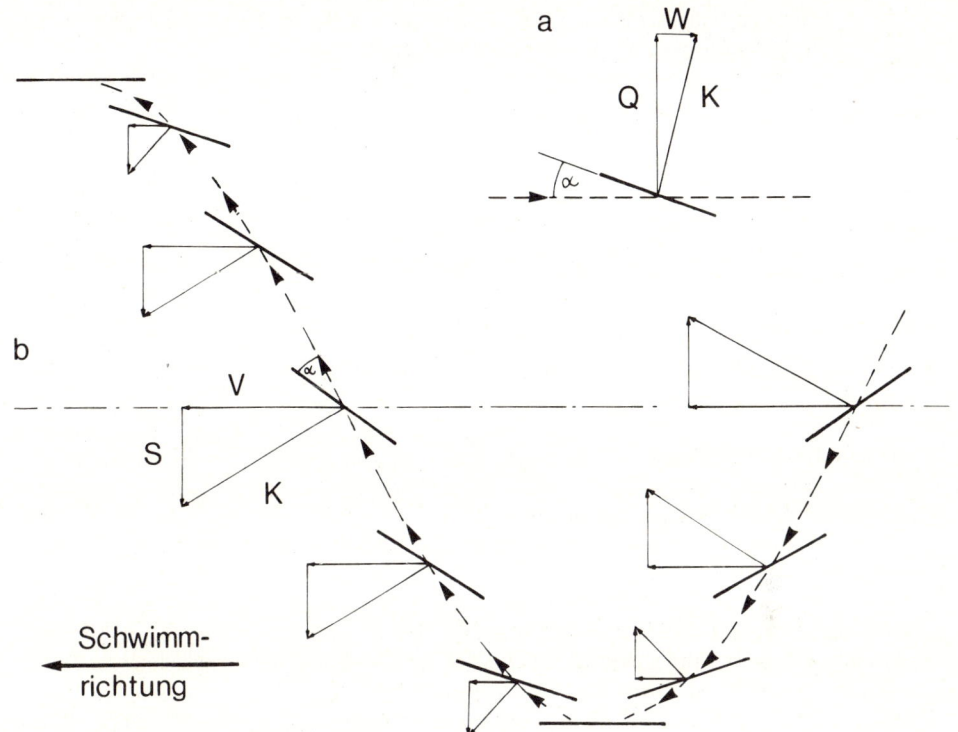

Abb. 3.7.1: Tragflächenprinzip.
a) Wird eine Flosse unter dem Anstellwinkel α angeströmt, wirkt auf sie eine hydrodynamische Kraft K, die sich aus dem Strömungswiderstand W in Anströmungsrichtung und der Querkraft Q senkrecht zu ihr zusammensetzt;
b) Kräfteschema beim Schwanzschlag eines Fisches. Die Schwanzflosse pendelt nicht nur seitlich (gestrichelte Pfeile), sondern macht auch Drehschwingungen um eine Hochachse mit. Dadurch wird der Anstellwinkel α laufend so verändert, daß die hydrodynamische Gesamtkraft K fast in der ganzen Periode positive Komponenten V in Schwimmrichtung liefert. Die seitwärts gerichteten Komponenten S heben sich über eine Periode gemittelt gegenseitig auf

Schwanzflossenschlags in ruhendem Wasser zeigt. Die Schwanzflosse wird nicht parallel zu ihrer Oberfläche, sondern unter einem Anstellwinkel α durchs Wasser bewegt. Infolge der Anströmung unter diesem Anstellwinkel entsteht an der Flosse eine hydrodynamische Kraft K, deren Größe und Richtung sich während des Schwanzschlags ändert. Sie ist jedoch immer schräg vorwärts gerichtet. Ihre in Lokomotionsrichtung liegenden Komponenten V summieren sich zum Vortrieb, ihre seitlichen Komponenten S heben sich während eines Hin- und Herschlags gegenseitig auf. Das hier am Beispiel eines Schwanzflossenschlags gezeigte Prinzip gilt nicht nur für die Bewegung einzelner Flossen, sondern auch für langgestreckte Rümpfe und Flossensäume.

Das *Widerstands-* oder *Ruderprinzip* wird z. B. dort angewendet, wo eine Flosse mit senkrecht zur Bewegungsrichtung ausgebreiteter Fläche nach hinten geschlagen, aber mit zusammengefalteter Fläche parallel zur Bewegungsrichtung wieder nach vorne gezogen wird. Als Lokomotionskraft wirkt die Differenz der Strömungswiderstände, die bei den entgegengerichteten Bewegungen sehr verschieden groß sind.

Das *Rückstoß-* oder *Raketenprinzip* wird von Fischen angewandt, die durch das plötzliche Ausstoßen von Wasser einen Impuls in entgegengesetzter Richtung gewinnen. Während das Ausstoßen von Wasser aus dem Mund zum Zwecke des Bremsens weit verbreitet scheint, wird das Beschleunigen durch Ausstoßen von Wasser durch die Kiemenspalten nur von wenigen, meist langsamen Fischen, wie einigen Anglerfischen (Antennariidae) oder Kugelfischen (Tetraodontidae) genutzt, deren kleine und eher runde Kiemenöffnungen zu diesem Zwecke besonders geeignet erscheinen.

3.7.1.3 Schwimmtypen der Fische

Die ungeheure Mannigfaltigkeit der Schwimmweisen bei Fischen wird seit der umfangreichen Untersuchung von BREDER (1926) nach der Beteiligung der verschiedenen Flossen und Rumpfabschnitte in eine Reihe von Schwimmtypen aufgeteilt, die durch neuere Forschungsergebnisse modifiziert worden ist (vgl. LINDSEY 1978). Hierbei konnte man – wie so oft in der Funktionsmorphologie – eine auffällige Korrelation zwischen Körperbau und Fortbewegungsweise erkennen. Die Schwimmtypen kann man in vier Gruppen zusammenfassen: Schwimmen mithilfe des Körperstammes, Schwimmen mithilfe der unpaaren Flossen, Schwimmen mithilfe der paarigen Flossen und schließlich Schwimmen mittels Rückstoßprinzips. Auf letzteres will ich nicht mehr genauer eingehen. Eine Übersicht über alle anderen Schwimmtypen mit konkreten Beispielen gibt Abb. 3.7.2.

Unter *Schwimmen mit Hilfe des Körperstammes* werden alle Schwimmformen zusammengefaßt, bei denen durch rechts-links alternierende Kontraktionen der Stammmuskulatur nach hinten wandernde seitliche Wellenbewegungen des Körpers erzeugt werden.

Anguilliformes Schwimmen ist das schlangenartige Seitwärtsschlängeln, das wir in der Regel bei aalförmig gebauten Fischen (aber auch bei schwimmenden Schlangen) beobachten können. Die Welle, die sich über den Körper nach hinten bewegt, ist immer deutlich kürzer als der Körper. Man kann also in jedem Moment der Bewegung mehr als eine Wellenlänge am Körper erkennen (Abb. 3.7.3). Die Amplitude dieser Welle ist vorne am Kopf am kleinsten. Sie nimmt nach hinten bis zur Schwanzspitze zu. Die Wirksamkeit dieser Bewegung wird häufig noch durch langgestreckte unpaare Flossen oder Flossensäume gesteigert. Das anguilliforme Schwimmen ist nicht sehr effektiv und erlaubt keine hohen Geschwindigkeiten. Sein Vorteil ist vor allem darin zu sehen, daß das gleiche Bewegungsmuster auch zur Fortbewegung in und auf anderen Substraten, wie auch zum Graben im Schlamm und zum Kriechen in engen Lückensystemen oder auf festem Boden sogar außerhalb des Wassers dienen kann. Auch Rückwärtsschwimmen ist durch einfache Bewegungsumkehr der Körperwelle möglich.

Subcarangiformes Schwimmen unterscheidet sich vom anguilliformen graduell durch eine geringere Amplitude der Seitwärtsbewegungen der vorderen Körperhälfte und darin, daß die Wellenlänge der Bewegung etwa gleich lang bis wenig kürzer als der Körper ist. Dies ist der Schwimmtyp von Fischen mit »typischer« Fischform, wie z. B. Weißfischen (Cyprinidae) oder Forellen-Verwandten (Salmonidae). Der Körper ist länglich spindelförmig, der Schwanzquerschnitt hoch und schmal, die Schwanzflosse kann höher als lang und hinten gerade oder leicht konkav begrenzt sein. Die im Vergleich zum anguilliformen Schwimmen höhere Effizienz des subcarangiformen Schwimmens ermöglicht höhere Schwimmgeschwindigkeiten. Besonders gut eignet sich dieser

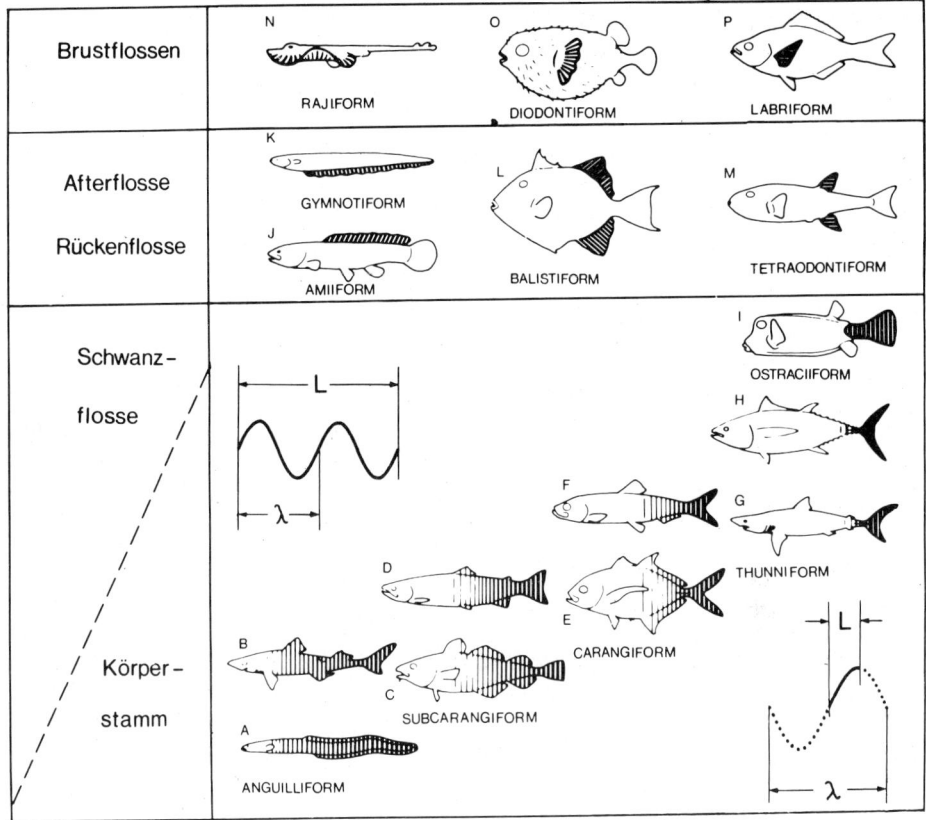

Abb. 3.7.2: Die Schwimmtypen der Fische, angeordnet nach den Vortrieb erzeugenden Körperteilen (dunkel schraffiert) und dem Verhältnis Wellenlänge λ der Bewegung zur Länge l von Rumpf bzw. Flossen. Als Beispiele sind folgende Arten abgebildet:

A Flußaal *Anguilla anguilla*
B Dornhai *Squalus acanthias*
C Kabeljau *Gadus morrhua*
D Regenbogenforelle *Salmo gairdneri*
E Stachelmakrele *Caranx hippos*
F Hering *Clupea harengus*
G Makrelenhai *Isurus glaucus*
H Thunfisch *Thunnus albacares*
I Kofferfisch *Ostracion tuberculatum*
J Schlammfisch *Amia calva*
K Messeraal *Gymnotus carapo*
L Drückerfisch *Balistes capriscus*
M Kugelfisch *Lagocephalus laevigatus*
N Marmorrochen *Raja undulata*
O Igelfisch *Diodon holocanthus*
P Brandungsbarsch *Cymatogaster aggregata*

Schwimmtyp auch zum kurzzeitigen Beschleunigen aus dem Stand (z. B. Schnellstart der Forelle).

Carangiformes Schwimmen unterscheidet sich wiederum nur graduell vom vorhergehenden Schwimmtyp. Nur das letzte Körperdrittel (Schwanz und Schwanzflosse) zeigt einen deutlichen seitlichen Ausschlag, während der vordere Körperabschnitt fast gerade gehalten wird. Da die Wellenlänge der Bewegung in der Regel deutlich größer ist als die Körperlänge, ist das Rückwärtslaufen dieser Welle kaum zu erkennen. Die Bewegung macht den Eindruck eines seitlichen Pendelns des Schwanzes. Fische des carangiformen Schwimmtyps sind häufig deutlich höher als breit gebaut. Ihre lange Schwanzflosse ist gegabelt und sitzt an einem dünnen Schwanzstiel. Gegenüber dem subcarangiformen

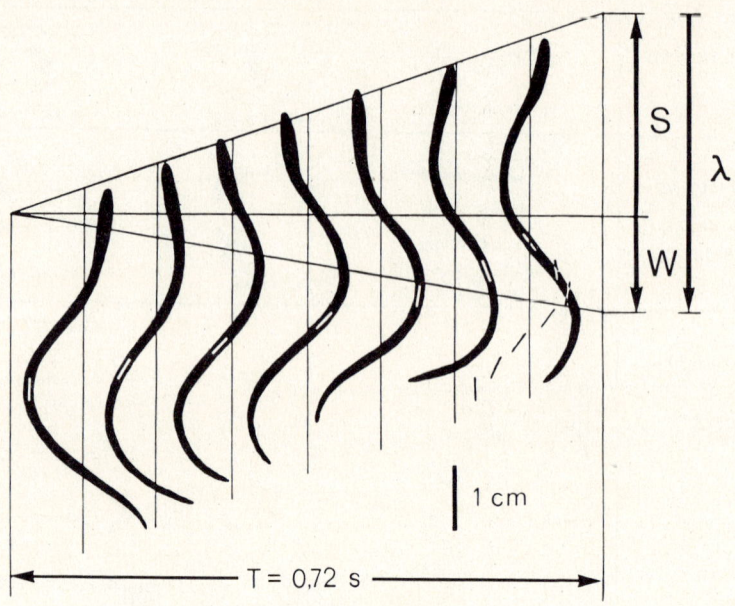

Abb. 3.7.3: Bewegungsstadien eines jungen Flußaals *(Anguilla anguilla)* im Abstand von 0,09 s. In einer Schwingungsperiode T legt der Körper gegenüber dem Wasser die Strecke S zurück, die Welle gegenüber dem Wasser die Strecke W und gegenüber dem Körper die Strecke λ. Der Weg eines Rumpfausschnitts (z. B. weiße Marke) durch das Wasser entspricht dem der Schwanzflosse in Abb. 3.7.1b. Das dortige Kräfteschema ist qualitativ auf den Aal übertragbar

Schwimmtyp stellt der carangiforme Schwimmtyp eine weitere Steigerung der Anpassung an höhere Schwimmgeschwindigkeiten durch Konzentration des Antriebs auf die Schwanzflosse dar. Das Schnellstartvermögen ist jedoch geringer.

Thunniformes Schwimmen, das über Zwischenformen mit dem carangiformen Schwimmtyp verbunden ist, erreicht die höchsten Geschwindigkeiten. Hierbei wird der stromlinienförmige Rumpf von angenähert rundem Querschnitt völlig steif gehalten. Die Seitwärtsbewegung wird auf Schwanzstiel und Schwanzflosse beschränkt, im Extremfall auf Drehung in nur zwei Gelenken, eines zwischen Rumpf und Schwanzstiel, das andere zwischen Schwanzstiel und Schwanzflosse. Überhaupt sind Schwanzstiel und Schwanzflosse auffallend abweichend gebaut (Abb. 3.7.4): Die Schwanzflosse ist mondsichelförmig. Ihre Höhe, die häufig größer ist als der größte Rumpfdurchmesser, beträgt immer ein Mehrfaches ihrer Tiefe. Die Schwanzflosse ist außerordentlich steif und unbeweglich. Ihr Querschnitt ähnelt einem symmetrischen Tragflächenprofil. Der Schwanzstiel ist sehr niedrig und trägt seitliche Kiele. Sein Querschnitt ist breiter als hoch. Schwanzflosse und Schwanzstiel werden über kräftige Sehnen bewegt, an denen die Rumpfmuskeln angreifen. Beim thunniformen Schwimmtyp geschieht der hydrodynamische Vortrieb ausschließlich über die Schwanzflosse, die wie eine Tragfläche unter optimalen Anstellwinkeln hin- und herbewegt wird, und dies mit höchster Effizienz. Der übrige Körper ist so gebaut, daß er nur ein Minimum an Strömungswiderstand hervorruft. Dieser Schwimmtyp kommt nur bei Fischen vor, die höchste Geschwindigkeiten ausnützen, die Großräuber des offenen Meeres wie Thunfische (Scombridae) und Makrelenhaie (Isuridae). Die Nachteile dieses Schwimmtyps sind geringe Manövrierbarkeit und geringe Effizienz bei niedrigen Geschwindigkeiten sowie ein schlechtes Bremsvermögen.

Ostraciformes Schwimmen wird das einfache Pendeln der Schwanzflosse um eine vertikale Achse bei sonst unbewegtem Rumpf genannt. Da hierbei der Anstellwinkel der bewegten Flosse ungünstig ist, ist dieser Schwimmtyp wenig ökonomisch und läßt nur niedrige Geschwindigkeiten zu. Als Beispiele seien neben Kofferfischen (Ostraciontidae) Harnischwelse (Loricariidae) und Zitterrochen *(Torpedo)* genannt. Bei keiner Fischart kommt dieser Schwimmtyp als einziger vor.

Unter *Schwimmen mit Hilfe der unpaaren* Flossen werden die Schwimmtypen zusammengefaßt, bei denen Vortrieb durch wellenförmige Bewegungen von After- bzw. Rückenflossen erzeugt wird. Wie beim Schwimmen mithilfe der Stammuskulatur wird die Vortriebskraft hierbei nach dem Tragflächenprinzip erzeugt. Diese Schwimmtypen erlauben eine sehr genaue Steuerung sowohl vorwärts wie rückwärts (durch Bewegungsumkehr), allerdings nur sehr niedrige Geschwindigkeiten. Von manchen Fischen werden diese Schwimmtypen zum unbemerkten Anschleichen an Beutetiere benützt. Um höhere Geschwindigkeiten zu erreichen, setzen viele langgestreckte Fische den subcarangiformen Schwimmtyp ein.

Amiiformes Schwimmen bedient sich einer saumartig langgestreckten Rückenflosse, über die gleichzeitig mehrere Wellen je nach gewählter Bewegungsrichtung vorwärts oder rückwärts bewegt werden. Der Körper wird hierbei – außer beim Kurvenschwimmen – gerade gehalten. Beispiele für amiiformes Schwimmen sind der Nilhecht *(Gymnarchus)* und das Seepferdchen *(Hippocampus).*

Gymnotiformes Schwimmen bedient sich der saumartig langgestreckten Afterflosse für den gleichen Bewegungsablauf wie beim amiiformen Schwimmen. Beispiele für gymnotiformes Schwimmen in der namengebenden Ordnung sind der Zitteraal *(Electrophorus)*, der Messeraal *(Gymnotus)* und der Messerfisch *(Eigenmannia)*.

Balistiformes Schwimmen ist der Schwimmtyp, bei dem Rücken- und Afterflosse gleichzeitig eingesetzt werden. Die Bewegung der einzelnen Flossen erfolgt wie bei den beiden vorausgehenden Schwimmtypen. Da jedoch Rücken- und Afterflosse auch gegensinnig bewegt werden können, ermöglicht das balistiforme Schwimmen zusätzlich noch sehr genaue Drehungen um die Querachse, dies besonders bei kurz und hoch gebauten

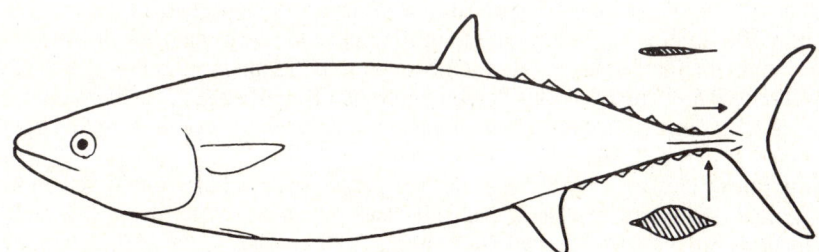

Abb. 3.7.4: Der Pelamide *Sarda sarda* als Beispiel eines schnellen Hochseeschwimmers aus der Thunfischverwandtschaft. Der strömungsgünstige spindelförmige Rumpf läuft nach hinten in einen niedrigen Schwanzstiel mit seitlichen Längskielen aus. Die mondsichelförmige Schwanzflosse ist sehr steif und nur um eine Vertikalachse an ihrer Basis gegen den Schwanzstiel schwenkbar. Erste Rücken-, Brust- und Bauchflosse sind in passende Vertiefungen des Rumpfes zurückgeklappt, ohne zusätzlichen Widerstand zu erzeugen. Die Querschnitte an den durch Pfeile angegebenen Stellen sind im doppelten Maßstab eingezeichnet

Fischen wie den Drückerfischen (Balistidae), den Segelflossern *(Pterophyllum)* oder den – allerdings auf der Seite liegenden – Plattfischen (Pleuronectiformes). Aber auch bei aalartigen Fischen wie der Muräne *(Muraena)* kommt dieser Schwimmtyp vor. Er eignet sich besonders für langsame, aber sehr genaue Bewegungen in der eingeengten Umgebung von Riff- und Höhlenbewohnern.

Tetraodontiformes Schwimmen läuft wie das balistiforme Schwimmen ab, jedoch mit dem wesentlichen Unterschied, daß die beteiligten Rücken- und Afterflossen nicht als Flossensaum, sondern kurz und paddelartig ausgebildet sind. Die Flossen sind immer sehr viel kürzer als die Länge der von ihnen ausgeführten Wellenbewegung. Eine Flosse führt eine Drehbiegeschwingung aus, die der Wriggen genannten Fortbewegung eines Bootes mittels eines einzigen Ruderblatts entspricht. Dieser Schwimmtyp ist nur von den Kugelfischverwandten (Ordnung Tetraodontiformes) bekannt, bei denen er in der Regel neben anderen Schwimmtypen vorkommt. Nur bei den hochseebewohnenden Mondfischen (Molidae) kennt man keinen anderen Schwimmtyp. Die Vorteile des tetraodontiformen Schwimmens entsprechen etwa dem des balistiformen.

Die Schwimmtypen, bei denen die *Brustflossen* Vortrieb erzeugen, können sehr kompliziert und schwer beschreibbar sein. Sie sind dementsprechend auch noch am wenigsten erforscht:

Rajiformes Schwimmen ist die Fortbewegungsweise der meisten Rochen (Ordnung Rajiformes). Der Körper der Rochen ist flach scheibenförmig. Seine seitlichen Teile werden von den nicht vom Rumpf abgesetzten Brustflossen gebildet. Zur Fortbewegung werden die Brustflossen in Wellen, die nach hinten wandern, bewegt. Geschwindigkeitsunterschiede zwischen rechts und links erzeugen Drehung um die Hochachse. Die Wellenlänge schwankt zwischen viel kürzer als die Brustflosse (z. B. Rajidae) bis zu wesentlich länger wie beim »Flügelschlag« der Adlerrochen (Myliobatidae).

Diodontiformes Schwimmen setzt sehr fein bewegliche und eher breite Brustflossen voraus. Vortriebskraft wird im wesentlichen wieder durch eine Wellenbewegung, die über die Flosse hinwegläuft, erzeugt. Die Wellenlänge ist viel kleiner als die Ausdehnung der Flosse. Dank der hohen Drehbarkeit der Flosse um die Querachse und die Möglichkeit der Bewegungsumkehr kann die Richtung der von einer Flosse erzeugten hydrodynamischen Kraft fast beliebig gewählt werden. Wenn der Drehpunkt des Fisches auf halber Strecke zwischen den Brustflossen liegt, dann kann sich der Fisch alleine mit beiden Brustflossen nicht nur um jede beliebige Achse drehen, sondern auch in jede beliebige Richtung beschleunigen. Die hochfrequenten Flossenbewegungen des diodontiformen Schwimmtyps mögen vergleichsweise ineffizient sein, sie ermöglichen aber feinste Manövrierbarkeit für Fische in räumlich beengten Verhältnissen. Außer den Kofferfischen (Diodontidae) kommt dieser Schwimmtyp den Kugelfischen (Tetraodontidae) und einigen Drückerfischen (Balistidae) zu. Sie alle verfügen noch über weitere Schwimmtypen.

Labriformes Schwimmen geschieht mit vergleichsweise schmalen und langen Brustflossen, die in komplizierten Schlagbahnen bewegt werden. Vereinfacht läßt sich ihre Bewegung als ein Vor- und Zurückklappen beschreiben, das so von einer Drehung um ihre Längsachse überlagert ist, daß ihr Widerstand nach hinten sehr viel größer ist als nach vorne. Die Lokomotionskraft wird also nach dem Ruderprinzip erzeugt. Ihre Größe und Richtung kann durch Änderung der Schlagbahn verstellt werden. Mit diesem Schwimmtyp erreichen Lippfische (Labridae) und Brandungsbarsche (Embiotocidae) relativ große Geschwindigkeiten. Bei sehr niedrigen Geschwindigkeiten ist labriformes Schwimmen weit verbreitet.

Zum Verständnis der Schwimmtypen müssen noch einige allgemeine Bemerkungen angeführt werden:

1. Die Schwimmtypen beziehen sich primär nur auf die Fortbewegungsweise und nicht auf die Körperform oder eine Verwandtschaftsgruppe des Systems, auch wenn solche Beziehungen in manchen Fällen naheliegen.
2. Die einzelnen Schwimmtypen sind in der Regel nicht streng voneinander abgegrenzt, sondern durch Zwischenformen miteinander verbunden. Die Schwimmtypen dienen der beschreibenden Ordnung der sonst unübersichtlichen Fülle von Bewegungsmöglichkeiten. Sie sind nicht Selbstzweck. Ein Streit darüber, ob ein konkret beobachteter Fall z. B. »noch« als subcarangiform oder »schon« als carangiform zu bezeichnen ist, ist sinnlos.
3. Die überwiegende Mehrheit der Arten verfügt über mehrere Schwimmtypen, die je nach den Umständen eingesetzt werden können. Häufig werden gymnotiformes und amiiformes Schwimmen bei höheren Geschwindigkeiten durch anguilliformes, labriformes durch subcarangiformes ersetzt. Es können auch zwei Schwimmtypen gleichzeitig auftreten, z. B. tetraodontiformes und diodontiformes Schwimmen bei Kugelfischen im weiteren Sinne.

3.7.1.4 Wendemanöver und Bremsen

Kurven und Wendungen werden durch Asymmetrien in Bewegung oder Haltung von Körper und Flossen bewirkt. Das Bremsen geschieht durch Ausstellen der Flossen (Abb. 3.7.5). Hierbei kann man beobachten, daß auch die Flossenstrahlen der unpaaren Flossen aktiv gegen die Strömung gekrümmt werden können: Die angeströmte Seite der Flosse wird konkav gekrümmt. Das Bremsen kann durch das Ausstoßen von Wasser aus dem Munde unterstützt werden.

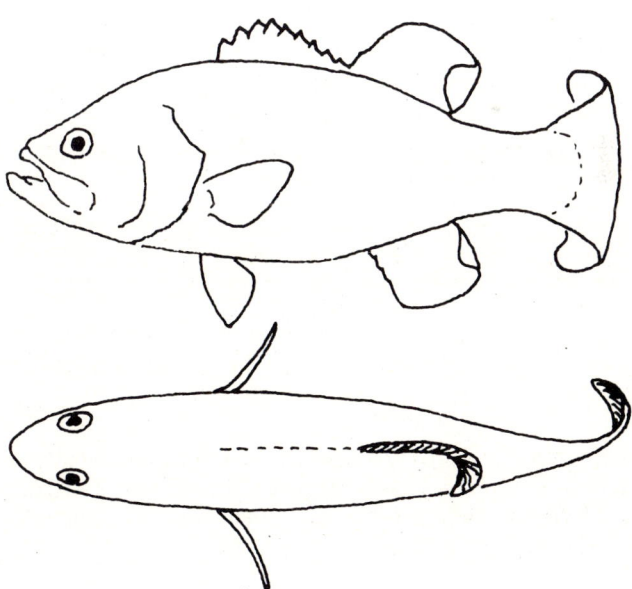

Abb. 3.7.5: Bremsender Sonnenbarsch *(Micropterus)*: Rücken- und Afterflosse werden auf einer Seite, die Schwanzflosse wird auf der anderen Seite der Strömung entgegengehalten

3.7.1.5 Die Kinematik des Schwanzschlagschwimmens

Die Kinematik des Schwanzschlagschwimmens ist bei den anguilliformen bis thunniformen Schwimmtypen prinzipiell gleich: Seitliche Schlängelbewegungen wandern von vorne nach hinten über den Fischkörper. Die Amplitude dieser Bewegung erreicht ihr Maximum am Hinterende. Bei gleichförmiger Schwimmgeschwindigkeit V schlängelt sich der Fisch mit gleichbleibender Frequenz F. Das Wandern der Bewegungswelle (mit der gleichbleibenden Wellenlänge λ) ist beim anguilliformen Schwimmen leicht zu registrieren (Abb. 3.7.3). Sie wandert in einer Periode (T = 1/F) genau um eine Wellenlänge über den Fischkörper nach hinten, während sich der Fisch gleichzeitig um die Strecke S nach vorne durch das Wasser bewegt. Damit im flüssigen Medium überhaupt Vortriebskräfte auftreten können, muß λ immer größer als S sein: Die Wellenberge wandern entgegengesetzt zur Lokomotionsrichtung durch das Wasser, demgegenüber sie in einer Periode die Strecke W zurücklegen. Für die in einer Periode zurückgelegten Strecken, die den Absolutbeträgen der Geschwindigkeiten entsprechen, gilt

(1) $\lambda = S + W$.

Verfolgt man die Bewegung eines Körperausschnittes (z. B. weiß markierte Teile in Abb. 3.7.3; im rechten Stadium nochmals gemeinsam eingezeichnet), so erkennt man, daß sich das betrachtete Körperstück auf einem wellenförmigen Weg der Wellenlänge S fortbewegt, und zwar nicht entlang seiner Längsachse, sondern unter einem veränderlichen spitzen Winkel (dem Anstellwinkel α) zur jeweiligen Bewegungsrichtung. Die Bewegung eines Körperabschnitts beim anguilliformen Schwimmen entspricht also der Bewegung der Schwanzflosse beim carangiformen und thunniformen Schwimmen, wie sie in Abb. 3.7.1b dargestellt ist.

Bei letzteren Schwimmtypen läßt sich die Länge λ der Lokomotionswelle nur schwer erkennen, da λ relativ zur Körperlänge viel größer und die Amplituden im Rumpfbereich sehr viel kleiner sind als beim anguilliformen Schwimmtyp. Viel genauer lassen sich hier Bahn und Winkel der Schwanzflosse ausmessen. Aus dem Winkel β, den die Schwanzflosse beim Kreuzen der Bewegungsachse mit dieser einschließt, läßt sich die zugehörige Wellenlänge λ ausrechnen:

(2) $\lambda = A \pi / \tan \beta$.

Die Bewegung der Schwanzflosse kann näherungsweise auch als Biege-Drehschwingung beschrieben werden, die aus Überlagerung einer Biegeschwingung in der Horizontalebene mit einer phasenverschobenen Drehschwingung mit der Amplitude β um die Hochachse entsteht (HERTEL 1963).

Eine *Änderung der Schwimmgeschwindigkeit* könnte theoretisch durch die Änderung von Schwanzschlagfrequenz, Schwanzschlagamplitude oder Wellenlänge λ erfolgen. In der Praxis hat die Frequenz F die weitaus größte Bedeutung. Zwischen ihr und der Geschwindigkeit V hat man für Fische vom subcarangiformen und carangiformen Schwimmtyp eine lineare Beziehung gefunden (BAINBRIDGE 1958):

(3) $V = L (a \cdot F + b)$

Hierin bedeutet L die Körperlänge des Fisches. Der Proportionalitätsfaktor a schwankt von Art zu Art zwischen 0,5 und 0,9; bei der Mehrzahl der untersuchten Arten liegt er um 0,8. Der Achsenabschnitt b ist in der Regel negativ. Sein artspezifischer Betrag nimmt mit abnehmender Körpergröße zu. Die Beziehung (3) gilt nicht für sehr geringe Geschwindigkeiten unterhalb 1–2 L/s (= relative Geschwindigkeit V/L, gemessen in Körperlängen/Sekunde). Nur in diesem niedrigsten Bereich wächst die Amplitude A mit der Geschwindigkeit V. Es herrscht die Beziehung

(4) $\quad V = F \cdot A \cdot k$,

wobei k eine nur von wenigen Arten bekannte Konstante zwischen 2,4 und 4,4 ist (WEBB 1975). Am oberen Ende dieses Bereichs erreicht die Amplitude A ihren größten Wert von etwa 0,2 L, der auch bei allen höheren konstanten Geschwindigkeiten beibehalten wird. Diese Amplitudengröße scheint einen Optimalwert darzustellen, dessen Übertretung zu keiner weiteren Leistungssteigerung mehr führt.

Die Möglichkeit, die Geschwindigkeit durch Verlängerung der Lokomotionswelle λ zu steigern, ist beschränkt und erscheint nicht allgemein verbreitet zu sein. Sie soll beim anguilliformen Schwimmtyp vorkommen, und für die höchsten Geschwindigkeiten des thunniformen Schwimmtyps wird sie diskutiert (WARDLE & VIDELER 1980). Bisher fehlen quantitative Untersuchungen hierüber.

Aus Gleichung (3) geht hervor, daß die relative Geschwindigkeit V/L bei gleichbleibenden Parametern a und b allein durch die Frequenz F bestimmt ist. Diese Beziehung ist in Abb. 3.7.6b dargestellt. Da a für sehr unterschiedliche Arten wie z. B. Stachelmakrelen, Regenbogenforellen, Goldfische oder Guppies sehr ähnliche Werte hat, und b im Verhältnis zum gesamten Geschwindigkeitsbereich klein ist, bedeutet dies, daß der Bewegungsablauf beim carangiformen und subcarangiformen Schwimmen verschiedener Arten und verschieden großer Individuen sehr einheitlich ist: Bei hohen Geschwindigkeiten wird im Mittel pro Schwanzschlag bei einer Amplitude A = 0,2 L eine Strecke S = V/L · F ≈ 0,8 L zurückgelegt. Bei abnehmender Geschwindigkeit wird S progressiv kleiner, und zwar in Abhängigkeit von der Körpergröße (Abb. 3.7.7). Da die Unterschiede in der Größe von S/L als Unterschiede in der hydromechanischen Effizienz interpretiert werden, kann man annehmen, daß kleine Fische im niedrigen Geschwindigkeitsbereich über einen wirksameren Antriebsmechanismus verfügen als größere.

3.7.1.6 Geschwindigkeit und Körpergröße

Gleichung (3) zeigt, daß große Fische bei gleicher Schwanzschlagfrequenz schneller schwimmen als kleine, andererseits können große Fische jedoch nicht die hohen Frequenzen kleiner Fische erreichen. Welche Beziehung besteht zwischen Körpergröße und Schwimmgeschwindigkeit der Fische? Bekannt ist, daß große Fische im allgemeinen schneller – nicht jedoch wendiger – als kleine sind und daß es sehr große Artunterschiede gibt. Quantitativ läßt sich die Frage keineswegs einfach beantworten. Die Höchstgeschwindigkeit eines Fisches eignet sich schlecht für diese Fragestellung, da sie erstens meßtechnisch schwierig erfaßbar ist und zweitens nur über Sekunden aufrechterhalten werden kann. Was man leichter messen kann, sind Höchstgeschwindigkeiten, die unter begrenzten experimentellen Bedingungen in Strömungskanälen oder Schwimmtanks zu beobachten sind. Die unter verschiedenen Versuchsanordnungen ermittelten Daten sind jedoch nicht ohne weiteres miteinander und mit Daten aus dem Freiwasser vergleichbar. Als Beispiel sind in Abb. 3.7.8 die Maximalgeschwindigkeiten von *Trachurus symmetricus* im Strömungskanal eingezeichnet.

Es gibt auch einen indirekten Weg, die Höchstgeschwindigkeiten, die ein Fisch überhaupt erreichen kann, zu ermitteln. Diese hängt gemäß Beziehung (3) von der maxima-

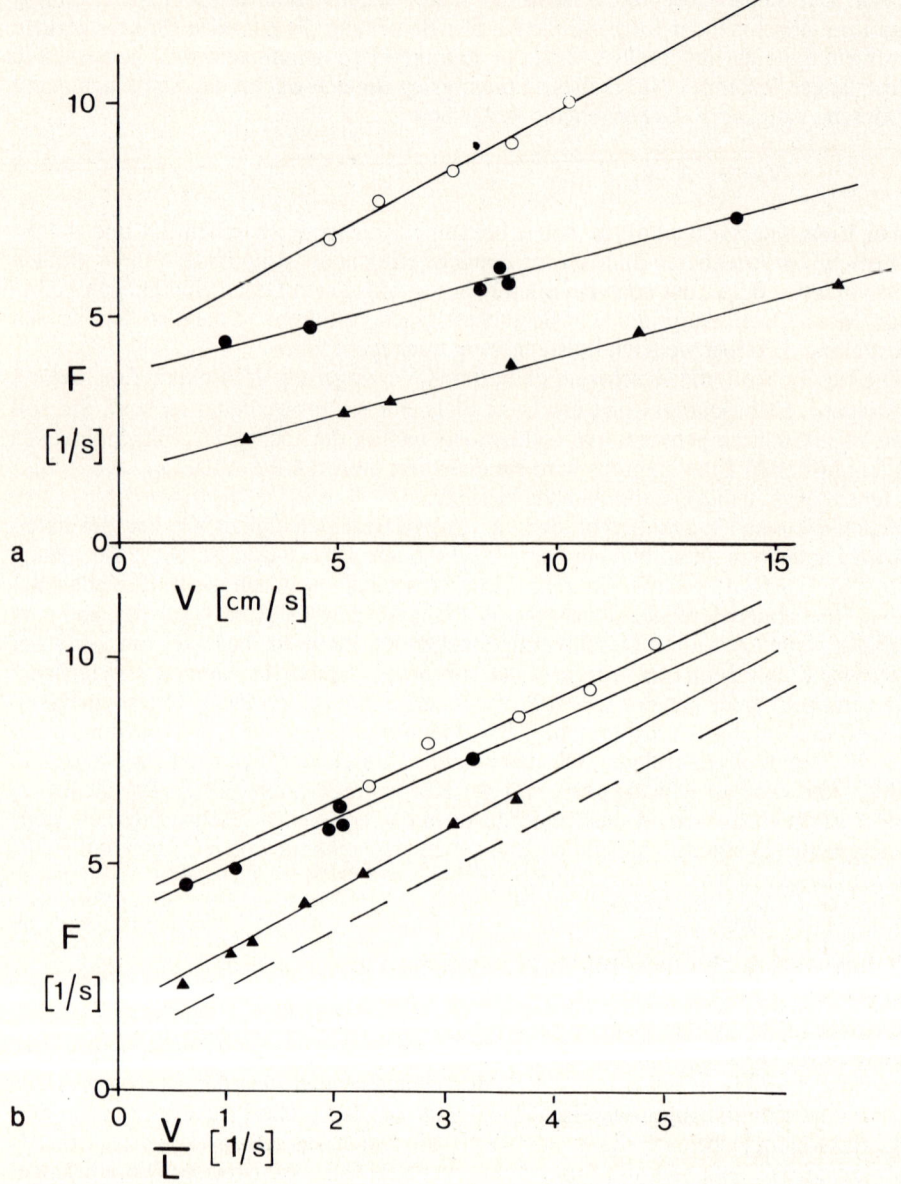

Abb. 3.7.6
a) Schwanzschlagfrequenz F in Beziehung zur Schwimmgeschwindigkeit V und
b) zur relativen Geschwindigkeit V/L dargestellt für *Poecilia reticulata*-Weibchen L = 2,1 cm (O) und L = 4,4 cm (●) und für *Danio aequipinnatus* L = 5,4 cm (▲). Die gestrichelte Linie gibt die von BAINBRIDGE (1958) für mehrere Arten gemittelte Beziehung V/L = 0,75 F − 1 wieder

Abb. 3.7.7
a) Pro Schwanzschlag zurückgelegter Teil der Körperlänge S/L in Beziehung zur Schwimmgeschwindigkeit V für *Danio aequipinnatus* L = 5,4 cm (A), *Trachurus sym-*

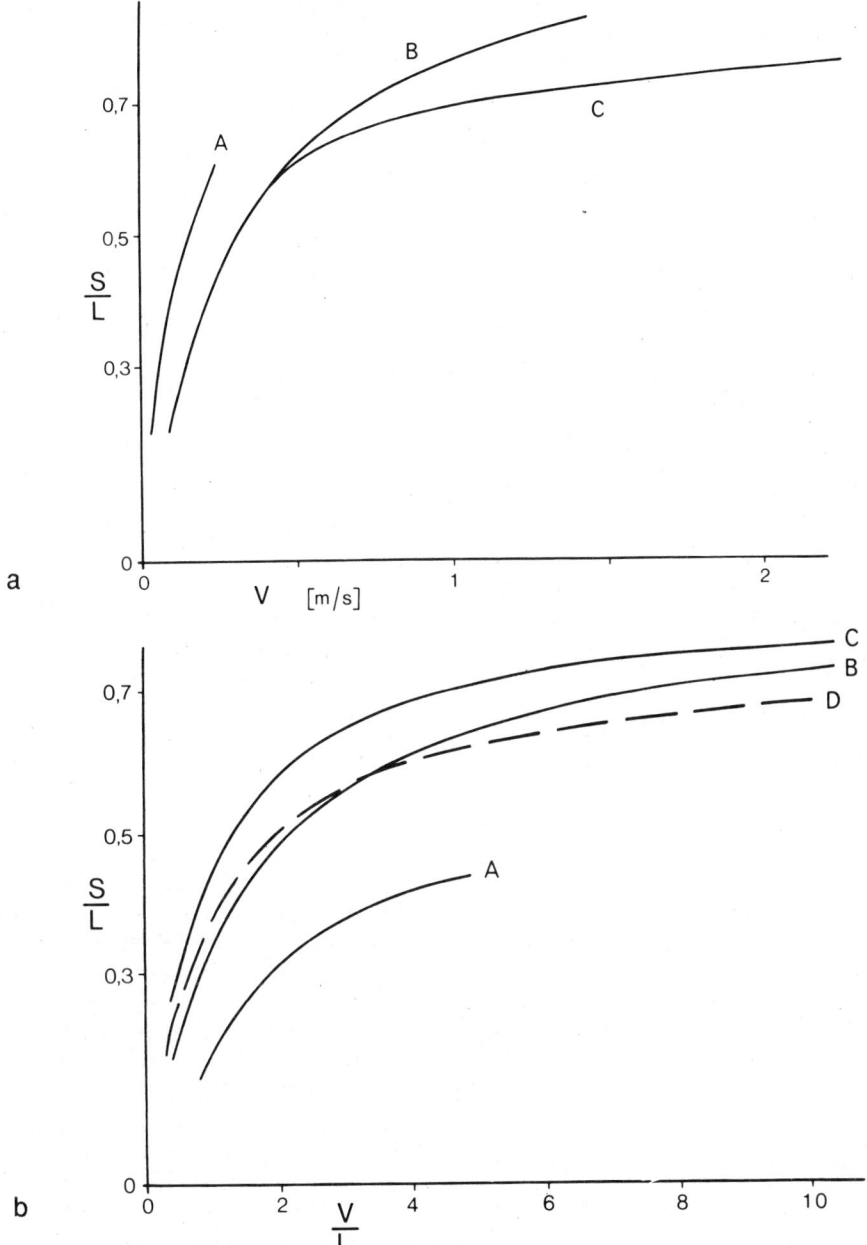

metricus L = 7,3 cm (B) und L = 25,3 cm (C). Die Kurven für *Trachurus* sind Mittelwerte zweier Größenklassen, berechnet aus den Daten von HUNTER & ZWEIFEL (1971)
b) Pro Schwanzschlag zurückgelegter Teil der Körperlänge S/L in Beziehung zur relativen Geschwindigkeit V/L für *Poecilia reticulata*-Weibchen L = 2,1 und L = 4,4 cm (A), *Trachurus symmetricus* L = 5 cm (B) und L = 25 cm (C). Gestrichelt ist die von BAINBRIDGE (1958) über mehrere Arten gemittelte Beziehung eingezeichnet (D). Angaben für *Trachurus* aus Daten von HUNTER & ZWEIFEL (1971) berechnet

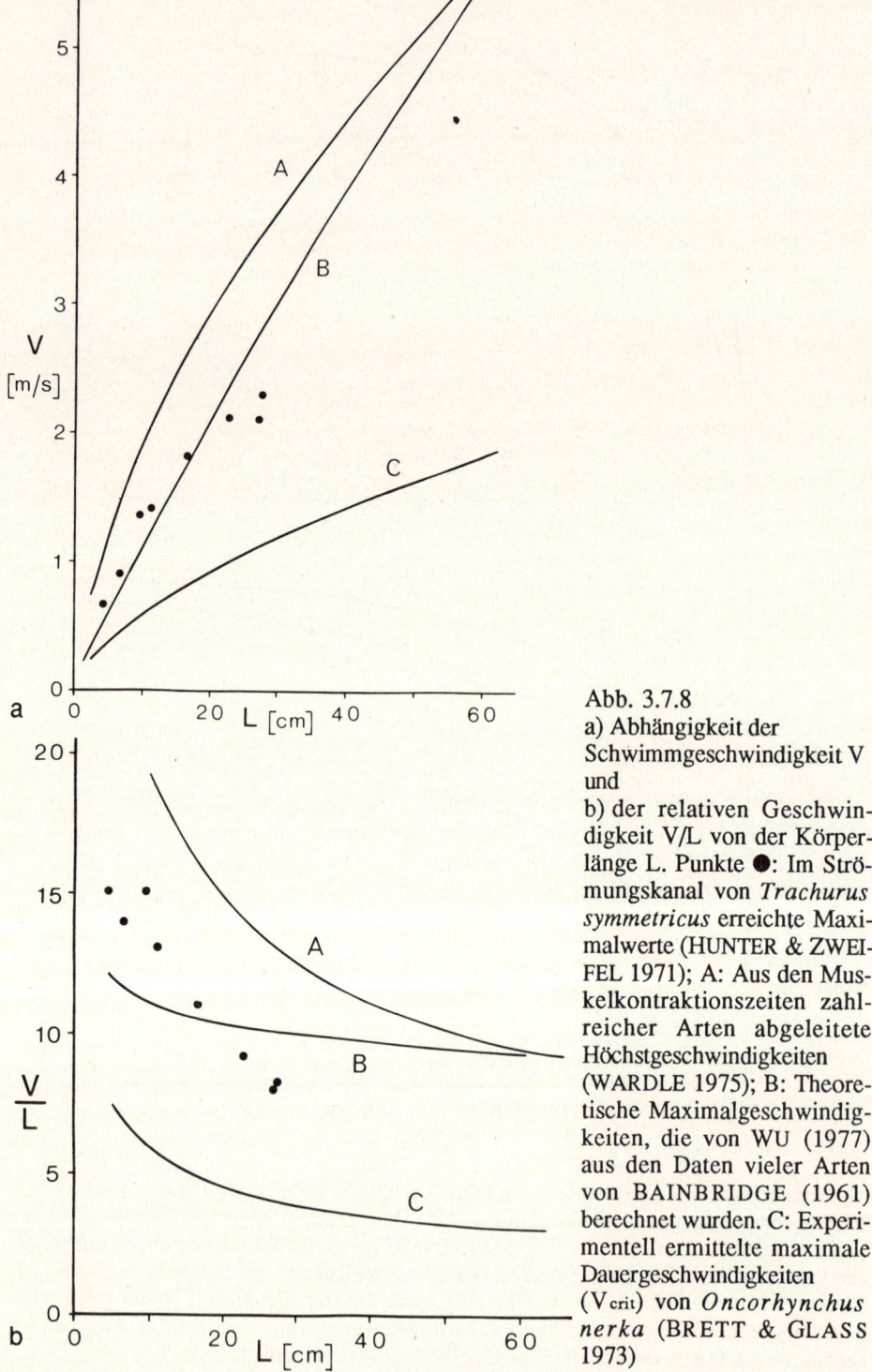

Abb. 3.7.8
a) Abhängigkeit der Schwimmgeschwindigkeit V und
b) der relativen Geschwindigkeit V/L von der Körperlänge L. Punkte ●: Im Strömungskanal von *Trachurus symmetricus* erreichte Maximalwerte (HUNTER & ZWEIFEL 1971); A: Aus den Muskelkontraktionszeiten zahlreicher Arten abgeleitete Höchstgeschwindigkeiten (WARDLE 1975); B: Theoretische Maximalgeschwindigkeiten, die von WU (1977) aus den Daten vieler Arten von BAINBRIDGE (1961) berechnet wurden. C: Experimentell ermittelte maximale Dauergeschwindigkeiten (V_{crit}) von *Oncorhynchus nerka* (BRETT & GLASS 1973)

len Schwanzschlagfrequenz ab, der durch die Kontraktionszeit der Muskeln eine obere Grenze gesetzt ist. Die minimalen Kontraktionszeiten von Muskeln lassen sich mit geeigneter Apparatur im Labor relativ leicht messen. Die so ermittelte Geschwindigkeits-Körpergrößen-Beziehung (Abb. 3.7.8) paßt gut zu zahlreichen anderen Befunden. Nur einige Thunfischverwandte schwimmen schneller als »erlaubt«. Die Erklärung dürfte darin liegen, daß die hierbei in Gleichung (3) eingesetzten Werte für die Parameter a und b nicht den noch unbekannten wirklichen Werten dieser Fische entsprechen.

Eine weitere Möglichkeit, die Geschwindigkeits-Körpergrößen-Beziehung zu erfassen, besteht darin, anstelle der Höchstgeschwindigkeit eine andere physiologisch definierbare Geschwindigkeit zu benutzen. Mit Erfolg benutzt wird die sogenannte *kritische Geschwindigkeit* (V_{crit}). Das ist die gleichbleibende Geschwindigkeit, die ein Fisch mindestens eine Stunde lang ermüdungsfrei durchhalten kann.

Diese Geschwindigkeit wird natürlich nicht nur von der Hydromechanik, sondern auch von der Leistungsfähigkeit von Stoffwechsel, Atmung und Kreislauf bestimmt, die bei verschiedenen Arten unterschiedlich ausgebildet ist. Dementsprechend sind größere Artunterschiede zu erwarten. Bisher sind nur wenige Arten genau untersucht, am genauesten der pazifische Blaurückenlachs *Oncorhynchus nerka* (Abb. 3.7.8).

Die auf so verschiedene Weisen ermittelten Befunde lassen sich gut miteinander vereinbaren und stützen folgende Proportionalität zwischen Geschwindigkeit V und Körperlänge L:

(5) $\quad V \sim L^{0.62} \quad$ bzw. $\quad \dfrac{V}{L} \sim L^{-0.38}$.

3.7.2 Seminarthemen

1. Welche konvergenten Anpassungen findet man bei den leistungsfähigen Schwimmformen unter den Haien, Knochenfischen, Walen und Pinguinen?
Literatur: HERTEL (1963), GRZIMEK's Tierleben, Bände 4, 5, 7 und 11.

2. Welche Leistungssteigerung im Körperbau der Fische vom carangiformen Schwimmtyp läßt sich im Laufe der Evolution erkennen?
Literatur: WEBB (1982).

3. In welchen Verwandtschaftsgruppen innerhalb der Knochenfische sind unabhängig voneinander Fische anguilliformen Schwimmtyps entstanden?
Literatur: GRZIMEK's Tierleben, Bände 4 und 5.

4. Welche hydrodynamische Bedeutung hat die heterozerke Schwanzflosse der Haie?
Literatur: THOMSON & SIMANEK (1977).

5. Welche Rolle spielen die Brustflossen beim langsamen Schwimmen der Thunfische? Welche Beziehung besteht zwischen Größe der Brustflossen und der Schwimmblase?
Literatur: MAGNUSON (1978).

6. Welche Beziehung bestimmt das optimale Längen-Dicken-Verhältnis schnell schwimmender Fische?
Literatur: HERTEL (1963).

3.7.3 Beschaffung und Pflege der Versuchstiere

Als Versuchstiere eignen sich zahlreiche der im Tierhandel erhältlichen Arten von süßwasserbewohnenden Aquarienfischen. Man achte bei der Auswahl darauf, Vertreter verschiedener Schwimmtypen zu erhalten: Carangiformes und subcarangiformes Schwimmen ist bei der überwiegenden Mehrzahl der Arten zu beobachten, labriformes Schwimmen häufig bei Kletterfischen (Anabantoidei) und einem Teil der Buntbarsche (Cichlidae), wie den Schlankbarschen *(Julidochromis)*, anguilliformes Schwimmen bei Arten mit aalförmigem Körper, z. B. Stachelaalen (Mastacembelidae) oder Dornaugen *(Acanthophthalmus)*, tetraodontiformes und diodontiformes Schwimmen bei Kugelfischen (Tetraodontidae), gymnotiformes Schwimmen bei Eigentlichen Messerfischen (Notopteridae), Echten Messeraalen (Gymnotidae), Schwanzflossen-Messeraalen (Apteronotidae) und den Amerikanischen Messerfischen (Rhamphichthyidae). Ausgeprägte Vertreter der nicht erwähnten Schwimmtypen fehlen unter den Süßwasseraquarienfischen. Große Fische sind häufig kleineren vorzuziehen, da sie sich nicht nur infolge ihrer Größe, sondern auch infolge ihrer niedrigeren Flossenschlagfrequenz leichter beobachten lassen als kleine.

Für die Untersuchung im Fischrad (Versuch 3) eignen sich nur robuste und lebhafte Arten, die längere Zeit gleichmäßig schwimmen wie z. B. der Malabarkärpfling *(Danio aequipinnatus)*, der Guppy *(Poecilia reticulata)* oder der Indische Glaswels *(Kryptopterus bicirrhis)*; aber auch andere Bärblinge (Rasborinae), Killifische (Cyprinodontidae) sowie Ährenfische (Atherinidae) und Regenbogenfische (Melanotaeniidae) lassen sich gut verwenden. Empfindliche und schreckhafte Arten, wie die Mehrheit der Salmler, sind ebenso wie viele bodenbewohnende oder intermittierend schwimmende Arten, z. B. Zebrabärbling *(Brachydanio rerio)*, hierzu unbrauchbar. Man vermeide auch Zuchtformen, die in der Form ihrer Flossen vom Wildtyp abweichen, wie z. B. der Schleierkampffisch oder viele Guppy-Zuchtformen.

Eine wesentliche Hilfe bei der Auswahl der Arten können neben der Beobachtung des Schwimmverhaltens in der Zoohandlung die Angaben über Schwimm- und Sozialverhalten sowie Empfindlichkeit fast aller gehandelten Aquarienfischarten sein, die man bei RIEHL & BAENSCH (1987) bzw. PAYSAN (1978) findet.

3.7.4 Beobachtungen und Versuche

3.7.4.1 Versuch 1: Beobachtung von Flossen- und Körperbewegung

■ *Versuchsmaterial:*
- Aquarien, eingerichtet als Arten- oder als Gemeinschaftsbecken
- Glas- oder Plexiglasscheibe, mittels derer im vorgenannten Becken ein ca. 10 cm schmaler Beobachtungsraum parallel zur Frontscheibe abgeteilt werden kann
- farbiges Klebeband zur Anfertigung eines quadratischen Meßnetzes mit 5 cm Linienabstand auf vorgenannter Scheibe. Bei kleinen Becken kann man diesen Raster direkt an der Rückwand anbringen
- Stoppuhr.

■ *Versuchsdurchführung:*
Zunächst soll an großen Individuen (> 10 cm Länge) einer Art vom carangiformen oder subcarangiformen Schwimmtyp durch direkte Beobachtung der Zusammenhang zwischen

Flossenbewegungen und Körperbewegungen aufgeklärt werden. Versuchen Sie, den Entfaltungsgrad, die Haltung bzw. die Bewegung jeder einzelnen Flosse zu beschreiben, wenn der Fisch:
- am Orte stillsteht,
- vorwärts beschleunigt,
- sich dahingleiten läßt,
- abbremst,
- Kurven schwimmt,
- sich um die Querachse nach oben bzw. unten dreht,
- aufsteigt bzw. absinkt.

Auf welche Einzelheiten der Beobachter hierbei seine Aufmerksamkeit lenken soll, machen folgende Fragen deutlich: Bei welchen Manövern werden die Brustflossen
- wie ein Paddel bewegt?
- wie eine Tragfläche ausgestellt?
- mit der Fläche gegen die Strömung gehalten?
- flach an den Rumpf angelegt?

Bei welchen Manövern bewegen sich die Brustflossen synchron bzw. antagonistisch?
Wann werden die Rückenflossen ganz aufgestellt?
Wann am stärksten zusammengefaltet?
Erkennt man einen Unterschied im Einsatz verschiedener Flossen bei verschiedenen Schwimmgeschwindigkeiten?
Gibt es verschiedene Möglichkeiten, Kurven einzuleiten?
Kann der Fisch rückwärts schwimmen? Wenn ja, mittels welcher Flossenbewegungen?
Welche Rolle spielt der Impuls des Atemwasserstroms bei langsamen Bewegungen und beim Stillstand am Ort?
Geschwindigkeiten schätze man durch Stoppen der Zeiten, in denen der Fisch eine bekannte Strecke vor dem Meßnetz zurücklegt.

Bedenken Sie bei der Durchführung dieser Beobachtungen, daß sowohl das Spreizen wie auch das Zusammenfalten bzw. Anlegen von Flossen und Kiemendeckel auch eine wichtige Signalfunktion im Sozialverhalten tragen kann (vgl. »3.9 Das Aggressions- und Fortpflanzungsverhalten Lebendgebärender Zahnkarpfen«, S. 182–192 und »3.10 Eine Analyse einiger Verhaltensweisen und sozialen Strukturen beim Grünflossen-Buntbarsch«, S. 193–209).

Wenn das Inventar an Bewegungsweisen einer Art bekannt ist, sollen die Beobachtungen auf Vertreter anderer Schwimmtypen ausgedehnt werden. Hierbei ist in erster Linie auf die Unterschiede und Gemeinsamkeiten der beobachteten Arten zu achten.

■ *Ergebnisse:*
Das Ergebnis dieser Beobachtung soll wiedergeben, welche Möglichkeiten Fische ausgewählter Arten benutzen, um mit Hilfe von Flossen- und Rumpfbewegungen ihre Lage im Raum zu verändern. Genaueres entnehmen Sie den Abschnitten 3.7.1.2 bis 3.7.1.4.

3.7.4.2 Versuch 2: Vergleich von Fortbewegungsweise und Körperbau

■ *Versuchsmaterial:*
Siehe Versuch 1.

■ *Versuchsdurchführung:*
In diesem Versuch sollen Korrelationen zwischen Fortbewegungsweisen und Körperbaueigenschaften aufgedeckt werden. Zu diesem Zwecke beobachte man eine größere

Anzahl von Fischarten unterschiedlicher Körperform. Für jede Art stelle man folgende Merkmale des Schwimmverhaltens und des Körperbaus fest.
Wichtige Merkmale des Körperbaus:
❏ Körperproportionen (abstrahierbar als Verhältnis Länge : Höhe : Breite), die Lage des größten Querschnitts, Körperumriß,
❏ Größe und Form der Schwanzflosse,
❏ Höhe und Breite des Schwanzflossenstiels,
❏ Höhe, Länge und Lage von Rücken- u. Afterflossen,
❏ Größe, Form und Lage der Brustflossen.
Wichtige Merkmale des Schwimmverhaltens:
❏ Vorherrschender Schwimmtyp, eventuell weitere Schwimmtypen (vgl. Abschnitt 3.7.1.3).
❏ Bevorzugter Aufenthalt: im freien Wasser, nahe der Oberfläche, zwischen Wasserpflanzen, in Bodennähe, in Verstecken etc.
❏ Verlauf des Schwimmens: mit gleichmäßiger Geschwindigkeit, längere Strecken geradeaus, stoßweise mit oder ohne häufige Richtungswechsel, steht längere Zeit still, beschleunigt langsam oder sehr schnell etc.
❏ Die relative Wendigkeit und Geschwindigkeiten der beobachteten Arten zueinander. Zusätzliche Auskünfte darüber kann man aus dem Verhalten bei der Flucht (vor dem Fangnetz) und beim Beutefang (Fütterung) erhalten.
❏ Sind die Tiere gleichschwer wie Wasser oder sinken sie in Ruhe ab?
❏ Wo findet die bevorzugte Nahrungssuche und -aufnahme statt?
Wenn Sie die Verteilung dieser Merkmale bei den beobachteten Arten festgehalten haben, dann schauen Sie nach, welche Merkmale des Schwimmverhaltens und des Körperbaus jeweils gemeinsam bei einer Art auftreten.

■ *Ergebnisse:*
Leicht lassen sich die meisten Schwimmtypen bestimmten Körperformen und Flossenausbildungen zuordnen (vgl. Abschnitt 3.7.1.3 und Abb. 3.7.2). Bei genauer Beobachtung lassen sich jedoch auch innerhalb eines Schwimmtyps noch weitere Differenzierungen erkennen. Innerhalb des weit verbreiteten subcarangiformen Schwimmtyps, dessen Grundtyp sich in der Evolution der Fische immer wieder als erfolgreichste Kompromißlösung für ein Optimum an Beschleunigungsvermögen, Geschwindigkeit und Wendigkeit erwiesen hat, sind folgende vier Anpassungsrichtungen häufig zu finden (Abb. 3.7.9):
1. Stetige *Dauerschwimmer* freier Wasserschichten mit spindelförmigem, mäßig kompressen Rumpf; Schwanzstiel relativ niedrig, Schwanzflosse hoch und gegabelt (z. B. Blaufelchen, Hering).
2. Lauernde Räuber von hohem *Schnellstartvermögen* mit langgestrecktem, kompressen Rumpf; Schwanzstiel hoch und schmal, großflächige und sehr weit hinten gelegene Rücken- und Afterflossen, Schwanzflosse ebenfalls groß und wenig gegabelt (z. B. Hecht).
3. Größere *Wendigkeit* bei trotzdem beachtlichen Geschwindigkeiten zeichnet Fische mit scheibenförmigem, stark kompressen Rumpf aus. Ihr Schwanzstiel ist niedrig, ihre Schwanzflosse hoch und gegabelt. Rücken- und Afterflosse sind langgestreckt und reichen weit nach hinten. Die Brustflossen rücken in Schwerpunktnähe (z. B. Ringelbrasse).
4. Am *Boden* ruhende Fische, die nur vorübergehend in das freie Wasser vorstoßen, haben einen langgestreckten, im Querschnitt runden oder sogar unten abgeflachten Körper, dessen größter Querschnitt weit vorne liegt. Der hohe Schwanzstiel wird von langen Rücken- und Afterflossen gesäumt. Die Schwanzflosse ist relativ klein, kaum gegabelt

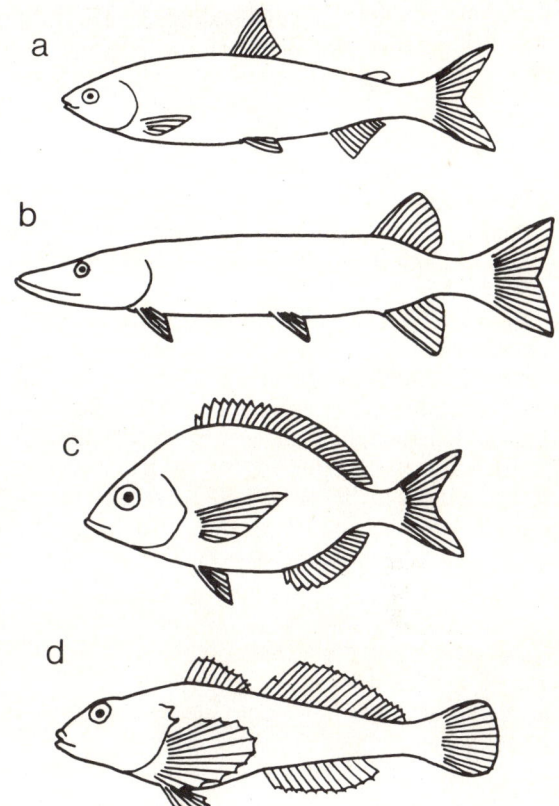

Abb. 3.7.9: Beispiele für Anpassungsrichtungen innerhalb des subcarangiformen Schwimmtyps:
a) Dauerschwimmer: Blaufelchen *(Coregonus lavaretus);*
b) Schnellstarter: Hecht *(Esox lucius)* ;
c) große Wendigkeit: Ringelbrasse *(Diplodus vulgaris);*
d) Bodenfisch: Groppe *(Cottus gobio)*

bis abgerundet. Die großen Brustflossen können dem Tier, das meist schwerer als Wasser ist, als Tragflächen dienen (z. B. Groppe, Grundel).

Voneinander unabhängige Differenzierungen in alle diese Richtungen – wenn auch nicht immer bis zu den voll ausgeprägten Formen – findet man innerhalb vieler, zum Teil recht enger Verwandtschaftsgruppen, z. B. bei den Salmlern (Characoidei), den Weißfischen (Cyprinidae) und den Buntbarschen (Cichlidae).

Das Ergebnis dieses Versuches soll zeigen, wie funktionsmorphologische Betrachtungen zum Verständnis von Eigenschaften des Körperbaus beitragen (vgl. WEBB 1984). Abschließend sei noch auf einige bemerkenswerte Punkte verwiesen, die die Aussage des Versuchs einschränken können:

1. Nicht alle Aquarienfische zeigen im Aquarium dasselbe Verhalten wie im Freiland. Dies gilt vor allem für die Häufigkeit des Auftretens verschiedener Verhaltenselemente.
2. Die Spezialisierung der Bewegungsweisen in die eine oder andere Richtung geht häufig nicht so weit, daß unter den Versuchsbedingungen nicht auch eine weniger spezialisierte Bewegungsweise für den Fisch erfolgreich sein kann.
3. Die Mannigfaltigkeit der Einnischungsmöglichkeiten in der Natur ist unüberschaubar groß und keineswegs auf die hier aufgezählten vier unverzweigten Differenzierungsrichtungen reduzierbar.

3.7.4.3 Versuch 3: Messung der Beziehung zwischen Schwanzschlagfrequenz und Schwimmgeschwindigkeit verschieden großer Fische mit Hilfe des Fischrades

■ *Versuchsmaterial*:
- Fischrad (selbst zu bauen, s. unten)
- Photoelement
- Photoobjektiv, Brennweite zwischen 50 und 80 mm
- Speicher-Oszilloskop
- Stroboskop
- Niedervolt-Leuchte mit Trafo und Stativ
- Stoppuhr.

1. Am einfachsten läßt sich ein schwimmender Fisch stationär beobachten in einer vereinfachten Form des »*Fischrades*«, mit dem BAINBRIDGE seine grundlegenden Untersuchungen unternommen hat: Der Fisch schwimmt in einem ringförmigen Becken, das genau so schnell um seine vertikal ausgerichtete Achse gedreht wird, daß der Fisch dem Beobachter gegenüber auf der Stelle verbleibt. Das Prinzip des Versuchsaufbaus zeigt Abb. 3.7.10. Das Ringbecken kann man mit geringem Aufwand aus zwei Glasschalen von geeigneten Abmessungen herstellen, die man mit Silikonkleber genau konzentrisch

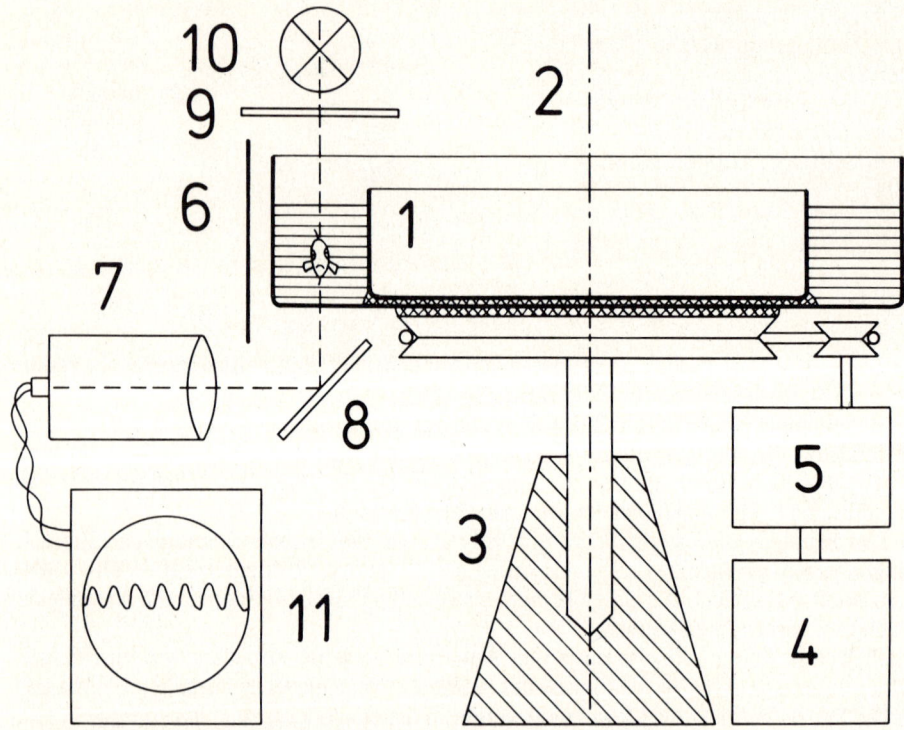

Abb. 3.7.10: Prinzipskizze des Fischrades im Schnitt:
1: Ringkanal mit Fisch, 2: Drehachse, 3: Stativ, 4: Motor, 5: Getriebe, 6: Schirm mit Streifenmuster, 7: Photoelement mit Objektiv bzw. Kamera, 8: Spiegel, 9: Streuscheibe, 10: Niedervolt-Leuchte, 11: Speicher-Oszilloskop

miteinander und mit einer Drehscheibe verklebt. Dies gelingt nur, wenn man bei der Auswahl der Glasschalen auf möglichst große Rotationssymmetrie derselben achtet. Der als Ringbecken dienende Raum zwischen den beiden Schalen sollte etwa 4 cm breit und mindestens 5 cm hoch sein. Der Außendurchmesser der inneren Schale sollte mindestens 15 cm betragen. Es ist darauf zu achten, daß das Ringbecken genau horizontal justiert und zum Entleeren und Säubern leicht aus der Apparatur entnommen werden kann.

Der Antrieb geschieht durch einen regelbaren Elektromotor über einen Riemen auf die Drehscheibe. Um den Drehzahlbereich des Motors den Versuchserfordernissen anzupassen, ist ein Untersetzungs- und eventuell ein Wechselgetriebe erforderlich, wodurch eine stufenlose Geschwindigkeitsregelung von 2 bis ca. 25 cm/s ermöglicht wird. Bei einem Radius der Ringkanalmitte von beispielsweise 9 cm entspräche dies 0,035 bis 0,44 Umdrehungen des Fischrades in der Sekunde. Die Untersetzung ist so zu wählen, daß auch bei der niedrigsten Geschwindigkeit eine ruckfreie Bewegung möglich ist. Bei der Auswahl von geeignetem Motor und Getriebe sind Drehzahlbestimmungen mithilfe des Stroboskops sehr hilfreich. Ein kontrastreiches Streifenmuster, das circa ein Drittel des Ringbeckens außen und unten ortsfest umgibt, soll dem Fisch das optische Festhalten im Raum erleichtern. Beobachtungsfenster werden aus dem Streifenmuster herausgeschnitten. Besonders zum Photographieren eignet sich der Blick über einen 45° geneigten Spiegel von unten durch das Ringbecken. Zur Beleuchtung ist eine Niedervolt-Auflichtleuchte mit Stativ von großem Nutzen.

2. Eine exakte Messung der Schwanzschlagfrequenz ist auf optischem Wege möglich, indem man den Schwanz des Fisches – oder einen von ihm geworfenen Reflex – auf ein *Photoelement* abbildet. Man nehme ein Photoobjektiv von 50 bis 80 mm Brennweite und befestige das Photoelement in dem Abstand, in dem ein 25 cm entfernter Gegenstand scharf abgebildet wird, auf der optischen Achse. Hierzu nimmt man ein Plättchen aus undurchsichtigem Kunststoff oder Karton mit passender Bohrung, das man hinten auf ein Balgengerät oder einen entsprechenden Satz Zwischenringe oder einfach eine passend abgelängte leere Toilettenpapierrolle befestigt. Komfortabler in der Handhabung ist die Möglichkeit, das Photoelement jederzeit durch Schieben oder Schwenken gegen eine Mattscheibe austauschen zu können.

3. Ein *Speicheroszilloskop* wird benötigt, um die Signale des Photoelements aufzuzeichnen und die Schwanzschlagfrequenz auszuzählen.

4. Ein einfaches *Stroboskop* kann eingesetzt werden zur Bestimmung der Umdrehungszahlen von Motor- bzw. Getriebewellen, zur subjektiven Verlangsamung des Flossenschlags und seiner Frequenzbestimmung ab Frequenzen > 5 Hz.

■ *Versuchsdurchführung:*

Im Experiment mit dem Fischrad soll die Abhängigkeit der Schwimmgeschwindigkeit von der Schwanzschlagfrequenz für verschieden große Fische gemessen werden. Ein geeignetes Versuchstier (vgl. Abschnitt 3.7.3) wird möglichst schonend aus dem Aquarium in das Fischrad umgesetzt, das zuvor mit Wasser gleicher Temperatur (am besten demselben Becken wie der Fisch entnommen) angefüllt wurde. Man lasse dem Fisch Zeit, sich im stehenden Fischrad zu beruhigen, bevor man bei zunächst niedriger Geschwindigkeit mit der ersten Messung beginnt. Bei der Vornahme einer *Frequenzmessung* ist auf die Einhaltung folgender drei Punkte genau zu achten, wenn man reproduzierbare Ergebnisse erhalten will:

1. Nach der Neueinstellung einer Geschwindigkeit muß sich das Fischrad schon einige Male gedreht haben, damit man sicher sein kann, daß das Wasser dieselbe Geschwindigkeit wie das Ringbecken hat.

2. Der Fisch muß auf den Raum bezogen ortsfest bleiben und darf sich nicht gegenüber dem Streifenmuster vor- oder zurückbewegen.

3. Die genaue Entfernung (r) der Schwimmbahn des Fisches von der Drehachse muß jedesmal protokolliert werden, damit die Schwimmgeschwindigkeit errechnet werden kann.

Zur Frequenzmessung richtet man das auf einem Stativ eingespannte Photoobjektiv mit dem Photoelement aus 25 cm Entfernung so auf den Schwanz des Fisches aus, daß die Schwanzbewegung als synchroner Helligkeitswechsel registriert werden kann. Das gelingt bei einem dunkel gefärbten Fisch gut, wenn man ihn von oben oder unten gegen einen hellen Hintergrund anpeilt, bei einem hell glänzenden Fisch hingegen ist es günstiger, wenn man Licht, das der schlagende Schwanz rhythmisch reflektiert, gegen einen dunklen Hintergrund auffängt. Die günstigsten Winkel von Beleuchtung und Photoelement muß man durch Ausprobieren herausfinden. Das Spannungssignal des Photoelements zeichnet man bei langsamer Zeitablenkung auf dem Speicherschirm des Oszilloskops auf. Wenn man die Vertikalposition des Strahls nach jedem Überlauf etwas verstellt, kann man auf einem Schirmbild etwa eine halbe Beobachtungs-Minute festhalten und anschließend auszählen.

Zwei naheliegende Methoden der Frequenzmessung, deren Einfachheit zunächst besticht, müssen kritisch erwähnt werden:

1. Man kann natürlich mit freiem Auge versuchen, zehn Schwanzschläge zu zählen und die Zeit dafür auf der Stoppuhr zu messen. Diese Methode liefert nur bei sehr niedrigen Frequenzen bis 2 Hz verläßliche Ergebnisse. Bei höheren Frequenzen kommt es zu Zählfehlern, die dem Beobachter überhaupt nicht bewußt werden!
2. Frequenzbestimmung mit einem Stroboskop ist, vorausgesetzt, man beachtet die Gebrauchsanleitung, sehr exakt. Aber ebenfalls aus Gründen der subjektiven Beobachtung liefert sie erst ab etwa 7 Hz sichere Ergebnisse.

Beide Methoden haben in dem Frequenzbereich, der in diesem Versuch besonders interessiert, schwerwiegende Mängel bzw. versagen überhaupt.

Zur *Geschwindigkeitsmessung* stoppt man die Zeit t_u, die das Fischrad für eine Umdrehung braucht. Für höhere Geschwindigkeiten empfiehlt es sich, die Zeit über mehrere Umdrehungen zu stoppen und durch die Anzahl der Umdrehungen zu dividieren. Die Schwimmgeschwindigkeit V des Fisches errechnet sich nach

$$(6) \quad V = \frac{2\,r\,\pi}{t_u}$$

worin r der Abstand des Fisches von der Drehachse ist. Eine längere Zeit gleich eingestellte Geschwindigkeit prüft man zur Kontrolle etwa alle Viertelstunden nach. Im übrigen sind die Umdrehungszeiten immer direkt mit der Stoppuhr zu messen, und es ist unbedingt zu vermeiden, von der Schalterstellung für die Motordrehzahl direkt auf die Umdrehungszeiten zu schließen!

Wer exakt vorgehen will, muß noch berücksichtigen, daß der Fisch mit seinem Körper den Querschnitt für das strömende Wasser im Fischrad vermindert. Deshalb muß das Wasser am Ort des Fisches schneller fließen als vor und hinter ihm. Der Fisch muß also effektiv schneller schwimmen, als es der Drehung des Fischrades entspricht:

$$(7) \quad V_F = \frac{V_K \cdot Q_K}{Q_K \cdot Q_F}$$

V_F = effektive Geschwindigkeit des Fisches, V_K = Geschwindigkeit des Fischrades,
Q_K = Querschnitt des Ringkanals, Q_F = Querschnitt des Fisches.

Der Effekt wird mit zunehmendem Fischquerschnitt größer. Erreicht er ein Zehntel des Kanalquerschnitts, so bedeutet dies immerhin eine Geschwindigkeitserhöhung um 11%!

■ *Ergebnisse:*
Die Meßergebnisse werden in Diagrammen wie in Abb. 3.7.6 dargestellt, wobei einmal die absolute Schwimmgeschwindigkeit V (cm/s), das andere Mal die relative Schwimmgeschwindigkeit V/L (1/s) aufgetragen wird. Für die Meßwerte eines Individuums werden Regressionsgeraden berechnet und eingezeichnet. Zur Deutung der Ergebnisse sei auf die Abschnitte 3.7.1.5 und 3.7.1.6 verwiesen.

Ein quantitativer Vergleich der Ergebnisse mit Befunden aus der Literatur ist nur eingeschränkt möglich, da von der hier benutzten vereinfachten Form des Fischrades nicht die gleichen Ergebnisse wie von einem optimal ausgelegten Strömungskanal mit laminarer, paralleler Anströmung und über den ganzen Querschnitt homogener Geschwindigkeitsverteilung erwartet werden können. Als besonders störend ist die Rotation des Fischrades zu erwähnen, die dem Fisch ein dauerndes asymmetrisches Kurvenschwimmen aufzwingt. Störend macht es sich auch bemerkbar, daß der Fisch im Fischrad meist sehr nahe parallel zu einer Wand schwimmt, wodurch er natürlich auch anderen Strömungsverhältnissen als im freien Wasser unterworfen ist.

3.7.4.4 Versuch 4: Darstellung des Bewegungsablaufes mit Hilfe stroboskopischer Beleuchtung

■ *Versuchsmaterial:*
- Fischrad (wie in 3.7.4.3)
- Stroboskop (wie in 3.7.4.3)
- Kleinbildkamera mit Nahaufnahmeeinrichtung
- Kamerastativ.

■ *Versuchsdurchführung:*
Den regelmäßigen Schwanzschlag eines Fisches kann man wie jede periodische Bewegung, die für die unmittelbare Beobachtung mit freiem Auge zu schnell abläuft, mittels eines Stroboskops beliebig verlangsamt der *subjektiven Betrachtung* zugänglich machen. Das Stroboskop beleuchtet das bewegte Objekt mit einer Folge kurzer Blitze, deren Folgefrequenz sehr genau eingestellt werden kann. Wenn Blitz- und Bewegungsfrequenz gleich groß sind, dann wird das Objekt von jedem Blitz in derselben Bewegungsphase getroffen: Subjektiv scheint das Objekt stillzustehen. Verändert man jetzt die Blitzfrequenz ein wenig, scheint sich das Objekt in Bewegung zu setzen, und zwar bei Verringerung der Blitzfrequenz in der wirklichen Bewegungsrichtung und bei Erhöhung entgegengesetzt dazu. Auf diese Art und Weise läßt sich die Schwanzschlagbewegung eines im Fischrad stationär schwimmenden Fisches – vorausgesetzt, daß sie hierzu genügend schnell und stereotyp abläuft – in allen Einzelheiten sehr genau beobachten.

Eine quantitativ genaue Darstellung des Bewegungsablaufs ist jedoch erst auf photographischen Aufnahmen in vertikaler Richtung möglich. Sehr genau lassen sich *Strobogramme*, das sind Photographien, auf denen jeweils mehrere Bewegungsphasen mittels Stroboskopblitzen übereinander abgebildet sind, auswerten, wenn man bei ihrer Anfertigung folgendes berücksichtigt: Belichtungszeit und Stroboskopfrequenz richten sich nach der Frequenz der Bewegung, die man analysieren will. Die Öffnungszeit der Kamera sollte einer halben bis maximal einer ganzen Periode der Bewegung entsprechen. Die Blitzfrequenz ist dann so zu wählen, daß zwischen vier und sechs Blitze in die Öffnungszeit fallen. In diesem Bereich erhält man einen guten Kompromiß zwischen Informationsreichtum und Eindeutigkeit. Damit sich die einzelnen Bewegungsstadien möglichst kontrastreich abbilden, muß man für einen möglichst dunklen Hintergrund sorgen und das Stroboskop seitlich zur Aufnahmerichtung auf das Objekt richten. Eine Filmempfindlichkeit von 21 oder 24 DIN reicht aus, um bei mittleren Blenden die notwendige Tiefenschärfe zu erreichen. Eine zu große Tiefenschärfe ist ungünstig, da sie bei der Auswertung Parallaxenfehler begünstigt. Parallaxenfehler sind übrigens um so kleiner, je länger die Objektivbrennweite ist. Die günstigste Blendenöffnung muß durch Probeaufnahmen ermittelt werden. Für eine quantitative Auswertung ist unbedingt eine Aufnahme eines Längenmaßstabs bei gleicher Entfernung und gleicher Entfernungseinstellung wie bei der Strobogrammaufnahme erforderlich. Natürlich sind Blitzfrequenz und Drehgeschwindigkeit des Fischrades für jedes Strobogramm zu protokollieren.

Die Stroboskopmethode kann auch unabhängig vom Fischrad eingesetzt werden. Ein feststehendes Vollglasbecken, dessen Innenflächen mit einer samtartig schwarzen Klebefolie ausgekleidet sind, ermöglicht lange Belichtungszeiten (1–2 s). Die Blitzfrequenz ist soweit zu reduzieren, daß etwa fünf Blitze auf einen Schwanzschlag entfallen. Den Fisch mit der gewünschten Schwimmbewegung in den Einstellbereich der Kamera zu bekommen, verlangt allerdings ein höheres Maß an Geduld.

■ *Ergebnisse:*
Der Bewegungsablauf beim Schwanzschlagschwimmen kann den Strobogrammen entnommen werden. Für jedes Strobogramm bestimme man Frequenz und Amplitude des Schwanzschlags und die Schwimmgeschwindigkeit. Zwei Darstellungsweisen empfehlen sich: Die Bewegung der Schwanzflosse durch das Wasser (wie in Abb. 3.7.1) und die Abbildung der aufeinanderfolgenden Bewegungsstadien unter Berücksichtigung der zurückgelegten Strecke seitlich nebeneinander (wie in Abb. 3.7.3). Weitere Fragen sollen geklärt werden (wegen des Zusammenhangs siehe Abschnitt 3.7.1.5): Wie verändert sich die Schlängelamplitude über die Körperlänge? Welchen Unterschied findet man darin bei carangiformen, subcarangiformen und anguilliformen Schwimmern? Wie lang ist die Körperwelle λ? Wie groß ist der Schlupf W? Wie verhalten sich λ und W bei verschiedenen Geschwindigkeiten? Wie bei verschieden großen Individuen? Wie bei verschiedenen Schwimmtypen?

3.7.4.5   Versuch 5: Filmauswertung

■ *Versuchsmaterial:*
– 16 mm-Filmprojektor (wenn möglich, mit variablen Vorführgeschwindigkeiten und Einzelbildprojektion)
– Projektionsleinwand
– 16 mm-Filmbetrachtgerät mit großem Projektionsschirm, z. B. der Laufbildbetrachter der Firma HKS (im Fotohandel erhältlich)
– Filme siehe Abschnitt »Unterrichtsmaterial«.

■ *Versuchsdurchführung:*
Die Fragestellungen der Versuche 1, 2 und 4 lassen sich z. T. auch an Filmaufnahmen schwimmender Fische behandeln. Verglichen mit lebenden Fischen bieten Filme zwei wesentliche Vorteile: Erstens kann man eine im Film festgehaltene Bewegungsabfolge mehrmals betrachten und dabei seine Aufmerksamkeit nacheinander auf verschiedene Details konzentrieren. Zweitens gibt es Filmaufnahmen von Fischen, die man nur mit großem Aufwand im Aquarium beobachten könnte. Folgende Schwimmtypen, die man bei Aquarienfischen nur selten oder gar nicht zu sehen bekommt, sind als Filme gut dokumentiert: Raijiformes, diodontiformes, balistiformes und tetraodontiformes Schwimmen. Will man aus einem Film, den man sich schon mehrmals angesehen hat,

eine Bildfolge näher analysieren, dann kann dies auf einem Filmbetrachtgerät geschehen, auf dessen Projektionsscheibe man auch Filmbilder auf Transparentfolie übertragen kann.

■ *Ergebnisse:*
Siehe Versuche 1, 2 und 4.

3.7.5 Weiterführende Arbeiten

Abgesehen davon, daß jeder der oben beschriebenen Versuche sowohl der Tiefe als auch der Breite nach ausgebaut werden kann, seien zwei besondere Themen genannt:

3.7.5.1 Filmaufnahmen

Von Fischen, die im Aquarium oder im Fischrad schwimmen, können eigene Schmalfilm- oder Videofilme hergestellt und ausgewertet werden.

3.7.5.2 Darstellung der Wasserströmung

Nach der Methode von MCCUTCHEN (1976) läßt sich die Wasserströmung, die ein schwimmender Fisch in stehendem Wasser auslöst, sichtbar machen. Prinzip: In einem flachen Becken wird kaltes Wasser vorsichtig mit einer Schicht warmen Wassers überschichtet. Störungen dieser Schichtung sind dank des unterschiedlichen Brechungsindex der Schichten erkennbar.

Literatur
Bainbridge, R., 1958: The speed of swimming of fish as related to size and to the frequency and amplitude of the tail beat. J. exp. Biol. **35**, 109–133.
Bainbridge, R., 1961: Problems of fish locomotion. Symp. Zool. Soc. London **5**, 13–32.
Breder, C. M., 1926: The locomotion of fishes. Zoologica (N. Y.) **4**, 159–297.
Brett, J. R. & Glass, N. R., 1973: Metabolic rates and critical swimming speeds of sockeye salmon *(Oncorhynchus nerka)* in relation to size and temperature. J. Fish. Res. Board Can. **30**, 379–387.
Gray, J., 1933: Studies in animal locomotion. I. The movement of fish with special reference to the eel. J. exp. Biol. **10**, 88–104.
Grzimek, B. et al. (Hrsg.), ab 1970: Grzimek's Tierleben. Zürich, Kindler.
Hertel, H., 1963: Struktur-Form-Bewegung. Biologie und Technik. Mainz, Krausskopf.
Hunter, J. R. & Zweifel, J. R., 1971: Swimming speed, tail beat frequency, tail beat amplitude and size in jack mackerel, *Trachurus symmetricus*, and other fishes. Fishery Bull. Fish. Wildl. Serv. U. S. **69**, 253–266.
Lindsey, C. C., 1978: Form, function and locomotory habits in fish. In: Fish physiology Vol. **7**. W. S. Hoar & D. J. Randall (Hrsg.), S. 1–100. New York, Academic Press.
Magnuson, J. J., 1978: Locomotion of scombrid fishes: Hydrodynamics, morphology, and behavior. In: Fish physiology Vol. **7**. W. S. Hoar & D. J. Randall (Hrsg.), S. 240–313. New York, Academic Press.

McCutchen, C. W., 1976: Flow visualisation with stereo shadowgraphs of stratified fluid. J. exp. Biol. **65**, 11–20.
Paysan, K., 1978: Welcher Zierfisch ist das? 5. Auflage. Stuttgart, Kosmos.
Riehl, R. & Baensch, H. A., 1987: Aquarienatlas. 5. Auflage. Melle, Mergus.
Thomson, K. S. & Simanek, D. E., 1977: Body form and locomotion in sharks. Amer. Zool. **17**, 343–355.
Wardle, C. S., 1975: Limit of fish swimming speed. Nature **255**, 725–727.
Wardle, C. S. & Videler, J. J., 1980: How do fish break the speed limit? Nature **284**, 445–447.
Webb, P. W., 1975: Hydrodynamics and energetics of fish propulsion. Bull. Fish. Res. Board Canada **190**, 1–158.
Webb, P. W., 1977: Effects of size on performance and energetics of fish. In: Scale effects in animal locomotion. T. J. Pedley (Hrsg.), S. 299–314. London, Academic Press.
Webb, P. W., 1982: Locomotor patterns in the evolution of actinopterygian fishes. Amer. Zool. **22**, 329–342.
Webb, P. W., 1984: Der Fischkörper: Form und Bewegung. Spektrum der Wissenschaft, Heft 9, 84–97.
Wu, T. Y., 1977: Introduction to the scaling of aquatic animal locomotion. In: Scale effects in animal locomotion. T. J. Pedley (Hrsg.), S. 203–232. London, Academic Press.

Unterrichtsmaterial

Leyhausen, P., 1954: *Tetraodon fahaca* – Schwimmbewegungen. SW, st, 20 m, 2 min. E 30. IWF, Göttingen.
Leyhausen, P., 1955: *Syngnathus acus* – Schwimmbewegungen. SW, st, 28 m, 2 1/2 min. E 32. IWF, Göttingen.
Leyhausen, P., 1959: *Clupea harengus* – Schwarmverhalten. SW, st, 39 m, 3 1/2 min. E 167. IWF, Göttingen.
Leyhausen, P., 1959: *Rhina squatina* – Schwimmbewegungen. SW, st, 36 m, 3 1/2 min. E 190. IWF, Göttingen.
Leyhausen, P., 1962: *Raja clavata* – Schwimmbewegungen. SW, st, 64 m, 6 min. E 189. IWF, Göttingen.
Schäfer, W., 1959: *Rhombus maximus* – Schwimmbewegungen. SW, st, 22 m, 2 min. E 165. IWF, Göttingen.
Schäfer, W., 1959: *Squalus acanthias* – Schwimmbewegungen. SW, st, 43 m, 4 min. E 166. IWF, Göttingen.
Slijper, E. J., 1963: *Anguilla anguilla* (Anguillidae) – Schwimmbewegungen. SW, st, 44 m, 4 min. E 524. IWF, Göttingen.
Wickler, W., 1962: *Pseudalutarius nasicornis* (Monacanthidae, Balistiformes) – Schwimmbewegungen. SW, st, 34 m, 3 min. E 61. IWF, Göttingen.
Wickler, W., 1962: *Thalassoma spec.* (Labridae) – Brustflossen-Schwimmen. SW, st, 20 m, 2 min. E 62. IWF, Göttingen.
Wickler, W., 1962: *Novaculichthys taeniourus* (Labridae) – Brustflossen-Schwimmen. SW, st, 33 m, 3 min. E 63. IWF, Göttingen.
Wickler, W., 1962: *Acanthurus xanthopterus* (Acanthuridae) – Brustflossen-Schwimmen. SW, st, 39 m, 3 1/2 min. E 64. IWF, Göttingen.
Wickler, W., 1962: *Diodon spec.* (Diodontidae, Balistiformes) – Schwimmbewegungen. SW, st, 68 m, 6 1/2 min. E 65. IWF, Göttingen.
Wickler, W., 1962: *Triacanthus biaculeatus* (Triacanthidae, Balistiformes) – Schwimmen. SW, st, 25 m, 2 1/2 min. E 67. IWF, Göttingen.

Wickler, W., 1962: *Balistapus undulatus* (Balistidae) – Schwimmbewegungen. SW, st, 31 m, 3 min. E 148. IWF, Göttingen.

Wickler, W., 1962: *Odonus niger* (Balistidae) – Schwimmbewegungen. SW, st, 65 m, 6 min. E 149. IWF, Göttingen.

Wickler, W., 1962: *Runula rhinorhynchus* (Blenniidae) – Schwimmbewegungen. SW, st, 35 m, 3 1/2 min. E 150. IWF, Göttingen.

Wickler, W., 1963: *Rhinecanthus aculeatus* (Balistiformes) – Schwimmbewegungen. SW, st, 13 m, 1 1/2 min. E 516. IWF, Göttingen.

Wickler, W., 1963: *Petroscirtes temminckii* (Blenniidae) – Schwimmen und Fressen. SW, st, 85 m, 8 min. E 518. IWF, Göttingen.

Wickler, W., 1963: *Ecsenius bicolor* (Blenniidae) – Schwimmen und Fressen. SW, st, 42 m, 4 min. E 520. IWF, Göttingen.

Wickler, W., 1964: *Gastromyzon borneensis* (Gastromyzonidae) – Kriechen und Schwimmen. SW, st, 88 m, 8 min. E 611. IWF, Göttingen.

3.8 Temperatur und Verhalten: Physiologische Versuche an schwachelektrischen Fischen
Günther K. H. Zupanc

3.8.1 Einleitung

3.8.1.1 Elektrische Fische und ihre Entladungen

Elektrizität bei Fischen war bereits im Altertum bekannt und beschäftigte seitdem immer wieder die Menschen. Seit etwa 30 Jahren ist diese Tiergruppe nun Ziel intensiver verhaltensphysiologischer und neurobiologischer Forschungen. Den Grundstein dafür hatte die Entdeckung spezifischer elektrosensibler Sinnesorgane bei schwachelektrischen Fischen durch LISSMANN (1958) gelegt.

Nach der Höhe der erzeugten Spannungen unterscheidet man stark- und schwachelektrische Fische. Die elektrischen Entladungen der *starkelektrischen* Vertreter erreichen Amplituden zwischen 50 und 800 V. Zu dieser Gruppe gehört der bekannte südamerikanische Zitteraal *(Electrophorus electricus)*, der in der Lage sein soll, durch seine elektrischen Schläge sogar Pferde zu töten.

Im Gegensatz zu diesen spektakulären Erscheinungen gehen die Entladungen der meisten *schwachelektrischen* Fische nicht über wenige Volt hinaus. Sie produzieren ihre elektrischen Impulse ständig und nicht – wie fast alle starkelektrischen Vertreter – nur gelegentlich. Die beiden Ordnungen dieser Gruppe leben ausschließlich im Süßwasser. Es sind dies die Messeraale (Gymnotiformes) aus Südamerika und die Nilhechte (Mormyriformes) aus Afrika.

Aufgrund ihres Entladungsmusters lassen sie sich in zwei Gruppen einteilen: Pulsfische erzeugen sehr kurze Entladungen (Dauer: 50 Mikro- bis zu mehreren Millisekunden), die durch lange »Sendepausen« voneinander getrennt sind. Ihre elektro-akustisch hörbar gemachten Organentladungen sind dem Knattern zerfallender Atomkerne, wie sie im Geigerzähler zu hören sind, ähnlich. Zu ihnen gehören bis auf eine Ausnahme alle Nilhechte und einige Messeraale.

Viele Messeraale und der Großnilhecht *Gymnarchus niloticus* entladen dagegen sehr regelmäßig mit konstanten Frequenzen, die je nach Art zwischen einigen und etwa 2000 Hz liegen. Ihre Organentladungen ähneln auf dem Bildschirm des Oszilloskops gleichmäßigen Wellenzügen, die – hörbar gemacht – einen summenden Ton hervorrufen.

Alle diese Fische besitzen nicht nur Organe, mit denen sie ihre Entladungen erzeugen können, sondern auch Sinnesorgane, welche die eigenen Impulse – wie auch fremde elektrische Felder – registrieren. Nach den heutigen Erkenntnissen verwenden die schwachelektrischen Fische ihr elektrisches System zur Orientierung in der näheren Umgebung *(aktive Elektroortung)*, zur *Kommunikation* mit Artgenossen sowie zur *Art-* und *Geschlechtspartner-Erkennung*. Alle diese Funktionen müssen bei einer Art jedoch nicht notwendigerweise gleichzeitig ausgebildet sein. Einen Überblick über den aktuellen Stand der Forschung geben die Beiträge in BULLOCK & HEILIGENBERG (1986).

3.8.1.2 Elektrische Entladungsorgane und Sinnesorgane

Das elektrische System besteht aus drei Teilen: Erstens elektrischen Organen, welche die Signale produzieren. Zweitens elektrosensiblen Sinnesorganen; sie nehmen die vom

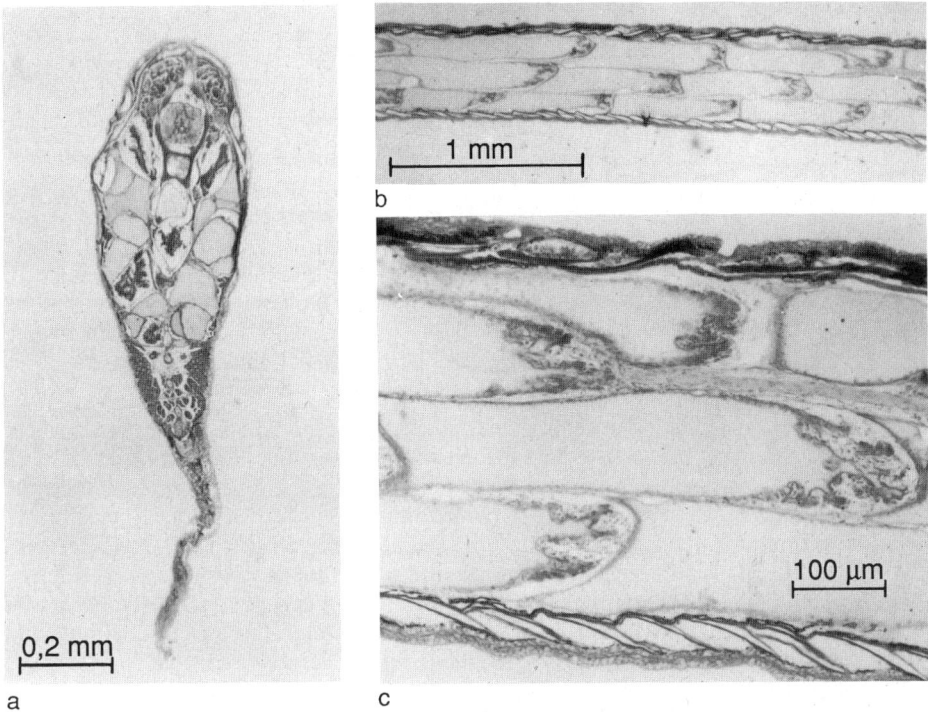

Abb. 3.8.1: Das elektrische Entladungsorgan des Grünen Messerfisches *(Eigenmannia virescens)*. Bei diesem Messeraal ist das Organ entlang der Körperlängsachse angeordnet und reicht von der Brustflossenregion bis in den Schwanzstiel.
a) Querschnitt vor dem Ende der Afterflosse. In der oberen Körperhälfte liegt die dunkel gefärbte Muskulatur, darunter sind die mächtig entwickelten elektrischen Zellen zu erkennen, die blaß erscheinen;
b) Längsschnitt von dem elektrischen Organ. Zahlreiche Zellen sind säulenförmig hintereinander angeordnet;
c) Vergrößerter Ausschnitt aus b

Fisch erzeugten elektrischen Entladungen wie auch fremde elektrische Felder wahr. Drittens spezialisierten Gehirnteilen, welche die Entladungsrate der elektrischen Organe steuern und die von den Sinnesorganen gemeldeten Informationen auswerten. Alle drei Teile müssen bei einer Art jedoch nicht gleichzeitig entwickelt sein: Haie z. B. sind zwar elektrosensibel, erzeugen selbst aber keine elektrischen Felder *(passive Elektrorezeption)*. Im Gegensatz dazu steht die *aktive Elektrorezeption*, d. h. die Ortung und Kommunikation mit Hilfe von selbst erzeugten Feldern.

Elektrische Organe finden wir in ganz verschiedenen Fischgruppen und Lebensräumen: Bei im Meer lebenden Rochenarten (Knorpelfischen) genauso wie bei den bereits genannten südamerikanischen Messeraalen und afrikanischen Nilhechten, die beide ausschließlich im Süßwasser vorkommen. Dies spricht für eine konvergente Evolution.

Sämtliche bekannten elektrischen Organe sind aus einzelnen elektrischen Zellen, den *Elektrocyten*, aufgebaut. Diese können entweder muskulären Ursprungs sein *(myogene Organe)* oder sich von Nervenstrukturen ableiten *(neurale Organe)*. Stets sind zahlreiche solcher Einzelelemente hintereinander angeordnet (»Serienschaltung«); mehrere dieser

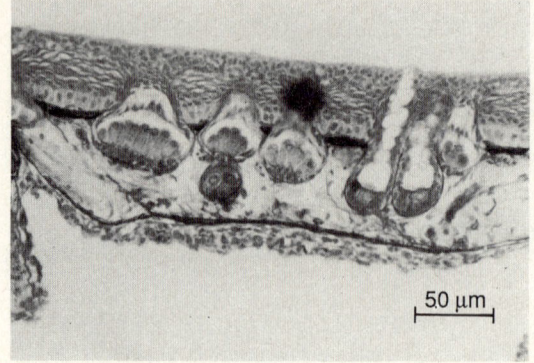

Abb. 3.8.2: Elektrische Sinnesorgane in der Haut eines Grünen Messerfisches *(Eigenmannia virescens)*. In der linken Bildhälfte sind drei Knollenorgane abgebildet, in der rechten Hälfte zwei ampulläre Organe; letztere sind an den langen, offenen Kanälen zu erkennen

durch Bindegewebsscheiden getrennter geldrollenartiger Strukturen liegen nebeneinander (»Parallelschaltung«). Als Beispiel ist das elektrische Organ des Grünen Messerfisches *(Eigenmannia virescens)* in Abb. 3.8.1 dargestellt.

Jede einzelne Elektrocyte wird von Motoneuronen des Gehirns und des Rückenmarks innerviert. Erregung und Entladung aller Einzelzellen erfolgen synchron. Gesteuert wird die Entladungsrate von einem Schrittmacherkern im hinteren Hirnstamm *(Medulla oblongata)*. Der Mechanismus der Potentialentstehung in der einzelnen Zelle entspricht dem von gewöhnlichen Muskel- und Nervenzellen. Durch die Serienschaltung und synchrone Entladung addieren sich jedoch die geringen Einzelpotentiale (etwa 100 mV) zu beachtlichen Summenpotentialen (bis zu etwa 800 V bei starkelektrischen Fischen). Dies ist das gleiche Prinzip wie bei der Hintereinanderschaltung von Batterien in einer Stabtaschenlampe.

Elektrische Sinnesorgane finden wir nicht nur bei Fischen, die selbst elektrische Felder erzeugen, sondern auch bei Arten, die dazu nicht in der Lage sind, so bei Haien, Lungenfischen, Welsen und Molchlarven. Die Elektrorezeptoren sind eng verwandt mit dem *Akustiko-Lateralis-System*, zu dem das Seitenliniensystem der Fische und Amphibien, das Gehörsystem sowie das Schweresinnes- und Beschleunigungssystem des Labyrinths gehören.

Meist sind die Elektrorezeptoren über weite Bereiche der Haut verstreut. Morhologisch lassen sich zwei Grundtypen unterscheiden: Knollenförmige und ampulläre Rezeptoren (Abb. 3.8.2).

Bei den *knollenförmigen Hautrezeptoren* sind jeweils 25–35 Rezeptorzellen zu einem Organ zusammengefaßt, das von einer geschlossenen epithelialen Kapsel umgeben ist. Besonders dicht findet man diese Organe am Kopf angeordnet. Die Membranoberfläche der einzelnen Rezeptorzellen ist durch Mikrovilli vergrößert. Innerviert werden die Sinneszellen über Synapsen von myelinisierten afferenten Fasern; ihre Erregungsübertragung erfolgt durch Transmitter. Erregt werden die knollenförmigen Rezeptoren von hochfrequenten Wechselströmen, insbesondere von elektrischen Feldern, die im Frequenzbereich der eigenen elektrischen Entladung liegen.

Im Gegensatz dazu sprechen die sog. *ampullären Rezeptoren* optimal auf Gleichstrom oder Wechselstrom niedriger Frequenzen an. Biologische Ursachen solcher Felder sind z. B. die elektrochemischen Gleichspannungspotentiale und Muskelpotentiale anderer Lebewesen. Elektrosensible Haie sind dadurch in der Lage, im Sand verborgene Beutetiere allein aufgrund dieser Felder zu entdecken. Die ampullären Rezeptoren befinden sich am Grunde einer Hautpore, die mit hochleitfähiger Substanz gefüllt ist.

Knollenförmige Rezeptoren reagieren – je nach Art – noch auf Reizintensitäten zwischen 30 µV/cm und 30 mV/cm. Interessanterweise liegen diese mit elektrophysiologischen Methoden bestimmten *Schwellenintensitäten* etwa zwei Zehnerpotenzen über den Schwellen, die durch Verhaltensversuche ermittelt wurden. Höchstwahrscheinlich kommt die Empfindlichkeit des Gesamtsystems erst durch zentralnervöse Integrationsmechanismen zustande.

3.8.1.3 Geschlechtsspezifische Entladungen bei schwachelektrischen Fischen

Geschlechtsspezifische Unterschiede in der Entladung schwachelektrischer Fische wurden zuerst von HOPKINS (1972) bei dem südamerikanischen Messeraal *Sternopygus macrurus* entdeckt. Die Individuen dieses Fisches erzeugen wellenförmige Entladungen, die sehr stabil in der *Frequenz* sind. Fortpflanzungsfähige Männchen und Weibchen unterscheiden sich jedoch in der Frequenz ihrer Entladungen: Während die durchschnittliche Frequenz von Männchen bei 67 Hz liegt, entladen Weibchen im Durchschnitt mit 120 Hz. Die mittlere Entladungsfrequenz von noch nicht geschlechtsreifen Tieren liegt zwischen diesen beiden Werten, nämlich bei 93 Hz. Bei fortpflanzungsbereiten Männchen und Weibchen treten keine Überlappungen in den Frequenzverteilungen auf.

Durch Hormonbehandlung mit *Testosteron* läßt sich die Entladungsfrequenz bei *Sternopygus dariensis* – einem nahen Verwandten von *Sternopygus macrurus* mit ähnlichem Sexualdimorphismus – senken; *Östrogen*-Injektionen rufen dagegen einen Anstieg der Entladungsfrequenz hervor (MEYER 1983). Dieses Ergebnis kann sowohl bei adulten und juvenilen Männchen und Weibchen als auch bei Tieren beobachtet werden, deren Gonaden vor der Hormonbehandlung entfernt worden waren. Die Steroidhormone scheinen dabei (direkt oder indirekt) den *Schrittmacherkern* im Zentralnervensystem, der die Entladungsrate steuert, zu beeinflussen (MEYER, ZAKON & HEILIGENBERG 1984).

Zu den *sexualdimorphen Frequenzverteilungen* treten nach Beobachtungen von HOPKINS (1972) noch geschlechtsspezifische *Frequenzmodulationen* bei *Sternopygus* hinzu: Männchen zeigen während der Brutzeit gegenüber vorbeischwimmenden Weibchen Anstiege und Unterbrechungen in den elektrischen Entladungen, die bei Weibchen fehlen. Anstiege sind Frequenzerhöhungen um maximal 1–43 Hz, die etwa 0,3–2,5 s dauern. Bei Unterbrechungen hört die elektrische Entladung für ca. 0,3–1,7 s ganz auf; sie treten oft zusammen mit Anstiegen auf.

Reizversuche von HOPKINS mit Sinuswellen verschiedener Frequenzen zeigen, daß *Sternopygus*-Männchen in der Lage sind, zwischen Männchen- und Weibchen-Frequenzen zu unterscheiden: Sie beantworten nur die Weibchen-Frequenzen mit einer signifikanten Erhöhung der Zahl der Anstiege, der Frequenzmaxima und der Unterbrechungen, verglichen mit der Zahl dieser Verhaltensweisen in dem Kontrollzeitraum vor Reizbeginn.

Auch von mehreren schwachelektrischen Fischen, die pulsartige Entladungsmuster produzieren, sind geschlechtsspezifische Unterschiede in den elektrischen Organentladungen bekannt: So unterscheidet sich bei dem Nilhecht *Pollimyrus isidori* die Wellenform der Entladung in beiden Geschlechtern. Bei Männchen dieser Art ist die erste der insgesamt zwei kopfpositiven Phasen eines Pulses signifikant schwächer als bei Weibchen (WESTBY & KIRSCHBAUM 1982).

Bei *Hypopomus occidentalis*, einem Messeraal mit pulsartiger Entladung, sind Männchen größer und besitzen breitere Schwänze (dort ist das elektrische Organ untergebracht) als Weibchen. Die Entladung des Männchens dauert länger und weist eine dominante Intensität bei niedrigeren Frequenzwerten auf als der Weibchen-Puls. Durch Injektion von *Testosteron* konnte die weibliche Entladungsform in eine männliche Wellenform des Pulses überführt werden. Einzelne Zellen des elektrischen Organs von testosteronbehandelten Weibchen waren – ähnlich wie bei unbehandelten Männchen – vergrößert und produzierten das für Männchen typische Signal (HAGEDORN & CARR 1985).

3.8.1.4 Der Grüne Messerfisch und seine elektrische Entladung

Auch das hier verwendete Versuchstier, der Grüne Messerfisch *Eigenmannia lineata* (Abb. 3.8.3), besitzt einen Geschlechtsdimorphismus in zumindest zwei Merkmalen der elektrischen Organentladung. Bevor wir darauf näher eingehen, sollen zunächst einige Informationen zur Biologie dieses schwachelektrischen Fisches gegeben werden:

Systematisch gehört die in Südamerika beheimatete Gattung *Eigenmannia* zur Familie Rhamphichthyidae und zur Ordnung der Messeraale (Gymnotiformes). Diese Gattung ist morphologisch durch das Fehlen der Bauchflossen, der Rückenflosse und der Schwanzflosse gekennzeichnet. Männchen werden mit 30–40 cm etwa doppelt so groß wie Weibchen. Charakteristisch ist die Fortbewegung durch Undulieren der Afterflosse, was als *gymnotiformes Schwimmen* bezeichnet wird (vgl. »3.7 Schwimmen von Fischen«, S. 140–165).

Im Freiland halten sich die Tiere tagsüber in kleineren Gruppen, z. B. unter Schwimmpflanzen, versteckt. In der Nacht verlassen sie diese Orte, um im offenen Wasser nach Nahrung zu suchen. Die Fortpflanzung erfolgt während der Regenzeit. Die Fische suchen ausgedehnte Wälder, Sümpfe und Grasgebiete auf, die durch das Ansteigen des Wasserspiegels der Flüsse überschwemmt werden. Durch Simulation von Regenzeit-Bedingungen gelang es, auch im Aquarium die *Gonadenreifung* auszulösen. Regenimitation, ein Ansteigen des Wasserspiegels und das Absinken der Leitfähigkeit des Wassers dienen dabei als Zeitgeber der Gonadenreifung (KIRSCHBAUM 1975).

In Ruhe erzeugt der Grüne Messerfisch ständig eine elektrische Wechselspannung, die in erster Näherung einer Sinuswelle mit einer Periodendauer von etwa 2 ms gleicht (Abb. 3.8.4a). Die Frequenz der Entladung variiert nur äußerst geringfügig: Übereinstimmend stellten verschiedene Autoren fest, daß innerhalb von 10 min die Abweichungen von der Durchschnittsfrequenz geringer als etwa 0,3% sind. Die Entladungsfrequenz von *Eigenmannia* gehört damit zu den stabilsten Phänomenen, die in der Neurobiologie bekannt sind.

Der artspezifische *Sendefrequenzbereich* von *Eigenmannia virescens* liegt bei 25 °C zwischen 240 und 600 Hz. In einer Gruppe von ausgewachsenen Tieren entlädt das

Abb. 3.8.3: Der südamerikanische Messerfisch *(Eigenmannia lineata)* aus der Ordnung der Messeraale (Gymnotiformes)

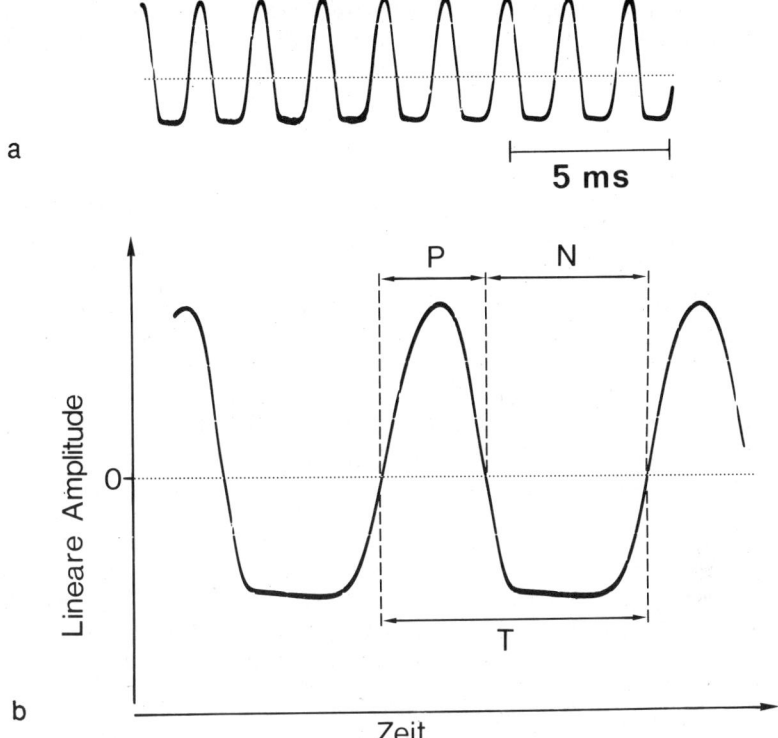

Abb. 3.8.4: Oszilloskopbild der elektrischen Entladung von *Eigenmannia*. Die kopfpositive Halbwelle ist oben, die schwanznegative unten angeordnet.
a) Die Aufnahme illustriert die Konstanz der Entladungsfrequenz und der Wellenform;
b) Zur Charakterisierung der Wellenform läßt sich das Verhältnis der Zeitdauer von positiver (P) zu negativer Halbwelle (N) über eine Periode (T) des Signals heranziehen

größte (und dominante) Männchen mit der niedrigsten Frequenz, während das größte Weibchen die höchste Entladungsfrequenz in der Gruppe besitzt. Sobald größere Männchen territoriale Aktivitäten zeigen, beginnen sie, ihre Entladungen gelegentlich zu unterbrechen; diese Verhaltensweise wird als Zirpen bezeichnet. Nähert sich jedoch ein dominantes Männchen, so hört ein unterlegenes Männchen auf zu zirpen. Derselbe Effekt läßt sich im Aquarium durch Rückspielen von aufgezeichneten niederfrequenten Signalen des dominanten Männchens über Elektroden zeigen (HAGEDORN & HEILIGENBERG 1985). Möglicherweise können also rangtiefere Männchen das dominante Männchen bereits an der Entladungsfrequenz erkennen.

Ein zweiter Geschlechtsdimorphismus tritt bei *Eigenmannia* in der *Wellenform* auf. Um dies quantitativ zeigen zu können, wird die Wellenform durch das sog. *P-zu-N-Verhältnis* charakterisiert (GOTTSCHALK 1981). Eine Periode des erzeugten Wechselspannungs-Signals besteht aus einer positiven (P) und einer negativen (N) Halbwelle (Abb. 3.8.4b). Bildet man den Quotienten aus der Zeitdauer beider Halbwellen, so erhält man mit dem resultierenden P/N-Verhältnis ein quantitatives Maß für den Verzerrungsgrad der Entladungswelle. Bei Temperaturen von etwa 27 °C zeigen Männchen ein P/N-Verhältnis von unter 0,6, während die Wellenform der Weibchen P/N-Werte von über 0,6 aufweist (KRAMER 1985).

Futterbelohnungsdressuren zeigten, daß *Eigenmannia lineata* in der Lage ist, Entladungen von Männchen und Weibchen sowie mehrere elektrische Signale verschiedener Wellenformen zu unterscheiden. Die Fische könnten diese sensorische Fähigkeit zur *Art*- und *Geschlechtspartner-Erkennung* benutzen (KRAMER & ZUPANC 1986, ZUPANC & KRAMER 1986 a, b).

3.8.1.5 Die Wirkung der Temperatur auf die elektrische Organentladung

Zwar ist sowohl die Frequenz wie auch die Wellenform der Entladung von *Eigenmannia* unter *konstanten* Umweltbedingungen äußerst stabil. Verschiedene Faktoren beeinflussen jedoch die elektrische Entladung. So verschiebt sich die *Entladungsrate* mit steigender *Temperatur* kontinuierlich zu höheren Frequenzwerten hin (BOUDINOT 1970; COATES, ALTAMIRANO & GRUNDFEST 1954; ENGER & SZABO 1968; FENG 1976). Vermutlich wird dabei primär nicht das elektrische Organ in der Schwanzregion der Fische, sondern vielmehr der Schrittmacher-Kern in der *Medulla oblongata* des Hirns (COATES, ALTAMIRANO & GRUNDFESt 1954; ENGER & SZABO 1968) beeinflußt.

Einen genau umgekehrten Effekt zeigt die Umgebungstemperatur auf die *Wellenform* der elektrischen Entladung: Temperaturerhöhungen bewirken eine Wanderung des P/N-Verhältnisses zu kleineren Werten hin (ZUPANC 1986, 1987a, b, 1988). »Weibliche« Wellenformen können auf diese Weise in »männliche« und umgekehrt (durch Temperatursenkung) »männliche« in »weibliche« Entladungen umgewandelt werden.

3.8.2 Seminarthemen

1. Sinnesphysiologische Fragestellungen werden meistens mit Hilfe von elektrophysiologischen Methoden untersucht. Wertvolle zusätzliche Aufschlüsse erhält man durch Verhaltensversuche, z. B. *Futter-Belohnung-Dressuren*, am intakten Tier. Wie kann man hier bei schwachelektrischen Fischen vorgehen? Welche Probleme aus der Sinnesphysiologie konnten damit bearbeitet werden?
Literatur: KNUDSEN (1974); KRAMER & ZUPANC (1986); ZUPANC & KRAMER (1986 b).

2. Schwachelektrische Fische erzeugen um sich herum elektrische Felder, die sie zur *aktiven Elektrortung* benutzen. Wie arbeitet dieses Ortungssystem?
Literatur: LISSMANN & MACHIN 1958; HEILIGENBERG 1977; BASTIAN 1986.

3. Messerfische der Gattung *Eigenmannia* besitzen sehr stabile individualspezifische Entladungsfrequenzen. Treffen zwei Fische mit ähnlicher Signalfrequenz aufeinander, so beobachtet man jedoch ein reflexartiges Auseinanderdriften der Frequenzen (*Frequenzausweichreaktion*, engl. <u>J</u>amming <u>A</u>voidance <u>R</u>esponse, JAR). Dies wird als Reaktion zum Schutz vor einer Beeinträchtigung des aktiven Elektroortungssystems interpretiert. Auf welchen physikalischen Grundlagen beruht die JAR? Wie funktioniert sie physiologisch?
Literatur: BULLOCK, HAMSTRA & SCHEICH 1972; HEILIGENBERG 1977, 1980, 1986.

3.8.3 Beschaffung und Pflege der Versuchstiere

Da die Zucht von *Eigenmannia* im Aquarium bisher nur sehr selten gelang, werden im Zoofachhandel fast ausschließlich Wildfänge angeboten. Am häufigsten findet man die Arten *E. lineata* und *E. virescens*.

An den Fundorten der Gattung *Eigenmannia* wurden durchschnittliche Wassertemperaturen von 24 bis 30 °C sowie pH-Werte zwischen 4,5 und 7 gemessen. Auffallend ist die stets niedrige Härte (oft Werte von $c[Ca^{2+} + Mg^{2+}]$ unter 0,2 mmol/l, was etwa 1 °d Härte entspricht) und die geringe Leitfähigkeit von 10–70 µS/cm. Um *Eigenmannia* artgerecht zu halten, ist eine Wassertemperatur von etwa 27 °C zu empfehlen; die Wasserhärte sollte ggf. mit Hilfe von Ionenaustauschern (für die Aquaristik werden z. B. von der Firma Tetra spezielle Flutbeutel angeboten) gesenkt und das Wasser durch Torffilterung leicht angesäuert werden. Eine problemlose Pflege ist aber auch in Aquarienwasser von mittlerer Gesamthärte und etwa 500 µS/cm Leitfähigkeit möglich.

Wichtig ist es, *Eigenmannia* in Gruppen zu halten. Genügend Verstecke und eine Schwimmpflanzendecke sollten vorhanden sein. Gefüttert wird mit Lebendfutter, gefrorenem Futter und Futterflocken.

3.8.4 Beobachtungen und Versuche

3.8.4.1 Versuch 1: Untersuchung der Temperaturabhängigkeit der elektrischen Entladung

■ *Versuchsmaterial:*
- Grüne Messerfische der Gattung *Eigenmannia*
- 1 größeres Aquarium (Inhalt ca. 100 l)
- 1 kleineres Plastikaquarium (Inhalt ca. 25 l)
- 4 Blumentöpfe (Höhe ca. 15 cm)
- 1 Drainageröhre aus gebranntem Ton (Länge ca. 30 cm, Innendurchmesser ca. 6 cm)
- 1 Aquarien-Außenfiltertopf mit Kreiselpumpe
- 2 Wasserschläuche
- 1 Wasserhahn mit Tülle (zum Anschluß eines Schlauches) und Zentralbatterie (zur stufenlosen Regulierung der Wassertemperatur)
- 1 Thermometer für die Messung der Wassertemperatur mit 0,1 °C-Einteilung (Meßgenauigkeit: ± 0,1 °C)
- 6 Büschelstecker (»Bananenstecker«)
- 8 m einadrige Litze
- Lötzinn und Lötkolben
- Elektrische Schlagbohrmaschine
- Silikonkautschuk oder Uhu-Plus-Zweikomponentenkleber
- 1 Differenzverstärker
- 1 Oszilloskop
- 1 Frequenzzähler.

Aquarien mit Zubehör sind im Zoofachhandel erhältlich, die Drainageröhre bei Baumärkten. Das Präzisionsthermometer kann z. B. über eine Chemiehandlung bezogen werden. Die elektrischen Meßgeräte mit Anschlußkabeln sind normalerweise in der Physiksammlung einer Schule oder in entsprechenden Arbeitsgruppen eines Instituts vor-

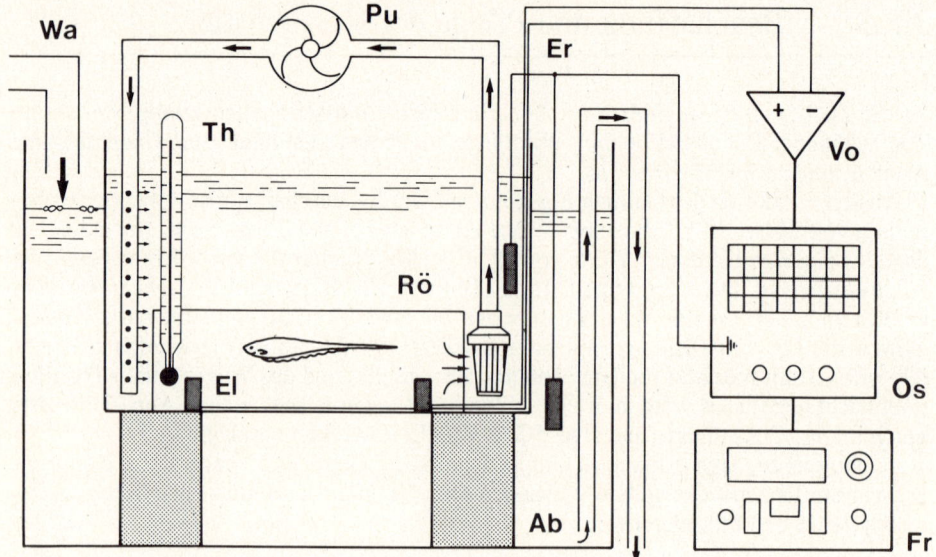

Abb. 3.8.5: Skizzierung des Versuchsaufbaus. Ein kleines Versuchsbecken steht auf vier umgestülpten Blumentöpfen in einem großen Aquarium, das von Wasser mit der jeweils gewünschten Temperatur durchflossen wird (Wa – Wassereinlauf; Ab – Wasserablauf); dadurch läßt sich die Temperatur des kleineren Beckens kontinuierlich regulieren. Der Fisch hält sich in einer Drainageröhre (Rö), in der Ableitelektroden (El) und ein Thermometer (Th) installiert sind, auf. Eine Umwälzpumpe (Pu) verhindert die Ausbildung von Temperaturschichten. Sowohl das große Aquarium als auch das Versuchsbecken sind geerdet (Er – Erdungselektrode). Über einen Vorverstärker (Vo) wird das Fischsignal einem Oszilloskop (Os) und einem Frequenzzähler (Fr) zugeführt

handen. Ein einfacher Differenzverstärker läßt sich – falls er nicht schon vorhanden ist – preiswert und mit geringem Aufwand selbst herstellen (CRUSE 1978).

Bevor Sie den Versuch aufbauen, müssen Ableitelektroden in der Tonröhre installiert werden. Dazu bohren Sie mit der elektrischen Bohrmaschine etwa 5 cm von jedem der beiden Enden entfernt ein ca. 5 mm großes Loch in die Unterseite der Drainageröhre. In jede der Öffnungen wird von außen die einadrige Litze eingeführt, an derem Ende auf eine Länge von 10 cm die Isolierung entfernt wurde. Den freigelegten Leiterdraht pressen Sie zu einer 1 cm langen »Keule«, die rundherum mit Lötzinn überzogen wird. Jede der beiden auf diese Weise hergestellten Elektroden befestigen Sie mit Silikonkautschuk oder einem Zweikomponentenkleber so in der Bohröffnung, daß das verzinnte Drahtende in den Innenraum der Röhre ragt. An den beiden anderen Enden der etwa 2 m langen Litze werden Büschelstecker befestigt.

In die Oberseite der Röhre bohren Sie an einem der beiden Enden eine größere Öffnung, durch die später das Thermometer in das Röhreninnere geführt werden kann. Damit sind die Vorarbeiten abgeschlossen.

Die Versuchsanordnung wird wie in Abb. 3.8.5 skizziert aufgebaut. Dazu stellen Sie das Plastikbecken auf die vier umgestülpten Blumentöpfe in das größere Aquarium. In das Plastikbecken legen Sie die Drainageröhre mit den installierten Ableitelektroden, deren Zuleitungen später über den Differenzverstärker mit dem Oszilloskop und dem Frequenzzähler verbunden werden.

Als Erdungselektrode dienen zwei Büschelstecker an einadriger Litze. Eine der beiden Erdungselektroden wird in das Plastikbecken geführt, die andere in das große Aquarium. Anschließend werden beide an die Erdungsbuchse des Oszilloskops gelegt.

Unmittelbar vor Beginn der Versuche füllen Sie das Plastikaquarium mit Wasser aus dem Hälterungsbecken. Durch die Umwälzung mit Hilfe des Aquarien-Außenfilters soll verhindert werden, daß sich Temperaturschichtungen ausbilden. Dazu bringen Sie das Ansaugrohr und das Düsenstrahlrohr des Filters am besten vor den beiden Enden der Tonröhre an; auf diese Weise läßt sich eine permanente Zirkulation des Wassers im Inneren der Röhre erreichen.

Die Regulierung der Temperatur in dem Versuchsbecken erfolgt über die Wassertemperatur des Außenaquariums: Je nachdem, ob Sie kaltes oder heißes Leitungswasser zulaufen lassen, kann die Temperatur des Versuchsbeckens gesenkt oder erhöht werden. Die Geschwindigkeit der Temperaturänderung läßt sich durch die Menge des zu- bzw. abfließenden Leitungswassers einstellen; sie sollte bei etwa 0,1 °C/min liegen.

■ *Versuchsdurchführung:*
Zunächst stellen Sie in dem Versuchsbecken eine ähnliche Temperatur wie im Hälterungsaquarium ein. Sobald dies erreicht ist, können Sie den Versuchsfisch vorsichtig in das Plastikbecken einsetzen. Meistens schwimmt er sofort in die Tonröhre, wo er für die Dauer des Versuchs bleibt. Seine elektrischen Entladungen lassen sich dadurch leicht ableiten.

Zur Bestimmung der Entladungsfrequenz und zur Charakterisierung der Wellenform auf dem Oszilloskopschirm wird bei geerdetem Oszilloskopeingang der Leuchtstrahl zunächst auf die Mittellinie (Nullinie) eingestellt. Bei aufgehobener Erdung des Eingangs verläuft die kopfpositive Halbwelle des Entladungssignals dann oberhalb der Nullinie, die kopfnegative Halbwelle dagegen unterhalb dieser Referenzgeraden (Abb. 3.8.4a und b).

Das abgeleitete Fischsignal wird so weit verstärkt, daß es den Bildschirm nahezu ausfüllt. Ausführliche Anleitungen für den Umgang mit Oszilloskopen sind z. B. in den Büchern von CARTER (1977) sowie BEERENS & KERKHOFS (1975) zu finden.

Die Periodendauer T des Fischsignals ist die Zeit zwischen zwei Nulldurchgängen gleicher Flanke. (Eine hohe Meßgenauigkeit läßt sich erreichen, indem man die Zeitablenkung so groß wählt, daß gerade eine Signalperiode den Bildschirm füllt.)

Für den eigentlichen Versuch wird die Wassertemperatur des Versuchsbeckens durch Zulauf von kaltem Wasser zunächst auf 20 °C erniedrigt. In Schritten von 0,5 °C wird auf dem Oszilloskop die Periodendauer T, die Zeitdauer der positiven (P) und der negativen (N) Halbwelle des Signals sowie die Frequenzanzeige des Frequenzzählers notiert. Sobald die Wassertemperatur von 20 °C erreicht ist, erhöhen Sie die Aquarientemperatur durch Zulauf von heißem Wasser auf 30 °C; hierbei erfolgen die gleichen Messungen wie bei der Temperatursenkung.

Nach Beendigung des Versuchs lassen Sie die Temperatur des Versuchsbeckens auf die Hälterungstemperatur abkühlen; der Fisch wird dann in das Hälterungsbecken zurückgesetzt.

Die Entladungsfrequenz f (in Hertz) des Fischsignals errechnet sich aus dem Kehrwert der Periodendauer T (in Sekunden):

(8) $\quad f = \dfrac{1}{T}$ [Hz]

Das P/N-Verhältnis ist die Dauer der positiven Halbwelle (P) dividiert durch die Zeitdauer der negativen Halbwelle (N) des Signals.

Sowohl Frequenz als auch P/N-Verhältnis werden in zwei Diagrammen in Abhängigkeit von der Umgebungstemperatur aufgetragen. Dabei muß (durch Verwendung verschiedener Symbole für die Meßpunkte) zwischen den Ergebnissen, die durch Temperatursenkung, und denen, die durch Temperaturerhöhung erzielt wurden, unterschieden werden.

Falls ein Computer und ein entsprechendes Statistikprogramm zur Verfügung stehen, kann außerdem die Korrelation zwischen Temperatur und Entladungsfrequenz bzw. P/N-Verhältnis ermittelt werden. Nähere Angaben zur statistischen Auswertung findet der interessierte Leser bei SACHS (1974) und SIEGEL (1956) sowie in dem Kapitel »4.1 Das Planen und Auswerten von Versuchen«, auf S. 243–254.

Um die Temperaturabhängigkeit der Frequenz und der Wellenform zu charakterisieren, wird der Q_{10}-Wert berechnet. Dieser Koeffizient charakterisiert die Temperaturabhängigkeit von chemischen und physikalischen Vorgängen. Er gibt an, wievielmal schneller eine Reaktion abläuft, wenn die Umgebungstemperatur um 10 °C erhöht wird. Für biochemische Reaktionen, z. B. beim Ablauf von enzymatischen Prozessen, sind Werte zwischen 2 und 4 typisch (Reaktions-Geschwindigkeits-Temperatur-Regel, RGT-Regel). Physikalische Vorgänge zeigen dagegen eine geringere Temperaturabhängigkeit (Q_{10} = 1,1–1,4).

Bei den hier durchgeführten Versuchen kann der Q_{10}-Wert entweder für den Bereich zwischen den beiden Extremtemperaturen oder für kleinere Teilbereiche angegeben werden. Für zwei beliebige Temperaturen t_1 und t_2 und die dazugehörigen Frequenzwerte f_1 und f_2 ergibt sich der Q_{10}-Wert nach folgender Formel:

$$(9) \quad \log Q_{10} = \frac{10}{t_2 - t_1} \cdot \log \left(\frac{f_2}{f_1}\right)$$

Entsprechend verfahren Sie bei der Berechnung des Q_{10}-Wertes für das P/N-Verhältnis. Sie müssen dazu in der obigen Formel lediglich die Frequenzwerte durch die entsprechenden P/N-Verhältnisse ersetzen.

■ *Ergebnisse:*

Die Frequenz der elektrischen Organentladung steigt nahezu linear mit der Wassertemperatur an. Dies drückt sich auch in den *Korrelationen* zwischen Temperatur und Entladungsfrequenz aus: Bei vier Individuen von *Eigenmannia lineata* lag über den gesamten untersuchten Temperaturbereich der Rangkorrelationskoeffizient nach Spearman (r_s) bei 1,00 und der Rangkorrelationskoeffizient nach Kendall (τ) ebenfalls bei 1,00 (Irrtumswahrscheinlichkeit $p<0,001$ pro Fisch). Dies bedeutet: Jede Erhöhung (Senkung) der Temperatur führt automatisch zu einem Anstieg (Abfall) der elektrischen Entladungsfrequenz. Bei den vier Messerfischen lagen die entsprechenden Q_{10}-Werte zwischen 1,37 und 1,50.

Das Frequenz-Temperatur-Diagramm (Abb. 3.8.6) zeigt eine ausgeprägte *Hysteresis*: Frequenzwerte, die bei einer bestimmten Temperatur durch Erwärmung des Wassers erhalten wurden, liegen niedriger als solche, die sich durch Abkühlung erzielen ließen. Ähnliche Hystereseverläufe sind aus der Physik z. B. von der Magnetisierung ferromagnetischer Stoffe und von der Wechselbeanspruchung elastischer Materialien bekannt.

Die Wassertemperatur beeinflußt auch die Wellenform des Fischsignals: Temperatur und P/N-Verhältnis sind negativ miteinander korreliert. Bei Abkühlung des Wassers ergaben sich bei den vier Testfischen folgende Korrelationen: Spearmans r_s = –0,912 bis –0,973, Kendalls τ = –0,784 bis –0,912. Bei Erwärmung des Wassers lagen die Korrela-

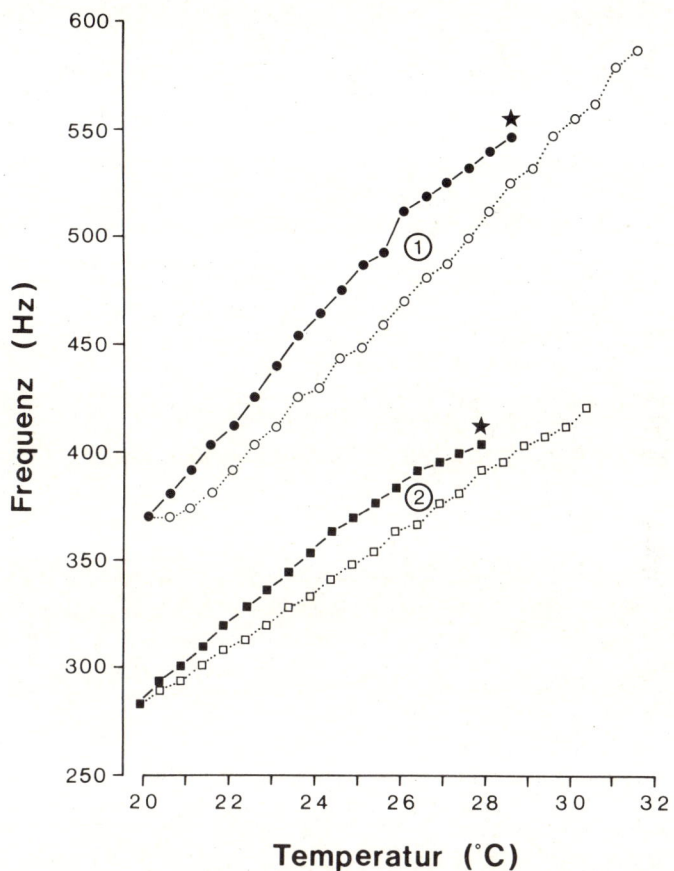

Abb. 3.8.6: Frequenz-Temperatur-Diagramm zweier Individuen von *Eigenmannia lineata*. Der Startpunkt der Versuche wird durch die Sternchen angezeigt. Durchgehende Linien verbinden Frequenzwerte miteinander, die durch Abkühlung des Wassers erhalten wurden. Frequenzdaten, die durch Temperaturerhöhung erzielt wurden, sind durch punktierte Linien verbunden. Das Diagramm zeigt eine deutliche Hysteresis: Bei einer gegebenen Temperatur liegen die Frequenzen höher, die durch Erwärmen des Wassers erhalten wurden, als die, welche sich durch Abkühlung erzielen ließen

tionskoeffizienten etwas höher: Spearmans r_s = –0,951 bis –0,984, Kendalls τ = –0,862 bis –0,933. In allen Fällen war die Irrtumswahrscheinlichkeit p<0,002 pro Fisch. Die negativen Korrelationen beschreiben hier also die Tatsache, daß sich bei Temperaturerhöhung (-senkung) in den meisten Fällen das P/N-Verhältnis zu niedrigeren (höheren) Werten hin verschiebt. Die entsprechenden Q_{10}-Werte lagen über den gesamten Temperaturbereich zwischen 0,73 und 0,78.

Die grafische Auftragung des P/N-Verhältnisses gegen die Umgebungstemperatur ergibt ebenfalls – ähnlich wie bei der Darstellung der Frequenzwerte – eine deutliche Hysteresis (Abb. 3.8.7).

In den Versuchen konnte durch Änderung der Wassertemperatur um insgesamt 11,5 °C die Entladungsfrequenz der Fische um bis zu 218 Hz verändert werden. Bei allen vier untersuchten Individuen war es außerdem möglich, den Verlauf der elektrischen Signale

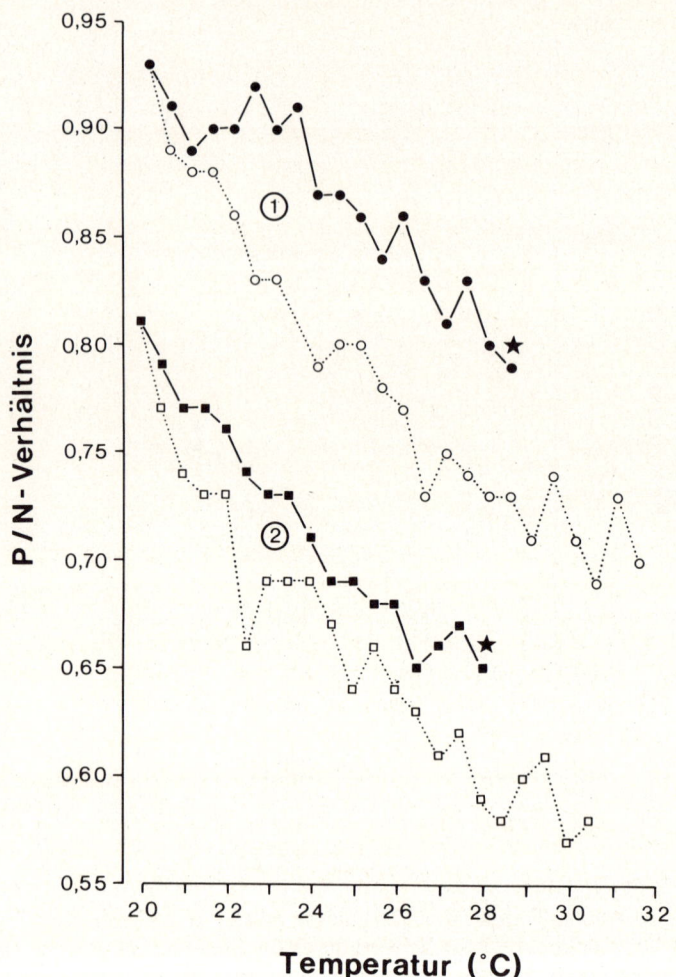

Abb. 3.8.7: Diagramm des P/N-Verhältnisses in Abhängigkeit von der Wassertemperatur. Die Daten stammen aus den gleichen Versuchen wie die Ergebnisse in Abb. 3.8.6. Zur Erklärung der Symbole siehe Abb. 3.8.6

von einer »weiblichen« Wellenform bei Temperaturen zwischen 19,9 und 20,6 °C (P/N = 0,73–0,93) in eine »männliche« Wellenform (P/N = 0,48–0,60) bei Temperaturen von 31,6 bis 35,0 °C umzuwandeln.

Die Ergebnisse, die sich durch Änderung der Umgebungstemperatur erzielen lassen, werfen für das Verständnis des *Kommunikationssystems* sofort folgendes Problem auf: Wie kann die »Verständigung« aufrechterhalten werden, wenn der Sender je nach Umgebungstemperatur einmal »männliche« und ein anderes Mal »weibliche« elektrische Signale produziert? Ist es dem Empfänger unter diesen Umständen überhaupt noch möglich, die fremden elektrischen Entladungen richtig zu interpretieren?

Genaue experimentelle Untersuchungen zu diesen Fragen stehen noch aus. Drei Überlegungen sprechen aber dafür, daß das Kommunikationssystem durch Temperaturänderungen, wie sie z. B. bei der Wanderung der Fische von Flüssen in flache Überschwemmungsgebiete zur Laichzeit auftreten, nicht beeinträchtigt wird:

Erstens werden durch Temperaturänderungen hohe und niedrige Entladungsfrequenzen sowie männliche und weibliche Wellenformen in derselben Weise beeinflußt. Der (relative) *sexuelle Dimorphismus* bleibt also erhalten.

Zweitens ist der *Kommunikationsradius* des elektrischen Systems auf wenige Meter begrenzt (vgl. KNUDSEN 1975). Sender und Empfänger halten sich deshalb unter normalen Umständen im gleichen Temperaturbereich auf.

Drittens zeigen Untersuchungen, daß durch die Umgebungstemperatur nicht nur die Entladungen des elektrischen Organs, sondern auch die *Eigenschaften der elektrischen Sinnesorgane* verändert werden (HOPKINS 1976). Dieser Effekt scheint die Wirkung der Temperatur auf das signalproduzierende System zu kompensieren.

Ähnliche Probleme wie bei *Eigenmannia* treten übrigens bei der akustischen Kommunikation von Grillen, Heuschrecken und Baumfröschen auf (Überblick bei DOHERTY 1985). Auch bei diesen wechselwarmen Tieren wurde das Phänomen der *Temperaturkopplung* zwischen Sender und Empfänger gefunden.

3.8.5 Weiterführende Arbeiten

3.8.5.1 Experimentelle Untersuchung der Frequenzausweichreaktion

Versuche zur *Frequenzausweichreaktion* bei *Eigenmannia* setzen einen wesentlich höheren technischen Aufwand voraus als das hier geschilderte Experiment, da zusätzlich eine elektrische Reizapparatur notwendig ist. Sie können jedoch das Verständnis für eine Verhaltensweise, die als Modellsystem eine wichtige Bedeutung in der Neuroethologie erlangt hat, wesentlich vertiefen (vgl. Seminarthema 3). Literatur: KRAMER (im Druck).

3.8.5.2 Elektroortung und Elektrokommunikation bei Pulsfischen

Eine Vielzahl von schwachelektrischen Fischen entlädt nicht wellenförmig, wie *Eigenmannia*, sondern *pulsartig* (vgl. 3.8.1.1). Versuche zur Elektroortung und Elektrokommunikation an Fischen aus dieser Gruppe sind in DAUMER (1976) beschrieben.

Literatur
Bastian, J., 1986: Electrolocation – behavior, anatomy and physiology. In: Electroreception. Bullock, T. H. & Heiligenberg, W. (Hrsg.), S. 577–612. New York, John Wiley.
Beerens, A. C. & Kerkhofs, A. W. N., 1975: 101 Versuche mit dem Elektronenstrahl-Oszillografen. Hamburg, Philips.
Boudinot, M., 1970: The effect of decreasing and increasing temperature on the frequency of the electric organ discharge in *Eigenmannia sp.* Comp. Biochem. Physiol. 37, 601–603.
Bullock, T. H., Hamstra, R. H. & Scheich, H., 1972: The jamming avoidance response of high frequency electric fish. I. General features. II. Quantitative aspects. J. Comp. Physiol. 77, 1–48.
Bullock, T. H. & Heiligenberg, W., 1986: Electroreception. New York, John Wiley & Sons.
Carter, H., 1977: Kleine Oszilloskoplehre. Hamburg, Philips.

Coates, C. W., Altamirano, M. & Grundfest, H., 1954: Activity in electrogenic organs of knifefishes. Science **120**, 845–846.

Cruse, H., 1978: Das Experiment: Eine einfache Anordnung für elektrophysiologische Untersuchungen. Biuz **8**, 154–158.

Daumer, K., 1976: Das Experiment: Verhaltensphysiologische Versuche mit elektrischen Fischen. Biuz **6**, 22–29.

Doherty, J. A., 1985: Temperature coupling and »trade-off« phenomena in the acoustic communication system of the cricket, *Gryllus bimaculatus* De Geer (Gryllidae). J. exp. Biol. **114**, 17–35.

Enger, P. S. & Szabo, T., 1968: Effect of temperature on the discharge rates of the electric organ of some gymnotids. Comp. Biochem. Physiol. **27**, 625–627.

Feng, A. S., 1976: The effect of temperature on a social behavior of weakly electric fish *Eigenmannia virescens*. Comp. Biochem. Physiol. **55A**, 99–102.

Gottschalk, B., 1981: Electrocommunication in gymnotoid wave fish: significance of a temporal feature in the electric organ discharge. In: Sensory physiology of aquatic lower vertebrates. Szabo, T. & Czeh, G. (Hrsg.), S. 255–277. Budapest, Pergamon Press, Akademiai Kiado.

Hagedorn, M. & Carr, C., 1985: Single electrocytes produce a sexually dimorphic signal in South American electric fish, *Hypopomus occidentalis* (Gymnotiformes, Hypopomidae). J. Comp. Physiol. **156**, 511–523.

Hagedorn, M. & Heiligenberg, W., 1985: Court and spark: electric signals in the courtship and mating of gymnotoid fish. Anim. Behav. **33**, 254–265.

Heiligenberg, W., 1977: Principles of electrolocation and jamming avoidance in electric fish. Berlin/Heidelberg/New York, Springer.

Heiligenberg, W., 1980: The jamming avoidance response in the weakly electric fish *Eigenmannia*. A behavior controlled by distributed evaluation of electroreceptive afferences. Naturwissenschaften **67**, 499–507.

Heiligenberg, W., 1986: Jamming avoidance responses – model systems for neuroethology. In: Electroreception. Bullock, T. H. & Heiligenberg, W. (Hrsg.), S. 613–649. New York, John Wiley.

Hopkins, C. D., 1972: Sex differences in electric signaling in an electric fish. Science **176**, 1035–1037.

Hopkins, C. D., 1976: Stimulus filtering and electroreception: tuberous electroreceptors in three species of gymnotoid fish. J. Comp. Physiol. **111**, 171–207.

Kirschbaum, F., 1975: Environmental factors control the periodical reproduction of tropical electric fish. Experientia **31**, 1159–1160.

Knudsen, E. I., 1974: Behavioral thresholds to electric signals in high frequency electric fish. J. Comp. Physiol. **91**, 333–353.

Knudsen, E. I., 1975: Spatial aspects of the electric fields generated by weakly electric fish. J. Comp. Physiol. **99**, 103–118.

Kramer, B., 1985: Jamming avoidance in the electric fish *Eigenmannia*: Harmonic analysis of sexually dimorphic waves. J. exp. Biol. **119**, 41–69.

Kramer, B., im Druck: Schwachelektrische Fische: Ausweichreaktionen auf Störsender. Praxis d. Naturwiss. (Biologie) **37**.

Kramer, B. & Zupanc, G. K. H., 1986: Conditioned discrimination of electric waves differing only in form und harmonic content in the electric fish, *Eigenmannia*. Naturwissenschaften **73**, 679–680.

Lissmann, H. W., 1958: On the function and evolution of electric organs in fish. J. exp. Biol. **35**, 156–191.

Lissmann, H. W. & Machin, K. E., 1958: The mechanism of object location in *Gymnarchus niloticus* and similar fish. J. exp. Biol. **35**, 451–486.

Meyer, H. J., 1983: Steroid influences upon discharge frequencies of a weakly electric fish. J. Comp. Physiol. **153**, 29–37.

Meyer, H. J., Zakon, H. H. & Heiligenberg, W., 1984: Steroid influences upon the electrosensory system of a weakly electric fish: direct effects upon discharge frequencies with indirect effect upon electroreceptors tuning. J. Comp. Physiol. **154**, 625–631.

Sachs, L., 1974: Angewandte Statistik. 4. Aufl. Berlin/Heidelberg/New York, Springer.

Siegel, S., 1956: Nonparametric statistics for the behavioral sciences. Tokyo, McGraw-Hill Kogakusha.

Westby, G. W. M. & Kirschbaum, F., 1982: Sex differences in the waveform of the pulse-type electric fish, *Pollimyrus isidori* (Mormyridae). J. Comp. Physiol. **145**, 399–403.

Zupanc, G. K. H., 1986: The effect of temperature on frequency and waveform of the electric organ discharge in the weakly electric knifefish *Eigenmannia lineata*. Newsletter of the Int. Ass. Fish Ethol. **9**, 30–35.

Zupanc, G. K. H., 1987a: Die Wirkung der Temperatur auf Frequenz und Wellenform der elektrischen Organentladung bei dem schwachelektrischen Messerfisch *Eigenmannia lineata*. Verh. Dtsch. Zool. Ges. **80**, 283.

Zupanc, G.K.H., 1987b: The effect of water temperature on the wave-form of the electric organ discharges in the weakly electric fish, *Eigenmannia*. Neuroscience, Suppl. to Vol. **22**, Nr. 1189P, S396

Zupanc, G. K. H., 1988: Das Experiment: Temperatureinflüsse auf das Verhalten von schwachelektrischen Fischen. Biuz **18**, 25–30.

Zupanc, G. K. H. & Kramer, B., 1986a: Discrimination of electric wave signals in the weakly electric knife fish *Eigenmannia lineata*. Neurosci. Lett. Suppl. **26**, 378.

Zupanc, G. K. H. & Kramer, B., 1986b: Unterscheidung wellenförmiger elektrischer Signale durch Differenzdressur bei dem schwachelektrischen Messerfisch *Eigenmannia*. Verh. Dtsch. Zool. Ges. **79**, 254–255.

Unterrichtsmaterial

Dornfeld, K., & Heinrich, W., 1986: Elektroortung und -kommunikation beim Tapirfisch *Gnathonemus petersii*. F, T (Komm. dt. oder engl.), 93 m, 8 1/2 min. C 1620. IWF, Göttingen.

3.9 Das Aggressions- und Fortpflanzungsverhalten Lebendgebärender Zahnkarpfen
Dierk Franck

3.9.1 Einleitung

Die Lebendgebärenden Zahnkarpfen (Familie Poeciliidae) bilden eine artenreiche Gruppe kleiner bis sehr kleiner Süßwasserfische, die in den tropischen und subtropischen Gebieten der Neuen Welt verbreitet sind (JAKOBS 1969, MEYER, WISCHNATH & FOERSTER 1985). Sämtliche Arten sind *ovovivipar*, d. h. ihre Fortpflanzung ist durch *innere Befruchtung* gekennzeichnet, und die Eier verlassen den Eierstock erst in einem weit entwickelten Stadium kurz vor der Geburt. Die Eier werden beim Geburtsvorgang in Abständen von wenigen Sekunden oder Minuten einzeln ausgestoßen. Die Eihülle platzt entweder noch im Eileiter oder unmittelbar nach der Geburt. Die Trächtigkeitsdauer beträgt in der Regel vier Wochen.

Im Gegensatz zu den Weibchen, die meistens nur wenige Tage nach dem Abwurf begattungsbereit sind, versuchen die Männchen ständig, mit jedem beliebigen Weibchen zu balzen. Das Sperma wird mit Hilfe der zum *Gonopodium* umgewandelten Afterflosse übertragen (Morphologie s. ROSEN & GORDON 1953; Abb. 3.9.1). Dabei schwimmt das Männchen seitlich an das Weibchen heran, schwingt das Gonopodium zusammen mit der zum Weibchen gewandten Bauchflosse nach vorne und verankert die Spitze des Gonopoiums in der weiblichen Geschlechtsöffnung.

Gonopodium und Bauchflosse bilden eine nach oben offene Rinne, durch die das Sperma in Form von Samenpaketen *(Spermiozeugmen)* in den Eileiter übertragen wird. Obwohl das Sperma für mehrere Abwürfe reicht, wird das Weibchen in der Regel nach jedem Abwurf erneut besamt.

Nach dem Abwurf kümmert sich das Weibchen nicht mehr um die Jungen. Unter beengten Aquarienbedingungen kann es sogar den eigenen Jungen nachstellen. Es ist deshalb wichtig, in die Abwurfbecken reichlich Pflanzen einzubringen.

Im Gegensatz zu brutpflegenden Fischen, z. B. Buntbarschen, Labyrinthfischen und Stichlingen, verteidigen die Männchen der Lebendgebärenden Zahnkarpfen keine Territorien. Bei verschiedenen Arten bilden die Männchen jedoch über viele Wochen und Monate hinweg stabile *soziale Rangordnungen* aus, wenn sie in kleinen Gruppen gehalten werden. Die Weibchen sind weniger aggressiv und bilden deshalb keine oder zumindest weniger deutliche Rangordnungsbeziehungen aus.

Als Vertreter der Lebendgebärenden Zahnkarpfen verwenden wir in diesem Kapitel den Grünen Schwertträger *(Xiphophorus helleri)* und den Guppy *(Poecilia reticulata)*. Beide Arten lassen sich sehr gut im Aquarium halten. Besonders der Guppy eignet sich hervorragend auch für kurze, z. B. zwei- oder dreistündige Praktika, weil die Männchen fast ständig balzbereit sind, oft sogar unmittelbar nach dem Umsetzen. Der Guppy läßt sich zudem schnell in großer Zahl nachzüchten; er wird deshalb auch Millionenfisch genannt.

3.9.2 Seminarthemen

1. Alle Schwertträger- und Platy-Arten (Gattung *Xiphophorus*) lassen sich im Labor miteinander kreuzen und bringen meistens fruchtbare *Artbastarde* hervor. Was läßt sich

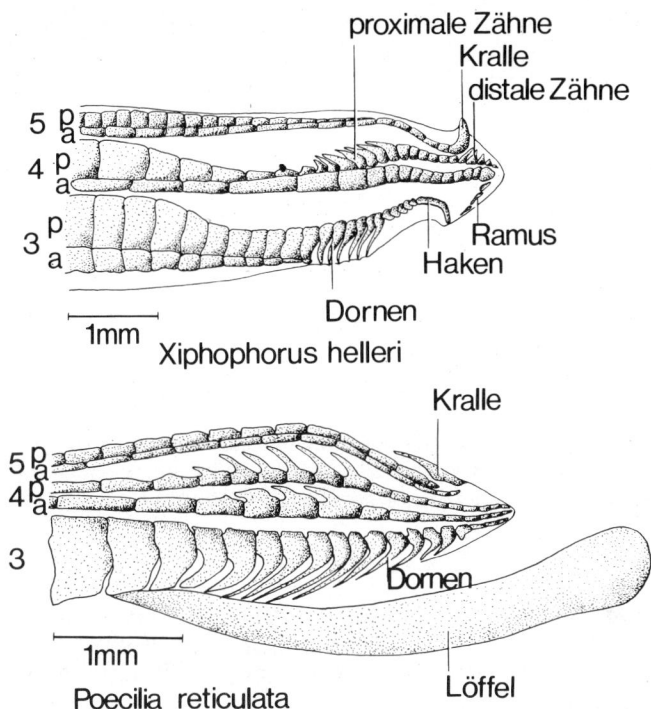

Abb. 3.9.1: Gonopodium des Grünen Schwertträgers *Xiphophorus helleri* und des Guppy *Poecilia reticulata* (Totalpräparate). Das Kopulationsorgan entsteht mit Eintritt der Geschlechtsreife unter dem Einfluß der männlichen Sexualhormone aus den Strahlen 3, 4 und 5 der Afterflosse (a = anterior, vorderer Teilstrahl; p = posterior, hinterer Teilstrahl). Beim Guppy geht aus der Afterflosse zusätzlich zum Gonopodium ein häutiges Gebilde hervor, das die Spitze des Gonopodiums überragt und als »Löffel« bezeichnet wird. Die biologische Bedeutung des Löffels ist unklar, vermutlich hat er eine sensorische Funktion

aufgrund von Kreuzungsanalysen über die Gesetzmäßigkeiten der Vererbung von Balzhandlungen aussagen?
Literatur: FRANCK (1970, 1974).

2. Reize aus der sozialen Umwelt beeinflussen nicht nur die Verhaltensbereitschaft eines Tieres, sondern auch seinen Hormonspiegel. Welchen Einfluß hat das soziale Zusammenleben auf die *Nebennierenrindenhormone (Corticoide)* und auf die *männlichen Sexualhormone (Testosteron)*?
Literatur: HANNES & FRANCK (1983); HANNES, FRANCK & LIEMANN (1984).

3. Rezeptive Weibchen werden von den Männchen Lebendgebärender Zahnkarpfen viel heftiger umworben als trächtige Weibchen. Welche Rolle spielen dabei *Sexualpheromone*?
Literatur: PARZEFALL (1973); LILEY (1982); LILEY & STACEY (1983); MEYER & LILEY (1982).

4. Die mit dem Guppy eng verwandte Art *Poecilia sphenops* bildet in Mexiko eine *in Höhlen lebende Population* aus. Welchen Einfluß hat das Höhlenleben auf die Ausprägung der Aggression bei dieser Art?
Literatur: PARZEFALL (1974).

5. Beim Guppy sind die Männchen – auch in Wildpopulationen – individuell sehr unterschiedlich gefärbt. Welchen Einfluß hat die von den Weibchen ausgehende *sexuelle Selektion* auf den *Polymorphismus* der Männchen *(»rare-male effect«)*?
Literatur: FARR (1977, 1980).

3.9.3 Beschaffung, Pflege und Zucht der Versuchstiere

Schwertträger und Guppys sind – wie auch eine Reihe weiterer Lebendgebärender Zahnkarpfen – in der Haltung wenig anspruchsvoll. Die Wassertemperatur sollte etwa 24 °C betragen, mittelhartes Wasser ist am günstigsten. Die Fische werden in gemischtgeschlechtlichen Gruppen gehalten.

Zur Nachzucht werden möglichst große Weibchen einzeln in etwa 10 l fassende Vollglas- oder Plastikbecken gesetzt (reichlich Wasserpflanzen, damit die Jungen Versteckmöglichkeiten haben). Jeden Morgen wird kontrolliert, ob die Weibchen abgeworfen haben. In diesem Fall entfernen wir sofort das Weibchen. Die Jungen lassen sich leicht mit *Artemia*-Nauplien aufziehen (Geschlechtsreife: Schwertträger sechs Monate, Guppys sechs Wochen).

Die größeren Tiere erhalten nach Möglichkeit lebende Wasserflöhe, nehmen aber auch mit Trockenfutter vorlieb. Unbesamte Weibchen erhält man, indem man aus einer Gruppe von Jungfischen laufend die sich geschlechtlich differenzierenden Männchen herausfängt.

Sowohl Schwertträger als auch Guppys können sehr leicht beschafft werden; sie sind in fast jeder Zoofachhandlung für wenig Geld erhältlich.

3.9.4 Beobachtungen und Versuche

3.9.4.1 Versuch 1: Beschreibung der aggressiven und sexuellen Verhaltensweisen beim Grünen Schwertträger

■ *Versuchsmaterial:*
– ein 100–200 l Aquarium von etwa 100 cm Länge, das mit Beleuchtung, Heizer und Filter ausgestattet ist
– etwa 6 Männchen des Grünen Schwertträgers
– etwa 6 Weibchen des Grünen Schwertträgers.

■ *Versuchsdurchführung:*
In diesem ersten Versuch soll für die Funktionskreise *Aggression* und *Fortpflanzung* ein möglichst vollständiges *Ethogramm* erarbeitet werden. Dazu werden etwa sechs Männchen und etwa sechs Weibchen des Grünen Schwertträgers in das Aquarium gesetzt.

Beschreiben Sie jede einzelne Verhaltensweise so genau, daß sie von einem anderen Beobachter aufgrund Ihrer Beschreibung eindeutig wiedererkannt werden kann. Wenn möglich, sollte jede Verhaltensbeschreibung durch eine oder mehrere einfache Strichzeichnungen ergänzt werden.

Viele Aggressions- und Sexualhandlungen laufen so schnell ab, daß es nur durch vielfach wiederholtes Beobachten möglich ist, genaue Verhaltensbeschreibungen anzufertigen. In welchem Ausmaß sind die Verhaltensweisen variabel, und welche Eigenschaften sind davon betroffen (z. B. Flossenstellung, Orientierung)?

Zu jeder Verhaltensbeschreibung gehören auch Angaben über die Situationen, in denen die Verhaltensweisen beobachtet wurden. Welche biologische Bedeutung könnten die verschiedenen Verhaltensweisen haben?

■ *Ergebnisse:*
Das Aggressions- und Sexualverhalten der meisten Schwertträger (Untergattung *Xiphophorus*) und Platys (Untergattung *Platypoecilus*) wurde von FRANCK (1964, 1968) beschrieben.

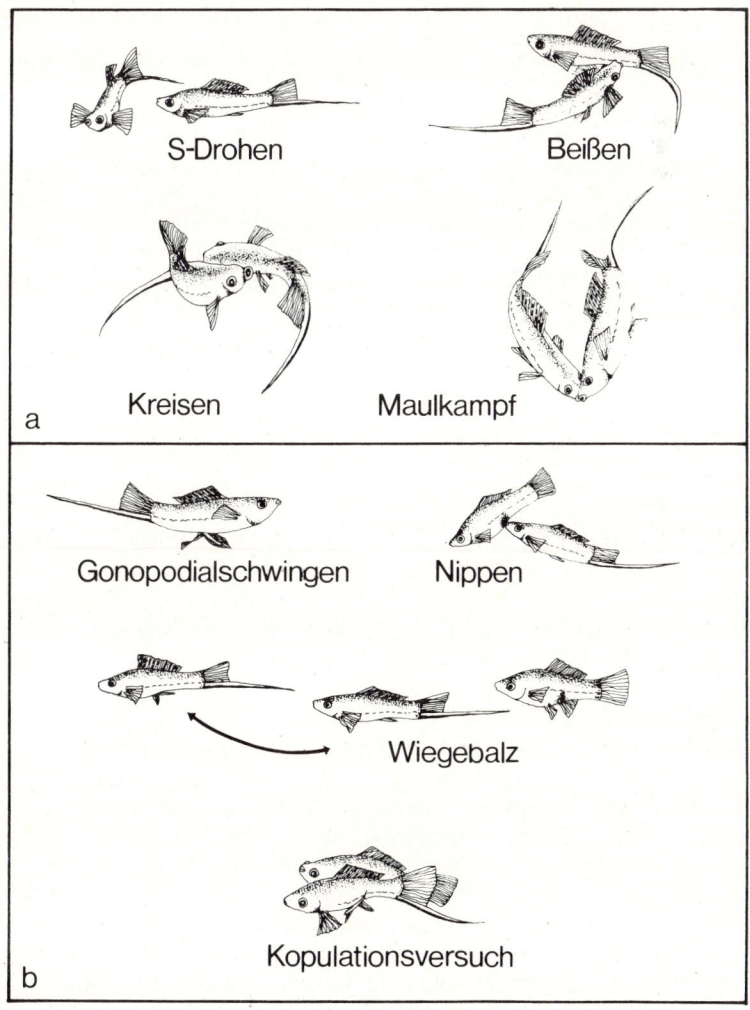

Abb. 3.9.2: Aggressive (a) und sexuelle Verhaltensweisen (b) des Grünen Schwertträgers

Aus dem Funktionskreis der Aggression sind regelmäßig *S-Drohen* und *Beißen* zu beobachten (Abb. 3.9.2a). Ein Männchen schwimmt z. B. auf ein anderes zu, das eine eigentümlich starre Haltung einnimmt, den Körper S-förmig krümmt und die meisten Flossen spreizt. Oft reagiert das anschwimmende Männchen daraufhin ebenfalls mit S-Drohen, wobei die beiden Rivalen parallel oder antiparallel zueinander orientiert sind. Daraufhin kann ein Männchen das andere beißen. Das anschwimmende Männchen kann auch sofort beißen. Beißen bewirkt meistens sofortige *Flucht*. Außerdem kann Flucht auch allein durch Anschwimmen ausgelöst werden.

Aus dem Funktionskreis der Fortpflanzung sind regelmäßig Gonopodialschwingen, Nippen und Wiegebalz zu beobachten (Abb. 3.9.2b). Beim *Gonopodialschwingen* wird – wie bei der Kopulation bzw. dem Kopulationsversuch – das Gonopodium nach seitlich vorne geschwungen. Wird das Gonopodium nach rechts geschwenkt, so macht die rechte Bauchflosse die Bewegung mit; wird es nach links geschwenkt, so schwingt die linke Bauchflosse nach vorne. Der Bewegungsablauf ähnelt sehr dem Kopulationsverhalten, jedoch wird die Verhaltensweise niemals auf einen Artgenossen gerichtet und kann auch – allerdings weniger häufig – bei isolierten Männchen beobachtet werden. Die Funktion des Gonopodialschwingens ist noch unbekannt.

Beim *Nippen* betupft das Männchen ein Weibchen mit seinem Maul, und zwar bevorzugt in der Genitalregion. Dabei wird wahrscheinlich aufgrund chemischer Signalstoffe *(Pheromone)* die Paarungsbereitschaft des Weibchens erkannt.

Eine auffällige Balzhandlung ist die *Wiegebalz*: Das Männchen schwimmt rasch vor das Weibchen, stellt die meisten Flossen auf, schwimmt langsam rückwärts gegen das Weibchen und wiederholt das Vorwärts- und Rückwärtsschwimmen abwechselnd. Das Wiegen ist sehr variabel bezüglich Intensität, Flossenstellung und Orientierung zum Weibchen. Die meisten Weibchen sind trächtig und flüchten vor dem nippenden oder wiegenden Männchen.

Kopulationsversuche sind verhältnismäßig selten zu beobachten und treten meistens im Anschluß an Balzhandlungen auf. Erfolgreiche *Kopulationen* sind meistens nur zu beobachten, wenn man dem Männchen ein rezeptives Weibchen bietet (unmittelbar nach dem Abwurf oder unbesamt).

3.9.4.2 Versuch 2: Untersuchung der Rangordnung beim Grünen Schwertträger

■ *Versuchsmaterial:*
Siehe Versuch 1. Außerdem wird eine Glasplatte mit unterlegtem Millimeterpapier gebraucht.

■ *Versuchsdurchführung:*
Die im Handel befindlichen Tiere sind meistens unterschiedlich gefärbt, so daß sich eine individuelle Markierung erübrigt. Beim Einsetzen der Tiere in das Beobachtungsaquarium wird auf einer mit Millimeterpapier unterlegten Glasplatte deren Totallänge gemessen (Maulspitze bis Außenrand der Schwanzflosse, ohne Schwertfortsatz).

Die soziale Rangordnung wird in einer Gruppe von 4 bis 6 Männchen, die gemeinsam mit mehreren Weibchen in dem Aquarium gehalten werden, auf der Grundlage verschiedener agonistischer Verhaltensweisen untersucht. Beispielsweise kann die Zahl der Bisse zwischen den Tieren gemessen werden (»Beißordnung«), oder es wird registriert, welche Individuen wie oft vor welchen Artgenossen fliehen (»Fluchtordnung«). Da es nicht möglich ist, alle Tiere gleichzeitig im Auge zu behalten, werden die Interaktionen eines einzelnen Tieres mit allen anderen beobachtet (z. B. 15 min lang). Danach wird das

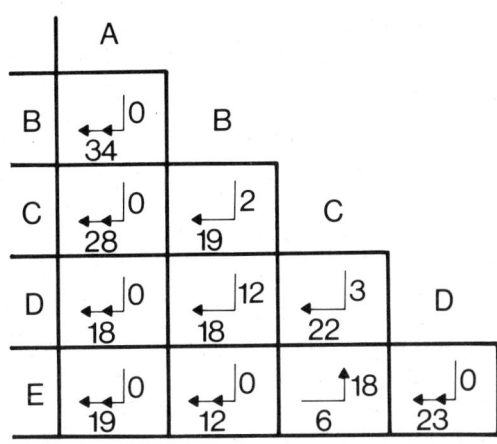

Abb. 3.9.3: Häufigkeit der Bisse zwischen den Männchen A, B, C, D und E. Der Pfeil ist auf dasjenige von zwei Tieren gerichtet, das die meisten Bisse »einstecken« muß. Der doppelte Pfeil zeigt an, daß die Bisse nur in einer Richtung beobachtet wurden. Die Zahlen geben die Gesamtzahl der beobachteten Bisse in der jeweiligen Richtung an. B richtete z. B. 19 Bisse gegen C, während in umgekehrter Richtung nur 2 Bisse beobachtet wurden

nächste Tier beobachtet usw., bis alle Tiere der Gruppe erfaßt sind. Die quantitativen Beobachtungsergebnisse lassen sich in einer Art Kombinationsquadrat wie in Abb. 3.9.3 darstellen.

Welche Rangordnung ergibt sich aus den so aufgezeichneten Beobachtungsdaten? Ist in den beobachteten Gruppen Aggression zwischen Männchen und Weibchen zu beobachten? Bilden auch die Weibchen eine soziale Rangordnung aus? Sind die Rangordnungen vollständig? Hat die Körpergröße einen Einfluß auf die Rangordnung? Bleiben die Rangordnungen über mehrere Tage oder Wochen stabil?

■ *Ergebnisse:*
Ranghohe Männchen beißen rangtiefere häufig und flüchten nur selten oder gar nicht. Rangtiefere Männchen schwimmen zwar manchmal auf ranghöhere zu und drohen auch gelegentlich, beißen aber nur sehr selten. Anschwimmen, S-Drohen und besonders Beißen lösen beim rangtieferen Männchen fast immer Flucht aus. Mit Hilfe des χ^2-Tests (vgl. »4.1 Das Planen und Auswerten von Versuchen«, S. 246) kann geprüft werden, ob ein Männchen das andere häufiger beißt oder umgekehrt, oder ob es weniger häufig vor diesem flüchtet. Die statistische Auswertung ergibt meistens eine vollständige, lineare Rangordnung unter den Männchen. Beiß- und Fluchtordnung stimmen überein, jedoch sind die Ergebnisse auf der Grundlage des Fluchtverhaltens oft noch etwas eindeutiger als auf der Grundlage des Beißens. Die Körpergröße hat einen starken Einfluß auf die Rangordnung: Schon wenige Millimeter größere Männchen sind in aller Regel ranghöher. Die Rangordnung der Männchen bleibt bei gleicher Zusammensetzung der Gruppe in der Regel über viele Wochen stabil. Gegenüber dem Weibchen besitzen die Männchen eine *Beißhemmung.*

3.9.4.3 Versuch 3: Quantitative Erfassung des Kampfverhaltens beim Grünen Schwertträger

■ *Versuchsmaterial:*
– ein Aquarium mit mindestens 80 l Inhalt
– eine undurchsichtige Trennscheibe, z. B. eine Plastikplatte, mit der das Becken in zwei Hälften unterteilt werden kann (bei Rahmenbecken oberen Rahmen mit Eisensäge einkerben)

- zwei Männchen des Grünen Schwertträgers
- Glasplatte mit unterlegtem Millimeterpapier.

■ *Versuchsdurchführung:*
In eingewöhnten Schwertträgergruppen treten nur selten akute Kämpfe auf. Deshalb fangen wir aus zwei verschiedenen Gruppen je ein Männchen heraus; beide Tiere werden in ein mindestens 80 l fassendes Aquarium gesetzt, in dem sie durch eine undurchsichtige Trennscheibe voneinander isoliert sind.

Nach 24 Stunden Isolation entfernen wir die Trennwand und beobachten das Aggressionsverhalten. Versuchen Sie, das Kampfgeschehen quantitativ zu erfassen (Häufigkeit der verschiedenen Verhaltensweisen, Latenzzeiten bis zum ersten Auftreten der Verhaltensweisen, Dauer des Kampfes bis zur Entscheidung). Welchen Einfluß haben die unterschiedlichen Körpergrößen auf das Kampfgeschehen?

■ *Ergebnisse:*
Akute Kämpfe lassen sich durch zwei Verhaltensweisen kennzeichnen, die in eingewöhnten Gruppen normalerweise nicht zu beobachten sind: *Kreisen* (die Männchen versuchen, sich gegenseitig zu beißen) und *Maulkampf* (Abb. 3.9.2a). Fast immer ist ein akuter Kampf um die Rangordnung zu beobachten. Unterscheiden sich die Männchen in der Körpergröße, so gewinnt meistens das größere (FRANCK & RIBOWSKI 1987). Der Kampf ist beendet, wenn das unterlegene Männchen die Flossen faltet und fortan vor dem Gewinner flüchtet.

3.9.4.4 Versuch 4: Die biologische Bedeutung der Aggression

■ *Versuchsmaterial:*
- ein 100 bis 200 l Aquarium von etwa 100 cm Länge, das mit Beleuchtung, Heizer und Filter ausgestattet ist
- vier bis sechs Männchen des Grünen Schwertträgers
- ein trächtiges oder ein rezeptives Schwertträger-Weibchen (unmittelbar nach dem Abwurf oder unbesamt)
- Trockenfutter.

■ *Versuchsdurchführung:*
Viele Tiere kämpfen um Nahrung und Fortpflanzungspartner. Zur Untersuchung der Bedeutung dieser Faktoren wollen wir zwei Teilversuche durchführen:

In dem Becken befindet sich eine Gruppe von vier bis sechs Männchen (ohne Weibchen), die 24 Stunden lang nicht gefüttert wurden. Ermitteln Sie zunächst 45 Minuten lang – in Abschnitten von je fünf Minuten – die Beiß- und Drohrate des ranghöchsten Männchens (s. Versuch 2). Dann wird Trockenfutter gleichmäßig auf der Wasseroberfläche verteilt. Unmittelbar anschließend setzen Sie Ihre Beobachtungen für weitere 45 Minuten fort.

In dem zweiten Teilversuch wird anstatt des Trockenfutters das Weibchen eingesetzt. Welchen Einfluß haben die Faktoren »Trockenfutter« bzw. »Weibchen« auf die Beiß- und Drohhäufigkeit des Männchens? Wie lassen sich die Ergebnisse interpretieren?

■ *Ergebnisse:*
Durch Trockenfutter wird die Beißrate des dominanten Männchens 5–10 min lang erhöht; danach steigt die Drohrate an (BRUNNER 1980). Durch das Einsetzen eines Weibchens wird die Beiß- und Drohrate für den gesamten restlichen Beobachtungszeitraum von 45

min erhöht; der Effekt ist besonders stark, wenn ein rezeptives Weibchen in die Männchengruppe eingesetzt wird (GÖTZE 1980).

3.9.4.5 Versuch 5: Beschreibung des Fortpflanzungsverhaltens beim Guppy
(Kurzzeitversuch für ein Praktikum von zwei bis drei Stunden)

■ *Versuchsmaterial:*
- ein 30 l Aquarium von etwa 50 cm Länge, das mit Beleuchtung, Heizer und Filter ausgestattet ist
- zwei Guppy-Männchen (großflossige Zuchtformen, weil bei ihnen Einzelheiten des Balzverhaltens besser erkennbar sind)
- ein Guppy-Weibchen
- zwei undurchsichtige Trennscheiben entsprechend Versuch 3.

■ *Versuchsdurchführung:*
In diesem letzten Versuch soll das in Versuch 1 beobachtete Aggressions- und Fortpflanzungsverhalten der Schwertträger mit dem entsprechenden Verhalten einer verwandten Art verglichen werden. Der Versuch kann auch unabhängig von Versuch 1 durchgeführt werden und dient dann der ansatzweisen Erarbeitung eines Ethogramms des Guppy, und zwar hauptsächlich für den Funktionskreis des Fortpflanzungsverhaltens (das Aggressionsverhalten wird zwar mit beobachtet, ist aber viel weniger ausgeprägt als bei Schwertträgern).

Das Beobachtungsaquarium wird mit Hilfe der beiden Trennscheiben in drei gleich große Abteile geteilt. Vorher isolierte Männchen sind verstärkt balz- und kopulationsbereit. Deshalb werden die Männchen etwa 24 h vor Beginn der Beobachtungen einzeln in je einem Abteil des Beobachtungsaquariums untergebracht; in das dritte Abteil wird ein Weibchen gesetzt.

Obwohl auch frisch umgesetzte Tiere Aggressions- und Sexualverhalten zeigen können, werden die Tiere während des Versuchs nicht mit Hilfe des Keschers umgesetzt, sondern durch Hochziehen der Trennscheibe und vorsichtiges Scheuchen mit dem Kescherstiel zusammengebracht. Zunächst werden die beiden Männchen etwa 20 bis 30 min lang beobachtet. Dann werden nacheinander die beiden Männchen einzeln 30 bis 45 min lang mit dem Weibchen beobachtet (vgl. 3.9.4.1, Versuchsdurchführung).

■ *Ergebnisse:*
Das Fortpflanzungsverhalten des Guppy wurde vor allem von BAERENDS, BROUWER & WATERBOLK (1955) und LILEY (1966) beschrieben (vgl. auch die Monographie von PETZOLD 1967 und die Übersichtsdarstellung von SCHRÖDER 1983).

Im Gegensatz zu den Schwertträgern zeigen die Männchen oft überhaupt kein agonistisches Verhalten, oder eine Rangordnungsbeziehung ist lediglich auf der Grundlage von Anschwimmen und Flucht zu erkennen. *Drohen, Schwanzschlag* und *Beißen* sind nur selten zu beobachten (Abb. 3.9.4a). Manchmal richten die Männchen auch sexuelle Verhaltensweisen aufeinander, besonders wenn sie vorher viele Tage oder gar Wochen ohne Weibchen gehalten wurden. In gemischten Gruppen tritt derartiges homosexuelles Verhalten normalerweise nicht auf.

Da zwei Männchen nacheinander mit dem gleichen Weibchen beobachtet werden, ist es möglich, individuelle Unterschiede in der Verhaltensbereitschaft zu erkennen (es gibt z. B. Männchen, die häufig ohne vorangehende Sigmoidbalz sofort Kopulationsversuche ausführen, während andere sehr viel Sigmoidbalz zeigen und erst im Anschluß an die

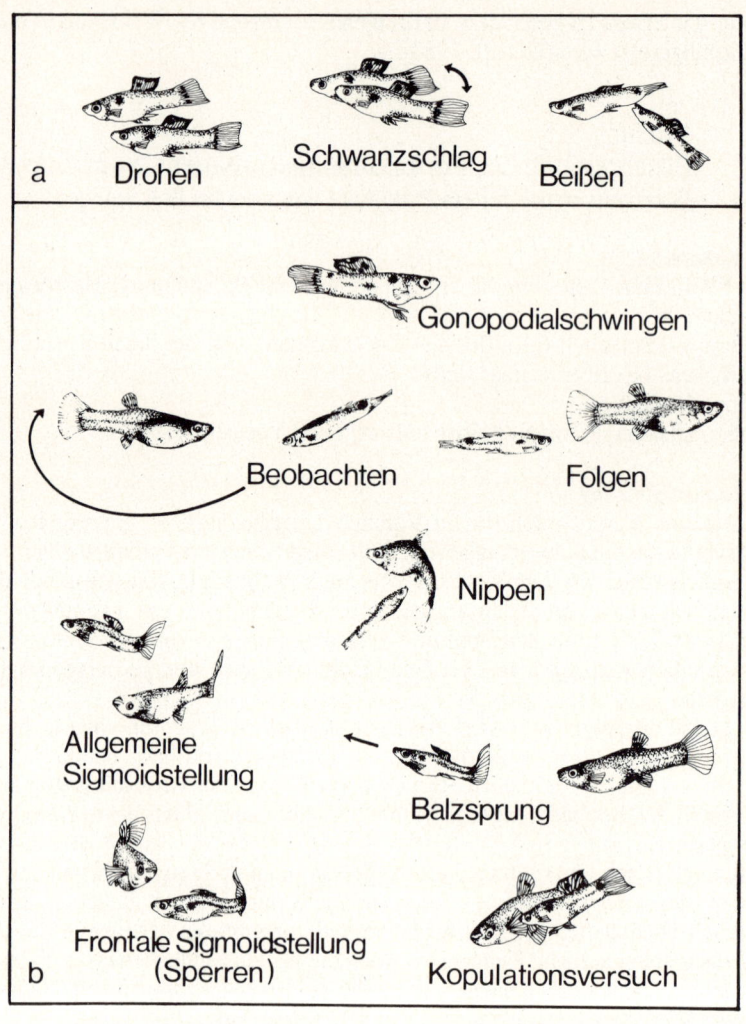

Abb. 3.9.4: Aggressive (a) und sexuelle Verhaltensweisen (b) des Guppy

Sigmoidstellung Kopulationsversuche machen). *Gonopodialschwingen, Folgen, Nippen* und *Kopulationsversuch* ähneln den entsprechenden Verhaltensweisen des Schwertträgers (Abb. 3.9.4b). In der Anfangsphase der Balz steht das Männchen oft mit gefalteten Flossen in der Nähe des Weibchens und beobachtet es; oft schwimmt es dann rasch von hinten an das Weibchen heran. Daran können sich verschiedene sexuelle Verhaltensweisen anschließen, z. B. Folgen, Nippen oder Kopulationsversuch. Am eindrucksvollsten ist die *Sigmoidstellung*. Ähnlich wie die Wiegebalz der Schwertträger ist sie sehr variabel bezüglich Intensität, Flossenstellung und Orientierung zum Weibchen. Steht das Männchen frontal vor dem Weibchen, so spricht man auch vom *Sperren*. Bei hoher Balzintensität führt das Männchen manchmal aus der Sigmoidstellung heraus einen *Balzsprung* aus, bei dem das Männchen sehr rasch ein Stückchen vom Weibchen wegschwimmt.

3.9.5 Weiterführende Arbeiten

3.9.5.1 Vergleich des Verhaltens verschiedener Lebendgebärender Zahnkarpfen

Außer Schwertträgern und Guppys sind eine ganze Reihe weiterer Lebendgebärender Zahnkarpfen im Handel erhältlich. Es bietet sich daher an, das Aggressions- und Fortpflanzungsverhalten verschiedener Arten miteinander zu vergleichen und aus den Ergebnissen Vorstellungen über die vermutliche Evolution der beobachteten Verhaltensweisen abzuleiten. Literatur: FRANCK (1964, 1968); LILEY (1966); PARZEFALL (1969).

3.9.5.2 Die Entwicklung morphologischer und ethologischer Merkmale unter dem Einfluß von Hormonen

Die sekundären Geschlechtsmerkmale männlicher Lebendgebärender Zahnkarpfen entwickeln sich unter dem Einfluß der männlichen Sexualhormone und lassen sich durch Hormonbehandlung über das Aquarienwasser vorzeitig zur Ausbildung bringen (DZWILLO 1962). Welche zeitlichen Beziehungen bestehen zwischen der Entwicklung morphologischer (Färbung, Gonopodium, Schwertfortsatz) und ethologischer (Balz, Kopulationsversuche) sekundärer Geschlechtsmerkmale bei unbehandelten Männchen? Lassen sich auch Verhaltensmerkmale durch Hormonbehandlung vorzeitig zur Entwicklung bringen?

Literatur

Baerends, G. P., Brouwer, R. & Waterbolk, H. T. J., 1955: Ethological studies on *Lebistes reticulatus*. I. An analysis of the male courtship pattern. Behaviour **8**, 249–334.

Brunner, T., 1980: Versuche zum Aggressionsverhalten von Schwertträgermännchen (*Xiphophorus helleri*) in Abhängigkeit von Nahrungsangebot und Hungerzustand. Hamburg, Staatsexamensarbeit.

Dzwillo, M., 1963: Einfluß vom Methyltestosteron auf die Aktivierung sekundärer Geschlechtsmerkmale über den arttypischen Ausbildungsgrad hinaus. Verh. Dtsch. Zool. Ges. Wien 1962, 152–159.

Farr, J. A., 1977: Male rarity or novelty, female choice behavior, and sexual selection in the guppy, *Poecilia reticulata*. Evolution **31**, 162–168.

Farr, J. A., 1980: Social behavior patterns as determinants of reproduction success in the guppy, *Poecilia reticulata*. – An experimental study of the effects of intermale competition, female choice, and sexual selection. Behaviour **74**, 38–91.

Franck, D., 1964: Vergleichende Verhaltensstudien an lebendgebärenden Zahnkarpfen der Gattung *Xiphophorus*. Zool. Jb. Physiol. **71**, 117–170.

Franck, D., 1968: Weitere Untersuchungen zur vergleichenden Ethologie der Gattung *Xiphophorus*. Behaviour **30**, 76–95.

Franck, D., 1970: Verhaltensgenetische Untersuchungen an Artbastarden der Gattung *Xiphophorus*. Z. Tierpsychol. **27**, 1–34.

Franck, D., 1974: The genetic basis of evolutionary changes in behaviour patterns. In: The genetics of behaviour. Abeelen, J. H. F. van (Hrsg.), S. 119–140. Amsterdam, North-Holl.

Franck, D., 1978: Das soziale Verhalten des Grünen Schwertträgers. In: Praktikum der Verhaltensforschung. 2. Auflage. Stokes, A. W. & Immelmann, K. (Hrsg.), S. 90–95. Stuttgart, Gustav Fischer.

Franck, D., 1985: Verhaltensbiologie, Einführung in die Ethologie. 2. Auflage. Stuttgart/München, Thieme/dtv.

Franck, D., 1981: Fortpflanzungsverhalten des Grünen Schwertträgers *(Xiphophorus helleri)*. Publ. Wiss. Film, Sekt. Biol., Ser. 14, Nr. 22/D 1179.

Franck, D. & Ribowski, A., 1987: Influences of prior agonistic experiences on aggression measures in the male swordtail *(Xiphophorus helleri)*. Behaviour **103**, 217–240.

Götze, C., 1980: Einfluß von Weibchenreizen auf das Aggressionsverhalten von Schwertträgermännchen *(Xiphophorus helleri)*. Hamburg, Staatsexamensarbeit.

Hannes, R.-P. & Franck, D., 1983: The effect of social isolation on androgen and corticosteroid levels in a cichlid fish *(Haplochromis burtoni)* and in swordtails *(Xiphophorus helleri)*. Hormones and Behavior **17**, 292–301.

Hannes, R.-P., Franck, D. & Liemann, F., 1984: Effects of rank order fights on whole-body and blood concentrations of androgens and corticosteroids in the male swordtail *(Xiphophorus helleri)*. Z. Tierpsychol. **65**, 53–65.

Jakobs, K., 1969: Die lebendgebärenden Fische der Süßgewässer. Frankfurt/M., Harri Deutsch.

Liley, N. R., 1966: Ethological isolating mechanisms in four sympatric species of poeciliid fishes. Behaviour Suppl. **8**, 1–197.

Liley, N. R., 1982: Chemical communication in fish. Can. J. Fish. Aquat. Sci. **39**, 22–35.

Liley, N. R. & Stacey, N. E., 1983: Hormones, pheromones, and reproductive behavior in fish. In: Fish physiology. Hoar, W. S., Randall, D. J. & Donaldson, E. M. (Hrsg.), Vol. **9B**, S. 1–63. New York, Academic Press.

Meyer, J. H. & Liley, N. R., 1982: The control of production of a sexual pheromone in the female guppy *(Poecilia reticulata)*. Can. J. Zool. **60**, 1505–1510.

Meyer, M. K., Wischnath L. & Foerster, W., 1985. Lebendgebärende Zierfische, Arten der Welt. Melle, Mergus.

Parzefall, J., 1969: Zur vergleichenden Ethologie verschiedener *Mollienesia*-Arten einschließlich einer Höhlenform von *M. sphenops*. Behaviour 33, 1–37.

Parzefall, J., 1973: Attraction and sexual cycle of poeciliids. In: Genetics and mutagenesis of fish. Schröder, J. H. (Hrsg.), S. 177–183. Berlin, Springer.

Parzefall, J., 1974: Rückbildung aggressiver Verhaltensweisen bei einer Höhlenform von *Poecilia sphenops*. Z. Tierpsychol. **35**, 66–84.

Petzold, H.-G., 1967: Der Guppy. Reihe: Neue Brehm-Bücherei. Wittenberg Lutherstadt, Ziemsen.

Rosen, D. E. & Gordon, M., 1953: Functional anatomy and evolution of male genitalia in poeciliid fishes. Zoologica (N. Y.) **38**, 1–48.

Schröder, J.H., 1983: The guppy *(Poecilia reticulata)* as a model for evolutionary studies in genetics, behavior, and ecology. Ber.nat.-med. Verein Innsbruck **70**, 249–279.

Unterrichtsmaterial

Franck, D., 1975: Elterliche Merkmale im Balzverhalten von Schwertträger-Bastarden *(Xiphophorus helleri x Xiphophorus montezumae)*. SW, T (Komm. dt.), 89 m, 8 1/2 min. D 1178. IWF, Göttingen.

Franck, D., 1976: Fortpflanzungsverhalten des Grünen Schwertträgers *(Xiphophorus helleri)*. SW, T (Komm. dt.), 124 m, 11 1/2 min. D 1179. IWF, Göttingen.

3.10 Eine Analyse einiger Verhaltensweisen und sozialer Strukturen beim Grünflossen-Buntbarsch
Günther K. H. Zupanc

3.10.1 Einleitung

Die Summe aller meßbaren Größen, die der Ethologe untersucht, nennt man *Verhalten*. IMMELMANN (1975) versteht unter dem Verhalten eines Tieres »seine Bewegungen, Lautäußerungen und Körperhaltungen, ferner diejenigen äußerlich erkennbaren Veränderungen, die der gegenseitigen Verständigung dienen und damit beim jeweiligen Partner ihrerseits Verhaltensweisen auslösen können (Farbveränderungen, Absonderung von Duftstoffen usw.)«.

Da das Verhalten in seiner Gesamtheit zu komplex ist, um damit arbeiten zu können, müssen wir es in brauchbare Einzelteile zerlegen. Diese – willkürlich festgesetzten – Elemente heißen *Verhaltensweisen* oder *Handlungen*. Sie sind ihrerseits wiederum aus noch kleineren Einheiten, den *Bewegungsweisen*, zusammengesetzt. (Beide Begriffe lassen sich nicht immer scharf voneinander abgrenzen.) Beispielsweise besteht das Aggressionsverhalten des Grünflossen-Buntbarsches *(Cichlasoma nigrofasciatum)* – den wir in diesem Kapitel näher untersuchen wollen – aus Handlungen wie Umschwimmen, Kiemendeckelspreizen, Schwanzschlagen, Beißen, Maulzerren und Jagen. Jede dieser Verhaltensweisen ist aus zahlreichen Bewegungsweisen aufgebaut, wie Spreizen, Anlegen und Schlagen der Flossen usw.

Die Größe der einzelnen Elemente – auch das *Integrationsniveau* oder der *Komplexitätsgrad* genannt – werden wir der jeweiligen Fragestellung angemessen festlegen müssen. Eine Untersuchung des Aggressionsverhaltens erfordert deshalb andere Meßgrößen und Methoden als eine Analyse des Brustflossenschlages eines Fisches.

In diesem Kapitel wollen wir lernen, solche geeigneten Größen für eine spätere Quantifizierung zu definieren. Dazu gehört, die Verhaltensweisen eines Tieres zunächst möglichst unvoreingenommen zu beobachten und sinnvoll zu benennen. Damit wird es überhaupt erst möglich, Verhaltensweisen zu analysieren und die Handlungen – auch von verschiedenen Tieren – untereinander zu vergleichen.

Als Versuchstier verwenden wir den Grünflossen-Buntbarsch *Cichlasoma nigrofasciatum* GÜNTHER 1869 (Abb. 3.10.1), dessen Verhalten durch zahlreiche Untersuchungen gut bekannt ist. Dieser im Süßwasser lebende Knochenfisch gehört zur Familie der Buntbarsche (Cichlidae). Entgegen vieler Literaturangaben hält BARLOW (pers. Mitteilung) ihn für die am weitesten verbreitete Cichlidenart Mittelamerikas. Er selbst beobachtete Grünflossen-Buntbarsche in Costa Rica, Nicaragua und El Salvador. Sie kommen dort in Seen, Flüssen und Tümpeln vor. BARLOW fand sie als einzige Cichlidenart sogar im Quellgebiet von Strömen.

BARLOW, BAYLIS & ROBERTS (1976) haben die limnologischen Daten einiger dieser Seen in Nicaragua (Nicaragua, Managua, Masaya, Jiloá und Apoyo) veröffentlicht: Die durchschnittliche gemessene Wassertemperatur beträgt etwa 28 °C, kann aber bis auf 32 °C ansteigen. Der pH-Wert schwankt zwischen 7.0 und 8.75, die Leitfähigkeit zwischen 200 und 5580 µS/cm. Das Wasser ist zum Teil so hart (64–443 mg $CaCO_3$ pro Liter), daß sich auf den Felsen eine zentimeterdicke Kalziumkarbonatschicht ablagert. Bemerkenswert ist auch der hohe Gehalt an Chloridionen, der in zwei Seen (Jiloá und Apoyo)

Abb. 3.10.1: Jungfischführendes Weibchen der Normalform des Grünflossen-Buntbarsches

Werte von bis zu 2000 mg/l annehmen kann; in den anderen Seen schwankt die Chloridkonzentration zwischen 9 und 19 mg/l. Der Nitrat- und Nitritgehalt ist gering (zwischen 0 und 13 mg/l bzw. 0 und 0,08 mg/l). Die Sauerstoffsättigung des Wassers liegt bis zu Tiefen von 20 m ziemlich konstant um 90%.

Grünflossen-Buntbarsche erreichen im Aquarium eine Länge von bis zu 15 cm. Die Weibchen bleiben meist kleiner als die Männchen und besitzen als typisches Geschlechtsmerkmal orangefarbene Punkte in der Bauchregion. Ältere Männchen weisen auf der Stirn einen kleinen Fettbuckel auf.

Die *Paarung* kündigt sich bereits Tage vorher durch eine vermehrte Grabaktivität eines Partners oder beider Fische an. Im Freiland scheint der Grünflossen-Buntbarsch die schattige Felsenriffzone mit Sand als Untergrund zu bevorzugen. Die Tiere heben dort tiefe Höhlen unter Steinen aus, wo sie schließlich ablaichen (BARLOW, pers. Mitteilung). Im Aquarium nehmen sie als Bruthöhlen gerne umgestülpte Blumentöpfe, in die eine Öffnung geschlagen ist, an. Nur sehr selten wird nicht in Höhlen, sondern an einer offenen zugänglichen Stelle (z. B. auf einem Stein oder einer Wurzel) abgelaicht.

Einige Stunden vor der Paarung schwillt beim Weibchen die Genitalpapille an. Das Weibchen klebt die Eier meist in den späten Abend- oder frühen Morgenstunden an die Wand der Höhle, wo sie sofort vom Männchen besamt werden. Ein Gelege älterer Paare kann bis zu 200 Eier umfassen. Die Eier besitzen eine ovale Gestalt von etwa 2 mm Länge und 1,5 mm Breite. Sie sind anfangs glasklar, später nehmen sie eine bräunliche Farbe an.

In den meisten Fällen betreuen beide Elternteile die Brut; falls nur ein Partner die *Brutpflege* übernimmt, ist dies fast immer das Weibchen.

Bei einer Temperatur von 26,5–27,0 °C dauert die *Entwicklung* der Eier etwa 68 Stunden. Ein Teil der schlüpfenden Larven wird von den Eltern aus den Eihüllen gesaugt. Die Larven – sie sind etwa 5 mm lang – werden im Maul der Eltern zu einer vorbereiteten Grube transportiert; dort schlagen die Larven sehr schnell mit ihren Schwänzen. Sie ernähren sich in den folgenden Tagen vom Inhalt ihres Dottersacks.

Etwa zehn Tage nach dem Schlüpfen schwimmen die Jungen zum ersten Mal frei. Die Eltern bewachen den Schwarm dann noch 3–10 Wochen. Mit einer Länge von ca. 5 cm, die die Tiere bei guter Fütterung nach 9 Monaten erreichen können, sind sie geschlechtsreif.

Neben der normal gefärbten Form existiert noch eine *weiße Farbmorphe* dieser Art. Während die Männchen ganz weiß sind, besitzen die weißen Weibchen die schon erwähnten orangefarbenen Punkte in der Bauchregion oder in der hinteren Körperhälfte. Eine Umfärbung von einer Morphe in die andere konnte ich nicht beobachten.

In der Natur konnten Tiere dieser weißen Morphe bisher nicht entdeckt werden. Vermutlich fallen sie dort – im Gegensatz zu den Farbmorphen größerer *Cichlasoma*-Arten – Raubtieren zum Opfer (BARLOW 1975).

3.10.2 Seminarthemen

1. Männchen des maulbrütenden Buntbarsches *Astatotilapia burtoni* (früher: *Haplochromis burtoni*) besitzen mehrere Farbkleider, die jeweils verschiedene Reaktionen eines territorialen arteigenen Männchens auslösen. Die Wirkung dieser *Farbmuster* auf das Verhalten und die Bereitschaften, die diesen Verhaltensweisen zugrunde liegen, läßt sich mit Hilfe von *Attrappen* untersuchen.
Literatur: HEILIGENBERG (1974); HEILIGENBERG, KRAMER & SCHULZ (1972); LEONG (1969).

2. Der Marienbuntbarsch *(Tilapia mariae)* bildet im Aquarium monogame Paare. Welche Mechanismen sind für den *Paarzusammenhalt* bei diesem Buntbarsch verantwortlich?
Literatur: LAMPRECHT (1973).

3. Ähnlich wie beim Grünflossen-Buntbarsch treten auch bei dem nahe verwandten Zitronenbuntbarsch *(Cichlasoma citrinellum)* neben normalgefärbten grauen Tieren mit schwarzen Querstreifen andere auffällige Farbformen auf. Im Gegensatz zum Grünflossen-Buntbarsch beginnen alle Zitronenbuntbarsche ihr Leben als normalgefärbte Tiere, von denen sich einige später umfärben. In manchen Seen Mittelamerikas machen diese Farbmorphen bis zu zehn Prozent der Erwachsenenpopulationen aus. Welche Selektionsvorteile besitzen diese auffällig gefärbten Tiere, und welche Rolle könnte dieser *Polymorphismus* bei der Entstehung neuer Arten spielen?
Literatur: BARLOW (1973); BARLOW, BAUER & MCKAYE (1975); BARLOW & ROGERS (1978); MCKAYE (1978).

3.10.3 Beschaffung, Pflege und Zucht der Versuchstiere

Normalgefärbte und weiße Tiere von *Cichlasoma nigrofasciatum* werden unter den deutschen Bezeichnungen Grünflossen- oder Zebrabuntbarsch (der Name »Zebrabuntbarsch« wird auch für den maulbrütenden Cichliden *Pseudotropheus zebra* aus dem Malawisee [Zentralafrika] verwendet) regelmäßig im Zoohandel angeboten; ein ausgewachsener Fisch kostet nur wenige Mark.

Zur Pflege eignen sich Becken ab etwa 100 l Inhalt. In einem 200 l Aquarium lassen sich vier ausgewachsene Tiere (zwei Weibchen und zwei Männchen) zusammen mit mehreren Jungfischen gut halten.

Als Bodengrund verwenden wir Sand mit Kies vermischt. Wichtig ist, in dem Becken möglichst viele Verstecke durch Steinaufbauten, Wurzeln und Blumentöpfe zu schaffen. Zur Bepflanzung eignen sich nur Schwimmpflanzen sowie harte und schnellwüchsige

Arten wie Amazonaschwertpflanzen *(Echinodorus)* und Sumpfschrauben *(Vallisneria)*, da die Fische Pflanzen gerne herausreißen oder deren Blätter abbeißen.

An das Wasser stellen die Grünflossen-Buntbarsche keine besonderen Ansprüche. Die optimale Wassertemperatur liegt zwischen 25 und 30 °C, sie kann aber ohne weiteres auf 20 °C absinken. Ich pflege die Buntbarsche seit Jahren in Wasser mit einer Härte von etwa c (Ca^{2+} + Mg^{2+}) = 3 mmol/l, was etwa 17 °d Härte entspricht (die Angabe in deutschen Härtegraden ist nicht mehr zulässig, wird aber gerade im aquaristischen Bereich noch häufig gebraucht); der pH-Wert ist neutral bis leicht alkalisch. Diese Bedingungen entsprechen recht gut den natürlichen Verhältnissen (s. 3.10.1), jedoch tolerieren die Fische auch z. T. erhebliche Abweichungen von diesen Werten.

Da die Grünflossen-Buntbarsche viel graben, ist eine gute Filterung unbedingt notwendig. Bewährt hat sich die Umwälzung über einen Kreiselpumpen-Topffilter und einen Schaumstoffpatronen-Innenfilter. Die Schaumstoffpatrone kann bei jedem Wasserwechsel ausgewaschen werden. Einmal wöchentlich sollten wir etwa ein Drittel des Wassers wechseln.

Falls das Becken nicht in Fensternähe steht, beleuchten wir künstlich mit Neonröhren oder Quecksilber-Hochdrucklampen. Die Beleuchtungsdauer kann mit einer Lichtschaltuhr geregelt werden; die Hellphase sollte etwa 12–14 Stunden betragen.

Auch die Fütterung ist unproblematisch: Die Grünflossen-Buntbarsche nehmen jede Art von Futter – Flocken, Futtertabletten, gefrorenes Futter und Lebendfutter – an.

Die Zucht ist denkbar einfach: Wenn wir mehrere erwachsene Fische halten, wird regelmäßig ein Paar zur Fortpflanzung schreiten. Die Tiere laichen das ganze Jahr über ab. Die freischwimmenden Jungen können mit Staubfutter oder Futtertabletten, die wir vorher in Wasser aufgelöst haben, ernährt werden.

3.10.4 Beobachtungen und Versuche

3.10.4.1 Versuch 1: Beschreibung des Brustflossenschlags

■ *Versuchsmaterial:*
– adulte Grünflossen-Buntbarsche
– Aquarium mit Filter, Heizer und Beleuchtung.

■ *Versuchsdurchführung:*
Als Beispiel einer einfachen Bewegungsweise wollen wir in diesem Versuch den Brustflossenschlag ungestört stillstehender Grünflossen-Buntbarsche beobachten und dessen Ablauf möglichst genau beschreiben. Als Untersuchungsobjekte verwenden wir am besten erwachsene Tiere, da sich bei ihnen das Spiel der einzelnen Flossenstrahlen sehr viel besser verfolgen läßt als bei den kleineren Jungfischen.

In welcher Beziehung stehen die Bewegungen beider Brustflossen zueinander? Versuchen Sie, das Spiel der Strahlen einer einzelnen Flosse möglichst exakt zu beschreiben. Ändert sich die Stellung der Flosse beim Vorwärts- und Rückwärtsschlag? Warum führt der Fisch infolge des Vorwärts- und Rückwärtsschlages keine ruckartigen Bewegungen aus? Bewegt der ruhig stehende Fisch gleichzeitig mit den Brustflossen auch andere Flossen?

■ *Ergebnisse:*
Beide Flossen arbeiten gegensinnig alternierend, nur gelegentlich führt eine Flosse einen zusätzlichen Schlag aus.

Bei der Rückwärtsbewegung schlägt die Flosse – von der Seite gesehen – schräg zur Bewegungsrichtung, wobei die oberen Flossenstrahlen die Führung übernehmen. Am hinteren Umkehrpunkt beginnen die oberen Strahlen zuerst wieder nach vorne zu schlagen; sie werden aber schon nach sehr kurzer Zeit von den unteren Flossenstrahlen »eingeholt«, so daß sich nun die ganze Flosse nahezu gleichzeitig nach vorne bewegt. Auch am vorderen Auslenkpunkt kehrt sich zuerst wieder die Schlagrichtung der oberen Strahlen um.

Da der Fisch eine träge Masse darstellt, heben sich die über Vorwärts- und Rückwärtsschlag integrierten Kräfte – sie würden den Fischkörper nach hinten bzw. nach vorne treiben – weitgehend auf. Eventuell auftretende Restkräfte, die den Fisch rückwärts bewegen, werden durch ein leichtes Schlagen mit der Schwanz- und Rückenflosse kompensiert.

Eine genaue Beschreibung der Bewegungsabläufe auf einem solchen niedrigen Integrationsniveau ermöglicht interessante Untersuchungen. WICKLER (1960) hat z. B. versucht, aus vergleichenden Beobachtungen des Brustflossenschlags der Fische und aus morphologischen Studien die *Stammesgeschichte* dieser Bewegungsformen zu rekonstruieren.

3.10.4.2 Versuch 2: Beschreibung komplexer Verhaltensweisen

■ *Versuchsmaterial:*
– Jungtiere des Grünflossen-Buntbarsches
– Aquarium mit 50–100 l Inhalt.

■ *Versuchsdurchführung:*
Nachdem wir als Beispiel einer einfachen Bewegungsweise bereits den Brustflossenschlag beobachtet haben, wollen wir jetzt etwas komplexere Verhaltensweisen beschreiben. Wir verwenden dazu Jungfische, die noch nicht geschlechtsreif sind, da bei ihnen keine Balz- und Brutpflegehandlungen zu erwarten sind, was unsere Beobachtungen erheblich erschweren würde. Die Jungfische (etwa 5 Exemplare) sollten in dem 50–100 l Becken bereits seit einigen Tagen eingewöhnt sein.

Beobachten Sie die Tiere in dem Aquarium etwa 60 min lang. Welche Verhaltensweisen können Sie beobachten? Notieren Sie sich während Ihrer Beobachtungen, wie diese einzelnen Handlungen genau aussehen. Welche Verhaltensweisen zeigen die Tiere allein, durch welche wird das Verhalten eines Artgenossen beeinflußt (= *soziale Verhaltensweisen*)?

Versuchen Sie, die einzelnen Handlungen sinnvoll zu benennen. Fassen Sie Ihre Beobachtungen in *Definitionen* für jede Verhaltensweise zusammen. Achten Sie darauf, daß eine spätere Quantifizierung möglich ist!

■ *Ergebnisse:*
Während der 60 min werden wir eine Vielzahl einzelner Handlungen beobachten. Wir wollen hier nur kurz einige mögliche Definitionen für wenige Handlungen geben. Zunächst Verhaltensweisen, die die Fische allein zeigen:
❑ *Graben:* Der Fisch nimmt mit dem Maul Sand auf, der manchmal durchgekaut wird. Der Sand wird entweder am gleichen Ort wieder ausgespuckt oder einige Zentimeter weit transportiert und erst dann abgegeben.
❑ *Steinchen-Tragen:* Ein Steinchen, das nicht wie Sand im Maul transportiert werden kann, packt der Fisch mit seinen Lippen und schwimmt damit einige Zentimeter weg, wo es fallengelassen wird.

❏ *Gähnen:* Das Maul wird geöffnet, wobei die Lippen weit nach vorne gestreckt werden. Während des Gähnens – das etwa 1 s dauert – spreizt das Tier seine Rücken- und Afterflosse ab. Das Schließen des Maules erfolgt sehr rasch.

Obwohl diese Verhaltensweise mit Gähnen als Ausdruck von Müdigkeit sehr wahrscheinlich nichts zu tun hat (RASA 1971), habe ich sie dennoch so bezeichnet, weil sie unter diesem Namen in die Fachliteratur eingegangen ist.

Soziale Verhaltensweisen:

❏ *Kiemendeckelspreizen:* Begegnen sich zwei etwa gleichgroße (und damit meistens auch gleichstarke) Tiere, kommt es manchmal zum Kiemendeckelspreizen: Die Kiemendeckel werden abgespreizt und der Kiemenboden (= Branchiostegalmembran) wird abgesenkt. Dabei können die Fische entweder fast parallel zueinander – oft in einer Kopf-zu-Schwanz-Position – schwimmen oder sich frontal gegenüber stehen. Diese letztere Stellung wollen wir als eine eigene Handlung definieren und, da sie in aggressiven Begegnungen auftritt,

❏ *Frontaldrohen* nennen: Zwar spreizen auch hier beide Artgenossen ihre Kiemendeckel und senken den Kiemenboden; während sie sich jedoch frontal gegenüber stehen, pendeln beide zusätzlich hin und her: Wenn der eine Fisch vorstößt, weicht der andere zurück und umgekehrt. Zur Quantifizierung können wir das Hin- und Herpendeln eines Fisches als eine Bewegung werten.

❏ *Beißen:* In einigen Fällen, in denen die Fische frontal oder lateral drohen, schnellen sie plötzlich vor und beißen den Artgenossen – den Gegner – in den Körper. Die Berührung dauert nur Bruchteile von Sekunden.

❏ *Jagen:* Kommt ein stärkeres Tier in die Nähe eines schwächeren, können wir häufig beobachten, wie der stärkere Artgenosse sofort zum Jagen übergeht. Er schießt dabei mit angelegter Rücken- und Afterflosse auf den Gegner zu, der zu fliehen versucht. Während dieser Verfolgungsjagd – die mehrere Sekunden dauern kann – schwimmt das stärkere Tier im Aquarium immer wieder schnell vor, wobei es dann oft über sein Ziel hinausschießt, so daß es dann sein Tempo verlangsamt.

Wir können entweder das Jagen zwischen diesen kurzen Pausen als »eine« Handlung werten oder mit einer Stoppuhr die Gesamtdauer des Jagens messen; allerdings müssen wir uns in beiden Fällen darüber im klaren sein, daß wir die *Intensität* dieser Verhaltensweise (»schwaches« – »starkes« Jagen) damit nicht erfassen.

Während der aggressiven Auseinandersetzungen verstärken dominante Tiere sämtliche Farbmuster: Die sonst grauen Querstreifen werden schwarz, die Flossenfärbung intensiv grünblau. Dieses Farbkleid können wir *Aggressionsfärbung* nennen.

Schon anhand dieser wenigen Beispiele können Sie erkennen, wie schwierig es ist, Verhaltensweisen quantitativ zu erfassen: Während wir beim Zählen der Handlungen »Graben«, »Steinchen-Tragen«, »Gähnen« und »Beißen« kaum Schwierigkeiten haben werden (Beispiel: 1 Grabhandlung = einmal Aufnehmen und Ausspucken des Sandes), müssen wir bei den anderen Handlungen jeweils genau definieren, was wir als eine Bewegung werten.

3.10.4.3 Versuch 3:
Analyse der Beziehungen zwischen Verhaltensweisen

■ *Versuchsmaterial:*
Siehe Versuch 2.

■ *Versuchsdurchführung:*
In Versuch 2 hatten wir eine Reihe von Verhaltensweisen des Grünflossen-Buntbarsches beobachtet und definiert. Wir wollen jetzt darangehen, diese Handlungen quantitativ zu

erfassen und die Beziehungen zwischen den einzelnen Verhaltensweisen durch Berechnen der Korrelationen zu analysieren *(Korrelationsanalyse)*.

Vor Beginn der Beobachtungen legen wir fest, welche Verhaltensweisen wir innerhalb welcher Zeitdauer beobachten wollen. Nehmen wir an, wir hätten uns auf die Handlungen »Graben«, »Steinchen-Tragen«, »Gähnen«, »Beißen« und »Jagen« geeinigt. Die Beobachtungen sollen jeweils 30 min dauern. Sie werden alle an *einem* Individuum durchgeführt. Wir können uns die Arbeit aufteilen, indem mehrere Gruppen je 30 min lang die Häufigkeit der (vorher!) genau definierten Handlungen registrieren. Auf diese Weise bekommen wir mehr Daten, wodurch sich die Genauigkeit unseres Ergebnisses erhöht.

Im Verlauf der Beobachtungen werden Sie feststellen, daß eine Verhaltensweise – selbst unter konstanten Umweltbedingungen – manchmal häufiger, das andere Mal aber seltener oder überhaupt nicht auftritt. Gleichzeitig ändert sich aber auch die Wahrscheinlichkeit für das Auftreten einer anderen Handlung in einer ganz bestimmten Weise; beide Verhaltensweisen sind charakteristisch miteinander *korreliert*.

Zur Berechnung der Korrelation schreiben Sie alle ermittelten Häufigkeiten der einen Handlung untereinander. Daneben tragen Sie die Häufigkeit der zweiten Verhaltensweise ein, und zwar so, daß die Handlungen, deren Anzahl innerhalb desselben Beobachtungsabschnittes bestimmt wurde, jeweils ein Wertepaar bilden. Die Korrelation zwischen beiden Verhaltensweisen kann z. B. durch den *Rang-Korrelations-Koeffizienten nach Spearman* (s. Kapitel »4.1 Planung und Auswertung von Versuchen« auf S. 250) mathematisch erfaßt und statistisch abgesichert werden.

Genauso verfahren wir bei den Beziehungen zwischen den anderen untersuchten Verhaltensweisen. Wenn wir alle Korrelationskoeffizienten berechnet haben, stellen wir die Ergebnisse in einer Tabelle zusammen (bei 5 Handlungen sind 10 Korrelationen möglich); signifikante Werte heben wir besonders hervor.

■ *Ergebnisse:*

In Tab. 3.10.1 sind die Korrelationskoeffizienten für die Beziehungen zwischen den Verhaltensweisen »Graben«, »Steinchen-Tragen«, »Gähnen«, »Beißen« und »Jagen« zusammengestellt. Die Werte wurden aus 30 Beobachtungen von je 30 min Dauer an einem Jungfisch des Grünflossen-Buntbarsches ermittelt. Signifikante Korrelationen ($p < 0{,}05$, 2seitig) sind kursiv gesetzt.

Was sagen uns nun diese Korrelationen? Allgemein gilt: Je stärker positiv zwei Verhaltensweisen korreliert sind, desto mehr Kausalfaktoren haben sie gemeinsam. Über die

Tab. 3.10.1: Rang-Korrelations-Koeffizienten nach SPEARMAN der fünf Verhaltensweisen Graben, Steinchen-Tragen (St.-Tragen), Gähnen, Beißen und Jagen bei einem Jungfisch des Grünflossen-Buntbarsches. Die Werte wurden aus 30 Beobachtungen von je 30 min Dauer ermittelt. Signifikante Korrelationen auf dem 5%-Niveau sind kursiv gesetzt, diejenigen auf dem 1%-Niveau unterstrichen (Signifikanzangaben jeweils einseitig)

	Graben	St.-Tragen	Gähnen	Beißen	Jagen
Graben	–				
St.-Tragen	–0,438	–			
Gähnen	*–0,405*	–0,199	–		
Beißen	+0,115	–0,434	+0,231	–	
Jagen	+0,529	–0,043	–0,260	–0,195	–

Korrelationen kann man also auf die Motivationszusammenhänge zwischen Verhaltensweisen schließen. In unserem Beispiel sind z. B. »Jagen« und »Graben« signifikant positiv korreliert ($r_s = +0{,}529$; $p<0{,}01$, 2seitig). Wir können daraus den ersten vorsichtigen Schluß ziehen, daß beide Handlungen eine gemeinsame physiologische Ursache haben könnten. Diese Elemente nennt man *Bereitschaften*. Weitgehend synonyme Bezeichnungen sind *Stimmungen, Motivationen, Dränge, Tendenzen* und *Triebe*. Eine solche Zuordnung von Verhaltensweisen zu Bereitschaften hat z. B. HEILIGENBERG (1963) bei dem Buntbarsch *Pelvicachromis* (früher: *Pelmatochromis*) *subocellatus kribensis* durchgeführt.

3.10.4.4 Versuch 4: Quantitative Beschreibung der sozialen Interaktionen zwischen Jungfischen

■ *Versuchsmaterial:*
- 5 Jungfische. Die etwa gleich alten Versuchstiere sollten in das Versuchsaquarium gut eingewöhnt sein.
- Aquarium mit 50–100 l Inhalt. Das Becken sollte möglichst lang sein (100–150 cm), dafür aber nur eine geringe Höhe und Tiefe (20–25 cm) aufweisen. Wir können uns ein solches Versuchsaquarium selbst mit Hilfe von Silikonkleber anfertigen. Die Pflanzen und Verstecke müssen so angeordnet sein, daß der Beobachter jederzeit freien Blick auf sämtliche Fische im Aquarium hat.
- 1 Filzstift.

■ *Versuchsdurchführung:*
In diesem Versuch wollen wir lernen, soziale Strukturen zwischen Individuen zu erkennen und quantitativ zu erfassen. Dies ist möglich, weil *räumliche Beziehungen* und *Verhaltensinteraktionen* ganz bestimmten Regeln gehorchen.

Zur *Messung der Abstände* unterteilen wir die Frontscheibe des Versuchsbeckens zunächst mit einem Filzstift in eine ganz bestimmte Anzahl gleich langer Abschnitte (Abb. 3.10.2). Jedes dieser Abteile numerieren wir fortlaufend durch.

Den eigentlichen Versuch führen jeweils zwei Kursteilnehmer zusammen durch. Meistens lassen sich die fünf Fische anhand ihrer Größe und ihrer individuellen Zeichnungsmuster schon nach kurzer Zeit auseinanderhalten; wir geben dann jedem Tier eine Nummer oder – was für die praktische Versuchsdurchführung besser ist – einen Buchstaben. Während nun der eine Kursteilnehmer auf ein Zeichen seines Partners hin die Standorte

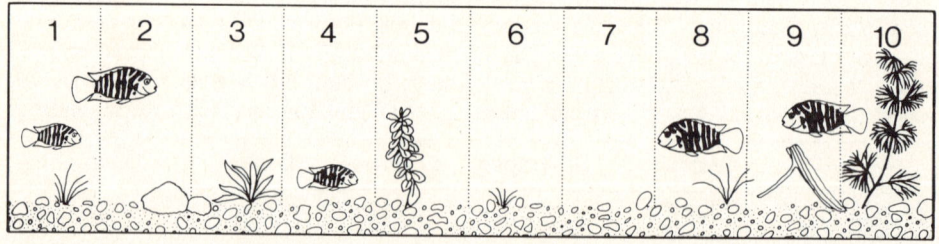

Abb. 3.10.2: Versuchsaquarium zur Registrierung der Standorte von fünf Jungfischen des Grünflossen-Buntbarsches. Das Becken ist durch senkrechte Striche auf der Frontscheibe in zehn gleich lange Sektoren unterteilt, die fortlaufend durchnumeriert sind

Tab. 3.10.2: Beispiel eines Protokollblattes zur Registrierung der Standorte von fünf Fischen

Zeit (s)	Standorte				
	Tier A	Tier B	Tier C	Tier D	Tier E
0	3	3	4	7	8
15	4	4	4	6	8
30	3	3	4	8	9
45	2	3	4	8	8
60	1	3	4	8	8

der fünf Jungfische diktiert (Beispiel: »Tier A in 3, Tier B in 7, ...«), trägt der andere diese zu einem bestimmten Zeitpunkt ermittelten Aufenthaltsorte in vorbereitete Protokollblätter ein (Tab. 3.10.2). Innerhalb eines Versuches sollten etwa 100 Standorte von jedem Tier in konstanten Zeitabständen bestimmt werden. Bei Pausen von 15 s zwischen den einzelnen Registrierungen dauert der ganze Versuch, an dessen Ende wir dann bei 5 Tieren 500 Standorte bestimmt haben, nur 25 min.

Mit Hilfe dieser Daten können wir zwei Dinge berechnen: Erstens läßt sich daraus die *durchschnittliche Häufigkeit der Aufenthalte* für jedes Tier in einem bestimmten Abteil ermitteln. Wir zählen dazu einfach zusammen, wie oft wir ein Tier in den verschiedenen Abschnitten angetroffen haben. Bei 100 Messungen ist diese absolute Häufigkeit gleich der prozentualen Häufigkeit der Aufenthalte. Bei mehr oder weniger als 100 Standortbestimmungen rechnen wir die absolute in die prozentuale Häufigkeit um. Sämtliche Werte tragen wir zusammenfassend in eine Tabelle ein. Anhand der prozentualen Häufigkeitswerte können wir *Standorthistogramme* für die 5 Tiere zeichnen (vgl. Abb. 3.10.4).

Zweitens haben wir die Möglichkeit, aus den Standortangaben und unter Vernachlässigung der Höhe und Tiefe des Beckens die *durchschnittlichen Abstände der Tiere voneinander* zu bestimmen. Wir subtrahieren dazu die zu einem bestimmten Zeitpunkt eingenommenen Standorte zweier Tiere und multiplizieren das Ergebnis mit der Länge eines Beckenabschnitts. Der Mittelwert aus vielen solcher Abstandsmessungen ist gleich der durchschnittlichen Entfernung zweier Tiere. Aus je 100 Standorten von 5 Tieren lassen sich somit insgesamt 1000 Abstände bestimmen, woraus wir 10 durchschnittliche Entfernungen (Mittelwert aus je 100 Messungen) zwischen 2 Tieren erhalten.

Bestimmen Sie nun mit Hilfe dieser Methode je 100 Standorte für jedes der 5 Tiere in dem Versuchsbecken. Berechnen Sie daraus für jeden Fisch die durchschnittliche Häufigkeit der Aufenthalte in jedem Abteil. Tragen Sie diese Ergebnisse in 5 Standorthistogramme (vgl. Abb. 3.10.4) ein.

Ermitteln Sie dann aus den Standortprotokollen die durchschnittlichen Abstände (mit *Standardabweichung*) aller Jungfische voneinander. Fassen Sie die Ergebnisse in einer Tabelle (vgl. Tab. 3.10.3) und einer Grafik (vgl. Abb. 3.10.5) zusammen.

Die Standardabweichung wird berechnet, indem man jeden Meßwert x vom Mittelwert aus allen Messungen m subtrahiert, die Differenz (x - m) quadriert, alle Quadrate addiert und durch die Zahl der Messungen minus 1 dividiert. Aus der so erhaltenen sog. *Varianz* ist noch die Quadratwurzel zu ziehen, um die Standardabweichung s zu erhalten:

(10) $$s = \sqrt{\frac{\Sigma (x - m)^2}{n - 1}}$$

Die Standardabweichung ist ein Maß für die Streuung. Bei Normalverteilung liegen 68% aller Meßwerte zwischen m − s und m + s, 95% aller Werte zwischen m − 2 · s und m + 2 · s. Im letzteren Fall weichen also 5% aller Beobachtungen um mehr als die doppelte Standardabweichung von m ab.

Die Standardabweichung kann nur bei einer Normalverteilung der Meßwerte angewandt werden. Bei Tieren im Freiland sind die Abstände zwischen den Individuen üblicherweise nicht normalverteilt (LAMPRECHT, pers. Mitteilung). Im Aquarium dagegen zeigen die Abstandsmessungen eine gute Normalverteilung (ZUPANC 1987, HÄNDEL & ZUPANC im Druck), so daß hier Standardabweichungen berechnet werden können.

Im Anschluß an diesen Versuchsteil erstellen wir noch ein *Soziogramm* der 5 Jungfische: Wir beobachten dazu nur die *Aggressionshandlungen*, die jedes Tier auf die anderen 4 Fische richtet. Sollten Sie am Anfang Schwierigkeiten haben, alle 5 Versuchstiere gleichzeitig zu beobachten, können Sie sich die Arbeit mit Ihrem Partner teilen. Notieren Sie sich, welche Verhaltensweisen (vorher festlegen, s. Versuch 2) welches Tier wie oft auf welchen Artgenossen innerhalb des Beobachtungszeitraumes (z. B. von 30 min) richtet. Fassen Sie die Ergebnisse in Form eines Soziogramms zusammen (vgl. Abb. 3.10.3).

Vergleichen Sie abschließend die Standorthistogramme, die durchschnittlichen Abstände und das Soziogramm der Tiere miteinander. Halten sich die einzelnen Individuen bevorzugt in bestimmten Bereichen des Aquariums auf? Können Sie eine *Rangordnung* unter den 5 Fischen erkennen? Wie läßt sich die Reihenfolge in der Rangordnung bestimmen? Können Sie eine Gruppenbildung zwischen 2 oder mehr Tieren beobachten? Wie würden Sie den Begriff *Gruppe* definieren?

■ *Ergebnisse:*
Die hier wiedergegebenen Ergebnisse der Standorte und Abstände wurden mit einer leicht abgewandelten Methode gewonnen: Ich teilte ein 98 l Becken (70 x 35 x 40 cm) der Länge nach in 4, der Breite nach in 2 und entlang der Höhe in 3 gleich lange Abschnitte. Daraus lassen sich 24 Quader bilden, die durch je drei Koordinaten festgelegt sind. Die Mittelpunkte der Quader geben die Aufenthaltsorte der Fische an, woraus sich die Abstände der Tiere voneinander berechnen lassen.

Dieses Verfahren hat den Vorteil, daß es auch Bewegungen der Tiere im Raum berücksichtigt. Überschaubare Histogramme der Standorte lassen sich jedoch – wegen der Dreidimensionalität des beobachteten Raumes – nicht darstellen. Außerdem ist zur Berechnung der Abstände zwischen den Tieren ein programmierbarer Taschenrechner oder ein Home-Computer mit entsprechendem Programm notwendig. Die Berechnung der hier diskutierten Ergebnisse wurde mit einem Computer vom Typ IBM 6-370-158 im IBM-Rechenzentrum in München durchgeführt.

Jeder Fisch hält sich in bestimmten Abschnitten des Aquariums überdurchschnittlich häufig, in anderen Abteilen weniger oft oder überhaupt nicht auf. Manche Tiere verteidigen diese Abschnitte gegen eindringende Artgenossen. Obwohl die Bezeichnung *Revier* für diese Raumabschnitte naheliegt, sollten wir sie in diesem Zusammenhang dennoch nicht verwenden. Um Reviere, wie sie im Freiland auftreten, im Aquarium sehen zu können, wären sehr große Becken notwendig. Die im Aquarium beobachteten »Reviere« sind häufig artifizielle Gebilde. Orte, an denen sich ein Tier zwar bevorzugt aufhält, von

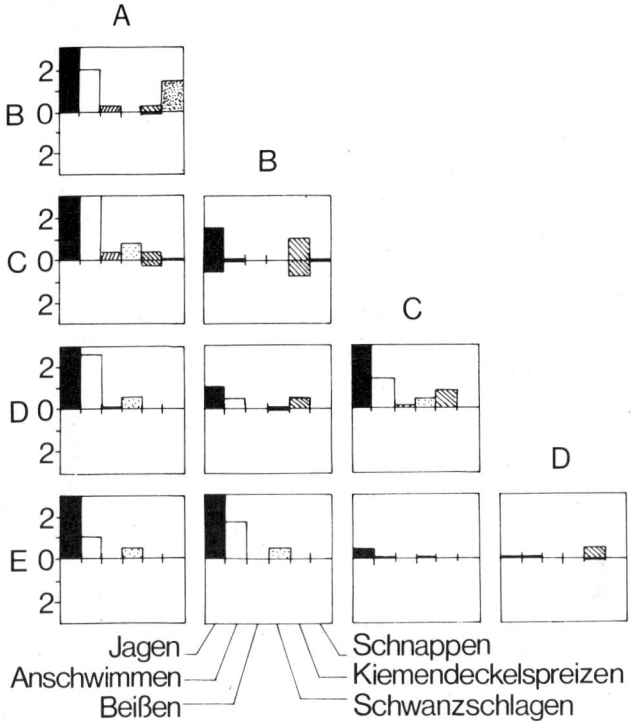

Abb. 3.10.3: Soziogramm einer künstlichen Population von fünf Grünflossen-Buntbarschen in einem Aquarium. In jedem Rechteck ist die Beziehung zwischen zwei Individuen dargestellt. Jede senkrechte Säule entspricht einer Verhaltensweise; ihre durchschnittliche Häufigkeit pro 30 min ist durch die Länge der Säule von der Mittellinie des Rechtecks nach oben oder unten angegeben (es sind nur bis zu drei Handlungen pro 30 min eingetragen). Die Mittelwerte wurden aus sieben Protokollen von je 30 min Dauer errechnet. Von der Mittellinie eines Rechtecks nach oben sind die Verhaltensweisen angegeben, die der Fisch, dessen Buchstabe über den Rechtecken steht, auf den Fisch richtet, dessen Buchstabe links neben den Rechtecken zu sehen ist. Von der Mittellinie nach unten ist eingetragen, welche Verhaltensweise das links genannte Tier gegen das oben angegebene ausführt

denen es aber andere Artgenossen nicht abhält, können wir *Rückzugsgebiete* nennen; im Aquarium befinden sich solche Rückzugsgebiete häufig unter der Wasseroberfläche.

Anhand des Soziogramms ist eine Rangordnung schnell ablesbar. Ein Beispiel eines solchen Soziogramms ist in Abb. 3.10.3 angegeben. Zusätzlich zu den in Versuch 2 definierten Verhaltensweisen wurden hier noch die Handlungen *Schwanzschlagen* (ein Fisch umschwimmt den anderen und schlägt mit seiner Schwanzflosse in Richtung des Gegners), *Anschwimmen* (der Fisch startet mit hoher Beschleunigung und nähert sich dem Gegner; es kommt aber weder zum Beißen noch zum Jagen, weil der Fisch den Gegner nicht verfolgt) und *Schnappen* (der Fisch schnappt in Richtung des fliehenden Gegners) registriert. Derjenige Fisch steht in der Rangfolge höher, der gegen seinen Artgenossen mehr aggressive Handlungen richtet als dieser gegen ihn ausführt.

Die meisten aggressiven Verhaltensweisen werden meist nur von einem Tier gegen das andere gezeigt. Nur in wenigen Fällen, wenn nämlich beide Artgenossen annähernd

Tab. 3.10.3: Durchschnittliche Abstände, ermittelt aus je 970 Messungen, zwischen fünf Jungfischen in einem 98 l Aquarium

Tiere	A–B	A–C	A–D	A–E	B–C	B–D	B–E	C–D	C–E	D–E
Abstände (cm)	36,5	30,8	35,7	34,7	45,5	28,2	22,7	36,6	47,8	32,8
Standardabweichung (cm)	13,7	12,0	13,8	13,5	15,3	15,9	10,7	15,7	13,2	12,4

gleich stark sind, werden die Aggressionshandlungen in beiden Richtungen ausgeführt. Dies ist in dem angegebenem Soziogramm bei Tier B und Tier C der Fall.

Dominante Tiere verteidigen einen größeren Raumbereich als Individuen, die in der Rangordnung niedriger stehen. Dies läßt sich aus dem Vergleich des Soziogramms und der Standorthistogramme entnehmen.

Eine *Gruppe* besteht nach LAMPRECHT (1973) »aus Einzelwesen, die 1. untereinander einen signifikant kleineren Abstand einhalten als zu allen übrigen Individuen der Population, und von denen 2. jedes mindestens eine Verhaltensweise signifikant gehäuft oder ausschließlich auf alle seine ständigen Nachbarn (Gruppengenossen) richtet oder sie ihnen gegenüber unterläßt«. Zwei Beispiele mögen den letzten Punkt erläutern: Viele Tiere, die in Gruppen leben, verhalten sich gegenüber den eigenen Gruppenmitgliedern nicht oder kaum aggressiv, was gegenüber gruppenfremden Artgenossen nicht der Fall ist. Bei *Paaren* – den kleinstmöglichen Gruppen – treten Balzhandlungen häufig nur zwischen den Partnern auf; sie werden dagegen nicht auf andere artgleiche oder artfremde Tiere gerichtet.

Eine *Gruppenbildung* ist bei Jungfischen demnach nicht feststellbar. Zwar halten einige Tiere kürzere Abstände zueinander ein als zu anderen Artgenossen (Tab. 3.10.3); diese Fische zeigen aber keine Verhaltensweise partnerbeschränkt, was jedoch eine Voraussetzung für eine Paar- oder Gruppenbildung ist. In beiden Fällen unseres Beispiels (Abstände zwischen den Tieren B und D sowie zwischen B und E) kommen die geringeren Abstände dadurch zustande, daß sich die rangtiefen Fische D und E in einer Ecke des Aquariums nahe dem Aufenthaltsort von Tier B aufhielten. Tier B zeigte aber keine partnerbeschränkte Verhaltensweise gegenüber diesen beiden Artgenossen; auch unterließ Tier B keine Verhaltensweise gegenüber diesen Fischen (Abb. 3.10.3).

3.10.4.5 Versuch 5: Quantitative Beschreibung der sozialen Interaktionen zwischen Paarpartnern

■ *Versuchsmaterial:*
– 5 geschlechtsreife Tiere (Männchen und Weibchen)
– Aquarium mit mindestens 100–200 l Inhalt. Das Becken sollte möglichst lang sein, dafür aber nur eine geringe Höhe und Tiefe aufweisen.
– 1 Filzstift.

■ *Versuchsdurchführung:*
Im Gegensatz zum letzten Versuch führen wir unsere Beobachtungen und Messungen nun an verpaarten Tieren durch. Wir wollen dabei insbesondere prüfen, ob sich die o. a. Definition der Gruppe anwenden läßt.

Die Frontscheibe des Versuchsbeckens unterteilen wir wie in Versuch 4 in eine bestimmte Anzahl gleich langer Abschnitte, die wir fortlaufend durchnumerieren.

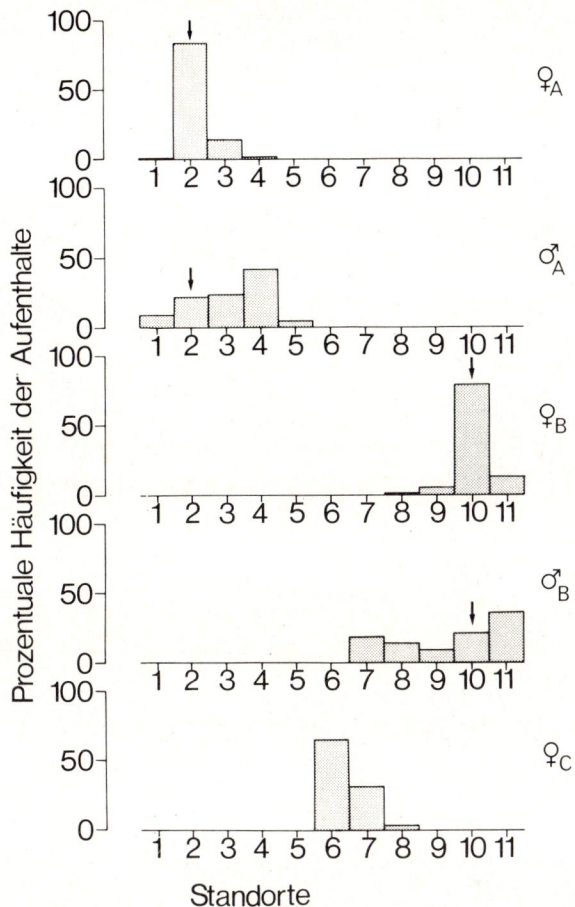

Abb. 3.10.4: Standorthistogramme der Mitglieder einer künstlichen Population von fünf Grünflossen-Buntbarschen in einem Aquarium. Weibchen A und Männchen A sowie Weibchen B und Männchen B bilden jeweils ein Paar. Beide Paare hatten etwa 20 Stunden vor der Protokollierung abgelaicht (der Standort des Geleges ist durch einen Pfeil gekennzeichnet). Die prozentualen Häufigkeitsangaben der Aufenthalte in den verschiedenen Abteilen stammen aus je 113 Standortbestimmungen, die in Abständen von 12,5 s durchgeführt wurden

Mit dem Experiment können wir beginnen, sobald ein Männchen und ein Weibchen abgelaicht haben. Bestimmen Sie dann mindestens 100 Standorte von jedem der fünf Fische. Berechnen Sie daraus für jedes Tier die durchschnittliche prozentuale Häufigkeit der Aufenthalte in jedem Abteil. Stellen Sie die Ergebnisse grafisch in Standorthistogrammen dar.

Errechnen Sie aus den Standortprotokollen die durchschnittlichen Abstände der Fische voneinander. Tragen Sie diese Werte zusammen mit den Standardabweichungen in eine Tabelle und eine Grafik ein.

Können Sie gemäß der Definition für eine Gruppe eine *Paarbildung* unter den Fischen feststellen? Welche *partnerbeschränkten Verhaltensweisen* lassen sich beobachten? Gibt es eine *Arbeitsteilung* zwischen den brutpflegenden Elternfischen?

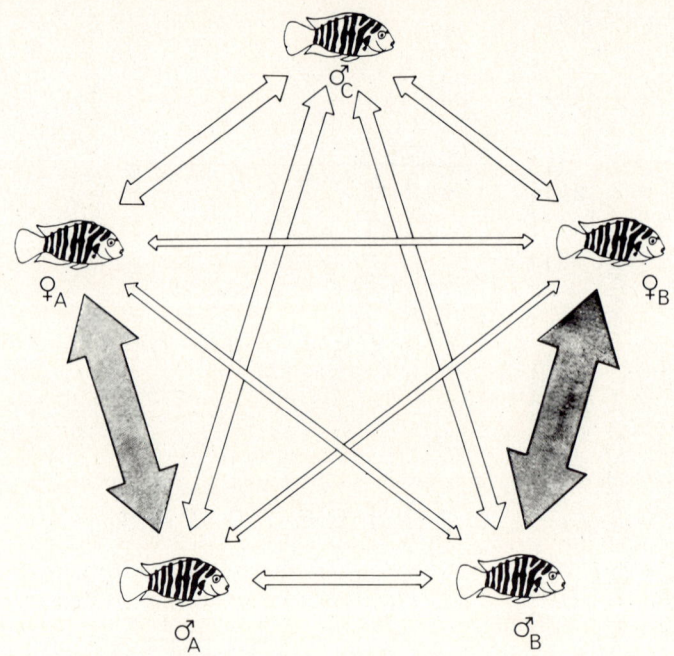

Abb. 3.10.5: Durchschnittliche Abstände zwischen fünf erwachsenen Grünflossen-Buntbarschen einer künstlichen Population in einem Aquarium. Die Dicke der Verbindungslinie zwischen zwei Fischen ist umgekehrt proportional dem Abstand zwischen den beiden Individuen. Je dicker die Verbindungslinie also ist, desto näher stehen die zwei Fische durchschnittlich zusammen. Die Abstände zwischen Paarpartnern sind grau gerastert. Beide Paare hatten etwa 20 Stunden vor der Protokollierung abgelaicht. Es wurden dieselben Daten verwendet wie für die Standortprotokolle in Abb. 3.10.4. Die Abstände sind Mittelwerte aus je 113 Einzelmessungen

■ *Ergebnisse:*
Die brutpflegenden Fische halten sich bevorzugt an bestimmten Orten des Aquariums auf (Abb. 3.10.4), die sie gegen die anderen Beckeninsassen verteidigen. Dabei hält sich ein Partner – das Weibchen – mehr im Zentrum des Aufenthaltsortes auf, nämlich dort, wo sich das Gelege, die Larven oder der Jungenschwarm befinden. Während das Weibchen überwiegend den Nachwuchs betreut (z. B. durch Fächeln mit den Brustflossen), verteidigt das Männchen die Grenzen. Wir finden somit beim Grünflossen-Buntbarsch eine Arbeitsteilung vor.

Die Elternfische halten zueinander sehr viel geringere Abstände ein als zu den anderen Tieren (Abb. 3.10.5). Auch führen beide Fische kaum oder keine aggressiven Handlungen gegeneinander aus, was sie anderen Beckenbewohnern gegenüber nicht unterlassen; die Elternfische bilden somit ein *Paar*.

Bei einer Begegnung der beiden verpaarten Elterntiere spreizt fast immer ein Fisch leicht seine Kiemendeckel, wobei er seinen Kopf beim Vorbeischwimmen kurz zum Partner hin wendet. Diese Verhaltensweise tritt ausschließlich zwischen verpaarten erwachsenen Grünflossen-Buntbarschen auf. Wir können sie deshalb *partnerbeschränkt* nennen.

Manchmal kommt es zwischen den Partnern nach dem Ablaichen zum *Paarbruch*. Dann übernimmt ein Partner die weitere Brutpflege; dies war bei den von mir beobachteten Bruten fast immer das Weibchen.

3.10.5 Weiterführende Arbeiten

3.10.5.1 Computerunterstützte Auswertung der Meßdaten

Wie in den Versuchen 4 und 5 gezeigt wurde, können aus den protokollierten Standorten für jeden Fisch die prozentuale Häufigkeit der Aufenthalte in jedem Sektor und die Abstände zwischen den Fischen (mit Standardabweichungen) berechnet werden. Besonders die Ermittlung der Abstände erweist sich aber als sehr zeitaufwendig. Günstiger als die Auswertung von Hand ist es deshalb, ein Computerprogramm zu benutzen. HÄNDEL & ZUPANC (im Druck) haben für diesen Zweck ein menügesteuertes Programm in der Sprache Pascal entwickelt; es führt sämtliche Häufigkeits-, Abstands- und Standardabweichungs-Berechnungen – auch bei sehr vielen Meßdaten – innerhalb weniger Sekunden durch. Falls Sie Informatikkenntnisse besitzen, können Sie das Programm Ihren speziellen Bedürfnissen anpassen oder es mit zusätzlichen Funktionen ausstatten. Ansonsten läßt es sich nach Installation sofort für die Versuchsauswertung verwenden.

3.10.5.2 Lauterzeugung bei Grünflossen-Buntbarschen

Während bei Jungfischen des Grünflossen-Buntbarsches keine Lautproduktion feststellbar ist, erzeugen erwachsene Tiere – zumindest Weibchen – insbesondere während der Brutpflege Laute, deren mittlere Frequenz um etwa 480 Hz liegt (MYRBERG, KRAMER & HEINECKE 1965; MYRBERG 1972). Diese Laute können leicht mit Hilfe eines in Polyäthylen wasserdicht verpackten Mikrofons auf Tonband festgehalten werden (ZUPANC 1982). Steht ein Oszilloskop zur Verfügung, lassen sich einfach (sinusförmig) aufgebaute Laute zusätzlich in ihrem Verlauf und ihrer Tonhöhe analysieren. Bei komplizierteren Lauten ist eine Analyse mit einem Sonagraphen – der allerdings nur entsprechenden Forschungsinstituten zur Verfügung steht – möglich. In welchen Situationen beobachten Sie eine Lauterzeugung? Können Sie anhand der Frequenz und des Tonverlaufs verschiedene Laute unterscheiden?

3.10.5.3 Die Wirkung exogener Faktoren auf die Aggressivität junger Grünflossen-Buntbarsche

Zahlreiche physikalische und chemische Parameter wie Lichtintensität, Temperatur, Sauerstoff- und Ammoniumionenkonzentration beeinflussen die Aggressivität junger Grünflossen-Buntbarsche (ZUPANC 1979 a, b, 1981, 1982). Experimentell läßt sich besonders gut der Sauerstoffgehalt des Wassers steuern: Über eine Membranluftpumpe und einen angeschlossenen Ausströmerstein, der in einem leeren Kastenaußenfilter (nicht im Aquarium, um Änderungen der Strömungsverhältnisse auszuschließen) angebracht ist, kann die O_2-Konzentration bis nahe zur Sättigung erhöht werden. Die genaue Messung des O_2-Gehalts im Aquarienwasser erfolgt entweder elektrisch mit Hilfe von Sauerstoffelektroden oder als maßanalytische Bestimmung nach WINKLER bzw. mit dem Jod-

Differenzverfahren nach OHLE (s. Deutsche Einheitsverfahren zur Wasser-, Abwasser- und Schlammuntersuchung 1986). Untersuchen Sie mit Hilfe dieser Methode die Abhängigkeit der Aggressionsbereitschaft vom Sauerstoffgehalt des Wassers!

Literatur

Barlow, G. W., 1973: Competition between color morphs of the polychromatic midas cichlid *Cichlasoma citrinellum*. Science **179**, 806–807.

Barlow, G. W., Bauer, D. H. & McKaye, K. R., 1975: A comparison of feeding, spacing and aggression in color morphs of the midas cichlid. I. Food continuously present. Behaviour **54**, 72–96.

Barlow, G. W., Baylis, J. R. & Roberts, D., 1976: Chemical analyses of some crater lakes in relation to adjacent Lake Nicaragua. In: Investigations of the ichthyofauna of nicaraguan lakes. Thorson, T. B. (Hrsg.), S. 17–20. Lincoln, University of Nebraska.

Barlow, G. W. & Rogers, W., 1978: Female midas cichlids' choice of mate in relation to parents' and to own color. Biology of Behaviour **3**, 137–145.

Deutsche Einheitsverfahren zur Wasser-, Abwasser- und Schlammuntersuchung. Hrsg. von der Fachgruppe Wasserchemie in der Gesellschaft Deutscher Chemiker in Gemeinschaft mit dem Normenausschuß Wasserwesen (NAW) im DIN Deutsches Institut für Normung e.V., Band I und II. Letzte Ergänzung 1986 durch Lieferung 17. Weinheim, VCH.

Händel, R. & Zupanc, G. K. H., im Druck: Computereinsatz im ethologischen Praktikum – Ein Programm zur Quantifizierung sozialer Interaktionen bei Fischen. Praxis d. Naturwiss. (Biologie) **37**.

Heiligenberg, W., 1963: Ursachen für das Auftreten von Instinktbewegungen bei einem Fische (*Pelmatochromis subocellatus kribensis* Boul., Cichlidae). Z. vergl. Physiologie **47**, 339–380.

Heiligenberg, W., 1974: Der Einfluß spezifischer Reizmuster auf das Verhalten der Tiere. In: Grzimeks Tierleben, Sonderband »Verhaltensforschung«. Immelmann, K. (Hrsg.), S. 234–254, Zürich.

Heiligenberg, W., Kramer, U. & Schulz, V., 1972: The angular orientation of the black eye-bar in *Haplochromis burtoni* (Cichlidae, Pisces) and its relevance to aggressivity. Z. vergl. Physiol. **76**, 168–176.

Immelmann, K., 1975: Wörterbuch der Verhaltensforschung. München, Kindler.

Lamprecht, J., 1973: Mechanismen des Paarzusammenhaltes beim Cichliden *Tilapia mariae* Boulenger 1899 (Cichlidae, Teleostei). Z. Tierpsychol. **32**, 10–61.

Leong, C.-Y., 1969: The quantitative effect of releasers on the attack readiness of the fish *Haplochromis burtoni* (Cichlidae, Pisces). Z. vergl. Physiol. **65**, 29–50.

McKaye, K. R., 1978: Explosive speciation: The cichlid fishes of Lake Malawi. Discovery **13**, 24–29.

Myrberg, A. A., 1972: Geräusche im Wasser. In: Signale in der Tierwelt. Burkhardt, D., Schleidt, W. & Altner, H. (Hrsg.), S. 165–170. München, Deutscher Taschenbuch Verlag.

Myrberg, A. A., Kramer, E. & Heinecke, P., 1965: Sound production by cichlid fishes. Science **149**, 555–558.

Rasa, O. A. E., 1971: The causal factors and function of »yawning« in *Microspathodon chrysurus* (Pisces, Pomacentridae). Behaviour **37**, 39–57.

Wickler, W., 1960: Die Stammesgeschichte typischer Bewegungsformen der Fischbrustflosse. Z. Tierpsychol. **17**, 31–66.

Zupanc, G. K. H., 1979: The effect of environmental factors on the readiness to fight in juvenile *Cichlasoma nigrofasciatum* (Cichlidae). Newsletter of the Int. Ass. Fish Ethol. **2**, 8–10.

Zupanc, G. K. H., 1979: Verhalten und Umwelt: Ein Beitrag zur Ethologie und Ökologie des Buntbarsches *Cichlasoma nigrofasciatum*. Mitt. Verb. dtsch. Biol. **259** (Beilage zu: Nat. Rundschau **32**), 1210.

Zupanc, G. K. H., 1981: Verhalten und Umwelt. Ein Beitrag zur Ethologie und Ökologie des Zebrabuntbarsches. Praxis d. Naturwiss. (Biologie) **30**, 26–32.

Zupanc, G. K. H., 1982: Fische und ihr Verhalten. Melle, Tetra-Verlag.

Zupanc, G.K.H., 1987: A PASCAL program for computing spatial arrangements: experiments with cichlids. Newsletter of the Int. Ass. Fish Ethol. **10**, 29–34.

Unterrichtsmaterial

Leong, D., 1969: *Cichlasoma spec.* (Cichlidae) – Kampf zweier Männchen. SW, st, 75 m, 7 min. E 1485. IWF, Göttingen.

Lorenz, K., 1956: *Cichlasoma biocellatum* – Kampf zweier Männchen. SW, st, 22 m, 2 min. E 90. IWF, Göttingen.

3.11 Das Balzverhalten des Zebrafinken
Volker Hahn & Roland Sossinka

3.11.1 Einleitung

Dieses Kapitel behandelt das *Sexualverhalten* am Beispiel der *Balz* des Zebrafinken.

Der Zebrafink *(Taeniopygia guttata)* ist ein körnerfressender Singvogel der Familie der Prachtfinken. Etwas kleiner als ein Sperling, ist er von ähnlicher Körperform. Er besitzt einen roten Schnabel sowie eine graue Ober- und eine weißliche Unterseite. Die Männchen haben neben der schwarzweißen »Tränenstrich«- und Oberschwanzbänderzeichnung, die auch bei den Weibchen zu sehen ist, zusätzlich auffallende Farbmerkmale an Wange (orange), Brust (schwarzweiß) und Seite (kastanienbraun mit weißen Punkten). Man kennt zwei Rassen, wovon eine hauptsächlich auf der Insel Timor, die andere in fast allen Teilen des australischen Kontinents vorkommt.

Neben der wildfarbenen Form des Zebrafinken sind noch andere *Mutanten* (»Farbschläge«) bekannt, die in Gefangenschaft weitergezüchtet werden (JÖDICKE 1978). Am auffälligsten ist die »weiße« *(leuzistische) Mutante* mit vollständig pigmentlosem Gefieder (Abb. 3.11.1). In Einzelfällen wurden weiße Zebrafinken auch schon im Freiland beobachtet (CAYLEY 1932, zitiert in IMMELMANN 1968).

Der australische Zebrafink besiedelt ganz unterschiedliche Lebensräume, vor allem aber mit Büschen und Bäumen bestandene Grasgebiete, Strauchsteppen, Trockensavannen und Halbwüsten. Er brütet in lockeren Kolonien. Das kugelige Nest, an dessen Bau Männchen und Weibchen beteiligt sind, wird bevorzugt in dornigen Sträuchern angelegt. Die vier bis sechs Eier werden knapp zwei Wochen bebrütet. Die Jungen verlassen das Nest im Alter von drei Wochen.

Zebrafinken leben auch außerhalb der Brutzeit gesellig in Schwärmen von z. T. über hundert Tieren. Männchen und Weibchen bleiben wahrscheinlich nach der Verpaarung zeitlebens zusammen (IMMELMANN 1962).

Während im Freiland, besonders in den Trockengebieten, die Brut nur nach Regenfällen mit nachfolgendem Wachsen und Fruchten von Gräsern beobachtet wird, sind Zebra-

Abb. 3.11.1: Wildfarbenes Zebrafinken-Männchen und leuzistisches Zebrafinken-Weibchen

finken in Gefangenschaft praktisch das ganze Jahr über fortpflanzungsfähig. Das Männchen ist ständig sexuell aktiv, das Weibchen kann auf das Auftreten günstiger Bedingungen (ungestörter Käfig, Brutnest, gute Ernährung, balzendes Männchen) binnen zehn Tagen mit Eiablage reagieren (SOSSINKA 1970).

Das Sexualverhalten hat die Funktion, das Überdauern des Genbestandes einer Verwandtschaftsgruppe zu sichern (früher sagte man, das Aussterben einer Art zu verhindern). Jedes Individuum strebt danach, den Anteil seiner Erbanlagen in den folgenden Generationen zu maximieren. Aufgabe des Sexualverhaltens ist es unter anderem, geschlechtsreife Tiere der gleichen Art – aber unterschiedlichen Geschlechts – zusammenzuführen und eine Paarung zu ermöglichen. Dazu müssen verschiedene Bedingungen erfüllt sein:
1. Möglichkeit zur Auswahl eines für die Erbgut-Weitergabe gut geeigneten Partners.
2. Wege zur Abstimmung des Verhaltens, um die Begattung zu sichern, aber auch, um Nestbau, Bebrüten und Jungenaufzucht zu synchronisieren.

Es muß also eine Auswahl des Partners stattfinden, z. B. nach Art- und Populationszugehörigkeit. Dadurch ist gesichert, daß das Erbgut der Nachkommen an die gleichen Umweltbedingungen angepaßt ist wie das der Eltern, die damit ja erfolgreich überlebten. Die Tiere erkennen geeignete Partner anhand bestimmter Merkmale, die sich im Laufe der *Stammesgeschichte* eigens dafür entwickelt haben. Solche Merkmale, die ein bestimmtes Verhalten (in unserem Fall Balzverhalten) hervorrufen, bezeichnet man als *Auslöser*. Auslöser finden sich meist im Rahmen der innerartlichen Kommunikation.

Die einzelnen Verhaltensweisen des Balzverhaltens der Zebrafinken müssen durch morphologische oder Verhaltensmerkmale des anderen Geschlechts ausgelöst werden. Das Zebrafinken-Weibchen weist mehrere Merkmale auf, die als Auslöser für die Balz des Männchens dienen können. Diese Erscheinung, daß ein Verhalten durch mehrere *Schlüsselreize* gleichzeitig ausgelöst werden kann, ist weit verbreitet. Dabei wirken Reizkombinationen stärker als jeder der Einzelreize, was man als *wechselseitige Reizverstärkung* (früher *Reizsummation*) bezeichnet. Durch sie ist es möglich, mittels Verrechnung vieler Merkmale aus verschiedenen Partnern den »besten« auszuwählen.

Die Antwortbereitschaft auf einen Reiz hängt nicht nur von der Qualität des äußeren Reizes, sondern auch von inneren Faktoren ab. So kann der gleiche Reiz, in kurzer Abfolge mehrmals dargeboten, seine reaktionsauslösende Wirkung verlieren. Man spricht von *Ermüdung* (auch als *Gewöhnung, Habituation* oder *Adaptation* bezeichnet) und versteht darunter das Verhalten eines Tieres, sich an zunächst reaktionsauslösende Reize, die dauerhaft vorhanden sind oder mehrfach wiederholt auftreten, zu gewöhnen und nicht mehr auf sie zu reagieren. So ist dafür gesorgt, daß ein Tier nicht ständig auf den gleichen wirksamen Reiz reagiert, in unserem Fall nicht ständig balzt; andernfalls könnte es nicht mehr zu anderen Handlungen (wie Futteraufnahme und Ruhen) kommen.

Neben der Partnerwahl muß das Sexualverhalten auch eine *Verhaltenssynchronisation* ermöglichen. Diese hat unter anderem die Aufgabe, aggressive Interaktionen zu unterdrücken, so daß die Partner sich einander nähern können. So wird gesichert, daß beide Tiere im gleichen Augenblick paarungsbereit sind und die schwierige Begattung erfolgen kann. Das geschieht durch aufeinander abgestimmte Balzhandlungen beider Tiere, in deren Verlauf jeweils die vorausgegangene Teilhandlung des einen Partners Auslöser für die nächstfolgende des anderen darstellt. Eine derartige Verknüpfung von Verhaltensweisen zu einem komplexen Verhaltensablauf wird als *Handlungskette* bezeichnet.

Daneben findet eine längerfristige Synchronisation dadurch statt, daß Verhaltensweisen des Partners hormonelle Veränderungen verursachen (z. B. regt der Gesang des Männchens die Ausschüttung von Hypophysenhormonen beim Weibchen an), die ihrerseits verhaltenswirksam sind und beispielsweise den Nestbau des Weibchens hervorrufen (vgl. HINDE 1973, zusammengefaßt in IMMELMANN 1983, S. 146 f.).

3.11.2 Seminarthemen

1. Der Zebrafink wird seit Jahrzehnten in Gefangenschaft gezüchtet *(Domestikation)*. Welchen Einfluß kann dies auf das Verhalten der Tiere haben?
Literatur: SOSSINKA (1970, 1982).

2. In Situationen, in denen zwei gegensätzliche, nicht miteinander vereinbare Verhaltenstendenzen, z. B. Flucht und Angriff, vorliegen (Konfliktsituationen), können Verhaltensweisen auftreten, die sich keiner der beiden Verhaltenstendenzen zuordnen lassen *(Übersprungverhalten)*. Welche Übersprunghandlungen kann man beobachten, und mit welchen Hypothesen lassen sich diese Erscheinungen erklären?
Literatur: IMMELMANN (1983), S. 51 f.; IMMELMANN (1982); TINBERGEN (1940).

3. Seit Darwin versteht man *Evolution* als einen Prozeß zufälliger genetischer Änderungen *(Mutationen)*, die einer Auslese *(Selektion)* hinsichtlich ihrer Tauglichkeit unter den bestehenden Umweltbedingungen unterworfen sind. Jene Individuen, die den größeren Fortpflanzungserfolg haben, weil sie für die Konkurrenz um knappe Ressourcen (z. B. Nahrung, Brutplätze, Geschlechtspartner) am besten geeignet sind, werden ihren Anteil am Erbgut künftiger Generationen maximieren. Die *Soziobiolgie* überträgt dieses Prinzip auf das Sozialverhalten von Organismen. Versuchen Sie, die Begriffe *»fitness«* und *»inclusive fitness«* mit Beispielen zu erläutern.
Literatur: DAVES & KREBS (1981); WICKLER & SEIBT (1977), S. 83–111.

4. Aus den zahllosen Eigenschaften der Umwelt, die ein Organismus mit seinen Sinnesorganen wahrnimmt, muß er diejenigen erkennen, welche für ihn relevant sind, um auf sie reagieren zu können *(Auslösemechanismus, Schlüsselreiz)*. Anderseits darf er nicht ununterbrochen auf den gleichen Reiz reagieren *(Habituation, Schwellenwert)*. Versuchen Sie, diese Aufgaben mit den in Klammern aufgeführten ethologischen Grundbegriffen in Zusammenhang zu bringen und diskutieren Sie, welche Faktoren die Handlungsbereitschaft *(Motivation)* eines Tieres beeinflussen können.
Literatur: IMMELMANN (1983), S. 32–36 und 40–44.

5. Versuchen Sie, die oft als »Adaptation« zusammengefaßten Erscheinungen modellhaft in eine Komponente *»reizspezifische Ermüdung«* (Habituation) und eine zweite Komponente *»aktionsspezifische Ermüdung«* (Schwellenwertänderung) zu zerlegen. Welche Beispiele bzw. Versuche zeigen mehr die eine, welche die andere Komponente auf? Gibt es kritische Experimente, um für die Existenz beider Komponenten nebeneinander Hinweise zu finden?
Literatur: CURIO (1967); HINDE (1973); IMMELMANN (1982); IMMELMANN (1983), S. 24 f.

3.11.3 Beschaffung, Pflege und Zucht der Versuchstiere

Zebrafinken sind in fast allen Zoogeschäften erhältlich. Wesentlich informativer (und wahrscheinlich auch billiger) ist es, sich mit Vogelliebhabern – die meist in entsprechenden Kreisen organisiert sind – in Verbindung zu setzen.

Der Zebrafink ist ein anspruchsloser Käfigvogel. Täglich frisches Trink- und Badewasser, ein Hirsegemisch als Nahrung, zusätzlich etwas Grünfutter (Vogelmiere, unbehandelter Salat etc.) und regelmäßige Vitamingaben reichen ihm aus.

Für ein Zuchtpaar sollte ein Käfig von mindestens 100 x 60 x 60 cm zur Verfügung stehen. Eine Holzkiste (15 x 15 x 15 cm), die auf einer Seite offen ist, dient als Halbhöhle, in die der Zebrafink sein Nest baut. Als Nistmaterial eignen sich besonders gut glatte Kokosfasern, die wir auf den Boden des Käfigs legen. Eine napfartige Grundkonstruktion aus Kokosfasern sollte in die Halbhöhle vorgegeben sein. Der Aufzuchterfolg läßt sich verbessern, wenn wir dem Brutpaar – insbesondere nachdem die Jungen geschlüpft sind – Weichfutter und Keimfutter anbieten.

3.11.4 Beobachtungen und Versuche

Den Bedarf an Tieren und an Käfigen haben wir bei allen Versuchen jeweils für eine Versuchseinheit beschrieben; an dieser können bis zu sechs Personen (zwei Dreiergruppen) beobachten. Bei den Versuchen 1 und 2 kann eine Versuchseinheit auch zu Demonstrationszwecken vor einem größeren Publikum eingesetzt werden. Dabei ist ggf. an eine Übertragung über Bildschirm zu denken.

Bei allen Versuchen sollten die Männchen mindestens eine Woche vor Versuchsbeginn isoliert werden und in dieser Zeit keine Artgenossen sehen können. Die dafür vorgesehenen Isolationskäfige sind für eine längerfristige Haltung jedoch zu klein. Sie sollten nur für die Dauer des Versuches verwendet werden. Werden die gleichen Männchen mehrfach getestet, so sollten zwischen den Versuchen mindestens zwei bis drei Tage liegen. Da nicht alle Zebrafinken-Männchen unter Laborbedingungen starke Balzaktivität zeigen, ist es unbedingt anzuraten, Vorversuche durchzuführen und nur die Männchen zu verwenden, die nach entsprechender Isolation ein Weibchen angebalzt haben.

3.11.4.1 Versuch 1: Beobachtung und Beschreibung des Balzverhaltens

■ *Versuchsmaterial:*
Für eine Versuchseinheit werden gebraucht:
- 1 Zebrafinken-Männchen
- 1 Zebrafinken-Weibchen
- 1 Versuchskäfig (Mindestmaße 80 x 40 x 40 cm, rundherum einsehbar)
- 2 Isolationskäfige (Mindestmaße 40 x 20 x 20 cm)

Mehrere Versuchseinheiten: Die Weibchen können gemeinsam in einem größeren Käfig gehalten werden, so daß nicht für jedes Weibchen ein Isolationskäfig benötigt wird.

■ *Versuchsdurchführung:*
In diesem Versuch sollen Sie mit der Balz des Zebrafinken vertraut gemacht werden und Ihr Beobachtungsvermögen schulen. Auf dieser Kenntnis bauen die Versuche 2 und 3 auf. Am Beispiel der Zebrafinkenbalz lassen sich auch verschiedene ethologische Grundbegriffe wie *Handlungskette*, *Auslöser*, *Schlüsselreiz*, *Schwellenwert* und *Konfliktverhalten* erörtern (näheres s. IMMELMANN 1982).

Um das Balzverhalten des Zebrafinken-Männchens leichter von nicht-sexuellen Verhaltensweisen unterscheiden zu können, beobachten wir das Tier zunächst allein. Dazu wird es bereits einige Minuten vor Beginn der Beobachtungen vom Isolationskäfig in den größeren Versuchskäfig umgesetzt. Das Verhalten des Männchens sollte mindestens

15 bis 30 Minuten lang beobachtet werden und die Beschreibung auf einige Verhaltenskomplexe beschränkt bleiben. Gezielte Fragen erleichtern die Aufgabe:
❐ Beschreiben Sie möglichst detailliert das Körperpflegeverhalten des Zebrafinken-Männchens. Welche Teile des Körpers werden auf welche Weise gereinigt?
❐ Wie bewegt sich das Tier auf der Stange vorwärts?
❐ Welche Laute äußert es?
Nachdem diese Beobachtungen abgeschlossen sind, setzen wir ein Zebrafinken-Weibchen in den Käfig dazu. Das Balzverhalten beider Tiere soll ausführlich beschrieben werden:
❐ Welche Verhaltensweisen des Männchens treten in Anwesenheit des Weibchens auf, die zuvor nicht beobachtet werden konnten? Diese Handlungen sind möglichst genau zu beschreiben.
❐ Werden einzelne Verhaltenselemente in einer bestimmten Reihenfolge ausgeführt?
❐ Treten in einem solchen Verhaltenskomplex auch Verhaltensweisen auf, die im ersten Versuchsteil (ohne Weibchen) schon zu sehen waren?
❐ Wie verhält sich das Weibchen?
❐ Liegt eine zeitliche Koordination zwischen dem Verhalten des Männchens und des Weibchens vor?
Da die Balzaktivität des Männchens mit der Zeit deutlich nachläßt (vgl. Versuch 2), sollte eine Beobachtungsdauer von 15 Minuten möglichst nicht überschritten werden. Danach kann das Männchen für weitere Versuche wieder isoliert werden.

■ *Ergebnisse:*
Die Balz des Zebrafinken wurde von MORRIS (1954) und IMMELMANN (1959) ausführlich beschrieben. Sie beginnt mit dem Begrüßungsanflug. Das Männchen landet seitlich vom Weibchen, wobei der Schwanz in Richtung desselben zeigt. Der *Begrüßungsanflug* kann sich mehrmals wiederholen, bevor das Männchen sich auf der Stange dem Weibchen nähert. Dabei hüpft es und führt bei jedem Sprung eine Drehung um 90° aus. Dieses kennzeichnende Verhalten wird als *Balztanz* bezeichnet.

Während des Balztanzes trägt das Männchen seinen Gesang vor, der aus einigen Motiven besteht, die in schneller Folge aneinandergereiht werden. Gesangspausen über zwei

Abb. 3.11.2: Balzendes Zebrafinken-Männchen. Nacken-, Wangen-, Brust- und Bauchgefieder sind aufgestellt, der Kopf ist auf das Weibchen ausgerichtet

Sekunden markieren das Ende einer *Strophe* (SOSSINKA & BÖHNER 1980). Beim Singen zeigt das Männchen eine typische Gefiederstellung; bestimmte Gefiederpartien (Wangen-, Brust- und Bauchgefieder) werden dabei vom Körper abgestellt (Abb. 3.11.2).

Das Verhalten von Männchen und Weibchen ist aufeinander abgestimmt: Während das Männchen den Balztanz ausführt, bleibt das Weibchen sitzen und dreht den Schwanz in Richtung des Männchens. Hat das Männchen das Weibchen erreicht, so vibriert dieses mit dem Schwanz und nimmt eine waagerechte Körperhaltung ein. Daraufhin springt das Männchen auf, und es erfolgt die *Kopulation*.

Die Balz des Zebrafinken tritt unter Käfigbedingungen nicht immer vollständig auf; oft kommt es nicht zur Kopula, oder der Balztanz wird nicht ausgeführt. Daher ist es auch nicht immer leicht, die Verkettung des männlichen und weiblichen Verhaltens zu erkennen. In der Balz kann *Schnabelwischen* auftreten, eine Körperpflegehandlung. Dies läßt sich als *Übersprungbewegung* deuten, die in einer Konfliktsituation auftreten kann, wenn etwa das Weibchen die Handlungskette unterbricht, d. h. der erwartete Antwortreiz ausbleibt.

3.11.4.2 Versuch 2: Der Einfluß reizspezifischer Ermüdung auf das Balzverhalten

■ *Versuchsmaterial:*
Für eine Versuchseinheit werden gebraucht:
- 1 Zebrafinken-Männchen
- 1 Zebrafinken-Weibchen
- 2 Isolationskäfige (Mindestmaße 40 x 20 x 20 cm, rundherum einsehbar); beide Käfige werden auch im Versuch eingesetzt.

Mehrere Versuchseinheiten: Siehe Versuch 1.

■ *Versuchsdurchführung:*
Der Versuch verdeutlicht den Einfluß der *reizspezifischen Ermüdung* auf das Balzverhalten des Zebrafinken-Männchens. Zwei Käfige mit je einem Zebrafinken-Männchen und einem Zebrafinken-Weibchen werden nebeneinandergestellt, wobei die Sitzstangen so angebracht sein sollen, daß die Tiere möglichst nahe beieinander sitzen können. Die Balzintensität des Männchens wird in zweiminütigen Abschnitten 30 Minuten lang erfaßt. Dafür kann man z. B. die Anzahl der *Gesangs-Motive* zählen, d. h. der zeitlich abgesetzten, sich wiederholenden Einheiten beim Singen (z. B. bei »dit dit delizidää delizidää delizidäädää« gleich drei Motive). Für den Versuch sind mindestens fünf verschiedene Männchen einzusetzen.

■ *Ergebnisse:*
Am Beispiel der Habituation läßt sich zeigen, daß die *Handlungsbereitschaft* eines Tieres nicht nur durch äußere, sondern auch durch innere Faktoren beeinflußt werden kann.

Die Balzaktivität des Zebrafinken nimmt mit der Zeit ab, wenn der auslösende Reiz, das Weibchen, ständig vorhanden ist. Die Motivzahl pro zwei Minuten fällt jedoch nicht stetig ab, sondern es treten – scheinbar zyklisch – Aktivitätsmaxima auf, deren Stärke von Mal zu Mal abnimmt (Abb. 3.11.3).

Bei der reizspezifischen Ermüdung verändert sich die Stärke des Verhaltens, obwohl der äußere Reiz gleich bleibt. Da eine erloschene Reaktion durch einen anderen Reiz wieder ausgelöst werden kann (FRANZISKET 1953; PRECHTL 1953; SCHLEIDT 1954), ist die Habituation nicht primär auf verminderte Sinnesleistung oder fehlende Muskelkraft zurückzuführen, sondern es muß eine Änderung der Informationsverarbeitung vor-

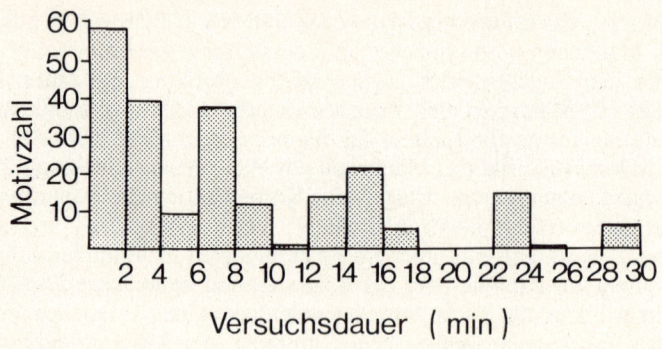

Abb. 3.11.3: Zeitliche Verteilung der durchschnittlichen Balzaktivität (gemessen in der Anzahl der gesungenen Motive) gegenüber einem Weibchen. Mittelwerte von fünf Zebrafinken-Männchen

liegen. CURIO (1968) konnte sogar zeigen, daß die Gewöhnung an einen Reiz auch dann erfolgen kann, wenn keine erkennbare Reaktion auf diesen erfolgte.

3.11.4.3 Versuch 3: Der Einfluß von Gefiederzeichnung und Schnabelfärbung auf das Balzverhalten des Zebrafinken-Männchens

■ *Versuchsmaterial:*
Die Anzahl der Versuchstiere hängt bei diesem Versuch in hohem Maße von der zeitlichen Gestaltung ab; es sollten aber mindestens fünf Männchen bereitgestellt werden. Da die Männchen vor Versuchsbeginn längere Zeit isoliert sein müssen, kann jedes Männchen nur in einem Wahltest pro Tag eingesetzt werden. Sollen alle Wahlversuche an einem Tag ausgeführt werden, so sind deshalb 15 Tiere erforderlich. Werden die Versuche an drei Tagen durchgeführt, so genügen fünf Männchen, wobei jedes Männchen an jedem Versuchstag mit einer anderen Weibchen-Kombination getestet wird.

Für jeden Wahltest sind zwei Weibchen erforderlich; mit einem Weibchen-Paar können aber mehrere Männchen nacheinander getestet werden. Die reine Versuchszeit für zwei Männchen beträgt dann ca. 40 Minuten (in die Pause nach dem ersten Test eines Männchens fällt der erste Test eines anderen Männchens). Auf diese Weise kann der Tierbedarf entsprechend der zeitlichen Durchführung des Versuches selbst ermittelt werden. Als Beispiel gingen wir von drei Unterrichtstagen mit je einer (oder besser zwei) Unterrichtsstunden aus. Es werden dann gebraucht:
– 5 Zebrafinken-Männchen
– 4 wildfarbene Zebrafinken-Weibchen
– 2 leuzistische Zebrafinken-Weibchen
– 11 Isolationskäfige (5 für die Männchen, 6 für die Weibchen), Mindestmaße 40 x 20 x 20 cm, ringsum einsehbar
– weiße Plakafarbe oder Tipp-ex flüssig.

■ *Versuchsdurchführung:*
In diesem Versuch soll die wechselseitige Verstärkung zweier Reize, der Gefiederzeichnung und der Schnabelfärbung von Zebrafinken-Weibchen, auf die Balzaktivität von Zebrafinken-Männchen untersucht werden. Dies geschieht durch Versuche, in denen die Männchen zwischen zwei unterschiedlich gezeichneten Weibchen wählen können.

Zwei Käfige mit Zebrafinken-Weibchen werden einander gegenübergestellt. Der Versuch beginnt, indem der Käfig eines Zebrafinken-Männchens im gleichen, möglichst geringen Abstand zwischen den beiden Weibchen-Käfigen aufgestellt wird. Erfassen Sie nun, wie oft (Anzahl der Motive) oder wie lange (Dauer des Gesangs) ein Männchen jedes der beiden Weibchen anbalzt. Falls möglich (z. B. bei Beobachtungen in Dreiergruppen) können noch die Aufenthaltshäufigkeiten vor jedem Weibchen notiert und das Verhalten der Weibchen grob beschrieben werden. Beispiel: Weibchen ist lokomotorisch aktiv / inaktiv, sitzt vorne beim Männchen / hinten im Käfig, reagiert auf das Männchen etc.

Der Wahlversuch dauert zehn Minuten. Danach entfernen Sie das Männchen sofort aus der Sicht der Weibchen und anderer Männchen und tauschen die Weibchen-Käfige aus. Nach einer Pause von mindestens zehn Minuten wird der Versuch mit dem gleichen Männchen wiederholt. Die Pause kann ggf. überbrückt werden, indem ein anderes Zebrafinken-Männchen in der gleichen Weise getestet wird.

Jedes Männchen sollte an einem Tag nur diese beiden Male Gelegenheit zur Balz haben und – falls weitere Versuche anstehen – wieder optisch isoliert werden. Auf diese Weise wird die sexuelle Bevorzugung jedes Männchens in drei verschiedenen Weibchen-Kombinationen erfaßt:
a) wildfarbenes Weibchen vs wildfarbenes Weibchen mit weißem Schnabel,
b) wildfarbenes Weibchen vs leuzistisches Weibchen,
c) leuzistisches Weibchen vs wildfarbenes Weibchen mit weißem Schnabel.
Den weißen Schnabel können Sie einige Minuten vor Versuchsbeginn durch Färbung z. B. mit Plakafarbe schaffen. Für jede Weibchen-Kombination sollten die Werte von mindestens fünf verschiedenen Männchen zur Auswertung vorliegen.

■ *Ergebnisse:*
Wildfarbene Zebrafinken mit dem natürlichen roten Schnabel werden eindeutig gegenüber leuzistischen Zebrafinken-Weibchen (ebenfalls roter Schnabel) bevorzugt. Daraus ist zu schließen, daß die Gefiederfärbung eine wichtige Rolle beim Erkennen der arteigenen Weibchen spielt.

Wildfarbene Weibchen mit weißem Schnabel werden bevorzugt vor leuzistischen Weibchen mit rotem Schnabel, d. h. die Gefiederfärbung ist wichtiger als die Schnabelfärbung.

Wildfarbene Weibchen mit rotem Schnabel werden deutlich vor wildfarbenen Weibchen mit weißem Schnabel bevorzugt. Bei gleicher Gefiederzeichnung kann demnach allein die Schnabelfarbe ausreichen, um ein Weibchen zu präferieren (Abb. 3.11.4).

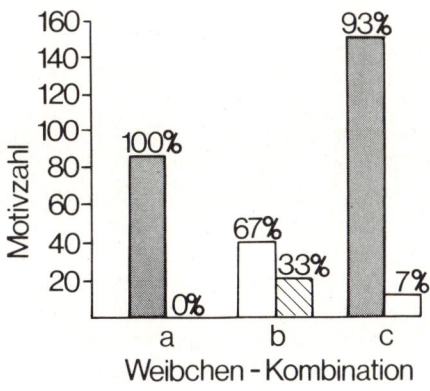

Abb. 3.11.4: Durchschnittliche Balzaktivität von Zebrafinken-Männchen gegenüber unterschiedlich gefärbten Weibchen in drei verschiedenen Zweifachwahlversuchen. Grau: Gefieder der Weibchen wildfarben, Schnabel rot. Weiß: Gefieder der Weibchen wildfarben, Schnabel weiß. Schraffiert: Gefieder der Weibchen weiß, Schnabel rot. Mittelwerte von acht Zebrafinken-Männchen; gemessen wurde die Anzahl gesungener Motive an das jeweilige Weibchen

Die Ergebnisse zeigen, daß sowohl die Gefiederzeichnung als auch die Schnabelfarbe Auslöser für die Balz des Zebrafinken-Männchens sind (vgl. IMMELMANN 1959). Beide Merkmale verstärken sich in ihrer Wirkung: Bei den Versuchen, in denen die beiden arttypischen Merkmale (wildfarben, roter Schnabel) in einem Weibchen vereint sind, wird dieses besonders deutlich bevorzugt. Waren die Merkmale auf zwei Weibchen verteilt (eines leuzistisch mit rotem Schnabel, das andere wildfarben mit weißem Schnabel), so war die prozentuale Bevorzugung schwächer. Wechselseitige Reizverstärkung im *Funktionskreis Sexualverhalten* tritt auch bei anderen Tierarten auf, z. B. bei Buntbarschen (SEITZ 1940, 1941) und beim Samtfalter (TINBERGEN et al. 1943).

3.11.5 Weiterführende Arbeiten

3.11.5.1 Sexuelle Prägung bei Zebrafinken

Die Kenntnis der meisten balzauslösenden Merkmale ist nicht – wie im Regelfall für Auslöser typisch – angeboren, sondern wird in einem begrenzten Zeitraum während der Jugend, in einer sog. *sensiblen Phase*, erlernt *(»sexuelle Prägung«)*. Dies läßt sich experimentell überprüfen, indem man zwischen einem Paar weißer und grauer Zebrafinken die Jungen kurz nach dem Schlupf austauscht, von den Stiefeltern aufziehen läßt und sie nach der Geschlechtsreife (Alter mindestens zweieinhalb Monate) im Zweifachwahlversuch zwischen elterlich und stiefelterlich gefärbten, nicht individuell bekannten Weibchen wählen läßt (IMMELMANN 1969, 1972, 1983; IMMELMANN & SUOMI 1982).

3.11.5.2 Geschlechtspartner-Wahl beim Zebrafinken-Weibchen

Während Zebrafinken-Männchen in der Regel fast alle genügend Weibchen-ähnlichen Objekte anbalzen, sind die Weibchen sehr viel wählerischer; bei ihnen spielen auch akustische Auslöser eine wichtige Rolle.

Eine gewisse Garantie, daß ein Männchen in der Lage ist, erfolgreich Junge aufzuziehen – und das ist für die Weitergabe der Gene eine wichtige Eigenschaft – hat das Weibchen dann, wenn der zu Wählende dem Vater möglichst ähnlich ist. Denn der Vater hat erfolgreich Junge aufgezogen, sonst würde das Weibchen nicht existieren. Da Zebrafinken als nomadisierende Vogelart mit ständiger Durchmischung der Schwärme kaum Probleme bezüglich Inzucht haben werden, sollte ein Weibchen das Männchen wählen, das dem Vater möglichst ähnlich ist (BATESON 1978; IMMELMANN & SUOMI 1982).

Experimentell läßt sich das in Zweifachwahlversuchen überprüfen: In einem möglichst langen Käfig (über 1,2 m) sind rechts und links außen Attrappen von Zebrafinken-Männchen und Lautsprecher montiert. Die Gesänge des einen Männchens werden von rechts eingespielt, die des anderen Männchens von links (nicht gleichzeitig, sondern in zufälliger Weise abwechselnd). Später wird mit Seitenwechsel wiederholt.

Definieren Sie, ab wann eine Reaktion des Weibchens als Wahl gewertet wird. Welche Seite bevorzugt das Weibchen, wenn folgende Kombinationen zur Wahl gestellt werden: Gesang des Vaters vs fremden Gesang; Gesang des Bruders (sehr vaterähnlich, vgl. BÖHNER 1983) vs fremden Gesang; Gesang des Vaters vs Gesang des Bruders. Wiederholen Sie die Versuche mit mehreren Weibchen. Im Idealfall sollten Sie unverpaarte Weibchen zweier Familien verwenden; fremd ist jeweils der Vater der anderen Familie (MILLER 1978, 1979).

Literatur

Bateson, P. P. G., 1978: Sexual imprinting and optimal outbreeding. Nature **273**, 659–660.

Böhner, J., 1983: Song learning in the Zebra Finch: selectivity in the choice of a tutor and accuracy of song copies. Anim. Behav. **31**, 231–237.

Curio, E., 1967: Die Adaption einer Handlung ohne den zugehörigen Bewegungsablauf. Verh. Dtsch. Zool. Ges. **60**, 153–163.

Davies, N. B. & Krebs, J. R., 1981: Ökologie, natürliche Auslese und Sozialverhalten. In: Öko-Ethologie. Krebs, J. R. & Davies, N. B. (Hrsg.), S. 15–27. Berlin/Hamburg, Paul Parey.

Franzisket, L., 1953: Untersuchungen zur Spezifität und Kumulierung der Erregungsfähigkeit und zur Wirkung einer Ermüdung in der Afferenz bei Wischbewegungen des Rückenmarksfrosches. Z. Tierpsychol. **34**, 525–538.

Hinde, R. A., 1973: Das Verhalten der Tiere. Frankfurt, Suhrkamp.

Immelmann, K., 1959: Experimentelle Untersuchungen über die biologische Bedeutung artspezifischer Merkmale beim Zebrafink. Zool. Jb. Syst. **86**, 437–592.

Immelmann, K., 1962: Beiträge zu einer vergleichenden Biologie australischer Prachtfinken. Zool. Jb. Syst. **90**, 1–196.

Immelmann, K., 1968: Der Zebrafink. Neue Brehm Bücherei. Wittenberg, Ziemsen-Verlag.

Immelmann, K., 1969: Über den Einfluß frühkindlicher Erfahrungen auf die geschlechtliche Objektfixierung bei Estrildiden. Z. Tierpsychol. **26**, 677–691.

Immelmann, K., 1972: Sexual and other long-term aspects of imprinting in birds and other species. Adv. Study Behav. **4**, 147–174.

Immelmann, K., 1982: Wörterbuch der Verhaltensforschung. Berlin/Hamburg, Paul Parey.

Immelmann, K., 1983: Einführung in die Verhaltensforschung. 3. Auflage. Berlin/Hamburg, Paul Parey.

Immelmann, K. & Suomi, S. J., 1982: Sensible Phasen der Verhaltensentwicklung. In: Verhaltensentwicklung bei Mensch und Tier. Immelmann, K., Barlow, G. W., Petrinovich, L. & Main, M. (Hrsg.), S. 508–543. Berlin/Hamburg, Paul Parey.

Jödicke, R., 1978: Prachtfinken-Züchtung. Stuttgart, E. Ulmer.

Miller, D., 1978: The acoustic basis of male recognition by female Zebra Finches. Anim. Behav. **27**, 376–380.

Miller, D., 1979: Long term recognition of father's song by female Zebra Finches. Nature **280**, 389–391.

Morris, D., 1954: The reproductive behaviour of the Zebra Finch. Behaviour **6**, 271–322.

Prechtl, H. F. R., 1953: Zur Physiologie des angeborenen Auslösemechanismus. Behaviour **5**, 32–50.

Schleidt, W. M., 1954: Untersuchungen über die Auslösung des Kollerns beim Truthahn. Z. Tierpsychol. **11**, 417–435.

Seitz, A., 1940 und 1941: Die Paarbildung bei einigen Cichliden. (I) Z. Tierpsychol. **4**, 40–84. (II) Z. Tierpsychol. **5**, 74–100.

Sossinka, R., 1970: Domestikationserscheinungen beim Zebrafinken. Zool. Jb. Syst. **97**, 455–521.

Sossinka, R., 1982: Domestication in birds. In: Avian Biology, Vol. 6. Farner, D. S., King, J.R. & Parkes, K. C. (Hrsg.), S. 373–397. New York/London, Academic Press.

Sossinka, R. & Böhner, J., 1980: Song types in the Zebra Finch. Z. Tierpsychol. **53**, 123–132.

Tinbergen, N., 1940: Die Übersprungbewegung. Z. Tierpsychol. **4**, 1–40.

Tinbergen, N., Meeuse, B. J. D., Boerma, L. K. & Varossieau, W. W., 1943: Die Balz des Samtfalters *(Eumenis semele)*. Z. Tierpsychol. **5**, 182–226.

Wickler, W. & Seibt, U., 1977: Das Prinzip Eigennutz. Hamburg, Hoffmann und Campe.

Unterrichtsmaterial:

Immelmann, K., 1973: Sexuelle Prägung bei Prachtfinken. F, T (Komm. dt. oder engl.), 76 m, 7 min. C 1085. IWF, Göttingen.

3.12 Das Verhalten der Mongolischen Rennmaus
Rüdiger Schröpfer

3.12.1 Einleitung

Rennmäuse (Gerbillidae) sind Nagetiere (Ordnung Rodentia) steppen- und wüstenartiger Lebensräume. Die Mongolische Rennmaus *(Meriones unguiculatus)* lebt in den sandigen Steppen der mittleren, südlichen und nordöstlichen Mongolei sowie in den Sandwüsten des nördlichen China (NAUMOV & LOBACHEV 1975).

Gern sucht sie dort die Felder und Weiden auf und besiedelt dann die Kulturen (Hafer, Weizen, Buchweizen, Hirse) in größerer Dichte als die natürlichen Lebensräume. Dämme an Straßen, Bahnen und Bewässerungsanlagen sind bevorzugte Plätze. Auch in die in der Steppe liegenden menschlichen Erdsteinbauten dringt sie ein. Diese Tendenz zur synanthropen Lebensweise zeigt, daß die Mongolische Rennmaus trotz ihrer Anpassung an trockene Lebensräume ein recht plastisches Verhalten besitzt.

Im Verbreitungsgebiet sind die Sommer heiß (bis 35 °C) und die Winter lang und kalt (bis −40 °C). Regen fällt vorwiegend im Sommer, aber in sehr geringer Menge (um 200 mm). In dünenartigen Sandflächen, die spärlich mit Sträuchern und kniehohem Gebüsch *(Salsola, Caragana, Nitraria)* bewachsen sind, legen sie mit ausdauernder Scharraktivität weiträumige Gangsysteme an.

Die Kammern, in denen die Tiere sowohl die heißen Tagesstunden als auch die wochenlang anhaltende Kälte gut geschützt überstehen, liegen in einer Tiefe von über einem halben Meter. Einige Kammern dienen als Nahrungsspeicher.

Der *Sammeltrieb* ist ausgeprägt, und so werden im Herbst Sämereien und Früchte sowie Blätter und Zweige, besonders des Wermuts und anderer Kräuter (Chenopodiaceae, Compositae, Leguminosae) angehäuft. Bereits im August beginnen alle Mitglieder der *Familiengruppe* einzutragen. Sie alle stammen von einem Paar ab und erkennen sich am Geruch.

Fremde werden im *Territorium* nicht geduldet und im *Beschädigungskampf* (»Rattenkampf«) vertrieben. Mit Urindrops und Kotpellets sowie mit dem Talgsekret der Bauchdrüse wird besonders von den Männchen das Wohngebiet an zahlreichen Plätzen markiert; auch die Sandbadeplätze weisen auf Anwesenheit hin.

Freilebende Mongolische Rennmäuse erleben nur einen Winter; viele haben im Durchschnitt eine Lebenserwartung von gerade einem halben Jahr. Dementsprechend intensiv ist die Fortpflanzung, die trotz noch niedriger Temperaturen bereits im Februar oder März beginnen kann.

Stets bestimmt die Temperatur die oberirdische Aktivitätsbereitschaft: Die heißen Mittagsstunden und die kalten Nächte verbringen die Tiere im Bau; sonst sind sie vormittags, spätnachmittags und in den frühen Nachtstunden aktiv.

Oberirdisch suchen die Tiere nach Nahrung, aus der sie auch das nötige Wasser gewinnen. Der äußerst geringe Wassergehalt der Exkremente und die hohe Luftfeuchtigkeit im Bau sorgen für einen niedrigen Wasserverlust durch Exkretion und Ventilation. Darin werden sie noch durch die Fähigkeit begünstigt, ihre Körpertemperatur im Bereich von 36 bis 42 °C regulieren zu können (RANDALL & THIESSEN 1980).

Viele dieser ethologischen und physiologischen Eigenschaften (Tagaktivität, Bewegungsbereitschaft) sowie ihre geringen Pflegeansprüche, ihre große Widerstandsfähigkeit und die kaum auftretende Geruchsbelästigung ließen die Mongolischen Rennmäuse zu sehr geeigneten Versuchstieren werden, so daß sie seit rund fünfzig Jahren in vielen

Instituten gezüchtet und untersucht sowie als Unterrichts- und Heimtiere gehalten werden (EVERSMEIER & KOSCHNIK 1982; THIESSEN & YAHR 1977; SCHMIDT 1973; SCHMIDT 1978).

3.12.2 Seminarthemen

1. Das *Spielverhalten* ist bei Säugetieren weit verbreitet. Es ist die Struktur und die Bedeutung des Spiels zu diskutieren.
Literatur: MEYER-HOLZAPFEL (1956); BEKOFF & BYERS (1982).

2. Säugetiere sind in der Lage, ihre *Territorien* mit chemischen Marken zu versehen. Wägen Sie die Vor- und Nachteile derartiger Langzeitmarkierungen ab.
Literatur: HEDIGER (1967); EWER (1976); DAVIES (1981).

3. Viele Säugetierarten leben in Gemeinschaften. Für die Verständigung unter den Gruppenmitgliedern ist das *Ausdrucksverhalten* von großer Bedeutung. Vergleichen Sie Formen des Ausdrucks unter karnivoren und herbivoren Säugetierarten und diskutieren Sie den Grad der Komplexheit. Wie können die Ausdrucksformen des Menschen interpretiert werden?
Literatur: EIBL-EIBESFELDT (1957).

4. Die häufigste Familienform der Säugetiere ist die Mutter-Familie. Vergleichen Sie Stellung und Aufgaben der männlichen Tiere in Familien-Verbänden verschiedener Säugetierarten.
Literatur: EIBL-EIBESFELDT (1987); BARASH (1980).

3.12.3 Beschaffung, Pflege und Zucht der Versuchstiere

Die Mongolische Rennmaus (Körperlänge um 22 cm, Gewicht um 100 g) kann von Zoogeschäften oder Universitätsinstituten bezogen werden. Wenn man vorhat, sich längere Zeit mit den Tieren zu beschäftigen, tut man gut daran, sich eine Zucht anzulegen. Für einen ersten Zuchtansatz genügen ein Männchen und zwei Weibchen, die bei der Verpaarung ungefähr 2 bis 3 Monate alt sein sollten. Die Verpaarung älterer Tiere führt meistens zu blutigen Bißwunden, die allerdings späterhin in den meisten Fällen ausheilen. Geschwister können lange Zeit, nicht selten über Jahre hinweg, zusammen gehalten werden. Überhaupt vertragen sich alle Tiere einer Familie auch im Erwachsenenalter gut, sofern sie immer zusammen wohnen können. Einzeln gekäfigte Tiere verfetten leicht und sind gegenüber jedem anderen Tier intolerant. Im übrigen müssen die Tiere entsprechend den geplanten Beobachtungsaufgaben früh genug in Käfigen kombiniert werden.

Die Haltung ist überraschend einfach. Da Rennmäuse sehr lauffreudig sind, sollte ihnen eine möglichst große Lauffläche zur Verfügung stehen. Eine durchsichtige Kunststoffwanne oder ein ausgedientes Aquarium mit einer Bodenfläche von ca. 300 cm^2 (möglichst langrandig) und einer Höhe von 40 bis 50 cm kann eine Familiengruppe aufnehmen. Man sollte aber für die erwachsenen Würfe weitere Käfige bereithalten. Ist für Versuchszwecke eine größere Anzahl von Tieren notwendig, sollten pflegeleichte Makrolon-Käfige vom Größentyp III beschafft werden. Firmen: Altromin GmbH, Lange Straße 42, 4937 Lage; W. Ehret GmbH, Postfach 1230, 7830 Emmendingen 14.

Als Einstreu dienen möglichst staubfreie Hobelspäne (= Hamsterspäne). Wenn die Rennmäuse selten im Beobachtungsexperiment mit Sand in Berührung kommen, stellt man eine Schale mit staubfreiem Sand in den Käfig, damit die Tiere Sandbäder nehmen können. In Schauglasbehältern kann man sie ausschließlich im Sandboden halten, der beim Einfüllen verfestigt werden sollte, damit das Anlegen von Gängen und Höhlen möglich ist. Falls die Tiere in einem unruhigen Raum stehen, wird ein kleiner Holzkasten (Grundfläche ca. 200 cm^2) als Schlafkasten empfohlen.

Als Nestmaterial kann kurzfaserige Hamsterwolle oder Heu geboten werden. Hartes Stroh ist ungeeignet, da es von den Tieren zernagt wird und dabei sehr spitze Strohfasern entstehen, die zu Stichverletzungen führen können. Der Käfig ist einmal im Monat zu reinigen; zwar riechen die Rennmausexkremente kaum, jedoch oft die nicht verzehrten Pflanzenteile. Temperaturschwankungen werden gut ertragen. Für kühle Tage (<20 °C) sollte genügend Nestmaterial vorhanden sein. Hohe Raumtemperaturen (>30 °C) und hohe relative Feuchte (>70%) müssen vermieden werden, da die Tiere keinen isolierenden Erdbau zur Verfügung haben.

Den Rennmäusen wird ausschließlich Pflanzenkost geboten; als Grundnahrung Körnerfutter (z. B. Hühnerfutter der Bezugsgenossenschaften oder Hamsterfutter). Wird Preßlingsnahrung gereicht, muß Trinkwasser zur Verfügung stehen. Sonst genügt Grünfutter aller Art, Mohrrüben, Äpfel usw.

Beim Einsetzen bzw. Umsetzen werden die Tiere am körpernahen Drittel des Schwanzes, möglichst nahe der Schwanzwurzel gefaßt, auf den Unterarm gesetzt und so zum Zielort gebracht. Da Rennmäuse nicht gerne springen, krallt sich das Tier während des Transportes am Unterarm fest, wodurch es selbständig ein Hinunterfallen verhindert. Keinesfalls darf das Tier über längere Strecken kopfunterhängend getragen werden. Schnelle und schwenkende Bewegungen sind zu vermeiden. Es kann auch mit einem Becherglas (ca. 500 ml) »geschöpft« und transportiert werden. Soll die Unterseite des Tieres betrachtet werden, ist es mit Daumen und Zeigefinger im Nackenfell zu fassen und umzudrehen.

3.12.4 Beobachtungen und Versuche

3.12.4.1 Versuch 1: Das Ethogramm

■ *Versuchsmaterial:*
- Verpaarte, fortpflanzungsaktive Rennmäuse
- 1 Rundarena (Durchmesser 80 cm, Höhe 80 cm; Abb. 3.12.1)
- 2 Plexiglaswandhälften (Länge 118,5 cm, Höhe 80 cm)
- Sand
- Kieselsteine von der halben Größe einer Streichholzschachtel
- Zweige
- Rohr (Länge 20 cm, Durchmesser 5 cm)
- Sonnenblumenkerne.

■ *Versuchsdurchführung:*
In diesem ersten Versuch sollen zunächst einige Verhaltensweisen der Mongolischen Rennmaus funktionstypisch benannt und nach Verhaltenseinheiten katalogisiert werden *(Verhaltensinventar).*

Die runde Form der Arena soll verhindern, daß sich die Tiere frühzeitig in Ecken zurückziehen (Eckenschutzeffekt). Die Plexiglaswand erlaubt den Tieren eine weite Sicht

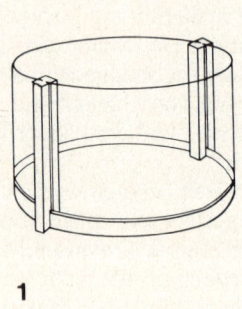
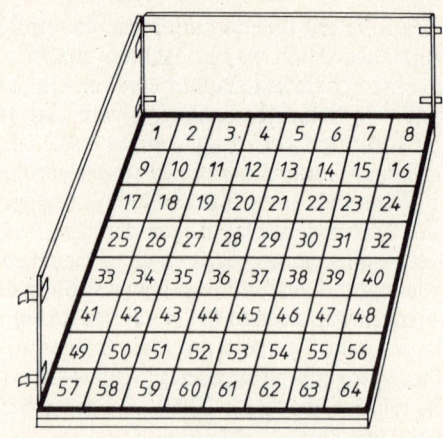
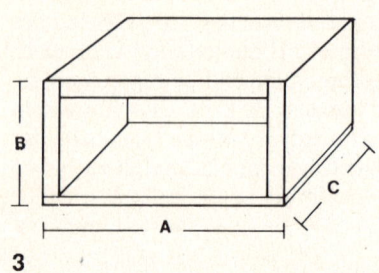
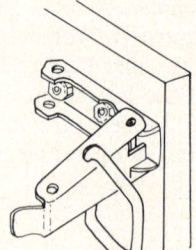
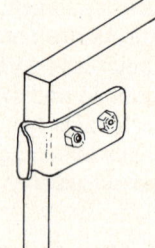

Abb. 3.12.1: Form und Aufbau der (1) Rundarena, der (2) Felderplatte und des (3) Nestkastens (A = 20 cm, B = 10 cm, C = 20 cm)

Abb. 3.12.2: Geruchliche Kommunikation zweier Rennmaus-Männchen durch naso-nasalen Kontakt

in den Raum (Horizontblick); undurchsichtige Arenawände würden sie während der gesamten Versuchsphase zu übersteigen versuchen. Die Versuchsrequisiten sollen die Rennmäuse zu den für sie typischen Handlungen motivieren: der Sand zum Scharren, die Kieselsteine zum Markieren, die Zweige zum Nagen, das Rohr zum Hindurchlaufen, die Sonnenblumenkerne zur Nahrungsaufnahme.

Setzen Sie die Tiere in die derart vorbereitete Rundarena und beobachten Sie etwa 30 Minuten ihr Verhalten (bei Tieren mit Streßsyndrom Eingewöhnungszeit abwarten!). Versuchen Sie, jede erstmalig auftretende Handlung zu benennen und zu notieren (vgl. Versuch 1, »Ergebnisse«). Achten Sie dabei sorgfältig auf einen Wechsel und auf Sequenzen im Verhalten (SCHRÖPFER 1978).

In einer Tabelle sind die beobachteten Verhaltensweisen nach *Funktionskreisen* zu ordnen. Bei der Deutung der einzelnen *Verhaltensmuster* müssen die Verhältnisse im artspezifischen Lebensraum berücksichtigt werden (vgl. »Einleitung«).

■ *Ergebnisse:*
Wenn die Rennmäuse noch nie oder seit langer Zeit nicht mehr in der Arena waren, zeigen sie ein ausgeprägtes *Erkundungsverhalten*, das selbst bei hungrigen Tieren noch vor der *Nahrungsaufnahme* liegt. Sie belaufen die gesamte Arena (Raumerkundung), prüfen olfaktorisch und taktil alle Materialien (Objekterkundung) und ebenso jeden Partner (soziale Erkundung). Je nach Substrathärte wird mit den Vorderpfoten alternierend oder synchron *gescharrt*. Besonders die Männchen *markieren* Bodenerhebungen mit der *Bauchdrüse*, einem holokrinen, auf der Bauchmitte liegenden, bis 1 cm langen elliptischen Talgdrüsenfeld, das ein schwach orangefarbiges, öliges Sekret absondert. Häufig markierte Stellen tragen eine Sekretkruste und sind wichtige olfaktorische Orientierungspunkte. Treffen sich die Tiere, nehmen sie kurz naso-nasalen Kontakt (*olfaktorische Kommunikation*; Abb. 3.12.2) auf. Erschreckte Tiere können mit den Hinterpfoten *trommeln*. Immer häufiger legen die Tiere Pausen ein, um sich zu putzen (*Komfortverhalten*): Gesicht und Ohren oder der ganze Kopf werden mit den Vorderpfoten intensiv gerieben; dabei werden immer wieder die Pfoten und die Arme mit der Zunge gesäubert. Schließlich wird das Fell der Flanken und des Bauches geleckt und mit den Händen getrimmt. Mit den Hinterpfoten wird an der Schulter und auf dem Rücken gekratzt. Eine besondere Form der Fellpflege bei Rennmäusen ist das *Sandbaden*: mit einer schnellen Schlängelbewegung werfen sich die Tiere in den Sand und pudern sich dabei ein.

Hungrige Tiere beginnen die Sonnenblumenkerne aufzunagen, von denen einige verzehrt, einige wenige in den »Backentaschen« behalten werden. Nach einiger Zeit setzen sich die Tiere im Körperkontakt in die Habacht-Stellung und verweilen, oder das eine Tier putzt dem anderen die Nackenregion (*soziale Fellpflege*).

Ist ein Männchen mit einem Weibchen eingesetzt worden, das sich im Östrus befindet, kann *Sexualverhalten* beobachtet werden (Naso-genital-Kontakt, Treiben, Kopulation).

3.12.4.2 Versuch 2: Das agonistische Verhalten

■ *Versuchsmaterial:*
– fortpflanzungsaktive, im Körpergewicht ähnliche, sich fremde Rennmaus-Männchen (pro Versuch 2 Tiere)
– 1 Rundarena (Abb. 3.12.1)
– 2 Plexiglaswandhälften (vgl. Versuch 1)
– Sand
– größere Steine (zur Raumaufteilung)

Tab. 3.12.1: Zeitleistentabelle. no = Naso-oral-Kontakt; dr = Drängeln; hs = Heranschieben; b = Boxen; kk = Kampfknäuel

Minuten 1	2	3	4	5	6	7	8	9	10
Sekunden									
A (Versuchsanfang)									
2	2	2	2	2	2	2	2	2	2
4	4	4	4	4	4	4	4	4	4
6	6	6	6	6	6	6	6	6	6
8	8	8	8	8	8	8	8	8	8
10	10 hs	10	10	10	10	10	10	10	10
12	12	12	12	12	12	12	12	12	12
14	14	14	14	14	14	14	14	14	14
16	16	16 hs	16	16	16	16	16	16	16
18	18	18	18	18	18	18	18	18	18
20	20	20	20	20	20	20	20	20	20
22	22	22	22	22	22	22	22	22	22
24	24	24	24	24	24	24	24	24	24
26	26	26	26	26	26	26	26	26	26
28	28	28	28	28	28	28	28	28	28
30	30	30	30	30	30	30	30	30	30
32	32	32	32	32	32	32	32	32	32
34	34	34	34	34	34	34	34	34	34
36	36 b	36 hs	36	36	36	36	36	36	36
38	38	38	38	38	38	38	38	38	38
40	40	40	40	40	40	40	40	40	40
42	42	42 kk	42	42	42	42	42	42	42
44 no	44	44	44	44	44	44	44	44	44
46	46	46	46	46	46	46	46	46	46
48	48	48	48	48	48	48	48	48	48
50	50 hs	50	50	50	50	50	50	50	50
52	52	52	52	52	52	52	52	52	52
54	54 dr	54	54	54	54	54	54	54	54
56	56	56	56	56	56	56	56	56	56
58	58	58	58	58	58	58	58	58	58
60	60	60	60	60	60	60	60	60	60 F. (Versuchsende)

- Sonnenblumenkerne
- Stoppuhren
- Zeitleistentabelle.

■ *Versuchsdurchführung:*
Der Versuch soll das *agonistische Verhalten* mit den Teilsystemen Angriff, Abwehr und Flucht zeigen. Er soll Hinweise auf die Reizmodalitäten liefern, die bei Rennmäusen für das *Kampfverhalten* verantwortlich sein können. Zwei Rennmaus-Männchen, die sich noch nie oder seit längerer Zeit nicht mehr begegnet sind, werden zur selben Zeit in die Arena gesetzt *(Neutralarena)*. Beobachten Sie ihr Verhalten vom Augenblick des Einsetzens an. (Tiere mit Streßsyndrom können für diesen Versuch nicht verwendet werden.) Für jedes Tier sollte ein Beobachter und ein Protokollant zuständig sein. Achten Sie auf die Abfolge und die Dauer der zu beobachtenden Verhaltensweisen und notieren Sie alle 15 Sekunden das Verhalten der Tiere. Dafür ist vor dem Versuch eine Zeitleistentabelle zu entwerfen (Tab. 3.12.1), in die die beobachteten Verhaltensweisen mit den Symbolen ihrer Abkürzungen einzutragen sind. Stellen Sie die Liste der Abkürzungen nach den in Versuch 2, »Ergebnisse«, beschriebenen Verhaltensweisen zusammen. Der Beobachter hat dann telegrammstilartig, möglichst prägnant die Verhaltensweise zu diktieren. So erhalten Sie Material für eine vergleichende Diskussion über das agonistische Verhalten der beiden agierenden Tiere. Der Versuch sollte nach 15 Minuten abgebrochen werden; er ist sofort zu beenden, wenn sich die beiden Kontrahenten blutige Bisse beizubringen versuchen *(Beschädigungskampf)*.

■ *Ergebnisse:*
Beide Männchen erkunden zunächst die Arena; ist die Arenafläche durch Materialien aufgeteilt, dauert die Erkundungszeit im allgemeinen länger. Schließlich werden die Tiere bei einer Begegnung *Geruchskontakt* (naso-nasal, naso-genital) aufnehmen. Gleichstarke Tiere gehen schnell in die Aufrechtstellung und schlagen mit den Pfoten (»Boxen«). Das kann sich häufiger wiederholen. Ist die Kampfbereitschaft der Tiere unterschiedlich, kann man beim dominanten Tier das Anspringen, das aggressive Seitwärtsschieben, das Beißen im Kampfknäuel und das Verfolgen beobachten. Der subdominante Partner reagiert mit der Kauerstellung, der hohen Habacht-Abwehrstellung (mit gefalteten Ohren, fast geschlossenen Augen, gesenkten Vibrissen), oft auch mit Kopfeinziehen, dem Sich-Entziehen im Kampfknäuel, der Flucht (Abb. 3.12.3) (SCHRÖPFER 1979). Nach den ersten Kampfaktionen verfolgt das überlegene Tier oft den flüchtenden Partner. Auf einer gegliederten Arenafläche treten eher Kampfpausen ein als in einer materialfreien Arena. Nach dem Kampf putzt sich jedes Tier intensiv. Erst danach wird, wenn überhaupt, Nahrung verzehrt. Schließlich nehmen die Tiere hohe Habacht-Stellung ein, verharren in entfernten Winkeln der Arena, wenn möglich, ohne miteinander Sichtkontakt zu haben. In den Kampfpausen lassen die dominanten Tiere oft das »Zähnewetzen« hören.

3.12.4.3 Versuch 3: Die Ortspräferenz

■ *Versuchsmaterial:*
- markieraktive, männliche Rennmäuse
- 1 Drehhocker
- 1 Felderplatte (80 x 80 cm) (Abb. 3.12.1). Die Ränder sind mit einer 2 cm breiten und 1 cm hohen schwarzen Leiste zu versehen, damit besonders Jungtiere den Rand der Platte besser erkennen können. Teilen Sie die Platte mit einem schwarzen 0,5 cm breiten Klebeband in Felder (10 x 10 cm = 64 Felder), die mit Klebeziffern fortlaufend

Abb. 3.12.3: Agonistisches Verhalten der Mongolischen Rennmaus.
(1) Der naso-nasale Kontakt in der Nähe der Harderschen Drüse. (2) Das Drängeln. (3) Das Heranschieben. (4) Das Unterschieben; das unterlegene Tier hat die Augen fast ganz geschlossen

numeriert werden. Außerdem müssen Sie zwei Holzplatten (80 x 20 cm) zu einem Wandwinkel auf zwei Rändern zusammenstellen.
– Stoppuhr
– Protokollblätter.

■ *Versuchsdurchführung:*
In diesem Versuch soll überprüft werden, ob die Mongolische Rennmaus einen bevorzugten Aufenthaltsort auf einer Felderplatte einnimmt. Die Platte wird mindestens 30 cm über der Tischfläche bzw. dem Erdboden aufgebaut, z. B. auf einem Drehhocker. Eine Arbeitsgruppe besteht aus jeweils drei Teilnehmern: Dem Beobachter, dem Protokollanten und dem Zeitnehmer. Der Protokollant notiert nach Zuruf des Beobachters und des Zeitnehmers schnell und zeitlich genau die anfallenden Daten. Für jeden Versuchsdurchgang wird eine Rennmaus gebraucht.

Alle 3 s registriert die Gruppe über 5 min hinweg den Aufenthaltsort des Tieres. Dabei gilt als Aufenthaltsort das Feld, in dem sich das Tier mit dem größten Teil des Körpers befindet. Bewährt hat sich die Protokollführung auf einem Felderprotokollblatt, auf dem der jeweilige Aufenthaltsort mit einem Strich im entsprechenden Quadrat notiert wird. Das ergibt während der angegebenen Zeit 100 Striche.

Für die Auswertung teilt man die Felderfläche in einen Rand- und Wandbereich sowie in eine Mitte ein. Außerdem entstehen zwei Eckfelder mit Rand und Wand, die für die Tiere eine besondere Bedeutung erhalten können (*Überblick* und *Wandkontakt*). Beachten Sie, daß die drei Flächen unterschiedlich groß sind und somit nicht einfach die Zählhäufigkeiten als Endresultat hingenommen werden dürfen. Es gibt mehrere Möglichkeiten, die Häufigkeiten zu vergleichen:
1. Die prozentualen Anteile von Flächen und die Aufenthaltszählung gegenüberzustellen.
2. Die Zufallsverteilung für die drei Teilflächen zu berechnen (100/64, das Ergebnis multipliziert mit der Anzahl der Quadrate in den Teilflächen) und sie mit der beobachteten Verteilung zu vergleichen. Damit können Sie die Frage beantworten, ob der Aufenthalt des Tieres zufällig verteilt war oder ob sich statistisch gesicherte Präferenzen zeigen.

Der Unterschied kann mit dem t-Test überprüft werden (s. Lehrbücher der Statistik). Obgleich einige Voraussetzungen für die Benutzung des t-Tests erfüllt sein sollten (z. B. Normalverteilung der Daten), ist dieser Test so robust, daß diese Voraussetzungen bis zu einem gewissen Grad unbeachtet bleiben dürfen. Allerdings sollten möglichst umfangreiche Stichproben angestrebt werden (vgl. WEBER 1986; SACHS 1984).

3. Die Aufenthaltshäufigkeiten auf den drei Teilflächen auf Gleichverteilung mit dem χ^2-Test zu prüfen (s. Kapitel »4.1 Das Planen und Auswerten von Versuchen«, S. 246). Gibt es einen gesicherten Unterschied (Irrtumswahrscheinlichkeit p angeben!), dann zeigen die registrierten Werte in der Reihenfolge die Bevorzugung der drei Teilflächen an.

Es ist sehr zu empfehlen, diesen Versuch mit einer größeren Anzahl von Tieren durchzuführen. Sie können dann die Tiere als ein Versuchskollektiv betrachten und für dieses den Mittelwert m mit dem *Standardfehler des Mittelwerts* s_m berechnen.

Der Standardfehler errechnet sich nach der Formel

(11) $\quad s_m = \dfrac{s}{\sqrt{n}}$

Dabei ist s = Standardabweichung der Einzelwerte in der Grundgesamtheit (zur Berechnung der Standardabweichung s. Kapitel »3.10 Eine Analyse einiger Verhaltensweisen und sozialer Strukturen beim Grünflossen-Buntbarsch«, S. 201 f.), n = Stichprobenumfang.

■ *Ergebnisse:*
Rennmäuse sind Tiere offener Landschaften. Daher versuchen sie, sich in der Umgebung einen weiträumigen Überblick zu verschaffen *(Raumorientierung),* was deutlich zur Bevorzugung bestimmter Plätze auf der Platte führt. Außerdem benötigen sie aber immer wieder Deckung (z. B. für die Fellpflege), die ihnen am ehesten der Wandwinkel bietet.

3.12.4.4 Versuch 4: Das Markierverhalten

■*Versuchsmaterial:*
– verpaarte, fortpflanzungsaktive Männchen mit gut entwickelter Bauchdrüse
– junge, subadulte, noch in der Familiengruppe lebende Männchen (geeignet sind auch fortpflanzungsfähige Brüder aus einer Brudergruppe)
– Drehhocker
– Felderplatte (s. Versuch 3) mit 4 Plexiglaswänden (80 x 20 cm)
– 6–8 Plastikklötze (0,5 x 1 x 3 cm) oder ähnlich große Kieselsteine
– doppelseitiges Klebeband
– Stoppuhr
– Protokollblätter
– 70%iger Äthylalkohol.

■ *Versuchsdurchführung:*
In diesem Versuch soll deutlich werden, daß das Markierverhalten altersabhängig ist und sozialen Einflüssen unterliegt.
Vor Versuchsbeginn verteilen wir die Klötze oder Kieselsteine gleichmäßig auf der Felderplatte und befestigen sie mit dem doppelseitigen Klebeband. Pro Versuch wird eine Rennmaus eingesetzt; bevor ein neues Tier auf die Felderplatte kommt, werden die Arena und die Klötze sorgfältig mit 70%igem Äthylalkohol gereinigt. Alle Versuchstiere sollten gut erkennbare, d. h. möglichst große, haarfreie Drüsenfelder besitzen.
Je Gruppe sind wenigstens ein Beobachter, ein Protokollant und ein Zeitnehmer nötig. Während des Versuchs (15 min) notieren Sie jeweils das Feld, auf dem markiert wird: Der Plastikklotz mit der *Bauchdrüse,* das Feld mit Urindrops und/oder Kotpellets (Exkrementablage gilt nur als Markieren, wenn dabei Markierscharren zu beobachten ist!).
Es sind möglichst mehrere Versuche mit einem oder (besser) mit mehreren adulten und subadulten Tieren durchzuführen. In einem Zeitdiagramm tragen Sie die Häufigkeit des Markierens (2minütige Intervalle) auf. Vergleichen Sie die Markierhäufigkeit der adulten und subadulten Tiere (Unterschied statistisch absichern).
In einer anschließenden zweiten Versuchsreihe werden zwei gut markierende Männchen nacheinander in die Arena gesetzt, dieses Mal allerdings *ohne* daß die Arena zwischendurch gereinigt wird. Wie reagiert das zweite Männchen auf die Geruchsmarken des Vorgängers?

■ *Ergebnisse:*
Markieraktive Rennmäuse zeigen großes Interesse für die Plastikklötze (bzw. Kiesel). Sie prüfen diese geruchlich (»Nasetupfen«), überschreiten sie, drücken die Bauchdrüse an und ziehen darüber hinweg (Abb. 3.12.4). Diese Markierhandlung wird pro Klotz öfters wiederholt. Geringste Erhöhungen, aber auch die Stellen der Urindrops bzw. die abge-

Abb. 3.12.4: Eine Rennmaus markiert einen Kieselstein mit ihrer Bauchdrüse

legten Kotpellets werden mit Bauchdrüsensekret markiert. Fremdmarkierungen werden besonders intensiv überprüft und gründlich »übermarkiert«. Auf diese Weise nimmt jedes Tier die Arena neu in Besitz (Territorium). Das Versuchsende kündigt sich an, wenn die Markieraktionen seltener werden.

Ein Zusammenhang besteht zwischen Bauchdrüsengröße und Markierintensität. Daher markieren die subadulten Männchen mit einer kleinen Bauchdrüse weniger häufig. Erst beim fortpflanzungsaktiven Männchen liegt der *Testosteronspiegel* hinreichend hoch, so daß Drüsenfeld und Markierverhalten maximiert sind (THIESSEN et al. 1968, 1969).

3.12.4.5 Versuch 5: Der Höhlen-Effekt

■ *Versuchsmaterial:*
- verpaarte, gut markierende Männchen
- Drehhocker
- Felderplatte mit 4 Plexiglaswänden (s. Versuch 4)
- 1 einseitig offener Holzkasten (Abb. 3.12.1) (20 x 20 x 10 cm) mit niedrigem Grundbrett (Stärke 5 mm)
- Stoppuhr
- Protokollblätter.

■ *Versuchsdurchführung:*
Rennmäuse sind die Beutetiere zahlreicher Feinde. Daher besitzt die Bauanlage mit den zahlreichen Eingängen (die »Höhle«) für sie eine überragende Schutzfunktion. Der Versuch soll zeigen, daß nach dem Entdecken des Eingangs ein aufgestellter Holzkasten Baufunktion übernimmt.

Stellen Sie die Felderplatte wieder auf den Drehhocker. In ihre Mitte kommt der Holzkasten, so daß er vier Felder genau überdeckt. Die Kastenöffnung ist zum Beobachter gerichtet. Auf der dem Eingang abgewandten Seite setzen Sie das Versuchstier auf die Felderplatte. Der Versuch ist zu beenden, wenn sich das Tier in dem Kasten länger als 2 min ununterbrochen aufhält. Notieren Sie alle 3 s das Feld, auf dem sich die Rennmaus gerade befindet. Halten Sie außerdem die Zeit fest, die das Tier vom Einsetzen bis zum ersten Betreten des Kastens braucht (als Vergleichsgröße für mögliche weitere Versuchstiere von Bedeutung). Veranschaulichen Sie die Strichlistennotierungen derart, daß Sie zwei Übersichten erhalten, die Ihnen die Aufenthaltsorte des Tieres während der Zeit vor bzw. nach der Entdeckung der Kastenöffnung wiedergeben. Diskutieren Sie schließlich, welche Möglichkeiten der Rennmaus zur Verfügung stehen, beim Lauf zur Kastenöffnung sich auf der Felderplatte zu orientieren.

■ *Ergebnisse:*
Die Rennmaus erkundet zunächst eine Zeitlang die Felderplatte. Dabei interessiert sie sich häufig für die Kästenwände (Wandkontakt). Zufällig stößt sie auf die Kastenöffnung. Von nun an ändert sie ihre »Wegführung«. Alle Aktionen nehmen jetzt von der Kastenöffnung her ihren Ausgang. Verhaltensweisen, während deren Ablauf das Tier besonders schutzbedürftig ist (Scharren, Putzen), finden im Kasten statt. Der Weg in den Kasten wird gelernt, so daß schließlich selbst von der Kastenrückseite zielstrebig und mit großer Laufgeschwindigkeit der Eingang erreicht wird.

3.12.5 Weiterführende Arbeiten

3.12.5.1 Beobachtung des Jungentransportes

Eine für Säugetiere typische Wurfpflegehandlung ist der *Jungentransport*. Er gilt als Beispiel für eine so gut wie niemals ermüdende Verhaltensweise. Das Weibchen trägt die Jungtiere seines Wurfes in das Nest zurück, was es auch dann noch tut, wenn ihm die Jungtiere mehrmals neu vorgelegt werden. Setzen Sie ein Weibchen in den Aufbau des Versuches 5 ein. Nachdem es den Kasten kennengelernt hat, legen Sie die Jungtiere auf die Felderplatte und bringen etwas Neststreu aus dem Haltungskäfig in den Kasten. Beobachten Sie die einzelnen Aktionen des Weibchens und jedes Jungtieres, wenn es in den Kasten gebracht wird. Stehen Ihnen unterschiedlich alte Würfe zur Verfügung, bringen Sie diese nacheinander in den Versuch und achten Sie auf das Verhalten des Weibchens, das auf das jeweilige dem Alter des Jungtieres entsprechende Verhalten reagiert. Literatur: EIBL-EIBESFELDT (1958); Film E 312 aus dem IWF in Göttingen.

3.12.5.2 Beobachtung der Ontogenese

Protokollieren Sie das Verhaltensinventar von Rennmäusen unterschiedlichen Alters und Geschlechts *(Verhaltensontogenese)*. Achten Sie dabei besonders auf die abnehmende Bindung an die Nestmulde, die Veränderung des Stimmfühlungslautes, das erste Auftreten von Putzbewegungen und deren erfolgreicher Einsatz, die olfaktorische Orientierung zum Nest (Streuaustausch) und die sich ändernde Nahrungsaufnahme. Beobachten Sie in der Arena jeweils einen gesamten Wurf mit den Elterntieren. Protokollieren Sie die körperliche Entwicklung der Tiere durch regelmäßiges Wiegen (EHRAT et al. 1974; ESSER & KOSCHNIK 1982).

3.12.5.3 Das agonistische Verhalten

Die Untersuchung des *agonistischen Verhaltens* ist der Inhalt zahlreicher nagetierethologischer Arbeiten, in denen entweder *innerartliche Vergleiche* gezogen oder *zwischenartliche Gegenüberstellungen* gewählt wurden: Rennmäuse *Meriones* (REYNIERSE 1971); Hausmaus *Mus* (BEILHARZ & BEILHARZ 1975; THUESEN 1977); Hausmaus *Mus* und Ratte *Rattus* (SCOTT 1966; EIBL-EIBESFELDT 1963). Beobachten Sie das agonistische Verhalten zweier Rennmaus-Männchen, von denen das erste eine Stunde vor Versuchsbeginn in die Arena gesetzt wurde (Revierarena). Dieser Versuch kann auch mit zwei Männchen beschickt werden, von denen das eine in einem früheren (Neutralarena-) Versuch unterlegene als erstes vorzeitig eingesetzt wird. – Die Labormaus *(Mus muscu-*

lus f. domestica) ist die domestifizierte Form der Hausmaus. Vergleichen Sie das agonistische Verhalten von Labormaus-Männchen mit dem von Rennmaus-Männchen. Diskutieren Sie anhand der Ergebnisse die Bedeutung artspezifischer und überartlicher Verhaltensmerkmale. Literatur: EIBL-EIBESFELDT (1950, 1958); Filme E 131 und E 132 aus dem IWF in Göttingen.

3.12.5.4 Untersuchungen zum olfaktorischen Verhalten

Säugetiere erkennen sich am *Geruch* (Individualgeruch, Nestgeruch, Sippengeruch). Käfigen Sie zwei erwachsene Rennmaus-Männchen, die demselben Wurf angehören und seit ihrer Geburt immer zusammen gehalten worden sind, 8 Tage lang getrennt. Überprüfen Sie nach dieser Zeit in einem Neutralarena-Versuch, ob sich die beiden Tiere noch kennen (STODDART 1976; EWER 1976; THIESSEN et al. 1970).

Literatur
Barash, D. P., 1980: Soziobiologie und Verhalten. Berlin/Hamburg, Paul Parey.
Beilharz, R. G. & Beilharz, V. C., 1975: Observations on fighting behaviour of male mice (*Mus musculus* L.). Z. Tierpsychol. **39**, 126–140.
Bekoff, M. & Byers, J. A., 1982: Kritische Neuanalysen der Ontogenese und Phylogenese des Spielverhaltens bei Säugern: ein ethologisches Wespennest. In: Verhaltensentwicklung bei Mensch und Tier. Immelmann, K., Barlow, G. W., Petrinovich, L. & Main, M. (Hrsg.), S. 415–453. Berlin/Hamburg, Paul Parey.
Davies, N. B., 1981: Ökologische Fragen zum Territorialverhalten. In: Öko-Ethologie. Krebs, J. R. & Davies, N. B. (Hrsg.), S. 246–272. Pareys Studientexte 28. Berlin/Hamburg, Paul Parey.
Ehrat, H., Wissdorf, H. & Isenbügel, E., 1974: Postnatale Entwicklung und Verhalten von *Meriones unguiculatus* (Milne-Edwards, 1867) vom Zeitpunkt der Geburt bis zum Absetzen der Jungtiere im Alter von 30 Tagen. Z. Säugetierkunde **39**, 41–50.
Eibl-Eibesfeldt, I., 1950: Gefangenschaftsbeobachtungen an der persischen Wüstenmaus (*Meriones persicus persicus* Blanford): Ein Beitrag zur vergleichenden Ethologie der Nager. Z. Tierpsychol. **9**, 400–423.
Eibl-Eibesfeldt, I., 1957: Ausdrucksformen der Säugetiere. In: Handbuch der Zoologie **8** (10) Nr. 6. Helmcke, J.-G., Lengerken, H. v. & Starck, D. (Hrsg.), S. 1–26. Berlin, Walter de Gruyter.
Eibl-Eibesfeldt, I., 1958: Das Verhalten der Nagetiere. In: Handbuch der Zoologie **8**, (10) Nr. 13. Helmcke, J.-G., Lengerken, H. v. & Starck, D. (Hrsg.), S. 1–88. Berlin, Walter de Gruyter.
Eibl-Eibesfeldt, I., 1963: Angeborenes und Erworbenes im Verhalten einiger Säuger. Z. Tierpsychol. **20**, 705–754.
Eibl-Eibesfeldt, I., 1987: Grundriß der vergleichenden Verhaltensforschung – Ethologie. 7. Auflage. München/Zürich, R. Piper.
Esser, S. & Koschnik, K., 1982: Nesthocker – Nestflüchter. In: Säuger. Schröpfer, R. (Hrsg.), Unterricht Biologie **6**, 15–19.
Eversmeier, A. & Koschnik, K., 1982: Die Rennmaus. In: Säuger. Schröpfer, R. (Hrsg.), Unterricht Biologie **6**, 11–14.
Ewer, R. F., 1976: Ethologie der Säugetiere. Hamburg/Berlin, Paul Parey.
Hediger, H. (Hrsg.), 1967: Die Straßen der Tiere. Braunschweig, Vieweg.
Meyer-Holzapfel, M., 1956: Das Spiel bei Säugetieren. In: Handbuch der Zoologie. **8** (10) Nr. 5. Helmcke, J.-G. & Lengerken, H. v. (Hrsg.), S. 1–36. Berlin; Walter de Gruyter.

Naumov, N. P. & Lobachev, V. S., 1975: Ecology of the desert rodents of the U.S.S.R. In: Rodents in desert environments. Prakash, I. & Ghosh, P. K. (Hrsg.), S. 465–598. Den Haag, Dr. W. Junk b. v. Publishers.

Randall, J. A. & Thiessen, D. D., 1980: Seasonal activity and thermo-regulation in *Meriones unguiculatus*. Behav. Ecol. Sociobiol. **7**, 267–272.

Reynierse, J. H., 1971: Agonistic behavior in Mongolian gerbils. Z. Tierpsychol. **29**, 175–179.

Sachs, L., 1984: Angewandte Statistik. 6. Auflage. Berlin/Heidelberg/New York, Springer.

Schmidt, G., 1973: Kleinsäuger. Stuttgart, E. Ulmer.

Schmidt, H., 1978: Rennmäuse und Tanzmäuse. Minden, A. Philler.

Schröpfer, R., 1978: Die Mongolische Rennmaus *(Meriones unguiculatus)* – eine für den Biologieunterricht neue Versuchstierart. Praxis d. Naturwiss. (Biologie) **27**, 85–90.

Schröpfer, R., 1979: Die Mongolische Rennmaus *(Meriones unguiculatus)* im ethologischen Experiment. Praxis d. Naturwiss. (Biologie) **28**, 141–153.

Scott, J. P., 1966: The causes of fighting in mice and rats. Amer. Zool. **6**, 683–701.

Stoddart, D. M., 1976: Mammalian odours and pheromones. In: The institute of biology's studies in biology, Nr. 73. London, E. Arnold.

Thiessen, D. D., Blum, S. L. & Lindzey, G., 1969: A scent marking response associated with the ventral sebaceous gland of the Mongolian Gerbil *(Meriones unguiculatus)*. Anim. Behav. **18**, 26–30.

Thiessen, D. D., Friend, H. C. & Lindzey, G., 1968: Androgen control of the territorial marking in the Mongolian Gerbil. Science **160**, 26–30.

Thiessen, D. D., Lindzey, G., Blum, S. L. & Wallace, P., 1970: Social interactions and scent marking in the Mongolian Gerbil *(Meriones unguiculatus)*. Anim. Behav. **19**, 505–513.

Thiessen, D. D. & Yahr, P., 1977: The Gerbil in behavioral investigations. Austin/London, University of Texas Press.

Thuesen, P., 1977: A comparison of the agonistic behaviour of *Mus musculus* L. and *Mus musculus domesticus* Rutty, Mammalia, Rodentia. Vidensk. Medd. dansk naturh. Foren **140**, 117–128.

Weber, E., 1986: Grundriß der biologischen Statistik. 9. Auflage. Stuttgart/New York, Gustav Fischer.

Unterrichtsmaterial

Eibl-Eibesfeldt, I., 1957: *Rattus norvegicus* – Kampf I (Erfahrene Männchen). SW, st, 90 m, 8 1/2 min. E 131. IWF, Göttingen.

Eibl-Eibesfeldt, I., 1957: *Rattus norvegicus* – Kampf II (Unerfahrene Männchen). SW, st, 92 m, 8 1/2 min. E 132. IWF, Göttingen.

Eibl-Eibesfeldt, I., 1960: *Rattus norvegicus* (Weiße Ratte) – Transport der Jungen durch das Muttertier II (Unerfahrene Weibchen). SW, st, 34 m, 3 min. E 312. IWF, Göttingen.

Schröpfer, R.: Das Verhalten der Mongolischen Rennmaus. Diareihe FWU 10 2734.

3.13 Das Lernen bei Mäusen
Christiane Buchholtz

3.13.1 Einleitung

Eine der am besten untersuchten Lernformen ist die *operante Konditionierung*, die heute noch vielfach als das »Lernen nach Versuch und Irrtum« oder als »Lernen am Erfolg« bezeichnet wird. In jedem Fall handelt es sich um eine rein operationale Definition.

Um eine Informationsspeicherung auf der Grundlage der operanten Konditionierung zu erreichen, muß der Organismus über eine *spezifische Handlungsbereitschaft* verfügen (BUCHHOLTZ 1973, 1982). Setzt man beispielsweise ein Tier in eine ihm unbekannte Umgebung (welche eine Lernanlage sein kann), wird zunächst die Handlungsbereitschaft für *Erkundungsverhalten* überwiegen. Nur auf diese Weise kann eine neuartige Umgebung kennengelernt werden. Erfährt das Tier dabei Reize besonderer Art, wie z. B. eine Futterbelohnung, wird es das bestimmte Verhaltensmuster, durch das es diese *Belohnung* erreichte, zu wiederholen versuchen. Man sagt, diese Aktion wird verstärkt. Die Futterbelohnung selbst nennt man einen *primären Verstärker* oder *spezifischen Reiz*. Insofern liegt dem hier angesprochenen Ablauf »Zentralnervensystem – spezifische Handlungsbereitschaft – Verhaltensmuster – spezifischer Reiz – Rezeptoren – Afferenzen – Zentralnervensystem« ein *cyclisches Kommunikationssystem* zugrunde.

Neben primären Verstärkern gibt es *sekundäre Verstärker*. Das bedeutet, daß zunächst *unspezifische Reize*, wie beispielsweise Farb- und Formenmerkmale, wenn sie angeborenermaßen unwirksam sind, im Lernverlauf zunehmend an Bedeutung gewinnen. Im Sinne von Lernhilfen werden solche Reize bei der Bewältigung einer Aufgabenstellung dann unerläßlich.

Entscheidend ist, daß die gekennzeichnete Lernform nach wiederholten Erfahrungen in einer neuartigen Umgebung mit Hilfe primärer und sekundärer Verstärkungen in zunehmendem Maße zu einer Veränderung der Verhaltensmuster führt, und zwar zu einer Verbesserung im Sinne der gestellten Aufgabe.

Für Untersuchungen operanter Konditionierungen eignen sich drei Methoden besonders gut: *Labyrinth-* und *Musterwahlversuche* sowie Konditionierungen in einer *Skinnerbox* (BUCHHOLTZ 1982).

In diesem Kapitel wollen wir Labyrinthversuche mit Mäusen durchführen. Da es für die Beschreibung regelhafter Lernleistungssteigerungen unbedingt notwendig ist, mit handzahmen Tieren zu arbeiten, empfiehlt es sich, auf Wildformen zu verzichten. Denn die Zähmung würde andernfalls zeitlich außerordentlich aufwendig werden. Hinzu kommt, daß bei der Wahl von Vertretern eines Zuchtstammes die Variation der genetisch bedingten Lerndisposition weitaus geringer ist (BUCHHOLTZ 1982).

Für die hier geplanten Labyrinthversuche eignen sich weiße Mäuse der Art *Mus musculus*.

3.13.2 Seminarthemen

1. Bei einer *Definition des Lernens* ergeben sich zahlreiche Schwierigkeiten. Grundsätzlich besteht immer dann die Möglichkeit, daß es sich um einen Lernvorgang handeln könnte, wenn ein Organismus nach einmaliger oder wiederholter neuartiger Reizsituation

eine Veränderung des Verhaltens zeigt. Mit Sicherheit kann man jedoch nur dann von Lernen sprechen, wenn Verhaltensänderungen auf der Grundlage von ontogenetischen Prozessen, Ermüdungen, Umstimmungen, biorhythmischen Erscheinungen und solchen, die auf Alterung oder pathologische Ursachen zurückzuführen sind, ausgeschlossen werden können. Diskutieren Sie die Probleme, die sich daraus ergeben!
Literatur: BUCHHOLTZ (1982), S. 140.

2. Entsprechend unserem derzeitigen Wissen unterscheidet man einen *Kurzzeitspeicher* von einem *Langzeitspeicher*. In diesem Zusammenhang sollten Beispiele aus eigenen Lernerfahrungen erörtert werden. Einen sehr wesentlichen Gesichtspunkt für das Ausmaß der Stabilität bei Gedächtnisleistungen beinhaltet der Begriff *Fixationszeit*. Das ist die Zeit, die notwendig ist, um die Informationen aus dem Kurzzeit- in den Langzeitspeicher zu überführen. Wird der Prozeß der Überführung von Informationen durch fremdartige Reize gestört, verringert sich die Stabilität der Gedächtnisausbildung. Außerdem erfolgt ebenfalls eine Beeinträchtigung, wenn man sich sogleich nach der Fixationszeit fremdartigen Reizsituationen aussetzt. In diesem Fall spricht man von einer Störung der Konsolidierungsvorgänge im Langzeitspeicher.
Literatur: BUCHHOLTZ (1973), S. 131–135.

3. Entwerfen Sie ein allgemeines Schema für die Lernform der operanten Konditionierung, das die charakteristische cyclische Kommunikation wiedergibt. Diskutieren Sie anhand dieser Darstellung die Begriffe *primäre* und *sekundäre Verstärker* bzw. *spezifische* und *unspezifische Reize* im Zusammenhang mit Labyrinthversuchen.
Literatur: BUCHHOLTZ (1982), S. 164.

3.13.3 Beschaffung, Pflege und Zucht der Versuchstiere

Aus den in der Einleitung genannten Gründen sollten für die geplanten Labyrinthversuche in jedem Fall Zuchtmäuse verwendet werden. Zu empfehlen sind pathogenfreie weiße Mäuse der Art *Mus musculus*. Aufgrund von Erfahrungen nach umfangreichen Lernexperimenten eignet sich speziell der Mäuse-Stamm NMRI/Han. Da eine eigene Zucht mit einem großen Aufwand verbunden ist, bestellt man die Tiere beim Zentralinstitut für Versuchstierzucht (Lettow-Vorbeck-Allee 57, 3000 Hannover 1).

Die Haltung erfolgt in Makrolonkäfigen oder ähnlichen Mäusebehältern mit Futter- und Trinkeinrichtungen, die im Zoohandel erhältlich sind; als Einstreu wählt man Sägespäne.

Für die *Zähmung* der Versuchsmäuse ist ein Alter von 4–5 Wochen günstig. In 8 Tagen sind die Tiere handzahm, wenn sie täglich 30 Minuten aus ihrem Käfig herausgenommen werden. Schon am 2. oder 3. Tag kann man 5 bis 7 Mäuse gleichzeitig innerhalb der Handflächen klettern lassen. Ein Einreiben der Hände mit dem bedufteten Einstreu des Wohnkäfigs fördert die Zähmung. Bei dem Umgang mit den Tieren sollte man sehr achtsam sein, daß keines hinunter fällt, da dies in der Regel zu Verhaltensstörungen in den Lernversuchen führt.

Da das Umsetzen der Mäuse während der Experimente vom Wohnkäfig in das Labyrinth und zurück per Hand erfolgt, ist eine gute Zähmung – zu der eine stets ruhige Handhabung gehört – eine wesentliche Voraussetzung für das Gelingen der Konditionierungen. Hinzu kommt, daß die Zähmung immer zur etwa gleichen Uhrzeit erfolgen sollte, da die Tiere hierdurch zu einer regelhaften Aktivitätssteigerung gelangen. Zu dieser Zeit müssen auch später die Lernversuche durchgeführt werden.

Als Versuchsmäuse dienen ausschließlich Weibchen. Sie weisen im Vergleich zu Männchen ein insgesamt ruhigeres Verhalten auf, zumal dann, wenn die Mäuse als soziallebende Tiere in einer Gruppe gehalten werden. Unruhe, wie Beißereien innerhalb des Sozialverbandes, beeinträchtigt den Lernleistungsverlauf in erheblichem Maße.

Um die Versuchstiere individuell erkennen zu können, werden sie mit Pikrinsäureflecken markiert. Pikrinsäure ist in Apotheken oder im Chemikalienhandel (z. B. als Präparat der Firmen Merck/Darmstadt oder Sigma/München erhältlich; sie wird mit Wasser auf etwa 13% verdünnt).

Für die Markierung der Versuchstiere genügen mit einem Pinsel aufgetragene Flecken und Streifen auf dem Rücken. Beispiel: Ein Fleck vorn in der Mitte bedeutet Maus Nr. 1, ein Fleck hinten in der Mitte Maus Nr. 2, zwei Flecken in der Mitte Maus Nr. 3, drei Flecken in der Mitte Maus Nr. 4, ein Fleck vorn seitlich Maus Nr. 5 usw.

Da bei den Lernversuchen als primärer Verstärker eine Futterbelohnung angeboten wird, ist ein kontrolliertes Nahrungsangebot von großer Bedeutung. Denn die Handlungsbereitschaft zur Nahrungsaufnahme sollte bei allen Versuchstieren gleich sein, um einen möglichst regelhaften Konditionierungsverlauf zu gewährleisten. Da Mäuse keine ausgeprägte Freßzeit haben, sondern während ihrer Aktivitätsphasen sehr oft kleine Mengen Nahrung aufnehmen, erweist sich eine Einzelfütterung als unmöglich. Andererseits wäre es sehr unbiologisch, soziallebende Tiere einzeln zu halten.

Deshalb werden 5 bis 7 Tiere im Sozialverband täglich einmal gemeinsam gefüttert, und zwar jeweils nach der Zähmung bzw. später nach der Konditionierung aller Tiere. Um eine gleichmäßige Futterqualität anzubieten, werden die Tiere mit Preßfutter (z. B. Altromin; in Zoohandlungen erhältlich) versorgt. Man rechnet pro Maus 3,5 g. Da sich die Mäuse während des Versuchs noch in der Entwicklung befinden, sollte – unter der Voraussetzung, daß jedes Individuum etwa die gleiche Menge frißt – eine tägliche Gewichtszunahme erfolgen. Man kann dies kontrollieren, indem man täglich mit Hilfe eines Kästchens jedes Tier vor der Fütterung wiegt. In Ausnahmefällen stellt man dabei Gewichtsabnahmen fest; dann muß die angebotene Futtermenge gesteigert werden.

Schließlich ist ein ständiges Wasserangebot in einer der handelsüblichen Mäuse-Trinkflaschen erforderlich. Es ist eine biologische Notwendigkeit, daß Mäuse nach den häufigen Freßschüben trinken müssen.

3.13.4 Beobachtungen und Versuche

3.13.4.1 Versuch 1: Labyrinthversuche

■ *Versuchsmaterial:*
– Weiße Mäuseweibchen
– Y-Labyrinth in Form eines sog. Tieflabyrinths (Abb. 3.13.1). Dieses Labyrinth, das seitlich begrenzt ist, dient als Lernanlage. Es kann aus Kunststoff, Holz oder Pappe hergestellt werden. Fertigt man es aus Holz oder Pappe an, muß es mit einem Urinabstoßenden Überzug (farbloser Lack, z. B. Zellulose-Überzugslack) versehen werden. Die drei Schenkel des Labyrinths sollten gleich lang sein (ca. 50 cm) und innen möglichst keine auffälligen optischen Unterschiede aufweisen. Die lichte Gangbreite beträgt 6 cm, die Höhe 12 cm. Vorteilhaft ist die Verwendung dreier Start- bzw. Zielboxen, die mit einem Schieber geöffnet oder verschlossen werden.
– verdünnter Äthylalkohol
– 2 Stoppuhren, um die Lauf- und Freßzeit messen zu können
– Weißbrot und Kondensmilch als Futterbelohnung.

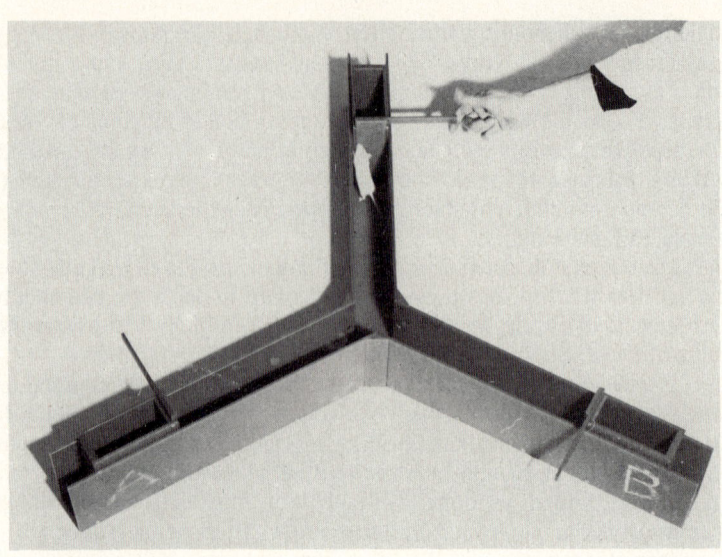

Abb. 3.13.1: Aufbau des Y-Labyrinths

■ *Versuchsdurchführung*:
Zunächst wird ein Grundversuch in einem Y-Labyrinth beschrieben. Zweckmäßig ist die Bildung einer Versuchsleiter-Gruppe, die aus vier Personen besteht. Die unterschiedlichen Aufgaben bei den Konditionierungsexperimenten werden folgendermaßen verteilt:
❑ Versuchsleiter 1: Umsetzen der jeweiligen Maus von dem Wohnkäfig in die Startbox; Öffnen der Startbox; Umsetzen der Maus von der Zielbox in den Wohnkäfig.
❑ Versuchsleiter 2: Aufzeichnen der Laufspuren im Labyrinth; Protokollierung der Richtig- und Falschwahlen.
❑ Versuchsleiter 3: Zeitmessung der gesamten Laufdauer einer Maus zwischen Start und Ziel mittels einer Stoppuhr.
❑ Versuchsleiter 4: Öffnen und Schließen der Zielbox und zeitliche Kontrolle der Freßdauer mittels einer Stoppuhr.

Um gute Lernverlaufsdaten zu erhalten, muß die Handhabung der Versuchstiere stets ruhig und regelhaft erfolgen. Auch sollten zusätzliche Störungen von außen vermieden werden.

Die in einer Gruppe lebenden 5–7 Mäuse werden nach guter Handhabung täglich in derselben Reihenfolge zur festgesetzten Dressurzeit in das Labyrinth gesetzt. Jedes Versuchstier läuft 4 mal pro Tag, so daß die Reihenfolge 4 mal wiederholt wird. Nach jedem Einzellauf muß das Labyrinth mit verdünntem Alkohol ausgewischt werden (keine feuchten Stellen hinterlassen!). Nur hierdurch kann man eine Orientierung anhand von Duftspuren der Vorläuferin ausschließen.

Vor jedem Labyrinthlauf aller Tiere erfolgt die Auswahl einer der drei Boxen als Startbox nach dem Zufall. Die Zufallsverteilung kann mit einem Würfel vorgenommen werden. Die Festlegung muß täglich für sämtliche Versuchsreihen vor Beginn der Experimente erfolgen.

Mit der Wahl der Startbox werden gleichzeitig die Funktionen der anderen zwei Boxen bestimmt. Beispielsweise liegt rechts von der Entscheidungsstelle (Gabelung) diejenige Zielbox, die Futter enthält, links hingegen diejenige, in der keine Belohnung geboten wird. Kurz bevor die Maus eine der beiden Zielboxen erreicht, ist der Schieber zu öffnen und nach dem Betreten der Box (vorsichtig!) zu schließen.

Ein Wechsel der Boxen-Funktionen erweist sich als notwendig, um eventuelle Unregelmäßigkeiten im Labyrinth oder optische Zeichen im Versuchsraum als sekundäre Verstärker auszuschalten. Hinzu kommt, daß Mäuse in der Lage sind, Himmelsrichtungen zu lernen. Den verantwortlichen Mechanismus hierfür kennen wir nicht.

Beim Durchlaufen des Labyrinths werden die Richtig- bzw. Falschwahlen sowie die Laufspuren jedes Tieres protokolliert.

Die primäre Verstärkung erfolgt in bestimmter Weise. Als attraktives Futterangebot eignet sich in verdünnter Kondensmilch eingeweichtes Weißbrot. Es wird in einem kleinen Schälchen in die entsprechende Zielbox gestellt. Infolge der Schieberverschlüsse ist es den Mäusen nicht möglich, das Futter von der Entscheidungsstelle (Gabelung) her optisch oder geruchlich zu lokalisieren. Die Freßzeit ist auf 60 s zu begrenzen. Futterqualität und Freßdauer beeinflussen der Lernverlauf.

Die gesamte Versuchszeit beträgt 8–13 Tage bei 4 Läufen pro Maus und pro Tag.

■ *Ergebnisse*:
Für die Kennzeichnung des *Lernverlaufs* stehen entsprechend der Versuchsdurchführung drei Kriterien zur Verfügung:
a) Anzahl der Richtig- bzw. Falschwahlen;
b) Dauer des Durchlaufes;
c) Laufspuren.

Von sämtlichen Läufen aller Versuchstiere pro Tag werden für die Kriterien (a) und (b) Mittelwerte gebildet. Mit diesen erstellt man *Lernkurven*. Ein Beispiel zeigt der Verlauf der Anzahl der Richtigwahlen von sieben Versuchstieren (Abb. 3.13.2). Charakteristisch hierfür ist ein stufenförmiger Verlauf. Anhand der Verlaufscharakteristik lassen sich arbeitshypothetische Vorstellungen für ein *Gedächtnis-Speicher-Modell* diskutieren (BUCHHOLTZ 1973, S. 63–64).

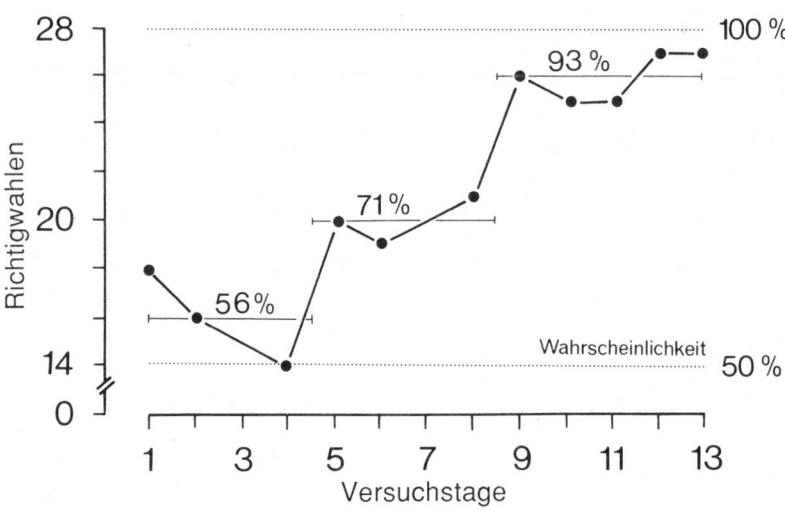

Abb. 3.13.2: Veränderungen der Anzahl der Richtigwahlen im Lernverlauf. Es wurden insgesamt sieben Mäuse getestet, täglich erfolgten vier Läufe pro Maus

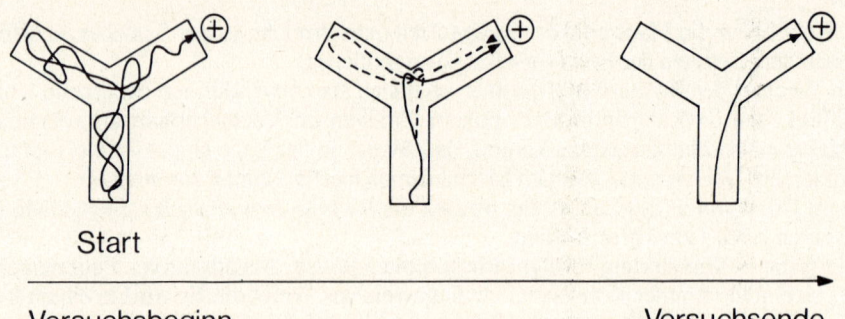

Abb. 3.13.3: Veränderung der Laufmuster im Verlauf der Lernversuche.
——— = Hinläufe; – – – = Umkehrläufe; ⊕ = Belohnung im rechten Labyrinthschenkel

Die Veränderung der Laufspuren, also der raumorientierten Lokomotion im Lernverlauf, zeigt eine zunehmende Vereinfachung (Abb. 3.13.3). Der Beginn ist durch zögernde Erkundungsläufe gekennzeichnet. Im mittleren Bereich des Lernverlaufs finden vorwiegend auf die Gabelung gerichtete Läufe statt, danach erfolgt die Entscheidung nach rechts oder links. In diesem Bereich liegt die höchste Quote an Umkehrläufen (– – –). Schließlich nach der Lernphase, also in der Kannphase, herrschen gezielte Richtigläufe vor. Allerdings liegt der Sättigungswert der Kannphase stets unter 100% (Buchholtz 1973). Dies ist kennzeichnend für die Lernform der operanten Konditionierung.

Zusammenfassend läßt sich ein Schema für den durchgeführten Labyrinthversuch erstellen (Abb. 3.13.4). Darin werden fördernde (+) und hemmende Einflüsse (–) einge-

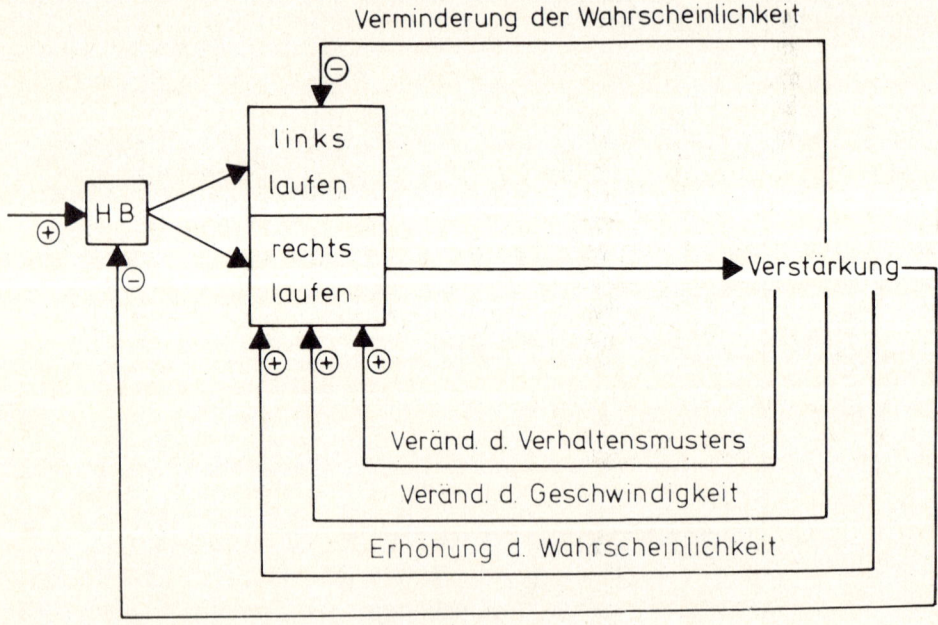

Abb. 3.13.4: Schema zur Konditionierung im Labyrinth.
HB = Handlungsbereitschaft; + = fördernder Einfluß; - = hemmender Einfluß

tragen, die die genannten Verhaltensänderungen bewirken. An dieser Stelle sollte nochmals das in der Einleitung besprochene cyclische System, welches der operanten Konditionierung zugrunde liegt, diskutiert werden.

3.13.4.2 Versuch 2: Der Einfluß der Freßdauer auf den Lernverlauf

■ *Versuchsmaterial:*
Siehe Versuch 1.

■ *Versuchsdurchführung:*
Aufbauend auf Versuch 1 als Grundversuch wird der Einfluß der Freßdauer im Sinne einer primären Verstärkung geprüft.

Die Durchführung der Konditionierung erfolgt grundsätzlich wie in Versuch 1. Allerdings werden zwei Gruppen von jeweils 5 Mäusen einander gegenübergestellt. Eine Gruppe wird nach der Wahl der richtigen Zielbox mit einer Freßdauer von 30 s, die andere mit einer solchen von 90 s belohnt.

■ *Ergebnisse:*
Bei einem Vergleich der Befunde anhand der in Versuch 1 genannten Kriterien ergeben sich Unterschiede im Lernleistungsverlauf. Diejenige Gruppe, die 90 s primär verstärkt worden ist, zeigt gegenüber der kurzfristig verstärkten Gruppe eine bessere Informationsverwertung. Der Anstieg in der *Lernphase* setzt zu einem früheren Zeitpunkt ein. Ebenfalls früher liegt der *Kannphasen*beginn, d. h. die Ausbildung eines Plateaus. Außerdem sollte der Einfluß einer längeren primären Verstärkung in der Höhe des Kannphasenniveaus (Sättigungswert) zum Ausdruck kommen.

3.13.5 Weiterführende Arbeiten

3.13.5.1 Der Einfluß des optischen Sinnes und des Tastsinnes auf das Lernverhalten

Für anspruchsvolle Facharbeiten eignen sich Labyrinthversuche mit Mäusen unter der speziellen Fragestellung nach der Art und Weise der Informationsaufnahme und -verwertung. Gefragt wird also nach dem Ausmaß der Beteiligung unterschiedlicher Sinnesmodalitäten.

Zweifellos sind für eine Maus in einem Hochlabyrinth neben propriozeptiver Informationsverwertung zwei Sinnesmodalitäten von besonderer Bedeutung: nämlich der *optische Sinn* und der *Tastsinn*. Beim Tastsinn geht es vor allem um die Tasthaare im Schnauzenbereich, die die Begrenzung der Labyrinthgänge berühren.

Bei Untersuchungen über die Bedeutung dieser beiden Sinnesmodalitäten für den Lernverlauf können vier Mäusegruppen mit jeweils 5 Tieren miteinander verglichen werden:
☐ Die 1. Gruppe läuft im Hellen wie in Versuch 1.
☐ Die 2. Gruppe läuft ebenfalls im Hellen, jedoch werden zuvor die Tasthaare gekürzt. Das Abschneiden der Tasthaare bis auf ca. 5 mm bedeutet für eine Maus nur einen geringfügigen Eingriff, da sie in kurzer Zeit wieder nachwachsen.

❐ Die 3. Gruppe läuft im Dunkeln. Um die notwendige Protokollierung vornehmen zu können, werden die Tiere vorher durch handelsübliche Leuchtfarbe markiert. Die Markierung hierbei erfolgt ebenfalls individualspezifisch.
❐ Die 4. Gruppe läuft ebenfalls im Dunkeln, jedoch mit gekürzten Tasthaaren wie die 2. Gruppe.
Die Befunde sollen anhand der gewonnenen Lernkurven miteinander verglichen werden.

Literatur
Buchholtz, Ch., 1973: Das Lernen bei Tieren. Stuttgart, Gustav Fischer.
Buchholtz, Ch., 1982: Grundlagen der Verhaltensphysiologie. Reihe: Vieweg Studium. Braunschweig/Wiesbaden, Friedr. Vieweg.

4 Aufbereitung und Darstellung wissenschaftlicher Ergebnisse

4.1 Das Planen und Auswerten von Versuchen
Jürg Lamprecht

Wissenschaftliche Ergebnisse müssen – damit Fachleute sie akzeptieren – nach ganz bestimmten Methoden und Richtlinien gewonnen, bearbeitet und formuliert werden. Einige dieser Regeln für die praktische Versuchsplanung und statistische Auswertung lernen Sie in diesem Kapitel kennen.

4.1.1 Die Irrtumswahrscheinlichkeit

Als Forscher wollen wir allgemeine Gesetzmäßigkeiten entdecken und nachweisen. Gesetzmäßigkeiten sind das Gegenteil von Zufall. Aber mit naturwissenschaftlichen Methoden können wir genau genommen nichts »beweisen«. Wir können nur berechnen, mit welcher Wahrscheinlichkeit bestimmte Hypothesen (z. B. »Männer sind größer als Frauen«) richtig oder falsch sind. Dazu brauchen wir die sogenannte *Irrtumswahrscheinlichkeit p* (lat. probabilitas = Wahrscheinlichkeit). Der Wert *p* gibt uns an, mit welcher Wahrscheinlichkeit ein von uns erzieltes Ergebnis auch allein durch Zufall hätte zustande kommen können oder, anders ausgedrückt, wie wahrscheinlich wir uns irren, wenn wir annehmen, es beruhe *nicht* auf bloßem Zufall. Die Gefahr der Zufälligkeit kommt daher, daß wir nie alle Tiere einer Art, für die eine Gesetzmäßigkeit vielleicht gilt, untersuchen können. Wir müssen mit Stichproben arbeiten und von den Ergebnissen auf die Gesamtheit schließen.

Vermessen wir nun zwei Frauen und zwei Männer und fragen nach Geschlechtsunterschieden in der Körpergröße, so kann es leicht sein, daß wir zufällig zwei große Frauen und zwei kleine Männer ausgewählt haben und zum Schluß kommen, Frauen seien größer als Männer. Allerdings ist die Irrtumswahrscheinlichkeit bei einer so winzigen Stichprobe sehr groß. Hätten wir 20 Frauen und 20 Männer vermessen, könnten wir dem Ergebnis mehr Vertrauen schenken, denn je größer die untersuchte Stichprobe, um so kleiner kann die Irrtumswahrscheinlichkeit sein. Wegen dieser Gefahr der Zufälligkeit eines Ergebnisses gelten Verallgemeinerungen ohne Angabe ihrer Vertrauenswürdigkeit (der Irrtumswahrscheinlichkeit) in der Regel als unwissenschaftlich.

Es ist eine wissenschaftliche Gepflogenheit – wenn auch eine völlig willkürliche –, daß in der Regel nur Ergebnisse mit einem p–Wert von weniger als 5% (= 0,05), manchmal sogar 1% (= 0,01), »ernst genommen« werden. Man bezeichnet solche Ergebnisse als *signifikant* auf dem 5%-Niveau (bzw. dem 1%-Niveau).

Wie aber finden wir heraus, ob unser Ergebnis signifikant ist oder nicht? Dafür gibt es statistische Verfahren, die auf die Wahrscheinlichkeitsrechnung zurückgehen. Sie sind je nach Art der Daten, die wir analysieren wollen, und der Fragen, die wir untersuchen, etwas verschieden.

Wir wollen nun ein paar einfache statistische Tests kennenlernen, die auf verschiedene Probleme anwendbar und leicht zu handhaben sind und die an die Meßgrößen keine speziellen Voraussetzungen knüpfen. Man nennt sie *verteilungsfreie* oder *nicht-parametrische Tests* (z. B. SIEGEL 1976). Außerdem werden wir immer sogenannte *zweiseitige Tests* durchführen. Wenn wir also die Größe von Frauen und Männern vergleichen, werden wir fragen, ob es signifikante Unterschiede zwischen den Geschlechtern gibt, d. h. ob Männer größer als Frauen oder Frauen größer als Männer sind. Wir untersuchen die Unterschiede in beiden Richtungen. Würden wir nur fragen, ob Männer größer als Frauen sind, wäre ein sogenannter *einseitiger Test* möglich. Wir würden weniger Daten benötigen, um zu einem signifikanten Ergebnis zu kommen. Ein einseitiger Test ist aber nur unter bestimmten Voraussetzungen zulässig; wir gehen deshalb auf Nummer Sicher und verwenden hier stets zweiseitige Tests.

Beachten Sie, daß am Ende jeder Aussage über einen verallgemeinerten quantitativen Zusammenhang beigefügt sein muß:
1. Eine Angabe über die Höhe der Irrtumswahrscheinlichkeit,
2. der Name des Signifikanz-Tests, mit dem sie ermittelt wurde, und
3. ob der Test ein- oder zweiseitig durchgeführt wurde.

4.1.2 Der Vergleich zweier Stichproben (U-Test)

Im Kapitel »3.12 Das Verhalten der Mongolischen Rennmaus«, S. 221-234 wurden Sie angeregt, die Markierhäufigkeit von subadulten und adulten Rennmaus-Männchen zu vergleichen. Sie gaben jeder Maus z. B. fünf gesäuberte Markierklötze in den Käfig und zählten, wie oft sie in 15 Minuten markierte. Das Ergebnis könnte aussehen wie in Tab. 4.1.1. Der Schluß liegt nahe, daß – zumindest bei den Männchen Ihrer Zucht – die adulten dieses Verhalten häufiger ausführen als die subadulten. Aber wir möchten keine voreiligen Schlüsse ziehen und fragen deshalb: Wie wahrscheinlich ist es, daß wir uns irren, wenn wir behaupten, das sei so?

Für den statistischen Vergleich zweier solcher Stichproben gleicher oder ungleicher Größe ist der *U-Test* nach Mann und Whitney geeignet: Dazu müssen wir eine Größe U bestimmen. Wir ordnen die Meßwerte beider Stichproben nach ihrer Größe und markieren die Werte der adulten (a) und der subadulten (s) Männchen:

0(s), 2(s), 3(s), 3(s), 5(s), 5(a), 8(a), 10(s), 12(a), 13(a), 15(a), 21(a), 25(a).

Dann geben wir jedem Wert einen Rang, dem kleinsten den Rang 1. Gleiche Werte bekommen einen Durchschnittsrang:

1(s), 2(s), 3,5(s), 3,5(s), 5,5(s), 5,5(a), 7(a), 8(s), 9(a), 10(a), 11(a), 12(a), 13(a).

Nun bilden wir die Summe ($R_1 = 23,5$) aller Ränge der kleineren (subadulten) Stichprobe und die Summe ($R_2 = 67,5$) aller Ränge der größeren Stichprobe. Wir berechnen U

Tab. 4.1.1: Markierhäufigkeiten männlicher Rennmäuse

	Markieren pro 15 Minuten						
7 adulte Männchen	5	13	25	12	15	21	8
6 subadulte Männchen	10	3	0	3	2	5	

nach den folgenden Formeln, wobei n_1 (= 6) und n_2 (= 7) die Anzahl Werte in der kleineren und der größeren Stichprobe darstellen.

(12) $\quad U = n_1 \cdot n_2 + \dfrac{n_1 \cdot (n_1 + 1)}{2} - R_1 = 6 \cdot 7 + \dfrac{6 \cdot (7)}{2} - 23{,}5 = 39{,}5$

(13) $\quad U = n_1 \cdot n_2 + \dfrac{n_2 \cdot (n_2 + 1)}{2} - R_2 = 6 \cdot 7 + \dfrac{7 \cdot (8)}{2} - 67{,}5 = 2{,}5$

Die beiden Formeln ergeben verschiedene U-Werte. Wir brauchen den kleineren von beiden (U = 2,5). Je größer nun dieser U-Wert ausfiel, um so wahrscheinlicher ist es, daß unsere Messungen an adulten und subadulten Männchen nur zufällig etwas verschieden ausfielen. Tab. 4.1.2 sagt uns, daß ein U-Wert (bei $n_1 = 6$ und $n_2 = 7$), der größer als 6 ist, mit mehr als 5% Wahrscheinlichkeit durch Zufall zustande kam. Unser U-Wert liegt also darunter, und deshalb heißt das Ergebnis: Unter den gegebenen Bedingungen zeigen adulte Männchen signifikant mehr Markierverhalten als subadulte (p<0,05, Mann-Whitney-U-Test, zweiseitig). Ist n_2 größer als 20, kann man die Signifikanz auch überprüfen, indem man einen Wert z berechnet:

Tab. 4.1.2: U-Test. Maximale Werte von U für p≤0,05 zweiseitig. n_1 = Größe der kleineren, n_2 = Größe der umfangreicheren Stichprobe

n_2	\	n_1																		
	1	2	3	4	5	6	7	8	9	10	11	12	13	14	15	16	17	18	19	20
1	-																			
2	-	-																		
3	-	-	-																	
4	-	-	-	0																
5	-	-	0	1	2															
6	-	-	1	2	3	5														
7	-	-	1	3	5	6	8													
8	-	0	2	4	6	8	10	13												
9	-	0	2	4	7	10	12	15	17											
10	-	0	3	5	8	11	14	17	20	23										
11	-	0	3	6	9	13	16	19	23	26	30									
12	-	1	4	7	11	14	18	22	26	29	33	37								
13	-	1	4	8	12	16	20	24	28	33	37	41	45							
14	-	1	5	9	13	17	22	26	31	36	40	45	50	55						
15	-	1	5	10	14	19	24	29	34	39	44	49	54	59	64					
16	-	1	6	11	15	21	26	31	37	42	47	53	59	64	70	75				
17	-	2	6	11	17	22	28	34	39	45	51	57	63	69	75	81	87			
18	-	2	7	12	18	24	30	36	42	48	55	61	67	74	80	86	93	99		
19	-	2	7	13	19	25	32	38	45	52	58	65	72	78	85	92	99	106	113	
20	-	2	8	14	20	27	34	41	48	55	62	69	76	83	90	98	105	112	119	127
21	-	3	8	15	22	29	36	43	50	58	65	73	80	88	96	103	111	119	126	134
22	-	3	9	16	23	30	38	45	53	61	69	77	85	93	101	109	117	125	133	141
23	-	3	9	17	24	32	40	48	56	64	73	81	89	98	106	115	123	132	140	149
24	-	3	10	17	25	33	42	50	59	67	76	85	94	102	111	120	129	138	147	156
25	-	3	10	18	27	35	44	53	62	71	80	89	98	107	117	126	135	145	154	163
26	-	4	11	19	28	37	46	55	64	74	83	93	102	112	122	132	141	151	161	171
27	-	4	11	20	29	38	48	57	67	77	87	97	107	117	127	137	147	158	168	178
28	-	4	12	21	30	40	50	60	70	80	90	101	111	122	132	143	154	164	175	186
29	-	4	13	22	32	42	52	62	73	83	94	105	116	127	138	149	160	171	182	193
30	-	5	13	23	33	43	54	65	76	87	98	109	120	131	143	154	166	177	189	200
31	-	5	14	24	34	45	56	67	78	90	101	113	125	136	148	160	172	184	196	208
32	-	5	14	24	35	46	58	69	81	93	105	117	129	141	153	166	178	190	203	215
33	-	5	15	25	37	48	60	72	84	96	108	121	133	146	159	171	184	197	210	222
34	-	5	15	26	38	50	62	74	87	99	112	125	138	151	164	177	190	203	217	230
35	-	6	16	27	39	51	64	77	89	103	116	129	142	156	169	183	196	210	224	237
36	-	6	16	28	40	53	66	79	92	106	119	133	147	161	174	188	202	216	231	245
37	-	6	17	29	41	55	68	81	95	109	123	137	151	165	180	194	209	223	238	252
38	-	6	17	30	43	56	70	84	98	112	127	141	156	170	185	200	215	230	245	259
39	0	7	18	31	44	58	72	86	101	115	130	145	160	175	190	206	221	236	252	267
40	0	7	18	31	45	59	74	89	103	119	134	149	165	180	196	211	227	243	258	274

$$\text{(14)} \quad z = \frac{U - \dfrac{n_1 \cdot n_2}{2}}{\sqrt{\dfrac{n_1 \cdot n_2 \cdot (n_1 + n_2 + 1)}{12}}}$$

Ist z≥1,96, so ist der Unterschied signifikant (p<0,05, zweiseitig).

Der U-Test ist überall dort geeignet, wo Sie zwei verschiedene Stichproben vergleichen wollen, z. B. eine Gruppe experimentell behandelter Tiere mit einer Gruppe unbehandelter Tiere (Kontrollgruppe) oder mehrere Werte eines Tieres aus der einen mit mehreren Werten dieses Tieres aus einer anderen Versuchssituation etc.

4.1.3 Der Vergleich von Häufigkeitsverteilungen (χ^2-Test)

Viele Fragen, zum Beispiel auch die, ob subadulte oder adulte Rennmaus-Männchen häufiger markieren, lassen sich in die folgende Form bringen: Fallen die Tiere der Gruppen 1 und 2 mit unterschiedlicher Häufigkeit in zwei (willkürlich definierte) Kategorien A und B?

Wir nehmen an, wir hätten im vorigen Beispiel nicht 13, sondern 36 Rennmäuse einzeln untersucht. Wir bilden dann zum Beispiel die beiden Kategorien 0 bis 9 mal Markieren pro 15 Minuten und 10 mal oder häufiger Markieren und untersuchen, wieviele unserer subadulten und adulten Mäuse unter die beiden Kategorien fallen. Ein mögliches Beispiel zeigt Tab. 4.1.3.

Um zu erfahren, ob das Verhältnis A:B (11:4) signifikant verschieden ist von C:D (6:15), wenden wir den sogenannten χ^2-Test an und bestimmen die Größe χ^2 (sprich: Chi-Quadrat) nach der folgenden Formel:

$$\text{(15)} \quad \chi^2 = \frac{N \cdot (|A \cdot D - B \cdot C| - \dfrac{N}{2})^2}{(A + B) \cdot (C + D) \cdot (A + C) \cdot (B + D)} = \frac{36 \cdot (141 - 18)^2}{15 \cdot 21 \cdot 17 \cdot 19} = 5{,}35$$

Mit $|A \cdot D - B \cdot C|$ ist der absolute, also positive Betrag dieser Differenz gemeint.

Ist das χ^2 für eine solche 4-Felder-Tafel größer als 3,84 (wie in unserem Fall), so ist das Verhältnis A:B signifikant von C:D verschieden. Unser Ergebnis lautet demnach: Im Vergleich zu den subadulten markieren die adulten Rennmaus-Männchen unter den gegebenen Bedingungen signifikant häufiger (p<0,05, χ^2-Test). Dieser Test ist immer zweiseitig, deshalb darf man eine diesbezügliche Angabe weglassen.

Tab. 4.1.3: 4-Felder-Tafel zum Markierverhalten männlicher Rennmäuse

	9 oder weniger	10 oder mehr	Zeilensumme
Subadulte Männchen	A = 11	B = 4	15
Adulte Männchen	C = 6	D = 15	21
Kolonnensumme	17	19	N = 36

Tab. 4.1.4: Mögliches Ergebnis des Kellerasselversuches

	Asseln, die zur Ruhe kamen		Anzahl Tiere
	auf rauhem Grund	auf glattem Grund	
beobachtet	B$_1$ = 26	B$_2$ = 4	30
erwartet	E$_1$ = 20	E$_2$ = 10	30

Der χ^2-Test bietet sich auch an, wenn wir ein bei Zufälligkeit zu erwartendes Häufigkeitsverhältnis kennen und wissen wollen, ob unser Versuchsergebnis signifikant davon abweicht. Ein Beispiel: Wir haben eine Versuchsschale, die zu 2/3 mit einem rauhen, zu 1/3 mit einem glatten Untergrund versehen ist, und testen nun, wieviele Kellerasseln (s. Kap. »3.3 Orientierungsmechanismen bei der Kellerassel«, S. 93-100) auf der rauhen bzw. glatten Fläche zur Ruhe kommen. Das Ergebnis könnte aussehen wie Tab. 4.1.4. Wir erwarten bei zufälliger Verteilung der Asseln in der Schale natürlich entsprechend den vorgegebenen Flächen 2/3 auf rauhem und 1/3 auf glattem Untergrund. Weicht nun das gefundene Verhältnis B$_1$:B$_2$ (26:4) signifikant vom erwarteten Verhältnis E$_1$:E$_2$ (20:10) ab? Den χ^2-Wert errechnen wir nach der Formel:

$$(16) \quad \chi^2 = \frac{(B_1 - E_1)^2}{E_1} + \frac{(B_2 - E_2)^2}{E_2} = \frac{(26 - 20)^2}{20} + \frac{(4 - 10)^2}{10} = 5{,}4$$

Auch hier gilt: Wenn $\chi^2 \geq 3{,}84$ ist, dann weicht das gefundene Verhältnis signifikant ($p \leq 0{,}05$) vom erwarteten ab. In unserem Beispiel lautet das Ergebnis: Die Kellerasseln kommen signifikant häufiger als zufällig auf dem rauhen Untergrund zur Ruhe ($p < 0{,}05$, χ^2-Test).

Aber Vorsicht: Der χ^2-Test darf nur angewendet werden, wenn keine der erwarteten Häufigkeiten weniger als 5,0 beträgt. Bei einer 4-Felder-Tafel berechnet man den Erwartungswert für jedes Feld, indem man seine beiden Randsummen multipliziert und das Produkt durch die Gesamtzahl der Fälle (N) teilt. Zum Beispiel für Feld A in Tab. 4.1.3: $15 \cdot 17/36 = 7{,}08$. Liegen Erwartungswerte unter 5,0, läßt sich auf 4-Felder-Tafeln das folgende, von Fisher entwickelte Verfahren anwenden.

4.1.4 Der Fisher-Test für 4-Felder-Tafeln

Wir analysieren die gleichen Daten wie beim U-Test (Tab. 4.1.1), bilden nun aber eine 4-Felder-Tafel analog Tab. 4.1.3. Tab. 4.1.5a zeigt das Ergebnis, und wir fragen: Unterscheiden sich die Verhältnisse, mit denen die adulten und die subadulten Mäusemänner auf die beiden Kategorien entfallen, signifikant voneinander?

Wir berechnen die Wahrscheinlichkeit, mit der die gegebene Verteilung (oder ihr Spiegelbild, denn wir testen ja zweiseitig) rein zufällig hätte entstehen können, nach der Formel:

$$(17) \quad p = \frac{2 \cdot (A + B)! \cdot (C + D)! \cdot (A + C)! \cdot (B + D)!}{N! \cdot A! \cdot B! \cdot C! \cdot D!}$$

In unserem Beispiel:

(18) $$p_1 = \frac{2 \cdot 6! \cdot 7! \cdot 6! \cdot 7!}{13! \cdot 5! \cdot 1! \cdot 1! \cdot 6!} = 0{,}04895$$

Das Zeichen »!« bedeutet bekanntlich »Fakultät«, d. h. 4! = 1 · 2 · 3 · 4 = 24 (0! = 1; 1! = 1). 12! ist bereits eine neunstellige Zahl und überfordert damit die meisten Taschenrechner. Wenn man aber einen langen Bruchstrich zieht, die jeweiligen Fakultätsausdrücke auflöst, z. B. 3! als 1 · 2 · 3 schreibt und dann kürzt, läßt sich der p-Wert mit dem, was nach dem Kürzen übrig bleibt, leicht mit jedem Taschenrechner ermitteln.

Zu dieser Wahrscheinlichkeit p_1 müssen wir nun die Wahrscheinlichkeit des zufälligen Entstehens aller noch möglichen, extremeren Verteilungen addieren. Das sind alle jene, bei denen A:B und C:D noch stärker verschieden sind, die Randsummen der 4-Felder-Tafel aber gleich bleiben. In unserem Beispiel gibt es nur noch eine solche Möglichkeit (Tab. 4.1.5b). Auch für diese Tafel berechnen wir den p-Wert nach der oben genannten Formel. Das Ergebnis ist:

(19) $$p_2 = \frac{2 \cdot 6! \cdot 7! \cdot 6! \cdot 7!}{13! \cdot 6! \cdot 0! \cdot 0! \cdot 7!} = 0{,}00117$$

Nun werden die beiden p-Werte addiert und wir erhalten
$p = p_1 + p_2 = 0{,}04895 + 0{,}00117 = 0{,}05012$

Das ist die gesuchte Irrtumswahrscheinlichkeit. Sie sagt uns, daß der Unterschied in der Markierhäufigkeit von adulten und subadulten Rennmaus-Männchen nicht ganz signifikant ist.

Warum aber hat der U-Test bei den gleichen Daten einen signifikanten Unterschied angezeigt? Das kommt daher, daß beim U-Test mehr der in den Daten vorhandenen Information in die Berechnung eingeht als hier, wo wir lediglich zwei Kategorien bildeten und feinere Abstufungen nicht berücksichtigten. Die Lehre, die wir daraus ziehen, lautet: Wenn mehrere Tests in Frage kommen, wählen wir den, der mehr der verfügbaren Information nutzt.

Tab. 4.1.5a, b: 4-Felder-Tafeln (Markierverhalten männlicher Rennmäuse) für die Auswertung mit dem Fisher-Test

| | Markieren pro 15 Minuten | | Zeilensumme |
	7 oder weniger	8 oder mehr	
Subadulte Männchen	A = 5	B = 1	6
Adulte Männchen	C = 1	D = 6	7
Kolonnensumme	6	7	N = 13

Tab. 4.1.5b

| | Markieren pro 15 Minuten | | Zeilensumme |
	7 oder weniger	8 oder mehr	
Subadulte Männchen	A = 6	B = 0	6
Adulte Männchen	C = 0	D = 7	7
Kolonnensumme	6	7	N 13

4.1.5 Der Vergleich von Wertepaaren (Vorzeichentest)

Oft will man wissen, ob ein Tier in Situation A anders reagiert als in Situation B, ob das Männchen eines Paares häufiger oder seltener droht als das Weibchen, etc. Dabei ergeben sich jeweils Wertepaare, die sich relativ leicht analysieren lassen.

Nehmen wir an; Sie seien an der Rollenverteilung zwischen Buntbarscheltern interessiert. Sie vergleichen deshalb, wie oft pro Minute das Männchen und das Weibchen im Rahmen der Brutfürsorge fremde Fische verjagen. Die Ergebnisse von 7 Paaren könnten aussehen wie in Tab. 4.1.6.

Wir geben nun jedem Paar ein »+«, wenn das Männchen häufiger angriff als das Weibchen, im umgekehrten Fall ein »–«. Ist die Differenz zwischen den beiden Werten Null, wird das Wertepaar im folgenden ignoriert. N sei die Summe aller Wertepaare bzw. Vorzeichen, x die Häufigkeit des selteneren der beiden Vorzeichen. Damit haben wir die Vorarbeit für den Vorzeichen- oder Binomialtest bereits vollendet. Aus Tab. 4.1.7 können wir die Irrtumswahrscheinlichkeit für unser Ergebnis entnehmen: Für N = 7 und x = 1 ist p>0,05 (Vorzeichentest, zweiseitig). Trotz der augenscheinlichen Tendenz der Männchen, häufiger anzugreifen als ihre Weibchen, ist das Ergebnis nicht signifikant.

Es gibt andere Verfahren, bei denen auch das Ausmaß des Unterschiedes berücksichtigt wird und bei denen manchmal weniger Daten für einen signifikanten Unterschied nötig sind (z. B. Wilcoxon-Test in SIEGEL 1976), aber der Vorzeichentest ist ein einfaches und vielfach verwendbares Verfahren.

Tab. 4.1.6: Angriffshäufigkeiten von Buntbarsch-Männchen und -Weibchen, aufbereitet für die Auswertung mit dem Vorzeichen-Test

Paar Nr.	Attacken pro Minute Männchen	Weibchen	*
1	1,3	0,9	+
2	2,4	1,8	+
3	0,9	0,8	+
4	3,1	2,9	+
5	1,4	1,0	+
6	0,8	1,1	–
7	2,2	2,1	+

* + = Männchen mehr als Weibchen; – = Weibchen mehr als Männchen

Tab. 4.1.7: Vorzeichen-Test. Maximale Werte für x (= Anzahl des selteneren Vorzeichens) bei gegebenem N (= Anzahl Wertepaare) für p≤ 0,05 zweiseitig

Maximalwerte für x bei gegebenem N für p≤ 0,05 zweiseitig

N	x	N	x	N	x
6	0	13	2	20	5
7	0	14	2	21	5
8	0	15	3	22	5
9	1	16	3	23	6
10	1	17	4	24	6
11	1	18	4	25	7
12	2	19	4		

Es empfiehlt sich oft, besonders wenn die Individuen oder Paare in ihren Eigenschaften sehr variabel sind, die Datenerhebung speziell im Hinblick auf einen Vorzeichentest gepaarter Daten zu planen.

4.1.6 Die Korrelation

Ein Korrelationskoeffizient gibt uns an, wie eng die Werte zweier Meßgrößen (Variablen) zusammenhängen, oder anders ausgedrückt, wie genau man vom Wert der einen auf den Wert der anderen schließen kann. Ist der Wert der einen groß, wenn der der anderen groß ist, spricht man von einer positiven Korrelation (im Idealfall ist der Koeffizient + 1,0), ist der Wert der einen besonders klein, wenn der Wert der anderen besonders groß ist, oder umgekehrt, ist die Korrelation negativ (Koeffizient im Idealfall –1,0). Besteht kein Zusammenhang zwischen den beiden Variablen, liegt der Wert des Koeffizienten bei Null.

Nehmen wir an, Sie hätten – von dem Kapitel »3.10 Eine Analyse einiger Verhaltensweisen und sozialer Strukturen beim Grünflossen-Buntbarsch«, S. 193-209, inspiriert – einen Fisch zu verschiedenen Tageszeiten immer mal wieder 15 Minuten lang beobachtet und dabei die Häufigkeiten der Verhaltensweisen A und B gezählt. Sie möchten nun die Beziehung zwischen den Häufigkeiten dieser Verhaltensweisen untersuchen. Grafisch können Sie Ihre Ergebnisse darstellen wie in Abb. 4.1.1.

Um den Rang-Korrelationskoeffizienten (r_s) nach Spearman zu berechnen, brauchen wir als erstes eine Liste der 10 Beobachtungsintervalle mit den gemessenen Häufigkeiten von A und B (Tab. 4.1.8). Wir geben jedem Wert von A einen Rang, dem kleinsten den Rang eins. Gleiche Werte erhalten (wie schon beim U-Test) einen Durchschnittsrang. Ebenso verfahren wir mit den Werten der Verhaltensweise B. Dann berechnen wir für jedes Intervall die Differenz zwischen dem Rang von A und dem von B und erheben sie ins Quadrat (alle Quadrate sind positiv!). Schließlich bilden wir die Summe (D^2) dieser 10 Quadrate. N sei die Anzahl der Intervalle oder Wertpaare; dann ist der Wert des Korrelationskoeffizienten (wenn bei einer oder beiden Meßgrößen viele gleiche Werte vorkommen, muß ein Korrekturfaktor für verbundene Werte eingefügt werden; das Vorgehen ist bei SACHS (1984) oder SIEGEL (1976) nachzulesen):

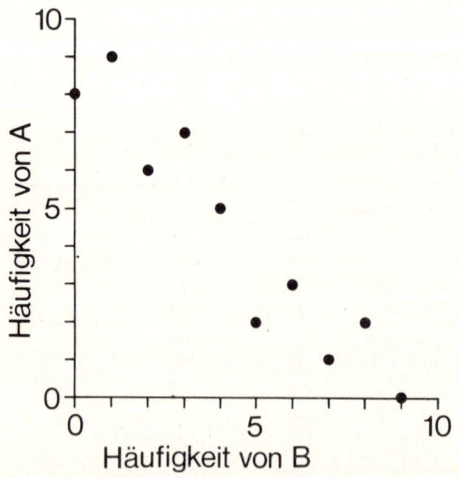

Abb. 4.1.1: Beziehung zwischen den Häufigkeiten zweier Verhaltensweisen A und B (gemessen in zehn 15-Minuten-Intervallen)

(20) $\quad r_s = 1 - \dfrac{6 \cdot D^2}{N^3 - N} = 1 - \dfrac{6 \cdot 318{,}5}{1000 - 10} = -0{,}93$

Diese Korrelation ist ziemlich hoch. Aber auch wenn Sie einige Zufallszahlen-Paare korrelieren, können Sie gelegentlich einen hohen Korrelationskoeffizienten bekommen. Wir müssen also noch prüfen, wie wahrscheinlich unsere Korrelation durch bloßen Zufall zustande gekommen sein könnte. Bis zu einem N = 30 können wir einfach in Tab. 4.1.9 nachsehen, wie groß (unabhängig vom Vorzeichen) bei gegebenem N (im Beispiel war N = 10) der Korrelationskoeffizient mindestens sein muß, um mit p<0,05 zweiseitig signifikant zu sein. Unser Koeffizient ist signifikant, und das Ergebnis lautet demnach: Unter den gegebenen Bedingungen sind beim beobachteten Fisch die in 15-

Tab. 4.1.8: Häufigkeiten zweier Verhaltensweisen A und B in zehn 15-Minuten-Intervallen. Aufbereitung der Daten für die Berechnung des Rang-Korrelationskoeffizienten

	Häufigkeit von A Meßwert	Rang	B Meßwert	Rang	Rangdifferenz im Quadrat
1	8	9	0	1	64
2	3	5	6	7	4
3	7	8	3	4	16
4	6	7	2	3	16
5	9	10	1	2	64
6	0	1	9	10	81
7	1	2	7	8	36
8	2	3,5	5	6	6,25
9	5	6	4	5	1
10	2	3,5	8	9	30,25
					D^2 = 318,5

Tab. 4.1.9: Rangkorrelation. Mindestwerte für ±r_s bei gegebenem N (= Anzahl Wertepaare) für p≤0,05 zweiseitig

N	r_s	N	r_s
5	0,9000	18	0,4716
6	0,8286	19	0,4579
7	0,7450	20	0,4451
8	0,6905	21	0,4351
9	0,6833	22	0,4241
10	0,6364	23	0,4150
11	0,6091	24	0,4061
12	0,5804	25	0,3977
13	0,5549	26	0,3894
14	0,5341	27	0,3822
15	0,5179	28	0,3749
16	0,5000	29	0,3685
17	0,4853	30	0,3620

Minuten-Intervallen gezeigten Häufigkeiten der Verhaltensweisen A und B signifikant negativ korreliert ($r_s = -0{,}93$, $p<0{,}05$, zweiseitig).

Bei der Interpretation von Korrelationen ist Vorsicht geboten: Eine signifikante Korrelation bedeutet, daß sehr wahrscheinlich ein ursächlicher Zusammenhang zwischen den beiden Meßgrößen besteht, jedoch nicht, ob die erste die zweite oder die zweite die erste verursacht oder hemmt. Es ist auch durchaus möglich, daß beide Größen von einer dritten beeinflußt werden, und daß gar kein direkter Zusammenhang zwischen ihnen besteht. Um ursächliche Beziehungen direkt zu erfassen, müssen wir die Werte der einen Meßgröße künstlich vorgeben und dann nachsehen, wie sich die Werte der anderen verändern (siehe folgender Abschnitt).

4.1.7 Das Experiment

Ein Experiment besteht darin, daß man bestimmte Bedingungen künstlich herbeiführt und dann die Konsequenzen am Tier mißt.

Sie vermuten z. B., daß Hähne bereits als Küken männliches Balzverhalten zeigen, wenn man ihnen männliches Geschlechtshormon injiziert. Wenn Sie nun 20 Küken mit Testosteron injizieren und finden, daß im Gegensatz zu vor der Behandlung die meisten dieser Küken männliches Balzverhalten zeigen, so mögen Sie sich in Ihrer Annahme bestätigt fühlen. Es wäre aber möglich, daß die Verhaltensänderungen durch die Injektion an sich verursacht wurden und nicht durch das, was Sie injiziert haben. Sie brauchen also einen *Kontrollversuch*. Sie nehmen nochmals ein paar Küken, behandeln sie genau wie die anderen, injizieren ihnen aber z. B. destilliertes Wasser. Dann vergleichen Sie das Ergebnis der beiden Gruppen. Nur wenn sie sich signifikant unterscheiden, ist nachgewiesen, daß der wirksame Faktor tatsächlich das Hormon ist.

Vergessen Sie also niemals den Kontrollversuch zum Experiment und achten Sie darauf, daß Experimental- und Kontrollgruppe sich in der Behandlung wirklich nur in dem unterscheiden, worauf es Ihnen ankommt. Sie ersparen sich damit die spätere Enttäuschung, daß Ihr Ergebnis auch noch ganz anders erklärbar wäre.

Wenn Sie eine Versuchsreihe mit verschiedenen Bedingungen durchführen, also etwa verschiedene Hormonkonzentrationen mit der Menge des auftretenden Balzverhaltens korrelieren, dann brauchen Sie natürlich keinen separaten Kontrollversuch mehr. Jeder Teilversuch dient dann als Kontrolle für die anderen.

4.1.8 Tips für die Planung von quantitativen Beobachtungen und Experimenten

Daß Sie – entgegen dem normalen Arbeitsablauf – Ratschläge für die Planung von Beobachtungen und Versuchen erst ganz zum Schluß bekommen, hat seinen Grund: Quantitative Ergebnisse müssen mit einer Irrtumswahrscheinlichkeit versehen werden. Um sie zu berechnen, braucht man statistische Testverfahren, die bestimmte Formen der Datenerhebung voraussetzen. Ohne die Tests zu kennen, kann man aber diese Voraussetzungen nicht erfüllen. Darum:
☐ Tip 1: *Überlegen Sie sich immer das statistische Verfahren, mit dem Sie Ihre Daten auswerten wollen, bevor Sie mit der Datenerhebung beginnen.*

Die allermeisten Fragen lassen sich mit einigem Nachdenken in eine Form bringen, in der sie sich mit einem der dargestellten Verfahren bearbeiten lassen. Es gibt natürlich noch kompliziertere Verfahren, die weitere Möglichkeiten bieten. Sie sind in einschlägigen Statistikbüchern zu finden (z. B. SACHS 1984, SOKAL & ROHLF 1981).

❑ *Tip 2: Achten Sie darauf, daß alle Meßwerte (oder Meßwertpaare) in gleicher Weise voneinander unabhängig sind.*

Das ist eine Anforderung, die alle Tests an die Daten stellen. Wird sie nicht beachtet, ist der Test falsch angewendet worden, und die errechnete Irrtumswahrscheinlichkeit ist eine bloße Zahl ohne wissenschaftlichen Wert. Ein verbreiteter Fehler sieht z. B. folgendermaßen aus: Man hat von einem Tier 3, von 5 anderen je einen Meßwert und rechnet nun mit einer Stichprobengröße von 8 Werten. Das ist falsch, denn die 3 Werte, die vom selben Tier stammen, hängen untereinander enger zusammen als diejenigen verschiedener Tiere. Korrekt ist in einem solchen Fall, den Mittelwert aus den 3 Werten des einen Tieres zu bilden und diesen neben die Werte der anderen 5 Individuen zu stellen. Die korrekte Stichprobe umfaßt dann 6 Werte.

❑ *Tip 3: Überlegen Sie sich vor der Datenerhebung den Bereich, über den Sie Ihre Ergebnisse verallgemeinern möchten, und richten Sie die Wahl der Versuchstiere und Versuchsbedingungen danach aus.*

Der Wunsch, allgemeine Gesetzmäßigkeiten zu entdecken, verleitet oft zur unzulässigen Verallgemeinerung eines Ergebnisses. Wenn Ihr Hund in Ihrem Haus z. B. signifikant häufiger fremde als bekannte Personen verbellte, so können Sie daraus Voraussagen auf sein künftiges Verhalten im eigenen Haus ableiten, aber nicht notwendigerweise auf das anderer Hunde und auf das Ihres Hundes in einer anderen Umgebung. Haben Sie sechs Hunde Ihres Stadtteils untersucht und bei allen das gleiche Ergebnis gefunden, so können Sie auf alle Hunde Ihres Stadtteils verallgemeinern. Waren aber alle sechs Dackel, so ist nicht sicher, daß das Ergebnis auch für Hunde anderer Rassen gilt. Auch in anderen Kulturkreisen, wo Hunde anders gehalten werden, können ihre Reaktionen ganz anders sein.

Bleiben Sie sich stets bewußt, daß Ihre Ergebnisse nur für die Tiergruppe, deren repräsentative Vertreter Sie untersuchen, und nur für die Bedingungen, unter denen sie gewonnen wurden, Geltung haben. Das bedeutet für die Planung, daß Sie darauf achten, daß Ihre Versuchstiere und Versuchsbedingungen repräsentativ für den gesamten Bereich sind, auf den Sie verallgemeinern möchten.

❑ *Tip 4: Vermeiden Sie systematische Einflüsse möglicher Störfaktoren, indem Sie sie ausbalancieren.*

Die Tageszeit, die Reihenfolge der Versuche, die Lufttemperatur, der Standort und viele andere Faktoren können Ihre Meßwerte beeinflussen. Sie wollen z. B. das Verhalten von männlichen und weiblichen Gänsen vergleichen, beobachten aber alle Ganter am Vormittag und alle Weibchen am Nachmittag. Wenn Sie nun signifikante Unterschiede finden, brauchen die nicht mit dem Geschlecht der Tiere zusammenhängen. Sie können auch bloß daher kommen, daß sich alle Gänse am Vormittag anders verhalten als am Nachmittag. Solche alternativen Interpretationsmöglichkeiten eines Ergebnisses muß man sich vorher genau überlegen und Vorsorge dagegen treffen, indem man zum Beispiel gleich viele Ganter und Gänse am Vormittag und am Nachmittag beobachtet. Das nennt man *Ausbalancieren von Störfaktoren*. Es soll dazu führen, daß diese Faktoren höchstens eine größere Variabilität der Meßwerte bewirken, aber nicht für einen signifikanten Unterschied zwischen den zu vergleichenden Stichproben verantwortlich sein können.

Sie werden erkannt haben, lieber Leser, daß es recht mühsam sein kann, verallgemeinerbare Aussagen so zu erarbeiten, daß sie wissenschaftlich akzeptabel sind. Wenn Sie aber Ihre Beobachtungen oder Experimente nach den genannten Richtlinien planen und durchführen und die Ergebnisse wie beschrieben formulieren, dann besitzen Sie die Voraussetzungen, um – falls Sie etwas Neues entdeckt haben – einen soliden Beitrag zum Gebäude der Wissenschaft zu leisten.

Literatur
Sachs, L., 1984: Angewandte Statistik. 6. Auflage. Berlin/Heidelberg, Springer.
Siegel, S., 1976: Nichtparametrische statistische Methoden. Frankfurt, Fachbuchhandlung für Psychologie, Verlagsabteilung.
Sokal, R. R. & Rohlf, F. J., 1981: Biometry. 2. Auflage. San Francisco, W. H. Freeman and Co.

4.2 Wettbewerbe für junge Forscher

Jeder Wissenschaftler weiß, wie wichtig die erste Veröffentlichung oder der erste Vortrag für seine weitere Laufbahn war. Eine hervorragende Möglichkeit, eigene wissenschaftliche Leistungen schon frühzeitig öffentlich präsentieren zu können, bieten verschiedene Wettbewerbe jungen Nachwuchsforschern. In der Bundesrepublik kommen für biologisch Interessierte vor allem folgende Wettbewerbe in Betracht:

❐ *Schüler experimentieren.* Dieser Wettbewerb für alle Jungen und Mädchen unter 16 Jahren wird jährlich einmal von der Stiftung »Jugend forscht« ausgetragen. Er läuft zu den selben Terminen ab wie die »Jugend forscht«-Veranstaltungen, allerdings fast nur auf regionaler Ebene. Mitmachen können Einzelteilnehmer, Zweier- oder Dreiergruppen. Auf den Regionalwettbewerben stellen die Teilnehmer ihre Arbeiten aus, die von einer Jury beurteilt werden. Für gute Arbeiten gibt es Geldpreise, Bücher und Zeitschriftenabonnements zu gewinnen. Eine große Auszeichnung ist es, wenn eine »Schüler experimentieren«-Arbeit zu »Jugend forscht« aufgestuft wird. Nähere Informationen gibt es bei der Stiftung »Jugend forscht« e. V., Notkestraße 31, 2000 Hamburg 52.

❐ *Jugend forscht.* An diesem Wettbewerb können alle Jugendlichen teilnehmen, die am 31. Dezember des Jahres, das dem Wettbewerb vorausgeht, noch keine 22 Jahre alt sind. Studenten dürfen allerdings nur während des ersten Semesters mitmachen. Die Arbeit darf nicht mehr als 15 DIN A 4-Schreibmaschinenseiten umfassen. Die Wettbewerbe laufen auf Regional-, Landes- und Bundesebene ab, wo jeder Teilnehmer seine Ergebnisse auf einem Stand ausstellt. Zu gewinnen gibt es auf allen drei Wettbewerbsebenen insgesamt über eine Viertelmillion Mark für Barpreise. Dazu kommen interessante Reisen und Studienaufenthalte. Ausführliche Unterlagen sind bei der Stiftung »Jugend forscht« e. V. (Adresse s. o.) erhältlich.

❐ *Hörlein-Wettbewerb.* Der »Paul Hörlein-Preis« wird alle zwei Jahre vom »Verband Deutscher Biologen e. V.« ausgeschrieben. Er steht allen offen, die eine biologische Arbeit in ihrer Schulzeit angefertigt haben. Von der Jury nicht akzeptiert werden reine Literaturarbeiten. Die drei besten eingereichten Arbeiten werden mit Geldpreisen ausgezeichnet; außerdem gibt es wertvolle Sachpreise zu gewinnen. Einsendeanschrift: OStR Eckart Klein, Lister Straße 24, 3000 Hannover 1.

❐ *Jungner-Wettbewerb.* Der »Jungner-Preis für Mikrofotografie« wird ebenfalls vom »Verband Deutscher Biologen e. V.« ausgeschrieben; er findet jährlich statt. Teilnehmen kann jeder biologisch Interessierte (Amateur oder Profi) aus dem europäischen Raum. Es dürfen maximal drei Aufnahmen eingesandt werden, die mit einem Lichtmikroskop angefertigt wurden. Die Objekte können aus der belebten und unbelebten Natur stammen. Nähere Informationen und Anmeldeunterlagen sind ebenfalls von OStR Eckart Klein (Adresse s. o.) erhältlich.

Das Publikumsforum für junge Forscher ist die Zeitschrift *»junge wissenschaft - Jugend forscht in Natur und Technik«.* Sie veröffentlicht Originalbeiträge junger Autoren mit anspruchsvollen Themen aus allen Bereichen der Naturwissenschaften und der Technik. Verlagsanschrift: Erhard Friedrich Verlag, Postfach 10 01 50, 3016 Seelze 6.

Auszeichnungen gibt es auch für ältere Nachwuchsforscher. So hat der Verlag Paul Parey anläßlich des 50jährigen Bestehens der Zeitschrift »Ethology« 1987 den »Niko Tinbergen-Förderpreis der Ethologischen Gesellschaft« gestiftet. Er wird für einzelne hervorragende ethologische Veröffentlichungen vergeben. Der Autor (die Autoren) soll (sollen) beim Erscheinen der Arbeit nicht älter als 35 Jahre sein. Nähere Informationen erteilt die Ethologische Gesellschaft (s. S. 257).

5 Anhang

5.1 Ethologische Zeitschriften

Advances in Behavioral Biology
Plenum Press; New York (U.S.A.)

Avances in Neural and Behavioral Development
Ablex; Norwood, New Jersey (U.S.A.)

Aggressive Behavior
Allen R. Liss; New York (U.S.A.)

Animal Behavior Abstracts
Cambridge Scientific Abstracts; Bethesda, Maryland (U.S.A.)

Animal Behaviour
Ballière Tindall, Academic Press; London (GB)

Animal Learning & Behavior
The Psychonomic Society; Austin, Texas (U.S.A.)

Applied Animal Ethology
Elsevier; Amsterdam (NL)

Behavior Genetics
Plenum Press; New York (U.S.A.)/ London (GB)

Behavior Research Methods, Instruments, & Computers
The Psychonomic Society; Austin, Texas (U.S.A.)

The Behavioral and Brain Sciences
Cambridge University Press; New York (U.S.A.)/Cambridge (GB)

Behavioral Ecology and Sociobiology
Springer; Berlin/Heidelberg/New York/ Tokyo

Behavioral and Neural Biology
Academic Press; San Diego, California (U.S.A.)

Behavioral Neuroscience
American Psychological Association; Arlington, Virginia (U.S.A.)

Behavioral Primatology
Lawrence Erlbaum; Hillsdale, New Jersey (U.S.A.)

Behavioral Processes
Elsevier; Amsterdam (NL)

Behavioral Science
University of Louisville; Louisville, Kentucky (U.S.A.)

Behaviour
E. J. Brill; Leiden (NL)

Biology of Behaviour
Masson; Paris (F)/New York (U.S.A.)

Brain, Behavior and Evolution
Karger; Basel (CH)

Ethology
Paul Parey; Berlin/Hamburg (D)

Ethology and Sociobiology
Elsevier/North-Holland; Amsterdam (NL)/ New York (U.S.A.)

Hormones and Behavior
Academic Press; San Diego, California (U.S.A.)

International Journal of Behavioral Development
North-Holland; Amsterdam (NL)

Journal of Comparative Physiology A
Springer; Berlin/Heidelberg/New York/Tokyo

Journal of Ethology
Japan Ethological Society; Kyoto (J)

Journal of the Experimental Analysis of Behavior
Society for the Experimental Analysis of Behavior; Bloomington, Indiana (U.S.A.)

Journal für Ornithologie
Deutsche Ornithologen-Gesellschaft/ Friedländer, Berlin (D)

Pharmacology Biochemistry & Behavior
ANKHO International; San Antonio, Texas (U.S.A.)

Physiology & Behavior
Pergamon Press; New York (U.S.A.)

Primate Behavior
Academic Press; New York (U.S.A.)

Zeitschrift für Säugetierkunde
Paul Parey, Hamburg/Berlin (D)

5.2 Gesellschaften

Die zentrale Organisation der Verhaltensforscher im deutschsprachigen Raum ist die *Ethologische Gesellschaft e. V.*

Sie dient der Förderung der ethologischen Wissenschaft in Forschung und Lehre, insbesondere durch den Informationsaustausch zwischen den Mitgliedern und durch Kontakte zu Institutionen der Forschungsförderung, des politischen Lebens sowie der Medien. Die Mitglieder erhalten regelmäßig ein Mitteilungsblatt mit Berichten über die Aktivitäten der Gesellschaft, über den Verlauf von Tagungen, Arbeitsgruppentreffen, Workshops u. ä. sowie mit Tagungsankündigungen und Kurzfassungen von laufenden oder abgeschlossenen Forschungsprojekten der Mitglieder. Im zweijährigen Abstand werden die »Ethologentreffen« durchgeführt. Darüberhinaus unterstützt die Gesellschaft auch kleinere Arbeitsgruppentreffen, die von den Mitgliedern organisiert werden.

Ordentliches Mitglied kann jeder werden, der in der ethologischen Forschung tätig ist oder war. Darüberhinaus können fördernde Mitglieder aufgenommen werden, wenn sie die Ziele der Gesellschaft durch finanzielle Zuwendungen unterstützen möchten. Ein formloser Aufnahmeantrag ist (möglichst zusammen mit der Empfehlung von zwei Bürgen, die Mitglieder der Gesellschaft sind) an die Geschäftsstelle zu richten. Adresse: Prof. Dr. E. Pröve, Lehrstuhl für Verhaltensphysiologie, Fakultät für Biologie, Universität Bielefeld, Morgenbreede 45, Postfach 86 40, 4800 Bielefeld.

Die deutschsprachigen Zoologen sind in der *Deutschen Zoologischen Gesellschaft e. V.* zusammengeschlossen. Nähere Informationen sind bei der Geschäftsführung erhältlich. Adresse: Frau Dr. H. Eichelberg, Zoologisches Institut der Universität, Poppelsdorfer Schloß, 5300 Bonn.

Die Dachorganisation der Biologen ist der *Verband Deutscher Biologen e. V.* mit seinen einzelnen Landesverbänden. Unter dem Dach des Verbandes Deutscher Biologen (VDB) haben sich 14 wissenschaftliche Gesellschaften der Bundesrepublik aus dem Bereich der Biologie zusammengeschlossen, um über gemeinsam interessierende Fragen zu beraten und gemeinsam Aktivitäten nach außen zu entfalten. Adresse der Mitgliederstelle des VDB: Herr K. Kannengießer, c/o MEDICE, Postfach 20 63, 5860 Iserlohn.

Auf internationaler Ebene treffen sich die Ethologen in Abständen von zwei Jahren im Rahmen der Internationalen Ethologenkonferenz *(International Ethologcial Conference).* Die Kongreßsprache ist Englisch. Ort, Termin und Teilnahmebedingungen werden rechtzeitig im Mitteilungsblatt der Ethologischen Gesellschaft bekanntgegeben.

Daneben finden regelmäßig Treffen von Mitgliedern mehrerer internationaler Fachvereinigungen statt. So sind in der *International Society for Neuroethology* Ethologen zusammengeschlossen, die Verhalten auf neuronalem Niveau untersuchen. Der entsprechende internationale Kongreß wird alle drei Jahre abgehalten. Anschrift des Sekretariats: Prof. Dr. H. Carl Gerhardt, Section of Neurobiology and Behavior, Seeley G. Mudd Building, Cornell University, Ithaca, NY 14850 (U.S.A.).

Kleinere Gesellschaften organisieren meist Workshops, die auf einen Kontinent begrenzt sind. Dazu gehört z.B. die *International Association of Fish Ethologists*, in der Ethologen vereinigt sind, die sich mit dem Verhalten von Fischen beschäftigen. Nähere Informationen erteilt Prof. Dr. Mark H. J. Nelissen, Laboratorium Algemene Dierkunde, Rijksuniversitair Centrum Antwerpen, Groenenborgerlaan 171, B-2020 Antwerpen (Belgien).

5.3 Die Autoren

HELMUT ALTNER, der die »Einführung« zu diesem Buch schrieb, wurde 1934 in Breslau geboren. Er studierte Biologie, Chemie und Geographie in München, wo er 1961 über »Bau und Leistungen der Nase des südafrikanischen Krallenfrosches *Xenopus laevis*« promovierte. Nach Aufenthalten am Max-Planck-Institut für Hirnforschung in Giessen/Frankfurt und am Zoologischen Institut der Universität München wurde ALTNER 1968 auf einen Lehrstuhl für Zoologie an der Universität Regensburg berufen, wo er zur Zeit über funktionelle Morphologie und Cytologie von Sinnesorganen sowie Thermo- und Hygrorezeption arbeitet. Professor ALTNER hat sich auch wissenschaftspolitisch engagiert: Als Präsident des Verbandes Deutscher Biologen (1977–1980), als Mitglied des Wissenschaftsrates (1980–1986) und als Mitglied des Senats der Deutschen Forschungsgemeinschaft (seit 1983).

Anschrift: Prof. Dr. HELMUT ALTNER, Institut für Zoologie, Universität Regensburg, Universitätsstraße 31, 8400 Regensburg.

WILHELM BEIER (»Das Spurpheromon der Glänzend-Schwarzen Holzameise«) beschäftigt sich als Hochschullehrer an der Universität Frankfurt mit fachdidaktischer Unterrichtsforschung in der Sekundarstufe I. BEIER (geb. 1932 in Augezd) studierte zuerst Pädagogik in Darmstadt/Jugenheim. Von 1957 bis 1961 war er im Schuldienst, dann bis 1967 als pädagogischer Mitarbeiter an der Universität Frankfurt tätig. Während dieser Zeit studierte er Biologie und promovierte 1967 über »Untersuchungen zur Synchronisation der inneren Uhr der Bienen durch exogene Zeitgeber«. Als Professor in der Fachdidaktik Biologie arbeitete WILHELM BEIER in Darmstadt, Weingarten und – seit 1973 – in Frankfurt.

Anschrift: Prof. Dr. WILHELM BEIER, Fachbereich Biologie (Didaktik), Johann Wolfgang Goethe-Universität, Sophienstraße 1–3, 6000 Frankfurt/Main.

CHRISTIANE BUCHHOLTZ (»Das Lernen bei Mäusen«) wurde 1926 in Goldap/Ostpreußen geboren. Das Studium der Zoologie, Botanik, Chemie und Geologie in München und Braunschweig schloß sie 1950 mit der Promotion über »Untersuchungen an der Libellengattung *Calopteryx* unter besonderer Berücksichtigung ethologischer Fragen« ab. Von 1951 bis 1952 war sie wissenschaftliche Mitarbeiterin an der Universität München. Forschungsaufenthalte im Libanon, in Syrien und in der Türkei folgten 1953. Seit 1958 arbeitet Frau BUCHHOLTZ am Zoologischen Institut der Universität Marburg/Lahn: Zunächst als wissenschaftliche Assistentin, seit 1970 als Professorin. Zur Zeit forscht sie über Mechanismen des Lernens. Von ihr erschienen zwei Bücher: »Das Lernen bei Tieren« (1973) und »Grundlagen der Verhaltensphysiologie« (1982).

Anschrift: Prof. Dr. CHRISTIANE BUCHHOLTZ, Fachbereich Biologie der Philipps-Universität, Arbeitsgruppe Verhaltensphysiologie, Lahnberge, 3550 Marburg/Lahn.

MARTIN DAMBACH (»Sozialverhalten und Lauterzeugung bei der Feldgrille«) arbeitet als Hochschullehrer an der Universität Köln auf den Gebieten Sinnesphysiologie, Neuroethologie, Verhaltensforschung und Farbwechsel bei Tieren. DAMBACH (geboren 1935 in Stuttgart) studierte Biologie, Chemie und Geologie an den Universitäten Stuttgart und Tübingen. Er promovierte 1962 mit vergleichenden Untersuchungen über das Schwarmverhalten von *Tilapia*-Jungfischen. Seine Hochschullaufbahn begann er 1963 als Assistent am Leibniz-Kolleg der Universität Tübingen; 1964 wechselte er an das Zoologische Institut der Universität Köln, wo er sich 1972 habilitierte und 1974 zum Professor ernannt wurde.

Anschrift: Prof. Dr. MARTIN DAMBACH, Zoologisches Institut der Universität zu Köln, Lehrstuhl Tierphysiologie, Weyertal 119, 5000 Köln 41.

BENNO DARNHOFER-DEMAR (»Lokomotion bei Fischen«) arbeitet an der Universität Regensburg über Funktionsmorphologie und Bewegungsphysiologie von Lokomotionsapparaten bei Tieren. DARNHOFER, 1939 in Berlin geboren, studierte Zoologie und Botanik in Wien. 1965 promovierte er über die Funktionsmorphologie des Lokomotionsapparates beim Wasserläufer *Gerris lacustris*. Vor seiner Habilitation im Jahre 1974 ist er wissenschaftlicher Assistent an den Universitäten Heidelberg, Frankfurt und Regensburg gewesen.

Anschrift: Prof. Dr. BENNO DARNHOFER-DEMAR, Institut für Zoologie, Universität Regensburg, Universitätsstraße 31, 8400 Regensburg.

KLAUS DUMPERT (»Das Spurpheromon der Glänzend-Schwarzen Holzameise«) wurde 1941 in Braunschweig geboren. Nach dem Biologie- und Chemiestudium in Bonn, Münster und München promovierte er 1971 über Alarmstoffrezeptoren auf der Antenne von *Lasius fuliginosus*. Es folgten Aufenthalte am Institut für die Pädagogik der Naturwissenschaften in Kiel und am Zoologischen Institut der Universität Frankfurt. Seit 1978 arbeitet DUMPERT am Battelle-Institut in Frankfurt. Sein besonderes Interesse gilt – neben ökotoxikologischen Fragen – dem Verhalten sozialer Insekten, wovon auch sein Buch »Das Sozialleben der Ameisen« (1978) zeugt. 1980 erhielt er den Aulis-Förderpreis Biologie für eine Veröffentlichung über die akustische Kommunikation bei Grillen, in der sich – so die Begründung der Jury – »wissenschaftliche Akribie mit didaktischem Geschick und Verständnis verband«.

Anschrift: Dr. KLAUS DUMPERT, Im Setzling 11, 6370 Oberursel.

DIERK FRANCK (»Das Aggressions- und Fortpflanzungsverhalten Lebendgebärender Zahnkarpfen«) arbeitet als Hochschullehrer und Ethologe an der Universität Hamburg. FRANCK (geboren 1933 in Hamburg) studierte Biologie und Chemie in seiner Heimatstadt, wo er 1963 mit Verhaltensstudien an Lebendgebärenden Zahnkarpfen der Gattung *Xiphophorus* promovierte. Er arbeitete u. a. zusammen mit NIKO TINBERGEN in der Außenstation Ravenglass (Grafschaft Cumberland) der Universität Oxford. Seit 1971 ist er Professor für Zoologie an der Universität Hamburg; von 1983–1986 amtierte er als Vorsitzender der »Ethologischen Gesellschaft«. Buchveröffentlichung: »Verhaltensbiologie – Einführung in die Ethologie« (2. Aufl. 1985).
    Anschrift: Prof. Dr. DIERK FRANCK, Zoologisches Institut und Zoologisches Museum der Universität, Martin-Luther-King-Platz 3, 2000 Hamburg 13.

REINHARD GERECKE (»Das Kaltwasseraquarium«) wurde 1958 in Tübingen geboren. Nach Abschluß des Studiums der Limnologie, Zoologie, Mikrobiologie und Geologie an den Universitäten Tübingen und Freiburg folgte in den Jahren 1985 und 1986 ein Forschungsaufenthalt in Catania (Sizilien). Hauptarbeitsgebiet: Ökologie, Faunistik und Tiergeographie der Wassermilben.
    Anschrift: Dipl.-Biol. REINHARD GERECKE, Biesingerstraße 11, 7400 Tübingen.

HARTMUT GREVEN (»Das Terrarium«) wurde 1942 in Neustadt/Oberschlesien geboren. Er studierte Zoologie, Botanik, Medizinische Mikrobiologie und Latein an den Universitäten Münster, Freiburg und Wien und promovierte 1971 mit Untersuchungen an heimischen Bärtierchen. Von 1971 bis 1982 arbeitete GREVEN als Assistent am Zoologischen Institut der Universität Münster, wo er sich 1978 über die Fortpflanzungsbiologie lebendgebärender Schwanzlurche habilitierte. Von 1981 bis 1986 war er u. a. Vertreter des Amtes eines Professors für das Fach Biologie an den Universitäten Paderborn und Düsseldorf. Seit 1986 ist GREVEN als Professor für Morphologie und Cytologie der Tiere in Düsseldorf tätig. Forschungsreisen führten ihn nach Grönland und durch Ostafrika.
    Anschrift: Prof. Dr. HARTMUT GREVEN, Institut für Zoologie II, Universität Düsseldorf, Universitätsstraße 1, 4000 Düsseldorf 1.

VOLKER HAHN (»Die Vogelvoliere«, »Das Balzverhalten des Zebrafinken«), geboren 1952 in Ludwigshafen, studierte Biologie an den Universitäten Kaiserslautern und Bielefeld. Seine Diplomarbeit, eine Freilandstudie über die soziale Organisation des Bienenfressers *(Merops apiaster)*, fertigte er 1980 in Griechenland an. 1985 promovierte er über Prägungsphänomene beim Rosenköpfchen *Agapornis roseicollis*.
    Anschrift: Dr. VOLKER HAHN, Fakultät für Biologie, Universität Bielefeld, Postfach 86 40, 4800 Bielefeld 1.

ERNST KULLMANN (»Netzbau und Beutefangverhalten bei der Sektorspinne«) wurde einem größeren Publikum vor allem durch seinen Fernsehfilm »Leben am seidenen Faden« und das gleichnamige Buch – beides produzierte er zusammen mit HORST STERN – bekannt. KULLMANN (geboren 1931 in Schneppenbaum/Kreis Kleve) studierte in Bonn Zoologie, Botanik und Medizin. Er promovierte 1957 über den Spinnennetzbau; von 1962–1966 war er Mitglied des Partnerschaftsteams der Universität Bonn in Kabul (Afghanistan), von 1972–1976 Ordinarus für Allgemeine Zoologie an der Universität Kiel und von 1975–1981 Direktor des Zoologischen Gartens Köln. Seit 1981 arbeitet Professor KULLMANN freiberuflich als Zoologe. Seine Forschungs- und Filmreisen

führten ihn in zahlreiche Länder. Er ist auch Autor einer zehnteiligen Fernsehfilmserie: »Die Todeslawine – Lebensräume der Erde und ihre Gefährdung«.
Anschrift: Prof. Dr. ERNST KULLMANN, Hinter den Wiesen 23, 5000 Köln 91.

JÜRG LAMPRECHT (»Das Planen und Auswerten von Versuchen«) wurde 1941 in Winterthur (Schweiz) geboren. Er studierte Biologie und Anthropologie an der Universität Zürich, wo er 1972 über die Mechanismen des Paarzusammenhaltes bei dem Buntbarsch *Tilapia mariae* promovierte. Bereits 1967 war LAMPRECHT als Doktorand an das Max-Planck-Institut für Verhaltensphysiologie in Seewiesen bei München gekommen; seit 1974 arbeitet er dort als wissenschaftlicher Assistent, wobei ihn besonders tiersoziologische Fragen interessieren. Von 1972 bis 1974 führte er Freilandbeobachtungen zur Verhaltensökologie und Soziologie von Schakalen und Löffelhunden in der Serengetisteppe (Tansania) durch. Sein Buch »Verhalten« (1972) gilt als ein Standardwerk zur Einführung in die Ethologie.
Anschrift: Priv.-Doz. Dr. JÜRG LAMPRECHT, Max-Planck-Institut für Verhaltensphysiologie, 8131 Seewiesen.

MARTIN LINDAUER (»Sinnesleistungen, Orientierung und Verständigung bei Bienen«) wurde 1918 in Wäldle bei Garmisch geboren. Er studierte Zoologie, Botanik, Chemie und Geographie in München, wo er 1947 bei KARL VON FRISCH über den Einfluß von Duft- und Geschmacksstoffen auf die Tänze der Bienen promovierte. LINDAUER erhielt 1962 eine außerordentliche Professur an der Universität München sowie ordentliche Professuren an den Universitäten Frankfurt (1963) und Würzburg (1973). Von 1976 bis 1982 war er zudem Gastprofessor an der Cornell-Universität (USA). Er hielt Gastvorlesungen an der Harvard-Universität (USA), in Nancy und Caen (Frankreich), in Varenna, Mailand und Florenz (Italien), in London und Edinburgh (England) sowie in Kyoto (Japan). Für seine Forschungen auf den Gebieten Sinnesphysiologie, Orientierung, Lernphysiologie und Biomagnetismus wurde Professor LINDAUER mit den Ehrendoktorwürden der Universitäten Zürich (1978), Umeå/Schweden (1982) und Saarbrücken (1984) sowie – neben zahlreichen weiteren Ehrungen – der KARL RITTER VON FRISCH-Medaille der Deutschen Zoologischen Gesellschaft (1986) ausgezeichnet. Sein bekanntestes Buch, die »Verständigung im Bienenstaat« (1975) erschien in mehreren Sprachen.
Anschrift: Prof. Dr. Dr. h. c. MARTIN LINDAUER, Zoologisches Institut (II), Universität Würzburg, Röntgenring 10, 8700 Würzburg.

HANS GEORG MACHEMER (»Galvanotaxis: Grundlagen der elektromechanischen Kopplung und Orientierung bei Paramecium«) leitet am Lehrstuhl für Allgemeine Zoologie und Neurobiologie der Ruhr-Universität Bochum die Arbeitsgruppe »Rezeptoren«. MACHEMER, 1934 in Münster (Westf.) geboren, studierte in Freiburg und Münster Biologie und Chemie. 1964 promovierte er mit einer »Analyse der Bewegungen des Ciliaten *Stylonychia mytilus*«. Er war Assistent an den Zoologischen Instituten Münster und Tübingen und habilitierte sich 1971. Nach einem mehrjährigen Aufenthalt an der University of California in Los Angeles übernahm er 1975 eine Professur in Bochum. Seine Arbeitsgebiete: Sinnesphysiologie, Membranphysiologie und zelluläre Bewegung.
Anschrift: Prof. Dr. HANS GEORG MACHEMER, Lehrstuhl für Allgemeine Zoologie und Neurobiologie, Ruhr-Universität Bochum, Universitätsstraße 150, 4630 Bochum.

ULRICH MASCHWITZ (»Das Spurpheromon der Glänzend-Schwarzen Holzameise«) ist Professor am Zoologischen Institut der Universität Frankfurt. MASCHWITZ, 1937 in Trebnitz (Schlesien) geboren, studierte Biologie, Chemie und Geographie an der Universität München. Er promovierte 1963 über Gefahrenalarmstoffe und Gefahrenalarmierung bei sozialen Hautflüglern. Nach Assistentenstationen in Würzburg, Heidelberg und Frankfurt wurde er 1973 zum Professor ernannt. Schwerpunkte seiner Forschungen sind die chemische Kommunikation bei sozialen Insekten, die chemische Abwehr bei Arthropoden sowie Symbiose und Parasitismus bei sozialen Insekten; im Rahmen dieser Arbeiten führten ihn zahlreiche Forschungsreisen nach Süd- und Südostasien.

Anschrift: Prof. Dr. ULRICH MASCHWITZ, Fachbereich Biologie, Zoologie, Johann Wolfgang Goethe-Universität Frankfurt, Siesmayerstraße 70, 6000 Frankfurt 11.

MARLIESE MÜLLER (»Orientierungsmechanismen bei der Kellerassel«) wurde 1941 in Bergisch Gladbach geboren. Sie studierte Zoologie, Physiologische Chemie und Botanik an der Universität zu Köln, wo sie 1967 promovierte. Seit 1982 ist Frau MÜLLER Professorin für Biologie und ihre Didaktik (Schwerpunkt Ökologie und Limnologie) an der Universität-Gesamthochschule Siegen. Ihre Forschungstätigkeit erstreckt sich auf limnologische Fragen sowie die Ausarbeitung von Versuchen für Hochschulpraktika und Schulunterricht. Buchveröffentlichung: »Experimente mit Kleinkrebsen« (1977).

Anschrift: Prof. Dr. MARLIESE MÜLLER, Universität GH Siegen, Fachbereich 8, Adolf-Reichwein-Straße 2, 5900 Siegen 21.

RÜDIGER SCHRÖPFER (»Das Verhalten der Mongolischen Rennmaus«) wurde 1940 in Militsch geboren. Er studierte Zoologie, Botanik, Chemie, Biochemie, Mathematik und Philosophie in Kiel und Münster (Westf.). 1971 promovierte er mit seinen »Untersuchungen zur Farbvariation der Waldspitzmaus (*Sorex araneus* L., Insectivora, Soricidae) und der Waldmaus (*Apodemus sylvaticus* L., Rodentia, Muridae) in Populationen Nordwestdeutschlands«. SCHRÖPFER ist Professor am Fachbereich Biologie/Chemie der Universität Osnabrück, wo er auf den Gebieten Wirbeltier-Ethologie, speziell Säugetier-Ökoethologie sowie Populationsbiologie und unterrichtsangewandte Zoologie arbeitet.

Anschrift: Prof. Dr. RÜDIGER SCHRÖPFER, Fachbereich Biologie/Chemie, Universität Osnabrück, Barbarastraße 11, 4500 Osnabrück.

ROLAND SOSSINKA (»Die Vogelvoliere«, »Das Balzverhalten des Zebrafinken«) wurde 1944 in Inzell (Obb.) geboren. Er studierte Biologie und Chemie in Braunschweig, wo er 1970 über »Domestikationserscheinungen beim australischen Zebrafinken« promovierte. Zusammen mit KLAUS IMMELMANN baute er den Lehrstuhl für Verhaltensphysiologie in Bielefeld auf. 1977 folgte die Habilitation, 1982 die Ernennung zum Professor. SOSSINKA arbeitet in Bielefeld auf den Gebieten Ethologie, Ökologie und Physiologie. 1981 veröffentlichte er das Studienbuch »Ethologie«.

Anschrift: Prof. Dr. ROLAND SOSSINKA, Fakultät für Biologie, Universität Bielefeld, Postfach 86 40, 4800 Bielefeld.

GÜNTHER K. H. ZUPANC (»Temperatur und Verhalten: Physiologische Versuche an schwachelektrischen Fischen«, »Eine Analyse einiger Verhaltensweisen beim Grünflossen-Buntbarsch«), geboren 1958 in Augsburg, konzipierte dieses Buch. Er erhielt bereits als Schüler und Student zahlreiche – auch internationale – Auszeichnungen bei Wettbewerben für junge Forscher und Wissenschaftsjournalisten. ZUPANC studierte von 1979–1985 Biologie und von 1985–1987 Physik an der Universität Regensburg. Seit 1987 promoviert er an der Universität von Kalifornien in San Diego über Elektrokommunikation bei schwachelektrischen Fischen. Sein Buch »Fische und ihr Verhalten« (1982) erschien 1985 auch in einer amerikanischen Ausgabe.

Anschrift: Dipl.-Biol. GÜNTHER K. H. ZUPANC, Department of Neurosciences, School of Medicine, and Neurobiology Unit, Scripps Institution of Oceanography, University of California at San Diego, A-002, La Jolla, California 92093 (USA).

5.4 Register

5.4.1 Verzeichnis der deutschen und wissenschaftlichen Tiernamen

Kursiv gesetzte Seitenzahlen verweisen auf Abbildungen

Aal 33
Abramis ballerus 20
  A. brama 34
  A. sapa 20
Aburnoides bipunctatus 20
Acanthophtalmus 154
Acilius sulcatus 32
Acipenser ruthenus 20
  A. sturio 20
Adlerrochen 146
Ährenfische 154
Äsche 20
Aeschna cyanea 29
Äskulapnatter 19
Agamen 48
Aland 20
Alligatoren 21
Alosa alosa 20
  A. fallax 20
Alytes obstetricans 20
Ambystoma mexicanum 21, 47, *47*
Ameisen 112
Amerikanischer Flußkrebs 26
Amerikanische Messerfische 154
Amia calva 143
Amphibien 20, 42 ff.
Amphipoda 26
Amphotis marginata 115
Anabantoidei 154
Anabas 140
Anabolia 32
Anglerfische 140, 142
Anguilla anguilla 33, *143*, *144*
Anguis fragilis 46
Anisoptera 29
Anodonta 35
  A. sp. 24
Anolis 49
Anopheles 33
Antennariidae 140, 142

Apis mellifera 125 ff.
Apteronotidae 154
Arachnida 25
Araneae 83
Araneidae 83
Araneus diadematus 85
Argyroneta aquatica 25
Arthropoda 83
Asellus aquaticus 26, 27
  A. cavaticus 26
Aspisviper 19
Aspius aspius 20
Asseln 93
Astacus astacus 26, 27
Astatotilapia burtoni 195
Atherinidae 154
Atyaephyra desmarestii 28
Axolotl 21, 47, *47*

Bachforelle 20
Bachneunauge 20, 36
Bachschmerle 20
Balistes capriscus 143
Balistidae 146
Barbe 20, 34
Bärblinge 154
Barbus barbus 20, 34
Bartgrundel 35
Basommatophora 23
Beilbauchfische 140
Benthosaurus 140
Bergeidechse 44, *44*
Bergmolch 46, *46*
Biene 125 ff., *128 f.*, *135*
Bitterling 20, 35
Bivalvia 24
Blaufelchen *157*
Blindschleiche 46
Boidae 21
Bombina bombina 20
  B. variegata 20
Bombyx mori 113
Brachse 34
Brachydanio rerio 154

Brandungsbarsch (Art *Cymatogaster aggregata*) *143*
Brandungsbarsche (Familie Embiotocidae) 146
Braunfrösche 46
Büschelmücke 33
Bufo bufo 44, *45*
  B. calamita 20, 43, *43*
  B. viridis 20, 43, *44*
Buntbarsche 154, 157, 193

Caenis 28
Caranx hippos 143
Carassius carassius 20
Chalcalburnus chalcoides mento 20
Chamaeleo 21
Chamäleons 21
Chaoborus sp. 33
Characoidei 157
Chelicerata 83
Chondrostoma nasus 20
Cichlasoma citrinellum 195
  C. nigrofasciatum 193 ff., *194, 200, 206*
Cichlidae 154, 157, 193
Ciliaten 60
Cloeon 28
Clupea harengus 143
Cobitidae 35
Cobitis taenia 20, 35
Coleoptera 31
Coregonidae spp. 20
Coregonus lavaretus 157
  C. oxyrhynchus 20
Corixidae 31
Coronella austriaca 19
Cottidae 34
Cottus gobio 20, *157*
Crocodylia 21
Crustacea 26 ff.
Culex sp. 33
Culicidae 33

263

Cyclostomata 20
Cymatogaster aggregata 143
Cynolebias 21
Cynops pyrrhogaster 47
Cyprinidae 35, 142, 157
Cyprinodontidae 154
Cyprinus carpio 20, 34
Cyrtophora citricola 83, 84

Danio aequipinnatus 154
Decapoda 26
Dendrobatidae 49
Dicke Flußmuschel 35
Diodon holocanthus 143
Diodontidae 146
Diplodus vulgaris 157
Diptera 33
Döbel 34
Donau-Flußkahnschnecke 23
Dornaugen 154
Dornhai *143*
Dreissena polymorpha 24
Dreistachliger Stichling 20, 34, *34*
Drückerfisch (Art *Balistes capriscus*) *143*
Drückerfische (Familie Balistidae) 146
Dryopidae 31
Dytiscidae 31
Dytiscus marginalis 32
D. sp. 32

Echeneidae 140
Echte Krokodile 21
Echte Messeraale 154
Edelkrebs *27*
Egel 24
Eigenmannia 145, 173
  E. lineata 170 ff., *170*
  E. virescens 167 f., 168, 170, 173
Eigentliche Messerfische 154
Eintagsfliegen 28
Elaphe longissima 19
Electrophorus 145
  E. electricus 166
Elminthidae 31
Elritze 20, 35
Embiotocidae 146
Emblema oculata 21
Emys orbicularis 19
Erdkröte 44 f., *45*
Esox lucius 33, *157*

Europäische Sumpfschildkröte 19
Exocoetidae 140

Fächerkärpflinge 21
Feldgrille 101 ff., *101, 104, 108 f.*
Feuerbauchmolch 47
Feuersalamander 44 f., *45*
Finken 53
Finte 20
Fische 20, 33 ff., 140 ff.
Flagellaten 70
Fliegende Fische 140
Flohkrebse 26
Flußaal *143 f.*
Flußkrebs 26
Flußmuschel (Art *Unio crassus*) 35
Flußmuscheln (Gattung *Unio*) 35
Flußneunauge 20, 36
Forelle 34
Forellen-Verwandte 142
Frauennerfling 20
Fühlerlose 83
Furchenschwimmer 32

Gadus morrhua 143
Gammaridae 26
Gasteropelecidae 140
Gasterosteidae 34
Gasterosteus aculeatus 20, 34, *34*
Gastropoda 23
Gebänderte Flußkahnschnecke 23
Geburtshelferkröte 20
Gekkonen 48
Gelbbauchunke 20
Gelbrand 32, *32*
Gemeine Flußkahnschnecke 23
Gemeiner Fischegel 24
Gerbillidae 221
Gerridae 29
Gerris sp. 31
Girlitz 54
Glänzend-Schwarze Holzameise 112 ff., *115, 120*
Gliederfüßer 83
Glossiphonia complanata 24, 25
Gobiidae 140
Gobio albipinnatus 20
  G. gobio 35, *36*

G. uranoscopus 20
Gobioesocidae 140
Groppe (Art *Cottus gobio*) 20, 157, *157*
Groppen (Familie Cottidae) 34
Großer Kolbenwasserkäfer 31
Großer Schneckenegel *24, 25*
Großlibellen 29
Großnilhecht 166
Gründling 35, *36*
Grüner Messerfisch *167 f., 168,* 170 ff., *170*
Grüner Schwertträger 182, *183,* 184 ff., *185*
Grünflossen-Buntbarsch 193 ff., *194, 200, 206, 250*
Grünfrösche 46
Grünlicher Wassermolch 47
Grundel 157
Gryllus bimaculatus 103
  G. campestris 101 ff., *101, 104, 108 f.*
Guppy 154, 182, *183,* 189 f., *190*
Gymnarchus 145
  G. niloticus 166
Gymnocephalus cernua 20
  G. schraetzer 20
Gymnotidae 154
Gymnotiformes 166, 170
Gymnotus 145
  G. carapo 143
Gyrinidae 31

Haemopis sanguisuga 25
Haie 153
Hakenkäfer 31
Haliplidae 31
Haplochromis burtoni siehe *Astatotilapia burtoni*
Harnischwelse 145
Hausmaus 232
Hecht 33, *157*
Hering *143*
Heteroptera 29
Hippocampus 145
Hirudinea 24
Hirudo medicinalis 25
Huchen 20
Hucho hucho 20
Hydracarina 25
Hydrochara caraboides 31

264

Hydrodroma despiciens 25
Hydrometridae 29
Hydrophilidae 31
Hydrophilus aterrimus 31
H. piceus 31
Hygrobates sp. 25
Hyla arborea 20, 45
H. regilla 45, *46*
Hypopomus occidentalis 169

Igelfisch *143*
Indischer Glaswels 154
Infusorien 60
Insekten 28 ff.
Isopoda 26, 93
Isuridae 145
Isurus glaucus 143

Japanisches Mövchen 53, *54*
Julidochromis 154

Kabeljau *143*
Käfer 31
Kammolch 20
Kanarienvogel 53 ff., *54*
Karausche 20
Karpfen 34
Karpfen, Wildform 20
Karpfenfische 35
Kaulbarsch 20
Kellerassel 93 ff., *93 f., 96*, 247
Killifische 154
Kleinlibellen 29
Kletterfische (Gattung *Anabas*) 140
Kletterfische (Unterordnung Anabantoidei) 154
Knoblauchkröte 20
Knochenfische 153
Knotenameisen 121
Knurrhähne 140
Köcherfliegen 32
Königslaubfrosch 45 f., *46*
Kofferfisch (Art *Ostracion tuberculatum*) 143
Kofferfische
 (Familie Ostraciontidae) 145
 (Familie Diodontidae) 146
Krallenfrosch 47 f., *48*
Krebse 26 ff.
Kreuzkröte 20, 43, *43*
Kreuzotter 19
Kreuzspinne 85
Kriechtiere 19

Krokodile 21
Kryptopterus bicirrhis 154
Kugelfisch (Art *Lagocephalus laevigatus*) 143
Kugelfische (Familie Tetraodontidae) 142, 146, 154
Kugelfischverwandte (Ordnung Tetraodontiformes) 146
Kugelmuscheln 24

Labormaus 232 f.
Labridae 146
Lacerta agilis 44
L. viridis 19
L. vivipara 44, *44*
Lachs 20
Lagocephalus laevigatus 143
Lampetra fluviatilis 20, 36
L. planeri 20, 36
Landschildkröten 21
Lasius flavus 123
L. fuliginosus 112 ff., *115, 120*
L. niger 123
L. umbratus 114
Laubfrosch 20, 45
Lebendgebärende Zahnkarpfen 182 ff.
Leucaspius delineatus 20
Leuciscus cephalus 34
L. idus 20
L. souffia agassizi 20
Libellen 29, *127*
Limnephilus 32
Lippfische 146
Lonchura striata 53
L. striata var. dom. 53
Loricariidae 145
Lota lota 20, 33, *33*
Lurche 20
Lymnaea stagnalis 23

Maifisch 20
Mairenke 20
Makrelenhai (Art *Isurus glaucus*) 143
Makrelenhaie (Familie Isuridae) 145
Malabarkärpfling 154
Malariamücke 33
Malermuschel 35
Marienbuntbarsch 195
Marmorrochen *143*

Mastacembelidae 154
Mauereidechse 19, 44, 48
Maus 235 ff.
Medizinische Blutegel 25
Meerforelle 20
Meergrundeln 140
Meerneunauge 20
Megaloptera 32
Melanotaeniidae 154
Melopsittacus undulatus 53
Meriones unguiculatus 221 ff., *224, 228, 231*
Mesoveliidae 29
Messeraal (Gattung *Gymnotus*) *143*, 145
Messeraale (Ordnung Gymnotiformes) 166 f., 170
Messerfisch 145
Micropterus 147
Misgurnus fossilis 20, 35
Moderlieschen 20
Molidae 146
Mondfische 146
Mongolische Rennmaus 221 ff., *224, 228, 231*, 244, 246
Moorfrosch 20
Mormyriformes 166
Muraena 146
Muräne 146
Mus 232
 M. musculus f. domestica 232 f., 235 ff.
Muscheln 24
Myliobatidae 146
Myrmica 121

Nase 20
Natrix natrix 19, 46
 N. tesselata 19
Nepa rubra 29
Nephila 84
Netzflügler 32
Netzspinne *83 f.*
Neunaugen 36
Neunstachliger Stichling 34
Neuroptera 32
Nilhecht (Art *Pollimyrus isidori*) 169
Nilhechte
 (Gattung *Gymnarchus*) 145
 (Ordnung Mormyriformes) 166 f.
Noemacheilus barbatulus 20, 35

265

Notonecta sp. 30, 31
Notonectidae 31
Notophthalmus viridescens 47
Notopteridae 154
Nymphula nymphaeata 32

Olios patellatos 91
Opalina 70
Opuntienspinne 83 f.
Orconectes limosus 26
Osmerus eperlanus 20
Ostracion tuberculatum 143
Ostraciontidae 145

Palaemonetes antennarius 28
Pantoffeltierchen 60 ff.
Papageien 21, 53
Paramecium 60 ff., *61,* 64 f., 67 f., 77
  P. caudatum 63
Pelecus cultratus 20
Pelmatochromis subocellatus kribensis siehe *Pelvicachromis subocellatus kribensis*
Pelobates fuscus 20
Pelvicachromis subocellatus kribensis 200
Periophthalmus 140
Perlfisch 20
Petromyzon marinus 20
Pfeilgiftfrösche 49
Pferdeegel 25
Phoxinus phoxinus 20, 35
Pinguine 153
Pisces 20
Piscicola geometra 24
Planorbarius corneus 23
Planorbidae 23
Plattfische 146
Platy *182, 185*
Platypoecilus 185
Pleuronectiformes 146
Podarcis muralis 19, 44
Poecilia reticulata 154, 182, *183,* 189 f., *190*
  P. sphenops 184
Poeciliidae 182 ff.
Poephila cincta cincta 21
Pollimyrus isidori 169
Porcellio scaber 93 ff., 93 f., 96
Posthornschnecke *23*
Prachtfinken 21, 53
Prosobranchia 23

Pterophyllum 146
Pungitius pungitius 20, 34
Pyralidae 32

Quappè 20, 33, *33*

Radnetzspinnen 83
Raja undulata 143
Rajiformes 146
Rana arvalis 20
  R. dalmatina 20
  R. esculenta 46
  R. ridibunda 20
  R. temporaria 46
Ranatra linearis 29, *30*
Rapfen 20
Rasborinae 154
Ratte 232
Rattus 232
Rauhhäutiger Gelbbauchmolch 47
Regenbogenfische 154
Regenbogenforelle *143*
Renkenartige 20
Rennmäuse 221
Reptilien 19, 42 ff., 46, 48 f.
Rhamphichthyidae 154, 170
Rhodeus sericeus amarus 20, 35
Riesenschlangen 21, 49
Ringelbrasse *157*
Ringelnatter 19, 46
Rochen 146, 167
Rodentia 221
Rotauge 34
Rotbauchunke 20
Rotfeder 20, 34
Rothäutiger Gelbbauchmolch 47
Rotohramadine 21
Rückenschwimmer *30,* 31
Ruderwanzen 31
Rundmäuler 20
Rutilus frisii meidingeri 20
  R. pigus virgo 20
  R. rutilus 34

Säugetiere 222
Saibling 20
Salamandra salamandra 44, 45
  S. s. salamandra 44
Salmler 154, 157
Salmo gairdneri 143
  S. salar 20

  S. trutta 34
  S. trutta fario 20
  S. trutta lacustris 20
  S. trutta trutta 20
Salmonidae 142
Salvelinus alpinus salvelinus 20
Sarda sarda 145
Saugfische 140
Scardinius erythrophthalmus 20, 34
Schiffshalter 140
Schildkröten 48
Schlammfisch *143*
Schlammfliegen 32
Schlammpeitzger 20, 35
Schlammspringer 140
Schlankbarsche 154
Schleie 34
Schleierkampffisch 154
Schlingnatter 19
Schmerlen 35
Schnecken 23
Schneider 20
Schraetzer 20
Schwammfliege 32
Schwanzflossen-Messeraale 154
Schwarzkehl-Gürtelgrasfink 21
Schwertträger *182, 185*
Schwimmkäfer 31
Scombridae 144
Seeforelle 20
Seefrosch 20
Seepferdchen 145
Segelflosser 146
Seidenspinne 84
Seidenspinner 113
Sektorspinne 83 ff.
Serinus canarius 54
  S. serinus 54
Silurus glanis 20, 33
Sisyra 32
Skorpionswanzen 29
Smaragdeidechse 19
Sonnenbarsch *147*
Spegodyphus pacificus 84
Spaeriidae 24
Spinnentiere 25
Spitzschlammschnecke *23*
Spitzschwanz-Bronzemännchen 53
Springfrosch 20
Squalus acanthias 143
Stabwanze 29, *30*

Stachelaale 154
Stachelmakrele *143*
Stachelwasserkäfer 31
Stechmücken 33
Steinbeißer 20, 35
Steinfliegen 28
Steingreßling 20
Stelzenfisch 140
Sterlet 20
Sternopygus dariensis 169
S. macrurus 169
Stichlinge 34
Stint 20
Stör 20
Stoßwasserläufer 29
Streber 20
Strömer 20
Südeuropäische Feldgrille 103
Süßwassergarnele 28
Süßwasser-Lungenschnecken 23
Süßwassermilbe *25*
Sumpfdeckelschnecke 23

Taeniopygia guttata 53, 210 ff., *210, 214*
Taricha granulosa 47
Taumelkäfer 31
Teichläufer 29
Teichmolch 46, *46*
Teichmuscheln 24, 35
Tellerschnecken 23
Testudinidae 21
Tetraodontidae 142, 146, 154
Tetraodontiformes 146
Theodoxus danubialis 23
T. fluviatilis 23
T. sp. 23
T. transversalis 23

Thunfisch (Art *Thunnus albacares*) *143*
Thunfische (Familie Scombridae) 144, 153
Thunnus albacares 143
Thymallus thymallus 20
Tilapia mariae 195
Tinca tinca 34
Torpedo 145
Trichoptera 32
Triglidae 140
Triturus alpestris 46, *46*
T. cristatus 20
T. vulgaris 46 f., *46*

Unio 35
U. crassus 35
U. pictorus 35
U. tumidus 35

Veliidae 29
Vimba vimba 20
Vipera aspis 19
V. berus 19
Viviparus viviparus 23
Vogelspinnen 83
Vorderkiemer 23

Waldeidechse 44, *44*
Wale 153
Wandermaräne 20
Wandermuscheln 24
Wanzen 29
Wasserassel (Art *Asellus aquaticus*) 27
Wasserasseln (Ordnung Isopoda) 26
Wasserfreunde 31
Wasserläufer 29, 31
Wassermilben 25
Wasserschmetterling 32

Wasserskorpion 29
Wasserspinne 25
Wassertreter 31
Wasserwanzen 29
Webspinne (Art *Olios patellatos*) *91*
Webspinnen (Ordnung Araneae) 83
Wechselkröte 20, 43, *44*
Weißfische 35, 142, 157
Weißflossiger Gründling 20
Wellensittich 53, *54*
Wels 20, 33
Wilder Kanarienvogel 54 f.
Würfelnatter 19

Xenopus laevis 47 f., *48*
Xiphophorus 182, 185
X. helleri 182, *183*, 184 ff., *185*

Zährte 20
Zauneidechse 44
Zebrabärbling 154
Zebrafink 53, *54*, 210 ff., *210, 214*
Zehnfüßer 26
Ziege 20
Zingel 20
Zingel streber 20
Z. zingel 20
Zitronenbuntbarsch 195
Zitteraal 145, 166
Zitterrochen 145
Zobel 20
Zope 20
Zünsler 32
Zweifleckgrille 103
Zweiflügler 33
Zwergstichling 20
Zygiella x-notata 83 ff.
Zygoptera 29

5.4.2 Sachverzeichnis

AAM siehe Angeborener Auslösemechanismus
Abdrehreaktion 98
Abseilfaden 85
Abstandsmessung
  Meßprinzip 200 f.

computergestützt 207
Achsenfaden 85
Adaptation 211
Afterhügel 83
Aggression, biologische Bedeutung 188 f.

Aggressionsfärbung 198
Aggressionsverhalten
  Feldgrille 101 f., 105 ff.
  Grünflossen-Buntbarsch 198, 202 f.
  Guppy 189

Lebengebärende Zahnkarpfen 182 ff.
Mongolische Rennmaus 227 f.
Schwertträger 184, 187 f.
Wirkung exogener Faktoren 207
Agonistisches Verhalten 225, 227 f., 232 f.
Aktinfilament 62
Aktionsspezifische Ermüdung 212
Aktive Elektroortung 166, 172
Aktive Elektrorezeption 167
Akustiko-Lateralis-System 168
Alarmstoff 113
Alkaloid 121
All-trans-Retinal 125
Allergie
 Bienenstich 131
 Vogelstaub 57
Ameisenstraße 114
Amiiformes Schwimmen 145
Angeborener Auslösemechanismus (AAM) 104
Anguilliformes Schwimmen 142
Anodischer Reiz 67
Anpressen 94
Anschwimmen 203
Anstreichlaut 110
Antidrome Orientierung 68
Aposematische Färbung 45
Appetenzverhalten 110
Appositionsauge 131
Arbeiterin 114 ff., 122
Arbeitsteilung 205
Arterkennung 166
Assoziatives Lernen 60
Attrappenversuch 195
Ausbalanzieren von Störfaktoren 253
Ausdrucksverhalten 222
Auslösemechanismus 212
Auslöser 211, 213
Auswertung von Versuchen 243 ff.
Autonomie 102
Axonem 61 f.

Balistiformes Schwimmen 145 f.
Balzsprung 190
Balztanz 214

Balzverhalten siehe Fortpflanzungsverhalten
Bandwurmbefall 57
Basalkorn 61 f.
Basalkörper 61
Bastardisierung siehe Kreuzung
Bauchdrüse 225, 230
Baupilz 114
Begrüßungsanflug 214
Beißen 186, 189, 198
Beißhemmung 187
Bereitschaft 200
Beschädigungskampf 221, 227
Beutefangverhalten 90 ff.
Bewegungsweise, Definition 193
Bienenauge, Struktur 128
Bienendressur 131
Bienentanz 128
Binomialtest 249 f.
Bioakustik 107, 207
Biotest 118
Bombykol 113
Bremsen bei Fischen 147
Brustflossenschlag, Beschreibung 196
Brutpflegeverhalten
 Egel 25
 Groppe 34
 Grünflossen-Buntbarsch 194
 Stichlinge 34
 Wasserasseln 26
Bundesartenschutzverordnung 19
Bundesnaturschutzgesetz 18
Byssusfaden 24

Calcium, Kontrolle der Cilienbewegung 63
Capronsäure siehe Hexansäure
Carangiformes Schwimmen 143
Cercus 28, 104 f.
Chelicere 91
χ^2-Test 246 f.
Cilie 60
 Bau 60 ff., 69
 Bewegungsmechanismus 62 ff.
11-cis-Retinal 125
Citral 120
Cortex 60 f.

Corticoide 183
Cribellat 84
Cribellum 84
Cuticula 94
Cyclisches Kommunikationssystem 235
Cytoplasma 62
Cytostom 73

Decansäure 120
Dendrolasin 120
Deutsche Zoologische Gesellschaft 257
Dichroitische Absorption 127
Diodontiformes Schwimmen 146
Dodecansäure 120
Domestikation 53, 212
Doppeltubulus 61 f.
Drang 200
Dressur siehe Futterdressur
Drohen 189
Dufourdrüse 120
Duftstoff 122
Dyneinarm 61 f.

Ecribellat 84
Ei-Ablageverhalten 110
Einheiten, physikalische und chemische 2
Einseitige statistische Tests 244
Elektrische Entladung
 Erzeugung 166 ff.
 Form bei verschiedenen Fischen 166
 Grüner Messerfisch 170 f.
 Sexualdimorphismus 169 f.
 Temperaturabhängigkeit 172 ff.
 Wahrnehmung 168 f.
Elektrische Fische 166 ff.
Elektrisches Entladungsorgan, Bau 166 ff.
Elektrisches Feld 70
Elektrisches Sinnesorgan 168 f.
Elektrocyte 167
Elektrokommunikation 166, 179
Elektroortung 166, 179
Elektrophysiologie 63, 69
Elektrorezeptor 168
Entladungsfrequenz 169, 171

268

Entwicklung siehe Ontogenese
Erbgang von Verhaltensweisen 110
Erkundungsverhalten 225, 235
Ermüdung 211
Ethogramm 184
  Grüner Schwertträger 184
  Mongolische Rennmaus 223
Ethologentreffen 257
Ethologische Gesellschaft 257
Ethologische Zeitschriften 256 f.
Eusoziale Insekten 112
Evolution 212
Experiment 252
Extraintestinale Verdauung 92
Exuvie 28

Familienformen 222
Familiengruppe 221
Fangfaden 86 f.
Fangmaske 29
Fangspirale 89
Farbensehen 125, 132 ff.
Farbmorphen beim Grünflossen-Buntbarsch 195
Farbmuster, Wirkung auf Verhalten 195
Farbtüchtigkeit, Nachweis bei Bienen 133
Feldlinie 66
Fesselfaden 91
Fettsäuren 120
Filmauswertung 162
Fischrad 158 ff.
Fischschwarm 31
Fisher-Test für 4-Felder-Tafeln 247 f.
Fitness 212
Fixationszeit 236
Flossenbewegung beim Schwimmen 154 f.
Flucht 186
Fluchtreaktion 60
Folgen 190
Fortbewegungsweisen bei Fischen 140 ff.
Fortpflanzungsverhalten
  Axolotl 47
  Bitterling 35
  Elritze 35
  Feldgrille 101 f., 104 f., 107
  Groppe 34
  Gründling 35 f.
  Grünflossen-Buntbarsch 194
  Guppy 189 f.
  Krallenfrosch 48
  Lebendgebärende Zahnkarpfen 182 ff.
  Molche 47
  Mongolische Rennmaus 225
  Schwertträger 184
  Stichlinge 34
  Waldeidechse 44
  Zebrafink 210 ff.
Freilandarbeit 115
Freivoliere 51
Frequenzausweichreaktion 172, 179
Frequenzgradient 68
Frequenzmodulation 169
Frontaldrohen 198
Fühler 122
Fühlerpeitschen 105
Fühlerzittern 110
Funktionskreis 225
Futter
  Käfigvögel 55 f.
  Terrarientiere 41 f.
Futteralarmierung 117
Futterdressur
  Biene 125, 131 ff.
  schwachelektrische Fische 172

Gähnen 198
Galvanotaxis 60 ff.
Gaster 119
Gedächtnis bei Bienen 138
Gedächtnis-Speicher-Modell 239
Geruchskontakt 227
Geruchsrezeptor 122
Geruchssinn 138
Geruchssinnesorgan 138
Gesangsmotiv 215
Geschlechtsdimorphismus 169 f.
Geschlechtspartner-Erkennung 166, 172
Geschmacksrezeptor 122
Geschmacksstoff 122
Gesellschaften, ethologische und biologische 257
Gewöhnung 211
Giftblase 119
Giftdrüse 120
Giftklaue 91
Gonadenreifung 170
Gonopodialschwingen 186, 190
Gonopodium 182 f.
Graben 197
Großkäfig 50
Gruppe, Definition 204
Gruppenrekrutierung 113
Gymnotiformes Schwimmen 145, 170

Haarsensillum 95
Habituation 211 f.
Haltung von Tieren, allgemeine Hinweise und Gesetzesvorschriften 18 ff.
Handlung, Definition 193
Handlungsbereitschaft 215
Handlungskette 211, 213
Harfe 110
Heptansäure 120
Hexansäure 120 f.
Hierarchie siehe Rangordnung
Hilfsspirale 86, 88
Höchstgeschwindigkeit bei Fischen 149
Höhlen-Effekt 231 f.
Höhlenleben 184
Hören 103
Hörlein-Wettbewerb 255
Homodrome Orientierung 68
Hormone, Einfluß auf morphologische und ethologische Merkmale 191
Hygrokinese 100
Hysteresis 176

Imaginalhäutung 101
Imago 28, 31 f.
Inclusive fitness 212
Innere Befruchtung 182
Insektenstaat 131
Instinktkette 105
Instinktreifung 86
Institut für den Wissenschaftlichen Film (IWF) 59
Institut für Film und Bild in Wissenschaft und Unterricht (FWU) 59
Integrationsniveau von Verhaltensweisen 193

International Association of Fish Ethologists 258
International Ethological Conference 258
International Society for Neuroethology 258
Ionenbatterie 63
Ionenkanal 63
Irrtumswahrscheinlichkeit 243

Jagen 198
Jamming Avoidance Response (JAR) siehe Frequenzausweichreaktion
Jugend forscht-Wettbewerb 58, 255
Jungentransport 232
Jungner-Wettbewerb 255

Kabeleigenschaften 64
Kaltwasseraquarium 22 ff.
 Bepflanzung 22
 Einrichtung 22
 Tiere 23 ff.
Kampfverhalten siehe Aggressionsverhalten
Kannphase 241
Kartonnest 113
Kathodischer Reiz 67
Kiemendeckelspreizen 198
Kinetodesmen 61 f.
Klebfaden 86, 88
Klebfadenspirale 85
Klinokinese 98
Klinotaxis 122
Knollenorgan 168
Körperbewegung beim Schwimmen 154 f.
Körperschütteln 105
Kokonfaden 84
Kolonie 112
Komfortverhalten 225
Kommunikation
 chemische und mechanische bei Ameisen 112
 elektrische bei Fischen 166, 178 f.
 olfaktorische bei Rennmäusen 224 f.
Komplexitätsgrad von Verhaltensweisen 193
Konfliktverhalten 213
Konglobation 94
Konkav-Konvex-Unterscheidung 97

Kontaktpheromon 122
Kontrollversuch 252
Konvergenz
 cribellate und ecribellate Spinnen 85
 elektrische Fische 167
 Schwimmformen 153
Kopf-gegen-Kopf-Orientierung 105
Kopulation
 Feldgrille 104 f.
 Grüner Schwertträger 186
 Zebrafink 215
Kopulationsversuch 186, 190
Korrelation 176, 250 ff.
Korrelationsanalyse 199
Kreisen 188
Kreuzregel 71
Kreuzung
 Grillen 110
 Schwertträger- und Platy-Arten 182
Kritische Geschwindigkeit 153
Kropf 120
Kurssteuerung 102
Kurzzeitspeicher 236

Labriformes Schwimmen 146
Labyrinthversuch 235, 237 ff.
Längeneinheiten 1
Landesfischereiordnungen 19
Langzeitspeicher 236
Larvenkampf 110
Laterale Hemmung 131
Lauterzeugung
 Feldgrille 101 ff.
 Grünflossen-Buntbarsch 207
 Zebrafink 214 f.
Lebendgebären
 Kugelmuscheln 24
 Sumpfdeckelschnecke 23
Lernen
 Ameisen 112
 Biene 138
 Definition 235 f.
 Maus 235 ff.
 Pantoffeltierchen 60
Lernphase 241
Lernverlauf 239
Leuzistische Mutante 210, 216 ff.
Lockgesang 101, 105 ff.

Malphighische Gefäße 120
Mandibeldrüse 120
Mandibelsperren 105
Markieren 222, 225, 230
Marsupium 26, 95
Massenrekrutierung 113
Maulkampf 188
Mechanorezeptor 94
Medulla oblongata 168, 172
Membraneigenschaften beim Pantoffeltierchen 63 ff.
Membrantheorie 63, 69
Metachronismus 60, 64, 69 f., 80
Mikrobiotop 94
Mikrotubulus 61 f.
Mikrovillus 126
Mitteldarm 120
Modell des Pantoffeltierchens 63
Morphologie
 Feldgrille 103 f.
 Glänzend-Schwarze Holzameise 120
 Kellerassel 93, 95
 Pantoffeltierchen 60 ff.
Motivation 200, 212
Mundwerkzeugsanhang 122
Muskelfibrille 62
Musterwahlversuch 235
Mutante 210
Mutation 212
Myosinfilament 62

Nabe 85, 89
Nachbalz 104 f.
Nebennierenrindenhormone 183
Negative Geotaxis 72, 80
Nervengift, Wirkung auf Radnetzbau bei Spinnen 87 f., 92
Nesthilfen 52
Netzbau 83 ff.
Neurales Organ 167
Neurales Superpositionsauge 131
Neuromotorien 60
Neuston 33
Neutralarena 227
Nicht-parametrische statistische Tests 244
Niko-Tinbergen-Förderpreis 255
Nippen 186, 190

Nonansäure 120
Nymphenstadium 26

Octansäure 120
Ökologie der Kellerassel 99
Östrogen 169
Olfaktorisches Verhalten 233
Ommatidium 126 f.
Ontogenese
　Lockgesang der Feldgrille 102
　Larvalentwicklung des Grünflossen-Buntbarsches 194
Operante Konditionierung 235
Opsin 125
Optischer Sinn, Einfluß auf Lernverhalten 241
Orientierung
　Ameise 122
　Biene 125 ff.
　Kellerassel 93 ff.
Orientierungsinformation 113
Orientierungsphase 98
Ornithose 54
Orthokinese 98
Ortspräferenz 227
Osmotropotaxis 122
Ostraciformes Schwimmen 145
Ovipositor 103 f., 110
Ovoviviparie
　Waldeidechse 44
　Lebendgebärende Zahnkarpfen 182

P-zu-N-Verhältnis 171, 175 ff.
Paar, Definition 204
Paarbildung 205
Paarungsverhalten siehe Fortpflanzungsverhalten
Paarzusammenhalt 195
Papageienkrankheit 54
Parasitismus
　Käfer *Amphotis marginata* 115
　Teichmuschel-Larven 24
　Wassermilben 26
Partnerbeschränkte Verhaltensweisen 205 f.
Passive Elektrorezeption 167

Pendeln des Vorderkörpers 110
Periphere Kontrolle 102
Peristomfurche 76
Permeabilität, selektive 63
Pheromon 112, 114 ff., 186
Pheromonquelle
　genauere Lokalisation bei Ameisen 119 f.
　Groblokalisation bei Ameisen 118 f.
Phobotaxis 60, 98
Phonotaxis 101 f.
Phototaxis 95
Pilzzucht 113
Polarisationsmuster der Sonne 125 f.
Polarisationsspannung 74
Polarisiertes Licht,
　Wahrnehmung durch Bienen 125, 137
Poly-stenohygrie 93
Polymorphismus 184, 195
Porenplatte 138
Prägung, sexuelle 218
Primärer Verstärker 235 f.
Pronotum 103 f.
Propriozeption 102
Psittacose 54
Pulsfische 166
Pulsierende Vakuole 73
Pyrazin 121

Q_{10} 176 f.
Querder 36

Radialfaden 84, 89
Radnetz
　makroskopische Analyse 89 f.
　mikroskopische Analyse 90
Radula 23
Rahmenfaden 84, 89
Rajiformes Schwimmen 146
Raketenprinzip 142
Rangkorrelationskoeffizient nach Kendall 176
Rangkorrelationskoeffizient nach Spearman 176, 199, 250 ff.
Rangordnung
　Feldgrille 105 f.
　Grünflossen-Buntbarsch 202

Lebendgebärende Zahnkarpfen 182
Schwertträger 186 f.
Rare-male effect 184
Raumorientierung 230
Reaktions-Geschwindigkeits-Temperatur-Regel 176
Rectum 119 f.
Reinkultur 69
Reizspezifische Ermüdung 212
　Einfluß auf das Balzverhalten 215
Reizsummation 211
Rekrutierung 112 f., 116
Rekrutierungsinformation 113
Retinal 125
Revier
　Feldgrille 106
　Grünflossen-Buntbarsch 202
　Mongolische Rennmaus 221 f.
Rezeptives Feld 131
Rezeptor 70, 113
Rezeptorkanal 64
RGT-Regel siehe Reaktions-Geschwindigkeits-Temperatur-Regel
Rhabdom 126
Rhabdomer 126
Rhodopsin 125
Richtungshören 102
Rivalengesang 102 ff., 107
Rivalenkampf 101
Rivalenverhalten siehe Aggressionsverhalten
Rotations-Gleitprinzip 62
Rotblindheit, Nachweis bei Bienen 133
Rote Listen 19
Ruderprinzip 141 f.
Rückmeldung, positive 65
Rückstoßprinzip 142
Rückzugsgebiet 202
Rundtanz 128, 130, 134 ff.

S-Drohen 186
Sammeltrieb 221
Sandbaden 225
Scharren 225
Schlupfwinkel 89
Schlüsselreiz 104, 211 ff.
Schnabelwischen 215
Schnappen 203

Schrilleiste 108 f.
Schrillkante 108 f.
Schrittmacher 168 f., 172
Schüler experimentieren-
 Wettbewerb 255
Schwachelektrische Fische 166
Schwänzeltanz 128 ff., 136 f.
Schwärmen 131
Schwanzblatt 29
Schwanzschlag 189
Schwanzschlagschwimmen, Kinematik 148 ff.
Schwellenerniedrigung 104
Schwellenintensität 169
Schwellenwert 212 f.
Schwellenwertänderung 212
Schwimmen bei Fischen 140 ff.
Schwimmgeschwindigkeit 148
Schwimmtypen bei Fischen 142 ff.
Scolopidium 95
Sehpigment 125
Sehstäbchen 128
Sehzelltypen 125
Sekundärer Verstärker 235 f.
Selektion 212
 sexuelle 184
Sensible Phase 218
Sexualdimorphismus 169 f.
Sexualhormone 183
Sexuallockstoff 113
Sexualpheromone 183
Sexualverhalten siehe Fortpflanzungsverhalten
Sigmoidstellung 189 f.
Signalerkennung 102
Signalfaden 85, 89
Signifikanz 243
Silbe 107
Silberliniensystem 60
Skinnerbox 235
Soma 63
Sonnenkompaßorientierung 125, 137
Soziale Fellpflege 225
Soziale Insekten 112
Sozialparasitismus 114
Sozialverhalten
 Definition 197
 Feldgrille 101 ff.
 Grünflossen-Buntbarsch 193 ff.

Soziobiologie 212
Soziogramm 202 f.
Spannungsgradient 66 ff., 79
Spektrale Empfindlichkeit 125
Spermatophore 101, 104 f.
Spermiozeugmen 182
Sperren 190
Spezifische Handlungs-
 bereitschaft 235
Spezifischer Reiz 235 f.
Spiegelzelle 110
Spielverhalten 222
Spinnapparat 83 f.
Spinnfaden 83
Spurfolgeverhalten,
 sinnesphysiologische
 Aspekte 121 f.
Spurpheromon 112 ff.
 Artspezifität 121 f.
 biologische Bedeutung 115
 chemische Natur 120 f.
 Nachweis 115 f.
 Vergleich bei verschiede-
 nen *Lasius*-Arten 123
Stammesgeschichte,
 Rekonstruktion von
 Bewegungsformen 197
Standardabweichung 201
Standardfehler des
 Mittelwerts 229
Standorthistogramm 201
Starkelektrische Fische 166
Steinchen-Tragen 197
Stimmung 200
Stridulation
 Ameisen 112
 Feldgrille 108
 Ruderwanzen 31
Strophe 215
Subcarangiformes
 Schwimmen 142
Subimago 28
Superpositionsauge 131
Symbiose 114

T-Test 229
Tandemrekrutierung 113
Tasthaar 94
Tastsinn
 Bedeutung für die
 Orientierung bei der
 Kellerassel 95
 Einfluß auf das Lernverhal-
 ten bei Mäusen 241

Temperaturkopplung 179
Tendenz 200
Terminalfilum 28
Terrarientiere 42 ff.
Terrarientypen 42 ff.
 Aquaterrarium 46 ff.
 geheiztes, feuchtes
 Terrarium 48 f.
 geheiztes, trockenes
 Terrarium 48
 ungeheiztes, feuchtes
 Terrarium 44 ff.
 ungeheiztes, trockenes
 Terrarium 43 f.
Terrarium 38 ff.
 Auswahl 38
 Bau 38
 Beleuchtung 39 f.
 Bepflanzung 41
 Einrichtung 41
 Frischluft 40
 Heizung 39 f.
 Luftfeuchtigkeit 40
 Standort 38
Territorialität siehe
 Aggressionsverhalten
Territorium siehe Revier
Testosteron 169, 183, 231
Tetraodontiformes
 Schwimmen 146
Thanatose 96
Thigmokinese 98
 Definition 94
 Dominanz über
 Photokinese 100
 Einfluß der Helligkeit 99 f.
 Einfluß des Bodengrunds
 99 f.
 Nachweis 98
Thigmotaxis
 Definition 94
 Einfluß der Feuchtigkeit
 100
 Einfluß der Helligkeit 99 f.
 Einfluß des Bodengrunds
 99 f.
 Nachweis 96
 quantitative Analyse 96
Thunniformes Schwimmen
 144 f.
Tibia 103 f.
Tierschutzgesetz 18
Topotaxis 60
Toxoplasmose 57
Trageverhalten 113
Tragflächenprinzip 140 f.

Transpiration 93
Trichocyste 73
Trieb 200
Trommeln 225
Tropotaxis 122
Tympanalorgan 103 f.

U-Test nach Mann und Whitney 244 ff.
Überblick 229
Übersprungverhalten 212, 215
Überwinterung
 Spinnen 88
 Terrarientiere 43
Ultraviolettempfindlichkeit 125, 134
Undecan 120
Unspezifischer Reiz 235 f.

Varianz 201
Veligerlarven
 Wandermuschel 24
 Flußkahnschnecke 23
Verband Deutscher Biologen 258

Verbeißen 105
Verdauungsflüssigkeit 92
Vergessen 138
Verhalten, Definition 193
Verhaltensinventar 223
Verhaltensontogenese 232
Verhaltenssynchronisation 211
Verhaltensweise
 Beziehungen zwischen Verhaltensweisen 198 ff.
 Defintion 193
Vers 107
Versuchsplanung 252 f.
Vogelvoliere 50 ff.
 Behausung 50 ff.
 Beleuchtung 52
 Einrichtung 52 f.
 Pfleglinge 53 ff.
 Standort 50
Vortriebserzeugung bei Fischen 140 ff.
Vorzeichentest 249 f.

Wandkontakt 229

Washingtoner Artenschutzübereinkommen 20
Wasserleitungssystem 95
Wasserströmung, Darstellung 163
Wechselseitige Reizverstärkung 211
Wellenfische 166
Wellenform der elektrischen Organentladung 171
Wendemanöver bei Fischen 147
Werbegesang 102, 104 ff.
Wettbewerbe für junge Forscher 255
Widerstandsprinzip 141

Zähmung von Versuchsmäusen 236
Zentraltubulus 61
Zimmervoliere 51
Zirpen 108
Zuckernachweis 116
Zweifachwahlversuch 218
Zweiseitige statistische Tests 244

5.5 Abbildungs- und Tabellennachweis

Nicht aufgeführte Abbildungen und Tabellen stammen von den Verfassern.

Tabellen

2.1–2.3: G. K. H. Zupanc nach J. Blab et al., 1984: Rote Liste der gefährdeten Tiere und Pflanzen in der Bundesrepublik Deutschland. 4. Aufl. Greven: Kilda-Verlag – und nach Anlage 1 der Bundesartenschutzverordnung vom 19. Dezember 1986.

3.12.1: E. Naumer nach R. Schröpfer, 1979: Praxis d. Naturwiss. (Biologie) **28**, 141–153.

4.1.1: J. Lamprecht nach Angaben von R. Schröpfer.

4.1.2: aus L. Sachs, 1978: Angewandte Statistik. 5. Aufl. Berlin, Heidelberg: Springer.

4.1.3: J. Lamprecht nach Angaben von R. Schröpfer.

4.1.4: J. Lamprecht nach Angaben von M. Müller.

4.1.5: J. Lamprecht nach Angaben von R. Schröpfer.

4.1.7: J. Lamprecht nach S. Siegel, 1956: Nonparametric Statistics. New York: McGraw-Hill.

4.1.9: aus L. Sachs, 1978: Angewandte Statistik. 5. Aufl. Berlin, Heidelberg: Springer.

Abbildungen

2.1.2: R. Gerecke nach W. Engelhardt, 1977: Was lebt in Tümpel, Bach und Weiher? 7. Aufl. Stuttgart: Franckh'sche Verlagshandlung.

2.1.12: R. Gerecke nach O. Schindler, 1968: Unsere Süßwasserfische. Stuttgart: Franckh'sche Verlagshandlung.

2.2.1, 2.2.2, 2.2.4, 2.2.5, 2.2.7: aus E. N. Arnold & J. A. Burton, 1984: Pareys Reptilien- und Amphibienführer Europas. 2. Aufl. Hamburg, Berlin: Paul Parey.

2.2.3: aus G. Matz & D. Weber, 1983: Amphibien und Reptilien. München, Wien, Zürich: BLV.

2.2.6: aus R. Schulte, 1980: Frösche und Kröten. Stuttgart: E. Ulmer.

2.2.8: aus G. v. Wahlert, 1965: Molche und Salamander. Stuttgart: Kosmos.

2.2.9: aus K. R. Porter, 1972: Herpetology. Philadelphia, London, Toronto: W. B. Saunders.

2.2.10: aus A. L. Brown, 1970: The african clawed toad Xenopus laevis. London: Butterworths.

3.1.1 a, c: aus K. Hausmann, 1983: Biologie in unserer Zeit **13**, 161–169.

3.1.2: aus H. Machemer in: T. Y. T. Wu, C. J. Brokaw & C. Brennen (Hrsg.), 1975: Swimming and Flying in Nature. Vol. I. New York: Plenum Press.

3.3.1: M. Altstetter nach M. Müller & A. Kästner, 1967: Lehrbuch der Speziellen Zoologie. Bd. I/2, 2. Aufl. Stuttgart: G. Fischer.

3.3.2: G. K. H. Zupanc nach G. Henke, 1960: Verh. Dtsch. Zool. Ges., 167–170.

3.3.5: G. K. H. Zupanc nach M. Müller

3.4.3–3.3.7: G. Rausche nach M. Dambach.

3.5.4: M. Kreuder nach U. Maschwitz.

3.6.1: G. K. H. Zupanc.

3.6.2: K. von Frisch, 1965: Tanzsprache und Orientierung der Bienen. S. 387. Berlin, Heidelberg, New York: Springer.

3.6.3: ders., S. 391.

3.6.4: ders., S. 132.

3.6.5: ders., S. 428.

3.6.6: ders., S. 29.

3.6.7: ders., S. 57.

3.6.8: ders., S. 70.

3.6.9: ders., S. 137.

3.6.11: ders., S. 15.

3.7.1: B. Darnhofer-Demar nach H. Hertel, 1963: Struktur – Form – Bewegung. Mainz: Krausskopf.

3.7.2: B. Darnhofer-Demar nach C. C. Lindsey in: W. S. Hoar & D. J. Randall (Hrsg.), 1978: Fish physiology **7**. New York: Academic Press.

3.7.3: B. Darnhofer-Demar nach J. Gray, 1933: J. exp. Biol. **10**, 88–104.

3.7.5: B. Darnhofer-Demar nach C. M. Breder, 1926: Zoologica (N. Y.) **4**, 159–297.

3.8.1, 3.8.2: F. Kirschbaum.

3.9.1: M. Hänel nach D. E. Rosen & M. Gordon, 1953: Zoologica N. Y. **38**, 1–48.

3.9.2: A. Ribowski nach D. Franck, 1981: Verhaltensbiologie – Einführung in die Ethologie. Stuttgart: Thieme-dtv – und nach D. Franck, 1981: Publ. Wiss. Film, Sekt. Biol., Ser. 14, Nr. 22, 17 S.

3.9.3: aus D. Franck, Das soziale Verhalten des Schwertträgers, in: A. W. Stokes & K. Immelmann (Hrsg.), 1978: Praktikum der Verhaltensforschung. 2. Aufl., S. 90–95. Stuttgart: G. Fischer.

3.9.4: A. Ribowski nach G. P. Baerends, R. Brouwer & H. T. J. Waterbolk, 1955: Behaviour **8**, 249–334 – und nach N. R. Liley, 1966: Behaviour Suppl. **8**, 1–197.

3.11.3, 3.11.4: G. K. H. Zupanc nach V. Hahn.

3.12.1: E. Naumer nach R. Schröpfer, 1979: Praxis d. Naturwiss. (Biologie) **28**, 141–153.

3.12.2 – 3.12.4: E. Naumer nach A. Schwegmann.

3.13.2: G. K. H. Zupanc nach Ch. Buchholtz.

4.1.1: G. K. H. Zupanc nach J. Lamprecht.

Zeitbombe Luftverschmutzung durch Schadstoffe und Radioaktivität

Eine Einführung in die Umweltproblematik mit Diagrammen und Cartoons. Pareys Studientexte einmal anders. Von J. Wolsch, Günzburg. 1987. 140 Seiten. Kartoniert DM 19,80. ISBN 3-489-60926-3

Hier wird das Thema Luftverschmutzung einmal anders aufbereitet: populär und allgemeinverständlich. Mit zahlreichen Diagrammen und Cartoons gibt dieser spezielle Studientext eine Einführung in die Gesamtproblematik. Dem Autor ist es gelungen, die zum Teil komplizierte Materie in einfache, einprägsame Bilder umzusetzen und mit knappen Texten zu versehen, so daß auch Leser ohne Vorkenntnisse die Sachverhalte leicht erfassen können. Das thematische Spektrum reicht von der Bedrohung der Gesundheit durch Schadstoffe und Radioaktivität über das Waldsterben bis hin zum Problem Klimaveränderung und der Zerstörung der Ozonschicht. Gleichzeitig gibt das Buch Hinweise auf Möglichkeiten zur Minderung der Umweltbelastung.

Genetik in Cartoons

Pareys Studientexte einmal anders. Von L. Gonick und M. Wheelis. Aus dem Amerik. übersetzt von Prof. Dr. T. Graf, Heidelberg. 3., durchges. Aufl. 1986. 224 Seiten. Kartoniert DM 26,–. ISBN 3-489-62634-6

Exakt in seiner genetischen Aussage, doch nicht ganz so seriös in den mit spitzer Feder gezeichneten Beispielen und Vorgängen aus der klassischen und modernen Genetik.

Die große Nachfrage nach diesem speziellen Studientext machte innerhalb kurzer Zeit eine dritte Auflage erforderlich. Kein Wunder, denn stark vereinfacht und mit überaus einprägsamen Cartoons illustriert, bringt er die Grundlagen der Genetik in einer Form, die jeder sogleich schmunzelnd versteht. In Wort und Bild werden die Begriffe der klassischen und modernen Genetik ein- bis zweideutig erläutert. Von den Vererbungsexperimenten unserer Urahnen über die Mendelschen Gesetze, über Mutation, DNA und Erbkrankheiten bis zur Gen-Manipulation entgeht nichts der spitzen Feder des Cartoonisten. Für Schüler, Studierende, Graduierte, Diplomierte, Promovierte, Habilitierte, Emeritierte...

Preise: Stand 1.5.1988

Berlin und Hamburg

Pareys Studientexte

6–10 Fortpflanzungsbiologie der Säugetiere

Eine Einführung. Hrsg. von Prof. C. R. Austin, Cambridge, und Prof. R. V. Short, Edinburgh. Aus dem Engl. übers. von Prof. Dr. G. Obe, Dr. U. Hollihn, Dipl.-Biol. Dr. B. Beek, alle Berlin. In fünf Teilbänden. Zusammen DM 58,– ISBN 3-489-67616-5

Band 1: **Keimzellen und Befruchtung.** 1976. 116 Seiten mit 50 Abb. von J. R. Fuller. 3 Tab. Kart. DM 25,– ISBN 3-489-60516-0

Band 2: **Embryonale und fötale Entwicklung.** 1978. 128 Seiten mit 44 Abb. und 6 Tab. DM 26,–. ISBN 3-489-60616-7

Band 3: **Hormone und Fortpflanzung.** 1979. 124 Seiten mit 53 Abb. und 4 Tab. Kart. DM 26,–. ISBN 3-489-60716-3

Band 4: **Spezielle Aspekte der Fortpflanzung.** 1981. 141 Seiten mit 57 Abb. und 10 Tab. Kart. DM 30,– ISBN 3-489-60816-X

Band 5: **Manipulation der Fortpflanzung.** 1977. 125 Seiten mit 45 Abb. und 7 Tab. Kart. DM 25,–. ISBN 3-489-60916-6

13 Einführung in die Verhaltensforschung

Von Prof. Dr. K. Immelmann. 3., neubearb. und erw. Aufl. 1983. 233 Seiten mit 106 Abb. Kart. DM 28,– ISBN 3-489-62236-7

Das Buch bietet eine elementare Einführung in die Verhaltensforschung und wendet sich an die Studierenden der Biologie, Soziologie, Psychologie und Ethologie, an Biologielehrer und Schüler der Sekundarstufe II. Darüber hinaus wird ein weiterer großer Interessentenkreis angesprochen: Das sind alle, die sich mit Problemen und Phänomenen menschlichen und tierlichen Verhaltens beschäftigen.

Ergänzend und als Nachschlagewerk:
Wörterbuch der Verhaltensforschung

Von Prof. Dr. K. Immelmann. 1982. 256 Seiten mit 123 Abb. Kart. DM 19,80 ISBN 3-489-61836-X

Das handliche Wörterbuch der Verhaltensforschung erklärt alle wichtigen ethologischen Fachausdrücke mit ihren Anwendungsbereichen.

18 Das Sozialleben der Ameisen

Von Dr. K. Dumpert, Frankfurt. 1978. 253 Seiten mit 95 Abb. Kart. DM 26,– ISBN 3-489-65736-5

23 Chromosomen

Organisation, Funktion und Evolution des Chromatins. Von Prof. Dr. W. Nagl, Kaiserslautern. 2., neubearb. und erw. Aufl. 1980. 228 Seiten mit 102 Abb. und 12 Tab. Kart. DM 29,– ISBN 3-489-60234-X

28 Öko-Ethologie

Von J. R. Krebs und N. B. Davies, Oxford. Übers. und bearb. von G. Klump, Bochum. 1981. 377 Seiten mit 84 Abb. und 11 Tab. Kart. DM 29,– ISBN 3-489-61136-5

64 Die Zytogenetik der Säuger-Embryogenese

Experimentelle Studien der Irrwege und der Auslese während der Verteilung des Genoms. Von Prof. Dr. A. P. Dyban, Leningrad, und Prof. Dr. W. S. Baranow. Wiss. Red. der dt. Ausg.: Prof. Dr. W. Sachsse, Mainz. 1988. Ca. 240 Seiten mit 8 Abb., 28 Taf. und 36 Tab. Kart. In Vorbereitung. ISBN 3-489-51016-X

Preise: Stand 1.5.1988

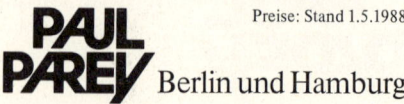

Berlin und Hamburg